U0383350

Programming: Principles and Practice Using C++, Second Edition

C++

程序设计 原理与实践

（原书第2版）上

[美] 本贾尼·斯特劳斯特鲁普（Bjarne Stroustrup）◎ 著

张 兴 蔡 乐 赵林涛 ◎ 译

清华大学出版社

北京

北京市版权局著作权合同登记号　图字：01-2023-0310

内 容 简 介

本书内容涵盖了程序设计的基本概念和技术，通过对 C++ 语言进行全面介绍，帮助读者理解程序设计的原理，并掌握实践知识。本书共分为五部分，第一部分（第 2 ～ 9 章）介绍了程序设计的基础知识；第二部分（第 10 ～ 16 章）介绍了输入输出相关知识，包括从键盘和文件获取数值与文本数据的方法，以及以图形化方式表示数值数据、文本和几何图形；第三部分（第 17 ～ 21 章）介绍了算法和数据结构相关知识，包括向量容器、链表和映射容器；第四部分（第 22 ～ 27 章）对 C++ 语言思想进行了更有广度的介绍；第五部分（附录 A ～附录 E）是对书中正文的补充。

本书可作为高等院校计算机、电子信息及相关专业的本科生或研究生教材，也可供对程序设计感兴趣的研究人员和工程技术人员阅读参考。

图书在版编目 (CIP) 数据

C++ 程序设计 : 原理与实践 : 原书第 2 版 / (美) 本贾尼・斯特劳斯特鲁普 (Bjarne Stroustrup) 著 ; 张兴 , 蔡乐 , 赵林涛译 . -- 北京 : 清华大学出版社 , 2024. 7.
ISBN 978-7-302-66693-6

Ⅰ . TP312.8
中国国家版本馆 CIP 数据核字第 2024CD8211 号

责任编辑：杜　杨　申美莹
封面设计：杨玉兰
版式设计：方加青
责任校对：胡伟民
责任印制：刘　菲

出版发行：清华大学出版社
　　　　　网　　址：https://www.tup.com.cn，https://www.wqxuetang.com
　　　　　地　　址：北京清华大学学研大厦 A 座　　　　　邮　　编：100084
　　　　　社 总 机：010-83470000　　　　　　　　　　邮　　购：010-62786544
　　　　　投稿与读者服务：010-62776969，c-service@tup.tsinghua.edu.cn
　　　　　质 量 反 馈：010-62772015，zhiliang@tup.tsinghua.edu.cn
印 装 者：三河市人民印务有限公司
经　　销：全国新华书店
开　　本：185mm×260mm　　　　印　　张：56.5　　　　字　　数：1740 千字
版　　次：2024 年 7 月第 1 版　　　　印　　次：2024 年 7 月第 1 次印刷
定　　价：229.00 元（上、下册）

产品编号：100757-01

前　言

程序设计是这样一门艺术，它将问题解决方案描述成计算机能够执行的形式。程序设计中的大部分工作都在寻找和完善解决方案。通常，只有经历了通过程序设计解决问题的过程，才能完全理解问题。

本书适合那些从未接触过程序设计但愿意努力学习的初学者。它帮助你理解程序设计的原理并掌握使用 C++ 语言的实践技能。本书的目标是让你获得足够的知识和经验，以便使用最新的技术执行简单而实用的程序设计任务。需要多长时间呢？如果作为大学一年级课程的一部分，你可以在一个学期内完成本书的学习（假设你有 4 门中等难度的课程）。如果自学，不要期望花费更少的时间完成学习（一般是每周 15 小时，连续 14 周）。

3 个月似乎很长，但有很多东西要学，之后你就可以编写第一个简单的程序了。此外，所有的学习都是循序渐进的：每一章都介绍了有用的新概念，并通过从实际应用中获得启发的例子来说明它们。你用代码表达思想的能力——让计算机做你想让它做的事情——随着你的使用逐渐而稳定地增强。我从来不说："学一个月的理论知识，然后看看你是否能运用这些理论。"

你为什么要学习程序设计？我们的文明是建立在软件之上的。如果不了解软件，你就只能退化到相信"魔法"，并将无法进入许多最有趣的、最有利可图的、对社会有用的技术领域工作。当我谈到程序设计时，我想到的是计算机程序的整个范围，从带有图形用户界面（GUI）的个人计算机应用程序，到工程计算和嵌入式系统控制应用程序（如数码相机、汽车和手机中的程序），再到在许多人文和商业应用程序中发现的文本操作应用程序。就像数学一样，程序设计——如果做得好——是一种有价值的智力训练，可以提高我们的思考能力。然而，由于计算机能做出反馈，程序设计比大多数形式的数学更具体，因此更容易为多数人所接受。这是一种接触并改变世界的方式——理想情况下是让世界变得更美好。最后，程序设计可以是非常有趣的。

为什么选择 C++？你不能脱离程序设计语言学习程序设计，而 C++ 直接支持实际软件中使用的关键概念和技术。C++ 是使用最广泛的程序设计语言之一，广泛应用于各种应用领域。从大洋深处到火星表面，你可以在各个地方找到 C++ 应用。C++ 由非专有的国际标准精确定义。在各种计算机上都可以找到高质量、免费的 C++ 实现版本。从 C++ 中学习的大多数程序设计概念可以直接应用于其他语言，如 C、C#、FORTRAN 和 Java。最后一个原因，我喜欢 C++，因为它是一种可编写优雅高效代码的语言。

本书并不是关于初学者程序设计的最简单的书籍，它也不是为了这个目的而写的。我只希望它成为你学习实际程序设计基础的最简单的书籍。这是一个相当雄心勃勃的目标，因为许多现代软件都依赖于几年前被认为先进的技术。

我的基本假设是：你想要编写供他人使用的程序，并负责任地这样做，提供一个合理的系统质量水平；也就是说，假设你想要达到一定的专业水平。因此，我为本书选择的主题涵盖了开始实际程序设计所需的内容，而不仅仅是易于教授和学习的内容。如果你需要某种技术来正确地完成基本工作，我将对其进行描述，演示支持该技术所需的概念和语言工具，为此提供练习，并期望你完成这些练习。如果你只是想了解简单程序，你可以少学很多我所介绍的内容。另一方面，我不会浪费你们的时间在那些没有实际意义的材料上。如果在这里解释一个想法，那是因为你肯定会用到它。

如果你只想要使用别人的代码，而不理解事情是如何完成的，也不想自己大量添加代码，那么这本书不适合你。如果是这样，请考虑选择另一本书和另一种语言或许对你更好。如果这是你对程序设计的大致看法，请考虑一下你是从哪里得到这种观点的，以及它实际上是否足以满足你的需求。人们常常低估程序设计的复杂性及其价值。我不希望你因为所需要的与我所描述的软件现实之间的不匹配而对程序设计产生厌恶。信息技术世界中有许多地方不需要程序设计知识。本书是为那些想要编写或理解重要程序的人服务的。

由于本书的结构和实际目标，它也可以作为那些已经了解一些 C++ 的人的第二本关于程序设计的书籍，或者供使用其他程序设计语言并想学习 C++ 的人使用。如果你属于其中一类人，我就不好猜测你阅读本书需要多长时间，但我建议你完成很多练习。这将帮助你克服一个常见问题，即编写程序时倾向于使用旧的、熟悉的风格，而不是采用更适合的新技术。如果你是通过更传统的方式学习 C++ 的，那么在你进行到第 7 章学习之前，你会发现一些令人惊讶和有用的内容。除非你的名字是 Stroustrup，否则我在这里讨论的内容不是"你父辈的 C++"。

程序设计是通过编写程序来学习的。在这一点上，程序设计与其他具有实践内容的工作类似。你不可能仅仅通过读书就学会游泳、演奏乐器或驾驶汽车——你必须练习。如果不阅读和编写大量代码，你也不可能学会程序设计。本书重点介绍与解释性文本和图表密切相关的代码示例。你需要这些知识来理解程序设计的思想、概念和原则，并掌握用于表达它们的语言结构。这是必要的，但仅靠它本身，它不会给你提供实际的程序设计的技能。为此，你需要进行练习，并熟悉编写、编译和运行程序的工具。你需要自己犯错误，并学会改正。编写代码是不可替代的，而且这才是乐趣所在！

另一方面，程序设计远不止遵循一些规则和阅读手册，还有更多的东西。这本书着重强调的不是"C++ 的语法"。理解基本的思想、原则和技术是一个优秀程序员所必备的。只有设计良好的代码才有可能成为正确、可靠和可维护的系统的一部分。此外，"基本原理"是最持久的：即使今天的语言和工具进化或被取代，它们仍然是必不可少的。

计算机科学、软件工程、信息技术等又怎么样呢？这就是所有的程序设计吗？当然不是！程序设计是所有计算机相关领域的基础主题之一，它在计算机科学的均衡课程中有一个自然的位置。虽然书中简要介绍了算法、数据结构、用户界面、数据处理和软件工程的关键概念和技术，然而，这本书并不能代替对这些主题进行全面和均衡的研究。

代码可以既美观又实用。本书旨在帮助你认识到这一点，理解代码美观的含义，并帮助你掌握创建此类代码的原理和实践技能。祝你在程序设计中顺利！

致学生

到目前为止，我们在得克萨斯农工大学（Texas A&M University）用这本书教过的数千名一年级学生中，大约 60% 的人以前有过程序设计经历，大约 40% 的人在生活中从未见过一行代码。大多数人都成功了，所以你也可以做到。

你不必把本书作为课程的一部分来阅读，本书被广泛用于自学。然而，无论你是作为课程的一部分还是独立学习，都要尝试与他人合作。程序设计被认为是一种孤独的活动，这是不公平的评价。大多数人在有共同目标的团队中工作得更好，学习得更快。和朋友一起学习，一起讨论问题不是作弊！这是最有效的，也是最令人愉快的取得进步的方式。如果没有别的，和朋友一起工作可以促使你清楚地表达你的想法，这是测试你的理解力和确保你记住的最有效方法。实际上，你不必亲自去发现每一个晦涩的语言和程序设计环境问题的答案。但请不要欺骗自己，不做练习和大量的习题（即使没有老师强迫你做）。记住：程序设计是一种实践技能，你需要练习才能掌握。如果你不写代码（完成每章的几个练习），那么阅读这本书将是一个毫无意义的理论学习 [1]。

---

① 译者注：在本书中，对于标准库容器类型的翻译，将仅在第一次出现或是需要强调其容器属性时才进行翻译，其他情况下直接使用在标准库中的类型名称。例如，大多数情况下将使用"vector"而非"向量容器"。

大多数学生，尤其是爱思考的好学生，都会面临这样的时刻：怀疑自己的努力是否值得。当这种情况发生在你身上时（不是如果），请休息一下，重新阅读前言，并查看第 1 章（计算机、人和程序设计）和第 22 章（理念与历史）。在这两章中，我试图阐明程序设计让我感到兴奋的地方，以及为什么我认为程序设计是能对世界做出积极贡献的重要工具。如果你想知道我的教学理念和一般方法，请参阅引言（"致读者"）。

你可能会担心这本书的厚度，但应该让你放心的是，这本书之所以厚，部分原因是我更喜欢重复解释或添加示例，而不是让你寻找唯一的解释。另一个主要原因是，本书的最后部分是附录和参考文献，只有当你对程序设计的特定领域（如嵌入式系统程序设计、文本分析或数值计算）的更多信息感兴趣时，才会提供给你探索。

请不要太没耐心。学习任何有价值的新技能都需要时间，并且都是值得的。

致教师

本书不是传统的计算机科学导论的书，而是一本关于如何构建工作软件的书。因此，它省略了许多计算机科学系学生传统上接触到的内容（图灵完备性、状态机、离散数学、乔姆斯基语法等）。甚至硬件也被省略了，因为假设学生从幼儿园开始就以各种方式使用计算机了。

本书甚至没有试图提及计算机科学领域最重要的主题。它是关于程序设计（或者更普遍的是关于如何开发软件）的，因此它比许多传统课程更详细，主题更少。它只试图做好一件事，并且计算机科学也不是一门课程能包含的。如果本书 / 课程被用作计算机科学、计算机工程、电气工程（我们的第一批学生许多是电气工程专业的）、信息科学或任何项目的一部分，我希望它能作为全面介绍的一部分与其他课程一起教授。

请阅读引言（"致读者"），了解我的教学理念、一般方法等。在学习的过程中，请试着把这些观点传达给你的学生。

ISO 标准 C++

C++ 是由 ISO 标准定义的。第一个 ISO C++ 标准于 1998 年正式通过，因此该版本的 C++ 被称为 C++ 98。本书的第一版是我在 C++ 11 的设计过程中编写的。最令人沮丧的是不能使用新特性（如统一初始化、循环范围、移动语义、lambdas 和概念）来简化原则和技术的表示。然而，本书在设计时考虑到了 C++ 11，所以相对容易将特性"放入"到它们所属的上下文中。在撰写本文时，当时的标准是 2011 年的 C++ 11，而 2014 年的 ISO 标准 C++ 14 的功能正在寻找进入主流 C++ 实现的方式[①]。本书使用的语言是 C++ 11，带有一些 C++ 14 的特性。例如，如果你的编译器运行下面代码报错：

```
vector<int> v1;
vector<int> v2 {v1};   // C++14-style copy construction
```

请使用下面代码代替：

```
vector<int> v1;
vector<int> v2 = v1;   // C++98-style copy construction
```

如果你的编译器不支持 C++ 11，那就换一个新的编译器。优秀的现代 C++ 编译器可以从各种

---

① 译者注：目前 C++ 最新标准是 2020 年发布的《ISO/IEC 14882—2020》。

供应商下载；参见 www.stroustrup.com/compilers.html。学习使用该语言的早期版本和较少支持的版本进行程序设计可能会遇到不必要的困难。

资源

本书的支持网站 www.stroustrup.com/Programming 包含了各种支持使用本书进行程序设计教学和学习的材料。材料可能会随着时间的推移不断改进，但对于初学者来说，你可以找到：

- 基于本书讲义的幻灯片。
- 讲师指南。
- 本书使用的库的头文件和实现。
- 本书中的示例代码。
- 部分练习题答案。
- 可能有用的链接。
- 勘误表。

欢迎随时提出对这些资料的改进建议，本书的参考文献可扫描右侧二维码。

参考文献 .png

致谢

我特别要感谢已故的同事和合作导师劳伦斯"皮特"彼得森（Lawrence "Pete" Petersen），他在我自己感到自信之前就鼓励我着手完成教授初学者的任务，并向我传授了使课程取得成功的实践教学经验。没有他，这门课程的第一个版本就会失败。我们共同合作开发了这本书所设计课程的第一个版本，并一起多次教授它，从经验中学习，改进了课程和书籍。在本书中，"我们"最初指的是"皮特和我"。

感谢得克萨斯农工大学（Texas A&M University）的 ENGR 112、ENGR 113 和 CSCE 121 的学生、助教和同行教师，他们直接和间接地帮助我们构建了这本书，感谢曾教授这门课程的 Walter Daugherity、Hyunyoung Lee、Teresa Leyk、Ronnie Ward 和 Jennifer Welch。还要感谢 Damian Dechev、Tracy Hammond、Arne Tolstrup Madsen、Gabriel Dos Reis、Nicholas Stroustrup、J. C. van Winkel、Greg Versoonder、Ronnie Ward 和 Leor Zolman 对本书草稿提出的建设性意见。感谢 Mogens Hansen 给我解释了有关发动机控制软件的内容。感谢 Al Aho、Stephen Edwards、Brian Kernighan 和 Daisy Nguyen 在夏季帮助我远离干扰，专心写作。

感谢 Art Werschulz，他在纽约福特汉姆大学课程中使用了本书的第 1 版，并给出反馈和建设性意见，还要感谢 Nick Maclaren，他在剑桥大学课程中使用了本书的第 1 版，并给出了详细评论，他的学生的背景和职业需求与得克萨斯农工大学的一年级学生有着显著的不同。

感谢 Addison-Wesley 为我找到的评审人员 Richard Enbody、David Gustafson、Ron McCarty 和 K. Narayanaswamy。他们的评论主要基于在大学教授 C++ 或计算机科学导论课程的经验，对我非常宝贵。还要感谢我的编辑 Peter Gordon，他提供了许多有用的评论，也感谢他的耐心。

我非常感谢 Addison-Wesley 组织的制作团队：Linda Begley（校对员）、Kim Arney（排版师）、Rob Mauhar（插图师）、Julie Nahil（制作编辑）和 Barbara Wood（文本编辑），他们为书籍的质量做出了很大的贡献。

感谢第 1 版的译者们，他们发现了许多问题并帮助澄清了许多观点。特别要感谢 Loïc Joly 和 Michel Michaud 对法语翻译进行了全面的技术审查，从而带来了许多改进。

我还要感谢 Brian Kernighan 和 Doug McIlroy，他们在程序设计写作方面定了非常高的标准，以及 Dennis Ritchie 和 Kristen Nygaard 为实际语言设计提供的宝贵经验。

目 录

致读者

> "当实际地形与地图不符时，相信实际地形。"
>
> ——瑞士军队谚语

本章汇集了多种信息，目的是使你对本书其余部分的内容有初步了解。你可以略过本章，直接阅读后面你感兴趣的部分。对教师来说，可以发现很多直接有用的内容。如果没有一个好的老师指导你学习本书，请不要试图阅读并理解本章的所有内容，只要阅读"本书结构"一节和"讲授和学习本书的方法"一节的第一部分即可。当你已经能自如编写和执行小程序时，可能需要回过头来重读本章。

本书结构

本书由四个部分和若干个附录组成：

- 第一部分：基础知识，介绍了程序设计的基本概念和技术，以及开始编写代码需要了解的一些 C++ 语言和库的知识。这部分包括类型系统、算术运算、控制结构、错误处理，以及函数和用户自定义类型的设计、实现和使用等内容。

- 第二部分：输入和输出，介绍了如何从键盘和文件获取数值和文本数据，以及如何生成相应的输出到屏幕和文件。然后介绍了如何以图形化方式表示数值数据、文本和几何图形，以及如何从图形用户界面（graphical user interface, GUI）获取输入数据。

- 第三部分：数据结构和算法，重点是 C++ 标准库中的容器和算法框架（标准模板库，standard template library, STL）。展示了容器（如向量、列表和映射）是如何（用指针、数组、动态内存、异常和模板）实现的以及如何使用它们。还展示了标准库算法（如排序、查找和内积）如何设计及使用。

- 第四部分：拓宽眼界，通过 C++ 思想和历史的讨论，一些实例（如矩阵运算、文本处理、测试以及嵌入式系统程序设计），以及 C 语言的简单描述，为我们呈现了程序设计的一个全景。

- 第五部分：附录，提供了一些不适合作为教学展示但很有用的内容，如 C++ 语言和标准库的概要介绍，以及集成开发环境（integrated development environment, IDE）和图形用户界面（GUI）的入门简介等。

不过现实世界中的程序设计并不能真正分为完全独立的四个部分。因此，这种划分仅仅是对本书内容的一种粗略分类。我们认为这是一种有用的分类方法（这是显然的，否则我们不会采用它），但现实情况往往与这种简洁的分类法相悖。例如，我们很快就会用到输入操作，但对 C++ 标准输入 / 输出流（input/output stream，I/O 流）的完整介绍却出现在本书比较靠后的部分。书中有些地方在提出某个概念时需要先介绍另外一些内容，而这与全书的布局不符，对此，我们会在此处简明介绍这些内容，以便更好地提出概念，而不是仅仅指出这些内容的完整介绍在书中什么地方。刻板的分类法更适合于手册而不是教材。

本书内容的顺序是由程序设计技术决定的，而不是程序设计语言特性，参见"讲授和学习本书的方法"。附录 A 是按语言特性组织的。

在你第一次阅读时，你可能还没有发现哪些信息是至关重要的，为了方便复习，也为了帮助你不遗漏关键点，我们在页边空白处放置了三种"提醒标记"：

- 圆形：概念和技术（本段就是一个例子）
- 三角形：建议
- 正方形：警告

一般方法

在本书中，人称都是直接的，简单清楚，不像很多科技论文中那种惯用的"专业"的婉转称呼方式。当用到"你"时，我们的意思就是"你——读者"；而"我们"指"我们——作者和教师"，或者指读者和我们一起在讨论某个问题，就好像我们在一个教室中一样。

本书的内容组织适合从头到尾一章一章地阅读，当然，你也常常要回过头来对某些内容读上第二遍、第三遍。实际上，这是一种明智的方法，因为当遇到还看不出什么门道的地方时，你通常会快速掠过。对于这种情况，你最终还是会再次回到这个地方。然而，这么做要有个度，因为尽管有索引和交叉引用，对本书其他部分，你随便翻开一页，就开始学习并希望成功，这几乎是不可能的。本书每一节、每一章的内容安排，都假定你已经理解了之前的内容。

本书的每一章都是一个合理的独立单元，这意味着应将其一口气读完（当然这只是从理论上讲，实际上由于学生紧密的学习计划，不总是可行的）。这是将内容划分为章的主要标准。其他标准包括：从简单练习和习题的角度，一章是一个合适的单元；每一章提出一些特定的概念、思想或技术。这种标准的多样性使得少数章过长，所以不要教条地遵循"一口气读完"的准则。特别是当你已经考虑了思考题，做了简单练习和一些习题时，你通常会发现需要回过头去重读一些小节和几天前读过的内容。我们按主题将章组合成"部分"，例如，第二部分都是关于输入 / 输出的内容。每一部分都可以作为一个很好的完整的复习单元。

"它回答了我想到的所有问题"是对一本教材常见的称赞，这对细节技术问题是很理想化的，早期的读者发现本书有这样的特性。但是，这不是全部的理想，我们希望提出更多初学者可能想不到的问题。我们的目标是，回答那些你在编写供他人使用的高质量软件时需要考虑的问题。学习回答好的（通常也是困难的）问题是学习如何像一个程序员那样思考所必需的。只回答那些简单的、浅显的问题会使你感觉良好，但无助于你成长为一名程序员。

我们努力尊重你的聪明才智，珍惜你的时间。在本书中，我们以专业性而不是精明伶俐为目标，我们宁可有节制地表达一个观点而不大肆渲染它。我们尽力不夸大一种程序设计技术或一种语言特性的重要性，但请不要因此低估"这通常是有用的"这种简单陈述的重要程度。如果我们平静地强调某些内容是重要的，我们的意思是，你如果不掌握它，或早或晚都会因此而浪费时间。我们喜欢幽默，但在本书中使用很谨慎。经验表明，人们对什么是幽默的看法大相径庭，不恰当地使用幽默会把人弄糊涂。

我们不会谎称本书中的思想和工具是完美的。实际上没有任何一种工具、库、语言或者技术能够解决程序员所面临的所有难题，至多能帮助开发和表达你的问题求解方案而已。我们尽量避免"善意的谎言"，也就是说，对于那些清晰易理解，但在实际程序设计和问题求解时容易弄错的内容，对其介绍避免过度简单化。另外，本书不是一本参考手册；如果需要 C++ 详细完整的描述，请参考 Bjame Stroustrup 的 *The C++ Programming Language, Fourth Edition* 一书（Addison-Wesley 出版社，2013 年）和 ISO 的 C++ 标准。

简单练习、习题等

程序设计不仅是一种脑力活动，实际动手编写程序是掌握程序设计技巧必不可少的一个环节。本书提供以下两个层次的程序设计练习：

- 简单练习：简单练习是一种非常简单的习题，其目的是帮助学生掌握一些机械的实际程序设计技巧。一个简单练习通常由对单个程序的一系列修改组成。你应该完成所有的简单练习。完成简单练习不需要很强的理解能力、很聪明或者很有创造性。简单练习是本书的基本组成部分，如果你没有完成简单练习，就不能说完成了本书的学习。

- 习题：有些习题比较简单而有些则很难，但大多数习题都是想给学生留下一定的创造和想象的空间。如果时间紧张，你可以做少量习题。但至少应该弄清楚哪些内容对你来说比较困难，在此基础上应该再多做一些，这才是学习成功之道。我们希望本书的习题都是学生能够做出来的，而不是需要超乎常人的智力才能解答的复杂难题。但是，我们还是期望本书习题能给你足够多的挑战，能耗尽最优秀学生的所有时间。我们不期待你能完成所有习题，但请尽情尝试。

另外，我建议每个学生都能参与到一个小的项目中去（如果时间允许，能参与更多项目当然就更好了）。一个项目就是要编写一个完整的有用的程序。在理想情况下，一个项目由一个多人小组（比如三个人）共同完成，最好在学习第三部分的同时花大概一个月时间来完成整个项目。大多数人会发现做项目非常有趣，并在这个过程中学会如何把很多事情组织在一起。

一些人喜欢在读完一章之前就把书扔到一边，开始尝试做一些实例程序；另一些人则喜欢把一章读完后，再开始编码。为了帮助前一种读者，我们在正文的段落之间放置了一些有"试一试"标识的文字，给出了对于程序设计实践的一些简单建议。"试一试"本质上来说就是一个简单练习，而且只着眼于前面刚刚介绍的主题。如果你略去一个"试一试"而没有去尝试它（也许因为你的手边没有计算机，或者你过于沉浸在正文的内容中），那么最好在做这一章的简单练习时做一下这个题目。"试一试"要么是该章简单练习的补充，要么干脆就是其中一部分。

在每章末尾你都会看到一些思考题，我们设置这些思考题是想为你指出这一章中的重点内容。学习思考题的方法是把它们作为习题的补充：习题关注程序设计的实践层面，而思考题则试图帮你强化思想和概念。这么看，思考题有点像面试题。

每章最后都有"术语"一节，给出本章中提出的程序设计或 C++ 方面的基础词汇表。如果你希望理解别人关于程序设计的陈述，或者想明确表达出自己的思想，那么应该首先弄清术语表中每个术语的含义。

重复是学习的有效手段，我们希望每个重要的知识点都在书中至少出现两次，并通过习题再次加强。

进阶学习

当你完成本书的学习时，是否能成为一名程序设计和 C++ 方面的专家呢？答案当然是否定的！如果做得好的话，程序设计会是一门建立在多种专业技能上的精妙的、深刻的、需要高度技巧的艺术。你不能奢望花四个月时间就成为一名程序设计专家，就像你不能奢望花四个月、半年或一年时间就成为一名生物学专家、数学家、自然语言（如中文、英文或丹麦文）方面的专家或者小提琴演奏家一样。如果你认真地学完了这本书，你可以期待，也应该期待的是：你已经在程序设计领域有了一个很好的开始，已经可以写相对简单有用的程序，能读更复杂的程序，而且已经为进一步的学习打下了良好的理论和实践基础。

学习完这门入门课程后，最好的进一步学习的方法是开发一个真正能被别人使用的程序。在完成这个项目之后，或者同时（同时可能更好），学习一本专业水平的教材（如 Stroustrup 的 *The C++ Programming Language*），学习一本与你做的项目相关的更专业的书（例如，你如果在做 GUI 相关项目的话，可选择关于 Qt 的书；如果在做分布式程序的话，可选择关于 ACE 的书），或者学习一本专注于 C++ 某个特定方面的书（如 Koenig 和 Moo 的 *Accelerated C++*，Sutter 的 *Exceptional C++* 或 Gamma 等人的 *Design Patterns*）。完整的参考书目，参见本章的参考文献一节或本书最后的参考文献。

最后，你应该学习另一门程序设计语言。我们认为，如果只懂一门语言，你是不可能成为软件领域的专家的（即使你并不想做一名程序员）。

讲授和学习本书的方法

我们是如何帮助你学习的？又是如何安排教学进程的？我们的做法是，尽力为你提供编写高效实用程序所需的最基本的概念、技术和工具，包括：

- 程序组织；
- 调试和测试；
- 类设计；
- 计算；
- 函数和算法设计；
- 绘图方法（仅介绍二维图形）；
- 图形用户界面（GUI）；
- 文本处理；
- 正则表达式匹配；
- 文件和流输入输出（I/O）；
- 内存管理；
- 科学／数值／工程计算；
- 设计和程序设计思想；
- C++ 标准库；
- 软件开发策略；
- C 语言程序设计技术。

认真完成这些内容的学习，我们会学到如下程序设计技术：过程式程序设计（C 语言程序设计风格）、数据抽象、面向对象程序设计和泛型程序设计。本书的主题是程序设计，在代码中表达想法需要的思想技术和工具。C++ 语言是我们的主要工具，因此我们比较详细地描述了很多 C++ 语言的特性。但请记住，C++ 只是一种工具，而不是本书的主题。本书主题是"用 C++ 语言进行程序设计"而不是"C++ 和一点程序设计理论"。

我们介绍的每个主题都至少有两个目的：提出一种技术、概念或原理，介绍一种实用的语言特性或库特性。例如，我们用一个二维图形绘制系统的接口展示如何使用类和继承。这使我们节省了篇幅（也节省了你的时间），并且还强调了程序设计不只是简单地将代码拼装起来以尽快地得到一个结果。C++ 标准库是这种"双重作用"例子的主要来源，其中很多主题甚至具有三重作用。例如，我们会介绍标准库中的向量类 vector，用它来展示一些广泛使用的设计技术，并展示很多用来实现 vector 的程序设计技术。我们的目标是向你展示一些主要的标准库功能是如何实现的，以及它们如何与硬件相配合。我们坚持认为一个工匠必须了解他的工具，而不是仅仅把工具当作"有魔力的东西"。

对于程序员来说，总是会对某些主题比对其他主题更感兴趣。但是，我们建议你不要预先判断你需要什么（你怎么知道你将来会需要什么呢？），至少每一章都要浏览一下。如果你学习本书是作为一门课程的一部分，你的老师会指导你如何选择学习内容。

我们的教学方法可以描述为"深度优先"，也可以描述为"具体优先"和"基于概念"。首先，我们快速地（相对快速的，从第 1 ~ 11 章）将一些编写小的实用程序所需的技巧提供给你。在这期间，我们还简明扼要地提出很多工具和技术。我们着重介绍简单具体的代码实例，因为相对于抽象概念，人们能更快地领会具体实例，这是大多数人的学习方法。在最初阶段，你不应期望理解每个小的细节。特别是你会发现，对刚刚还工作得好好的程序只是稍加改动，便会呈现出"神秘"的效果。尽管如此，你还是要尝试一下！并且，请完成我们提供的简单练习和习题。请记住，在学习初期你只是没有掌握足够的概念和技巧来准确判断什么是简单的，什么是复杂的。请等待一些惊奇的事情发生，并从中学习吧。

我们会快速通过这个初始阶段——我们想尽可能快地带你进入编写有趣程序的阶段。有些人可能会质疑，"我们的进展应该慢些、谨慎些，我们应该先学会走，再学跑！"但是你见过婴儿学习走路吗？婴儿确实是在学会平稳地慢慢走路之前就开始自己学会跑了。同样，你可以先勇猛向前，偶尔摔一跤，从中获得程序设计的感觉，然后再慢下来，获得必要的精确控制能力和准确的理解。你必须在学会走之前就开始跑！

你不要投入大量精力试图学习一些语言细节或技术的所有相关内容。例如，你可以熟记所有 C++ 的内置类型及其使用规则。你当然可以这么做，而且这么做会使你觉得自己很博学。但是，这不会使你成为一名程序员。如果你学习中略过一些细节，将来可能偶尔会因为缺少相关知识而被"灼伤"，但这是获取编写好程序所需的完整知识结构的最快途径。注意，我们的这种方法本质上就是幼儿学习母语的方法，也是教授外语时最有效的方法。有时你不可避免地被难题困住，我们鼓励你向授课老师、朋友、同事、辅导员以及导师等寻求帮助。请放心，在前面这些章节中，所有内容本质上都不困难。但是，很多内容是你所不熟悉的，因此最初可能会感觉有点难。

随后，我们向你介绍一些入门技巧，来打牢你的知识和技能基础。我们通过实例和习题来强化你的理解，为你提供程序设计的概念基础。

我们重点强调思想和原理。思想能指导你求解实际问题——可以帮助你知道，在什么情况下，问题的求解方案是好的、合理的。你还应该理解这些思想背后的原理，从而理解为什么要接受这些思想，为什么遵循这些思想会对你和使用你的代码的用户有帮助。没有人会满意"因为事情就是这样的"这种解释。更重要的是，如果真正理解了思想和原理，你就能将已有的知识拓展到新的情况上，能用新的方法将思想和工具结合起来解决新的问题。知其所以然是学会程序设计技巧所必需的。相反，仅仅不求甚解地记住大量规则和语言特性有很大局限性，是错误之源，也是在浪费时间。我们认为你的时间很珍贵，尽力不浪费它。

我们把很多 C++ 语言层面的技术细节放在了附录中，你可以随时按需查找。我们假定你有能力查找到你需要的信息，你可以借助索引和目录来查找信息。不要忘了编译器和互联网也有在线帮助功能。但要记住，要对所有互联网资源保持足够高的怀疑，直至你有足够的理由相信它们。因为很多看起来很权威的网站实际上是由程序设计新手或者想要出售什么东西的人建立的。而另外一些网站，其内容都是过时的。我们在支持网站 www. stroustrup. com/Programming 上列出了一些有用的网站链接和信息。

请不要过于急切地期盼"实际的"例子。我们理想的实例都是能直接说明一种语言特性、一个概念或者一种技术的简短代码。很多现实世界中的实例比我们给出的实例要凌乱得多，而且所能展示的知识也不如我们的实例更多。数十万行规模的成功的商业程序中所采用的技术，我们用十几个50 行规模的程序就能展示出来。最快地理解现实世界程序的途径是好好研究基本原理。

另一方面，我们不会用"聪明可爱的风格"来阐述我们的观点。我们假定你的目标是编写供他人使用的实用程序，因此书中给出的实例要么是用来说明语言特性，要么是从实际应用中提取出来的。我们的叙述风格都是用专业人员对（将来的）专业人员的那种语气。

本书内容顺序的安排

讲授程序设计有很多方法。很明显，我们不赞同"我学习程序设计的方法就是最好的学习方法"这种流行的看法。为了方便学习，我们较早地提出一些仅仅几年前还是先进技术的内容。我们的设想是，本书内容的顺序完全由你学习程序设计过程中遇到的问题来决定，随着你对程序设计的理解和实际动手能力的提高，一个主题一个主题地平滑向前推进。本书的叙述顺序更像一部小说，而不是一部字典或者一种层次化的顺序。

一次性地学习所有程序设计原理、技术和语言功能是不可能的。因此，你需要选择其中一个子集作为起点。一般来说，一本教材或一门课程应该通过一系列的主题子集来引导学生。我们认为选择适当的主题并给出重点是我们的责任。我们不能简单地罗列出所有内容，必须做出取舍；在每个学习阶段，我们选择省略内容与选择保留内容是同样重要的。

作为对照，这里列出我们决定不采用的教学方法（仅仅是一个缩略列表），可能对你有用：

- C 优先：用这种方法学习 C++ 完全是浪费学生的时间，学生能用来求解问题的语言功能、技术和库比所需的要少得多，这样的程序设计实践很糟糕。与 C 相比，C++ 能提供更强的类型检查，对新手来说有更好的标准库，以及用于错误处理的异常机制。
- 自底向上：学生本该学习好的、有效的程序设计技巧，但这种方法分散了学生的注意力。学生在求解问题过程中所能依靠的程序设计语言和库方面的支持明显不足，这样的程序设计实践质量很低、毫无用处。
- 如果你介绍某些内容，就必须介绍它的全部：这实际上意味着自底向上方法（一头扎进涉及的每个主题，越陷越深）。这种方法硬塞给初学者很多他们并不感兴趣，而且可能很长时间内都用不上的技术细节，令他们厌烦。这样做毫无必要，因为一旦学会了程序设计，你完全可以自己到手册中查找技术细节。这正是手册的用途，如果用来学习基本概念就太可怕了。
- 自顶向下：这种方法对一个主题从基本原理到细节逐步介绍，倾向于把读者的注意力从程序设计的实践层面上转移开，迫使读者一直专注于上层概念，而没有任何机会实际体会这些概念的重要性。例如，如果你没有实际体验编写程序是那么容易出错，而修正一个错误是那么困难，你就无法体会到正确的软件开发原理。
- 抽象优先：这种方法专注于一般原理，保护学生不受讨厌的现实问题限制条件的困扰，这会导致学生轻视实际问题、语言、工具和硬件限制。通常，这种方法基于"教学用语言"——一种将来不可能实际应用的语言，有意将学生与实际的硬件和系统问题隔绝开的语言。
- 软件工程理论优先：这种方法和抽象优先的方法具有与自顶向下方法一样的缺点：没有具体实例和实践体验，你无法体会到抽象理论的价值和正确的软件开发实践技巧。
- 面向对象先行：面向对象程序设计是组织代码和开发工作的最好方法，但并不是唯一有效的方法。特别是，以我们的体会，在类型系统和算法式程序设计方面打下良好的基础，是学习类和类层次设计的前提条件。本书确实在一开始就使用了用户自定义类型（有人称之为"对象"），但我们直到第 6 章才介绍如何设计一个类，而直到第 12 章才介绍类层次。
- "相信魔法"：这种方法只是向初学者展示强有力的工具和技术，但不介绍其下蕴含的技术和功能。这让学生只能去猜这些工具和技术为什么会有这样的表现，使用它们会付出多大代价，以及它们合理的应用范围，学生通常都会猜错！这会导致学生过分刻板地遵循相似的工作模式，成为进一步学习的障碍。

当然，我们不会断言这些我们没有采用的方法毫无用处。实际上，在介绍一些特定的内容时，我们使用了其中一些方法，学生能体会到这些方法在一些特殊情况下的优点。但是，当学习程序设计是以实用为目标时，我们不把一些方法作为一般的教学方法，而是采用其他方法：主要是具体优先和深度优先方法，并对重点概念和技术加以强调。

程序设计和程序设计语言

我们首先介绍程序设计，把程序设计语言作为一种工具放在第二位。我们介绍的程序设计方法适用于任何通用的程序设计语言。我们的首要目的是帮助你学习一般概念、原理和技术，但是不能孤立地学习这些内容。例如，不同程序设计语言在语法细节、程序设计思想的表达及工具支持等方面各不相同。但对于编写无错代码的很多基本技术，如编写逻辑简单的代码（参见第 5 章和第 6 章），构造不变式（参见 9.4.3 节），以及接口和实现细节分离（参见 9.7 节和 14.1 节～ 14.2 节）等，不同程序设计语言则差别很小。

程序设计技术的学习必须借助于一门程序设计语言，设计、组织代码和调试等技巧是不可能从抽象理论中学到的。你必须用某种程序设计语言编写代码，从中获取实践经验。这意味着你必须学习一门程序设计语言的基础知识。这里说“基础知识”，是因为花几个星期就能掌握一门主流实用程序设计语言全部内容的日子已经一去不复返了。本书讲述的与 C++ 语言相关的内容只是它的一个子集，即与编写高质量代码关系最紧密的那部分内容。而且，我们所介绍的 C++ 特性都是你肯定会用到的，因为这些特性要么是出于逻辑完整性的要求，要么是 C++ 社区中最常见的。

可移植性

编写 C++ 程序运行于多种平台是很常见的。一些重要的 C++ 应用甚至运行于我们闻所未闻的平台上！我们认为可移植性和对多种平台架构与操作系统的利用是非常重要的。

本质上，本书的每个例子不仅是 ISO 标准 C++ 程序，而且是可移植的。除非特别指出，本书的代码都能运行于任何一种 C++ 实现，并且确实已经在多种计算机平台和操作系统上测试通过了。

不同系统编译、连接和运行 C++ 程序的细节各不相同，如果每当提及一个实现问题时，就介绍所有系统和所有编译器的细节，是非常单调乏味的。我们在附录 C 中给出了 Windows 平台 Visual Studio 和 Microsoft C ++ 入门的最基本的信息。

如果你在使用任何一种流行的，但相对复杂的集成开发环境（Integrated Development Environment，IDE）时遇到了困难，我们建议你尝试命令行工作方式，它极其简单。例如，下面给出的是用 GNU C++ 编译器，在 UNIX 或 Linux 系统中编译、连接和执行一个包含两个源文件 my_file1.cpp 和 myfile2.cpp 的简单程序所需的全部命令：

```
c++ -o my_program my_file1.cpp my_file2.cpp
./my_program
```

就这么简单，这真的就是全部。

程序设计和计算机科学

程序设计就是计算机科学的全部吗？答案当然是否定的！我们提出这一问题的唯一原因就是确实曾有人将其混淆。本书会简单涉及计算机科学的一些主题，如算法和数据结构，但我们的目标还是讲授程序设计：设计和实现程序。这比广泛接受的计算机科学的概念更宽，但也更窄：

- 更宽，因为程序设计包含很多专业技巧，通常不能归类于任何一种科学。
- 更窄，因为对我们涉及的计算机科学的内容而言，我们没有系统地给出其基础。

本书的目标是作为计算机科学课程的一部分（如果成为一个计算机科学家是你的目标的话），作为软件构造和维护领域的第一门基础课程（如果你希望成为一个程序员或者软件工程师的话），是更大的完整系统的一部分。

本书自始至终都依赖计算机科学，我们也强调基本原理，但我们是以理论和经验为基础来讲授程序设计，是把它作为一种实践技能，而不是一门科学。

创造性和问题求解

本书的首要目标是帮助你学会用代码表达你的思想，而不是教你如何获得这些思想。沿着这样一个思路，我们给出很多实例，展示如何求解问题。每个实例通常先分析问题，随后对求解方案逐步求精。我们认为程序设计本身是问题求解的一种描述形式：只有完全理解了问题及其求解方案，你才能用程序来正确地表达它；而只有通过构造和测试一个程序，你才能确定你对问题和求解方案的理解是不是完整的、正确的。因此，程序设计本质上是理解问题和求解方案工作的一部分。但是，我们的目标是通过实例来说明这一切，而不是通过"布道"或是提供问题求解的详细"处方"。

反馈方法

我们认为不存在完美的教材，个人的需求总是差别很大的。但是，我们愿意尽力使本书和辅助材料更接近完美。为此，我们需要大家的反馈，脱离读者是不可能写出好教材的。请大家给我们发送反馈报告，包括内容错误、排版错误、含混的文字和缺失的解释等。我们也欢迎有关更好的习题、更好的实例、增加内容和删除内容等建议。大家提出的建设性的意见会帮助将来的读者，我们会将勘误表张贴在支持网站上：www. stroustrup. com/ Programming。

作者简介

你也许有理由问："是一些什么人想要教我程序设计？"那么，下面是作者简介。我（即 Bjarme Stroustrup，如图 0-1 所示）和劳伦斯"皮特"彼得森（Lawrence "Pete" Petersen）合著了本书。我还设计并讲授了面向大学生初学者（一年级学生）的课程，这门课程是与本书同步开发的，以本书的初稿作为教材。

图 0-1　Bjarne Stroustrup

我是 C++ 语言的设计者和最初的实现者。在过去的大约 30 年间，我使用 C++ 和许多其他程序设计语言进行过各种各样的程序设计工作。我喜欢那些用在富有挑战性的应用（如机器人控制、绘图、游戏、文本分析以及网络应用）中的优美而又高效的代码。我教过能力和兴趣各异的人设计、程序设计和 C++ 语言。我是 ISO 标准组织 C++ 委员会的创建者，现在我是该委员会语言演化工作组的主席。

这是我第一本入门级的书。我编著的其他书籍，如 *The C++ Programming Language* 和 *The Design and Evolution of C++* 都是面向有经验的程序员的。

我出生于丹麦奥尔胡斯的一个蓝领（工人阶级）家庭，在家乡的大学获得了数学与计算机科学硕士学位。我的计算机科学博士学位是在英国剑桥大学获得的。我为美国电话电报公司（AT&T）工作了大约 25 年，最初在著名的贝尔实验室的计算机科学研究中心——UNIX、C、C++ 及其他很多东西的发明地，后来在 AT&T 研究实验室。

我现在是美国国家工程院的院士，ACM 会士研究员和 IEEE 会士研究员，贝尔实验室院士和 AT&T 院士。我获得了 2005 年度 Sigma Xi 科学研究社区科学成就 William Procter 奖，我是首位获得此奖的计算机科学家。

图 0-2　Lawrence " Pete " Petersen

2010 年，我获得丹麦 . 奥尔胡斯大学最老也是最有声望的奖项 Rigmor og Carl Holst-Knudsens Vrdens kapspris，这奖项是提供给与该校相关人士的科学成就。2013 年，我被俄罗斯圣彼得堡的信息技术、力学和光学（ITMO）国立研究大学授予计算机科学荣誉博士学位。

至于工作之外的生活，我已婚并有两个孩子，一个是医生，另一个目前是博士后。我喜欢阅读（包括历史、科幻、犯罪及时事等各类书籍），还喜欢各种音乐（包括古典音乐、摇滚、蓝调和乡村音乐）。和朋友一起享受美食是我生活中必不可少的一部分，我还喜欢访问世界各地有趣的地方和人。为了能够享受美食，我还坚持跑步。

关于我的更多信息，请浏览我的网站：www. research. att. com/ ～ bs 和 www. cs. tamu. edu/ people/ faculty/bs。特别地，你可以在那里找到我名字的正确发音。

在 2006 年末，Pete（如图 0-2 所示）如此介绍他自己："我是一名教师。将近 20 年来，我一直在德州农工大学讲授程序设计。我已 5 次被学生选为优秀教师，并于 1996 年被工程学院的校友会选为杰出教师。我是 Wakonse 优秀教师计划的委员和教师发展研究院研究员。

作为一名陆军军官的儿子，我的童年是在不断迁移中度过的。在华盛顿大学获得哲学学位后，我作为野战炮兵官员和操作测试研究分析员在军队服役了 22 年。1971—1973 年期间，我在俄克拉荷马希尔堡讲授野战炮兵军官的高级课程。1979 年，我帮助创建了测试军官的训练课程，并在 1978—1981 年及 1985—1989 年期间在跨越美国的 9 个不同地方以首席教官的身份讲授这门课程。

1991 年我组建了一个小型的软件公司，生产供大学院系使用的管理软件，直至 1999 年。我的兴趣在于讲授、设计和实现供人使用的实用软件。我在佐治亚理工大学获得了工业管理学硕士学位，在德州农工大学获得了教育管理学硕士学位。我还从 NTS 获得了微型计算机硕士学位。我的信息和运营管理学博士学位是在德州农工大学获得的。

我的妻子芭芭拉和我都生于德州的布莱恩。我们喜欢旅行、园艺和招待朋友；我们花尽可能多的时间陪我们的儿子们和他们的家人，特别是我们的几个孙子孙女，安吉丽娜、卡洛斯、苔丝、埃弗里、尼古拉斯和乔丹。"

令人悲伤的是，Pete 于 2007 年死于肺癌。如果没有他，这门课程绝对不会取得成功。

附言

很多章都提供了一个简短的"附言"，试图给出本章所介绍内容的全景描述。这样做是因为我们意识到，知识可能是（而且通常就是）令人畏缩的，只有当完成了习题、学习了更多的章节（应用了本章中提出的思想）并进行了复习之后才能完全理解。不要恐慌，放轻松，这是很自然的，也是可以预料的。你不可能一天之内就成为专家，但可以通过学习本书逐步成为一名相当称职的程序员。在学习过程中，你会遇到很多知识、实例和技术，很多程序员已经从中发现了令人激动的和有趣的东西。

第 1 章

计算、人和程序设计

"只有昆虫才专业化。"

——R. A. Heinlein

在本章中，我们介绍了一些我们认为的程序设计中重要的、有意思和有乐趣的内容。我们还介绍了一些基本的思想和理想。我们希望揭穿关于程序设计和程序员的一些流行神话。这是一章概览内容，可以暂时浏览，然后当你在解决一些程序设计问题并思考是否一切都值得时再回头阅读。

1.1　介绍

和大多数学习一样，学习程序设计也是一个先有鸡还是先有蛋的问题：我们想要开始学习，但同时也想知道我们将要学习的内容为什么重要。我们希望学习一项实用的技能，并且要确保它不是昙花一现。我们希望知道我们不会浪费时间，但又不想被烦琐的炒作和说教所厌烦。暂时只需阅读本章中感兴趣的部分内容，以后当你感到需要重新理解技术细节在课堂之外的重要性时，再回头阅读。

本章是我们对程序设计感兴趣和重要性的个人陈述。它解释了是什么激励我们在这个领域持续数十年。这是一章需要通过阅读来了解可能的最终目标和程序员可能是什么样的人的想法。一个初学者的技术书籍不可避免地包含了很多基础内容。在本章中，我们将目光从技术细节中抬起，考虑大局：为什么程序设计是一项有价值的活动？程序设计在我们的文明中扮演着什么角色？程序员引以为自豪的地方有哪些？程序设计在软件开发、部署和维护的更大世界中的地位如何？当人们谈论"计算机科学""软件工程""信息技术"等时，程序设计在其中扮演了什么角色？一个程序员做些什么？一个优秀的程序员需要具备哪些技能？

对于学生来说，理解一个想法、技术或章节的最迫切原因可能是为了通过考试取得好成绩，但学习必须有更多的意义！对于在软件行业工作的人来说，理解一个想法、技术或章节的最迫切原因可能是找到一些可以帮助当前项目并且不会惹恼掌控着下一级薪水、晋升和雇佣的老板的东西，但学习必须有更多的意义！当我们觉得我们的工作在某种程度上让世界变得更美好时，我们的工作效果最佳。对于我们多年来执行的任务（构成职业和事业的"事物"），理想和更抽象的观念至关重要。

我们的文明建立在软件之上。改进软件和发现软件的新用途是一个人可以帮助许多人改善生活的两种方式。程序设计在其中起着关键作用。

1.2　软件

好的软件是看不见的。你看不见它，感受不到它，称量不了它，也无法敲击它。软件是在某台计算机上运行的程序集合。有时候，我们可以看到计算机本身。通常情况下，我们只能看到包含计算机的东西，比如电话、相机、面包机、汽车或者风力涡轮机。我们可以看到软件的作用。如果软件不能按照它应该做的事情，我们可能会感到恼怒或者受伤。如果软件应该做的事情不符合我们的需求，我们也可能感到恼怒或者受伤。

世界上有多少台计算机？我们不知道，至少有数十亿台。可能世界上的计算机数量比人的数量还要多。我们需要计算服务器、台式电脑、笔记本电脑、平板电脑、智能手机以及嵌入在"小玩意儿"中的计算机。

你每天（直接或间接地）使用多少台计算机？我的汽车里有 30 多台计算机，我有两部手机，一台 MP3 播放器，一台相机。然后还有我的笔记本电脑（你正在阅读的页面就是在上面编写的）和我的台式机。控制着空调、帮助我们抵御夏季的炎热和湿度的空调控制器就是一台简单的计算机。计算机科学系的电梯也由一台计算机控制着。如果你使用现代电视，里面至少会有一台计算机。一次上网冲浪会让你通过一个由成千上万台计算机构成的电信系统——电话交换机、路由器等，与数十台甚至数百台服务器直接接触。

我不会在汽车的后座上带着 30 台笔记本电脑四处驾驶！因为，大多数计算机不像一般人们所熟悉的计算机形象（带有屏幕、键盘、鼠标等）；它们是嵌入在我们使用的设备中的小型"部件"。因此，那辆汽车看起来没有任何像计算机的东西，甚至没有用于显示地图和驾驶方向的屏幕（尽管这样的设备在其他汽车上很受欢迎）。然而，它的引擎中包含了相当多的计算机，用于燃油喷射控制和温度监测等任务。辅助动力转向系统涉及至少一台计算机，收音机和安全系统也包含一些计算机，我们甚至怀疑车窗的开关控制也是由计算机控制的。新型号的汽车甚至配备了连续监测胎压的计算机。

在你每天的活动中，你依赖多少台计算机？比如吃饭，如果你生活在现代城市，将食物送到你手上是一项需要规划、运输和储存的非凡工作。物流网络的管理当然是计算机化的，通信系统将它们紧密地连接在一起也是如此。现代农业高度计算机化，在牛棚旁边，你会找到用于监测牛群（年龄、健康状况、产奶量等）的计算机，农业设备越来越多地采用计算机化技术，各个政府部门所需的表格数量足以让任何诚实的农民感到崩溃。如果出现问题，你可以从报纸上读到所有的情况，当然，报纸上的文章是在计算机上编写的，由计算机排版在页面上，（如果你还在阅读"纸质版"）通过计算机设备印刷出来——通常是通过电子方式传输到印刷厂之后。图书的制作也是以同样的方式进行的。如果你需要通勤，交通流量会通过计算机进行监控，试图（通常徒劳无功）避免交通堵塞。你更喜欢坐火车吗？那列火车也会被计算机化；有些火车甚至无人驾驶，火车的子系统（如公告、制动和售票）涉及大量计算机。如今的娱乐行业（音乐、电影、电视、舞台表演）是计算机的主要使用者之一。即使非卡通电影也大量使用（计算机）动画；音乐和摄影也采用了数字（即使用计算机）进行录制和传输。如果你生病了，医生做检查会涉及计算机，医疗记录通常是计算机化的，如果你被送到医院治疗，你将会接触到许多含有计算机的医疗设备。除非你碰巧住在没有任何电力设备（包括电灯泡）的森林小屋里，否则你会使用能源。从油井深处的钻头到你当地的加油站，从找到石油、提取、加工到分销，都涉及使用计算机的系统。如果你用信用卡支付汽油费用，你也会涉及一系列计算机。对于煤炭、天然气、太阳能和风能也是一样的情况。

前面的例子都是"操作性的"，它们直接参与到你正在做的事情中。再往外延展一些是重要且有趣的设计领域。你穿的衣服、你使用的电话以及提供你喜爱咖啡的咖啡机都是使用计算机进行设计和制造的。现代摄影镜头的卓越品质和现代日常小工具与器皿的精美外形几乎都归功于基于计算机的设计和生产方法。设计我们生活环境的工匠 / 设计师 / 艺术家 / 工程师从许多以前被认为是基本的物理限制中解放出来。如果你生病了，给你治疗的药物也将使用计算机进行设计。

最后，科学研究本身在很大程度上依赖于计算机。探索遥远星球的望远镜如果没有计算机就无法设计、建造或操作，它们产生的大量数据也无法在没有计算机的帮助下进行分析和理解。一个生物学领域的研究人员可能不会过多地使用计算机（除非使用相机、数字录音机、电话等），但在实验室中，数据必须被存储、分析、与计算机模型进行对比，并与其他科学家交流。现代化学和生物学（包括医学）在很大程度上使用了计算机，这在几年前还是无法想象的，对大多数人来说仍然是无法想象的。人类基因组是由计算机进行测序的。或者——准确地说——人们使用计算机对人类基因组进行了测序。在所有这些例子中，我们看到计算机是我们能够更好地完成某些事情的工具。

这些计算机上运行着软件。没有软件，它们只是昂贵的硅、金属和塑料块：门挡、船锚和加热器。这些软件中的每一行都是由某个人编写的。实际执行的每一行代码如果不是正确的，至少是合理的。这一切都能够正常运行真是令人惊讶！我们谈论的是数十亿行代码（程序文本），使用数百种程序设计语言。让所有这些代码工作起来需要大量的努力，涉及难以想象的多种技能。我们希望对我们所依赖的每一项服务和装置进行进一步改进。想想你所依赖的任何一项服务和装置；你希望看到什么样的改进？即使没有其他，我们希望我们的服务和装置更小（或更大）、更快、更可靠，具有更多功能，更易于使用，具有更高的容量，外观更好，价格更便宜。你所想到的改进很可能需要一些程序设计的参与。

1.3　人

计算机是由人为人类使用而制造的。计算机是一种非常通用的工具，可以用于各种各样的任务。要使计算机对某人有用，需要编写程序。换句话说，计算机只是一种硬件设备，直到有人——程序员——为其编写代码才能完成有用的任务。我们经常忽略软件的存在。更常见的是，我们忽视了程序员的存在。

好莱坞和类似的"大众文化"给程序员贴上了很多负面形象。例如，我们都见过那些沉迷于视频游戏并试图侵入他人计算机的孤独、肥胖、不擅社交的怪胎形象。他（几乎总是男性）可能想摧毁世界，也可能想拯救世界。显然，现实生活中也存在这样的夸张形象，但根据我们的经验，与律师、警察、汽车销售员、记者、艺术家或政治家相比，在软件开发人员中出现这样的形象的概率并不更高。

回想一下你在生活中所了解的计算机应用，它们是由一个人独自在黑暗的房间里完成的吗？当然不是。一个成功的软件、计算机化的设备或系统的创建涉及数十个、数百个，甚至数千个人扮演的一系列角色：如程序员、程序设计师、测试人员、动画师、焦点小组经理、实验心理学家、用户界面设计师、分析师、系统管理员、客户关系人员、音效工程师、项目经理、质量工程师、统计学家、硬件接口工程师、需求工程师、安全主管、数学家、销售支持人员、故障排除人员、网络设计师、方法论者、软件工具经理、软件管理员等。这些角色的范围很广，而且因为各个组织的称谓不同，变得更加令人困惑：一个组织的"工程师"可能是另一个组织的"程序员"，又是另一个组织的"开发人员""技术成员"或者"架构师"。甚至还有一些组织允许员工自己选择自己的称谓。这些角色并不都直接涉及程序设计。然而，在我们个人的经验中，我们见过在阅读和编写代码时扮演着上述每个角色的例子。此外，一个程序员（扮演任何这些角色以及其他角色）可能在很短的时间内与各种背景的人进行广泛的交流，比如生物学家、发动机设计师、律师、汽车销售员、医学研究人员、历史学家、地质学家、宇航员、飞机工程师、木材场经理、火箭科学家、保龄球馆建设者、记者和动画师（是的，这个列表是根据个人经验编写的）。一个人有时可能是程序员，有时可能在职业生涯的其他阶段担任非程序员角色。

关于程序员孤独的传言完全是杜撰的。喜欢独立工作的人会选择最容易实现这种方式的领域，通常会对"干扰"和会议感到非常不满。喜欢与其他人互动的人会更容易相处，因为现代软件开发是一项团队活动。这意味着社交和沟通技能是至关重要的，远比刻板印象中所显示的重要。在程序员（无论你如何实际定义程序员）最需要的技能列表上，你会发现良好的沟通能力就在里面，与来自各种背景的人进行非正式交流，或在会议上，在书面交流中以及在正式演讲中交流。我们确信，除非你完成了两个或更多的团队项目，否则你不知道程序设计是什么，你是否真的喜欢它。我们喜欢程序设计的一些原因，包括遇到友善和有趣的人以及作为职业生活一部分去参观的各种地方。

这一切的含义是，拥有各种技能、兴趣和工作习惯的人对制作出优质软件至关重要。我们的生活质量依赖于这些人，有时甚至决定我们的生命。没有一个人能够扮演我们在这里提到的所有角色；明智的人不会希望扮演所有的角色。你有比你能想象到的更广泛的选择；而不是你必须做出任何特定的选择。作为一个个体，你将"漂移"到与你的技能、才能和兴趣相匹配的工作领域。

我们谈论"程序员"和"程序设计"，但显然程序设计只是整个画卷的一部分。设计一艘船或一部手机的人并不认为自己是程序员。程序设计是软件开发的重要组成部分，但不是全部。这是一个重要的组成部分，它提供了高度有用的工具。在有人将这些工具应用于具体问题之前，它们几乎没有用处。

我们不得不解决的一个问题是从一个给定的任务开始，我们如何找到具有专业知识的人来完成这个任务。许多任务是从第一次编写程序开始的，然后又不断演变，直到实现最终目标。这个任务可能只是在一个人的头脑中开始，然后在组织的其他人之间传递。一个常见的问题是一个任务从一个人到另一个人的转移是如何进行的。这个过程并不简单，有时甚至非常复杂。它可能涉及写代码、解释代码、描述概念、描述问题的本质、描述问题的解决方案、说明一些技术细节、审查别人的工作、解决问题、提出问题、解释问题，等等。

我们并不假设你——我们的读者——想要成为一名专业的程序员并在余下的工作生涯中都在编写代码。即使是最优秀的程序员——尤其是最优秀的程序员——也将不会把大部分时间花在编写代码上。理解问题需要花费大量的时间，并且通常需要大量的智力努力。这种智力挑战就是许多程序员说程序设计很有趣的地方，许多最优秀的程序员通常拥有的不是计算机科学的学科学位。例如，如果你从事基因组研究软件方面的工作，那么如果您了解一些分子生物学知识，你的工作效率会更高；如果你从事分析中世纪文学的项目，你最好阅读一些文学作品，甚至可能需要了解一种或多种相关语言。一个持有"我只关心计算机和程序设计"态度的人将无法与他或她的非程序员同事互动，这样的人不仅会错过人际交往中最美好的部分（即生活），而且会成为糟糕的软件开发人员。

那么，我们假设什么呢？假设程序设计是一组具有智力挑战性的技能，是许多重要且有趣的技术学科的一部分。此外，程序设计是我们世界的重要组成部分，因此不了解程序设计的基础知识就像不了解物理学、历史、生物学或文学的基础知识一样。完全不懂程序设计的人会沦为只相信魔法，在许多技术角色中这类人都是危险的。如果你读过 *Dilbert*（《呆伯特》）漫画，把尖头发的老板想象成你不想见到或（更糟糕）成为的那种经理。此外，程序设计可以很有趣。

但是我们假设你可能使用程序设计来做什么？也许你会在没有成为专业程序员的情况下将程序设计作为你进一步学习和工作的关键工具。也许你会以具有程序设计基础知识的方式与其他人进行专业和个人互动，例如作为设计师、作家、经理或科学家。作为学习或工作的一部分，你可能会进行专业水平的程序设计。即使你真的成为一名专业程序员，你也不太可能只做程序设计工作。

你可能会成为一名专注于计算机的工程师或计算机科学家，但即便如此你也不会"一直程序设计"。程序设计是一种用代码表达想法的方式——一种帮助解决问题的方式。这没什么——绝对是浪费时间——除非你有值得提出的想法和值得解决的问题。

这是一本关于程序设计的书，我们承诺会帮助你学习如何程序设计，那么为什么我们强调非程序设计学科和程序设计的局限性呢？一个好的程序员理解代码和程序设计技术在项目中的作用。一个好的程序员（在大多数时候）是一个好的团队合作者，并且努力理解代码及其产品如何最好地支持整个项目。例如，想象一下我在开发一个新的 MP3 播放器程序（可能是智能手机或平板电脑的一部分），我关心的只是我的代码的美感和我可以提供的简洁功能的数量。我可能会坚持使用最大、功能最强大的计算机来运行我的代码。我可能会鄙视声音编码理论，因为它"不是程序设计"。我会留在我的实验室，而不是出去见潜在的用户，他们无疑对音乐的品位很差，并且不会欣赏 GUI（图形用户界面）程序设计的最新进展。这样做可能的结果将是给项目带来灾难。更大的计算机意味着更昂贵的 MP3 播放器和更短的电池寿命。编码是数字处理音乐的重要组成部分，因此不注意编码技术的进步可能会导致每首歌曲的内存需求增加（对于相同质量的输出，编码差异高达 100%）。无视用户的偏好——无论他们在你看来多么古怪和陈旧——通常会导致用户选择其他产品。编写好的程序的一个重要部分是了解用户的需求以及这些需求对实现（即代码）的约束。为了完成这个糟糕的程序员的画像，我们还需要添加延迟交付这一条，因为他们对细节痴迷和对简单测试代码的正确性过度自信。我们鼓励你成为一名优秀的程序员，有一个广阔的视野才能制作优秀的软件，这就是对社会的价值和个人满意度的关键所在。

1.4 计算机科学

即使采用最广泛的定义，程序设计也应该被视作更大事物的一部分。我们可以将其视为计算机科学、计算机工程、软件工程、信息技术或任何其他软件相关学科的子学科。我们将程序设计视为计算机和信息科学与工程、物理学、生物学、医学、历史学、文学以及任何其他学术或研究领域的一种有益的技术。

以计算机科学为例，1995 年美国政府的一本蓝皮书这样定义它："计算机系统与计算的系统性研究。该学科的知识体系包含了理解计算机系统和方法的理论，设计方法、算法和工具；概念测试的方法；分析和验证的方法，以及知识表示和实现。"正如我们所期望的那样，Wikipedia 的条目就不那么正式了："计算机科学或计算科学，是关于信息和计算的理论基础及其在计算机系统中实施和应用的研究。计算机科学有许多子领域；一些领域（如计算机图形学）强调特定结果的计算，一些领域（如计算复杂性理论）则涉及计算问题的属性。还有一些领域关注实现计算的挑战。例如，程序设计语言理论研究描述计算的方法，而计算机程序设计则应用特定的程序设计语言解决特定的计算问题。"

程序设计是一种工具；它是表达基本和实际问题的解决方案的基本工具，因此可以通过实验对其进行测试、改进和使用。程序设计是思想和理论与现实相遇的地方。这就是计算机科学可以成为一门实验学科，而不是纯粹的理论，并影响世界的地方。在这种情况下，就像在许多其他情况下一样，程序设计对久经考验的实践和理论的表达是至关重要的。它绝不能退化为纯粹的黑客攻击：只需编写一些代码，任何满足即时需求的旧方法。

1.5 计算机无处不在

没有人知道所有关于计算机或软件的知识。本节仅举几个例子。也许你会看到你喜欢的东西。至少你可能会相信，计算机使用的范围——以及由此产生的程序设计——远远超出任何人所能完全掌握的范围。

大多数人认为计算机是连接到屏幕和键盘的灰色小盒子。这样的计算机往往擅长游戏、消息、电子邮件以及播放音乐。其他计算机，称为笔记本电脑，供无聊的商务人士在飞机上使用，以查看电子表格、玩游戏和观看视频。这幅漫画只是冰山一角。大多数计算机在我们看不见的地方工作，并且是让我们的文明持续发展体系的一部分。一些大到填充整个房间，一些小到和硬币一样。许多有趣的计算机并不通过键盘、鼠标或类似的小工具，而是直接与人交互。

1.5.1　有屏幕和没有屏幕

计算机是一个带有屏幕和键盘的相当大的矩形盒子，这个想法很普遍，而且通常很难摆脱。但是，请看这两台计算机，如图 1-1 和图 1-2 所示。

图 1-1　有屏幕

图 1-2　无屏幕

这两种"小工具"（恰好是手表）都是计算机。事实上，我们推测它们本质上是具有不同 I/O（输入 / 输出）系统的同一型号计算机。图 1-1 手表是驱动一个小屏幕（类似于传统计算机上的屏幕，但更小），图 1-2 手表是驱动小电动机控制传统时钟指针和一个数字盘，用于读出日期。它们的输入系统是 4 个按钮（在图 1-2 手表上更容易看到）和 1 个无线电接收器，用于与高精度的"原子"时钟同步。控制这两台计算机的程序很多是可以共用的。

1.5.2　船舶

图 1-3 和图 1-4 所示的两张照片展示了一个大型船用柴油发动机和它可能驱动的船舶。

图 1-3　柴油发动机

图 1-4　有驱动的船舶

来看看计算机和软件在这里发挥关键作用的地方：

- 设计：船舶和发动机都是使用计算机设计的。用途不胜枚举，包括建筑和工程绘图、一般计算、空间和零件的可视化以及零件性能的模拟等。
- 建筑：现代造船厂高度计算机化。船舶的组装是用计算机精心策划的，工作由计算机指导。焊接由机器人完成。如果没有小型焊接机器人在船体之间的空间内进行焊接，就无法建造现代双壳油轮。那里的空间无法容纳人。为船舶切割钢板是世界上最早的 CAD/CAM（计算机辅助设计和计算机辅助制造）应用程序之一。
- 发动机：发动机采用电子燃油喷射，由几十台计算机控制。对于 100,000hp[①] 的发动机（如图 1-3 中的发动机）来说，这是一项艰巨的任务。例如，发动机管理计算机不断调整燃料混合，最大限度地减少因发动机调校不当而造成的污染。许多与发动机（和船的其他部分）

---

① 1 马力（hp）≈735W（瓦）

相关的泵本身都是计算机化的。

- 管理：船舶航行到有货物可装卸的地方。船队的调度是一个持续的过程（一是计算机化的），因此航线会随着天气、供需、港口的空间和装载能力而变化。甚至还有网站，可以随时查看各大商船的位置。图 1-4 中的船恰好是一艘集装箱船（世界上最大的集装箱船之一；长 397m，宽 56m），其他种类的大型现代船舶也采用类似的方式进行管理。

- 监控：远洋船舶在很大程度上是自主的；也就是说，它的船员可以处理进入下一个港口之前可能出现的大多数突发事件，它们也是全球网络的一部分。机组人员可以获得相当准确的天气信息（通过计算机化的卫星）。他们有 GPS（全球定位系统）、计算机控制和计算机增强型雷达。如果船员需要休息，大多数系统（包括发动机、雷达等）都可以（通过卫星）由航运线控制室进行监控；如果发现任何异常情况，或者如果"回家"的连接中断，系统就会通知机组人员。

看看这段简短描述中明确提及或暗示的数百台计算机中的一台发生故障的情况。第 25 章（"嵌入式系统程序设计"）比较详细地探讨了这一点。为现代船舶编写代码是一项有技巧且有趣的活动。它也很有用。海运的成本真的低得惊人。当你购买非本地制造的产品时，你会感激这一点。海运一直比陆运便宜，现在原因之一是计算机和信息的大量使用。

1.5.3　电信

图 1-5 和图 1-6 所示的两张照片显示了电话交换机和电话（同时也是相机、MP3 播放器、FM 收音机、网络浏览器等）。

图 1-5　电话交换机　　　　　　　　　　图 1-6　电话

看看计算机和软件在这里发挥关键作用的地方。你拿起电话并"拨号"，对方接听电话，然后你们开始通话。或者你可以留下语音邮件，或者你可以用手机摄像头发送照片，或者你可以发送短信（点击发送，让手机进行拨号）。显然手机就是计算机。如果手机（像大多数手机一样）有屏幕并且有比传统的"普通老式电话服务"更多的功能（如网页浏览），这一点尤其明显。实际上，此类电话往往包含多台计算机：一台用于管理屏幕，一台用于与电话系统通话，还有其他更多。

手机中管理屏幕、浏览网页等部分可能是计算机用户最熟悉的部分：它只是运行一个图形用户界面来处理"所有常见的事情"。大多数用户都不知道并且基本上没有想到的是这个小电话在工作与庞大系统通话。我拨了得克萨斯州的一个号码，但你正在纽约市度假，几秒钟后你的电话响了，我在城市交通的轰鸣声中听到你的"你好！"。许多手机基本上都可以在地球上的任何两个位置执行此操作，我们只是认为这是理所当然的。我的手机怎么找到你的？声音是如何传递的？声音是如何编码成数据包的？答案可以填满比这本书厚得多的书，它涉及分散在相关地理区域的数百台计算机上的硬件和软件组合，如果你不幸运，一些电信卫星（它们本身就是计算机化系统）也参与其中——"不幸运"是因为我们无法完美地补偿进入太空的 20,000mile[①] 的代价；光速（因此你的声音的速度）是有限的（光纤电缆要好得多：更短，更快，并且承载更多数据）。其中大部分运转非常好；骨干通信系统的可靠性为 99.9999%（例如，20 年内停机 20 分钟——即断线的概率为 20/(20×365×24×60)）。我们的问题往往出在我们的手机和最近的电话总机之间的通信上。

软件用于连接电话，用于将我们所说的话切成数据包以通过电线和无线电链路发送，用于路由这些消息，用于从各种故障中恢复，用于持续监控服务的质量和可靠性，当然也用于记账。跟踪系统的所有物理部分需要大量的智能软件：谁与谁对话？哪些部分进入新系统？什么时候需要进行一些预防性维护？

可以说，世界骨干电信系统由半独立但相互连接的系统组成，是最大、最复杂的人造物。更真实的一点是：记住，这不仅仅是无聊的旧电话加上一些新的花里胡哨功能。各种基础设施已经合并进来。它们也是互联网（网络）运行的平台，我们的银行和交易系统的运行平台，以及将我们的电视节目传送到广播电台的平台。因此，我们可以添加另外几张照片来说明电信，图 1-7 是纽约华尔街美国证券交易所的"交易大厅"，图 1-8 是部分互联网骨干网的代表（完整的地图太杂乱无章）。

图 1-7　交易大厅　　　　　　　　　　　图 1-8　互联网骨干网

碰巧的是，我们也喜欢数码摄影和使用计算机绘制专门的地图来使知识可视化。

1.5.4　医疗

图 1-9 和图 1-10 显示了 CAT（计算机轴向断层扫描）扫描仪和使用计算机辅助手术（也称为"机器人辅助手术"或"机器人手术"）的手术室。

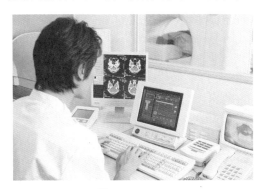 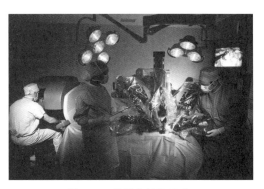

图 1-9　CAT　　　　　　　　　　　　图 1-10　机器人辅助手术

① 1 英里（mile）= 1.609 千米（km）

看看计算机和软件在这里发挥关键作用的地方。扫描仪上基本都是计算机；它们发出的脉冲由计算机控制，在应用相当复杂的算法将它们转换为我们能识别的人体相关部位（三维）图像之前，读数只不过是乱码。要进行计算机化手术，我们必须更进一步。各种各样的成像技术被用来让外科医生看到病人的身体内部，扩大手术点或手术点的光线变得更好。在计算机的帮助下，外科医生可以使用对人手来说非常精细的工具，或者在人手无法触及的地方进行切割。微创手术（腹腔镜手术）的使用就是这方面的一个简单例子，它最大限度地减少了数百万人的痛苦和恢复时间。计算机还可以帮助稳定外科医生的"手"，以便进行比其他方式更精细的工作。最后，可以远程操作"机器人"系统，从而使医生可以远程（通过互联网）帮助他人。所涉及的计算机和程序设计令人难以置信、复杂且有趣。仅圆形用户界面、设备控制和成像技术就会让成千上万的研究人员、工程师和程序员忙上几十年。

我们听到一大群医生讨论哪种新工具对他们的工作帮助最大：CAT 扫描仪？核磁共振扫描仪？自动血液分析机？高分辨率超声波机器？掌上电脑？经过一番讨论，这个"竞争"的一个令人惊讶的"赢家"出现了：即时访问病人记录。了解患者的病史（早期的疾病、早期尝试的药物、过敏、遗传问题、一般健康状况、目前的用药等）可以简化问诊流程并最大限度地减少错误的概率。

1.5.5　信息领域

图 1-11 和图 1-12 显示了一台普通 PC（也可能是两台）和服务器机群的一部分。

图 1-11　普通 PC　　　　　　　　　　　图 1-12　服务器机群

我们关注"小工具"的原因很常见：你看不到、感觉不到或听不到这些软件。我们无法向你展示一张完整程序的照片，所以我们向你展示一个运行该程序的"小工具"。然而，许多软件直接处理"信息"。因此，让我们看看运行"普通软件"的"普通计算机"的"普通用途"。

"服务器场"是提供网络服务的计算机的集合。运行最先进服务器集群的组织（如 Google、Amazon 和 Microsoft）对其服务器的细节守口如瓶，而且服务器集群的规格不断变化（因此大多数您在网络上找到的信息已过时）。然而，这些规格是惊人的，可以让任何人相信程序设计不仅仅是在笔记本电脑上计算几个数字：

- Google 在 25 ～ 50 个"数据中心"中使用了大约 100 万台服务器（每台都比你的笔记本电脑更强大）。
- 这样的数据中心是一个面积可达 60m×100m（约 200ft×330ft）或更大的仓库。
- 2011 年，《纽约时报》报道称，Google 的数据中心持续消耗约 2.6×10^8W 的电力 [1]（与拉斯维加斯的能源消耗量大致相同）。
- 假设一台服务器机器是一个 3GHz 四核处理器，主内存为 24GB。这意味着大约 12×10^{15}Hz 的计算能力（大约每秒 12,000,000,000,000,000 条指令）和 24×10^{15}B 的主内存（大约

---

[1] 译者注：此处应为电功率（单位 W），而非电力（单位为 Kw·h）。

24,000,000,000,000,000 字节），每个服务器可能有 4TB 的磁盘，提供 $4×10^{18}$B 的存储空间。

我们可能低估了这些数值，当你读到这篇文章时，我们几乎可以肯定是这样的。特别是，尽量减少能源消耗的努力似乎正在推动机器架构朝着每台服务器更多处理器和每台处理器更多内核的方向发展。GB 是 gigabyte，也就是大约 10^9 字节。TB 是 terabybe，大约是 1000GB，也就是大约 10^{12} 个字符。PB 即 Petabyte（即 10^{15} 字节）正在成为一种更常见的计量单位。这是一个非常极端的例子，但每个大公司都在网络上运行程序来与其用户／客户进行交互，例如 Amazon（主营书籍和其他商品销售）、Amadeus（主营机票和汽车租赁）和 eBay（主营在线拍卖）。数以百万计的公司、组织和个人也出现在网络上，他们大多数不运行自己的软件，但也有很多都在运行自己的软件，而且其中很多软件都不简单。

其他更传统的大规模计算工作涉及会计、订单处理、工资单处理、账单记录保存、计费、库存管理、人事记录、学生记录、患者记录等——基本上每个组织（商业机构和非商业、政府和私人）都需要保留记录。这些记录是其各自组织的支柱。使用计算机处理此类记录似乎很简单：对大部分信息（记录）只是存储和检索，很少对其进行处理。例子包括：

- 我 12:30 飞往芝加哥的航班还准点吗？
- Gilbert Sullivan 得过麻疹吗？
- Juan Valdez 订购的咖啡机是否已发货？
- Jack Sprat 在 1996 年（左右）购买了什么样的厨房椅子？
- 2012 年 8 月有多少电话来自 212 区号？
- 一月份售出的咖啡壶数量是多少？总价是多少？

其中涉及的数据库规模庞大，使得这些系统非常复杂。除此之外，这些情况还需要快速响应（对于单个查询通常不到 2s）并保持返回数据正确（至少在大多数情况下）。如今，人们谈论 TB 级数据（一个字节是保存一个普通字符所需的内存量）并不少见。这是传统的"数据处理"，它正在与"网络"融合，因为现在对数据库的大多数访问都是通过网络界面进行的。

这种计算机使用方式通常被称为信息处理。它专注于数据——通常是大量数据。这导致了对数据组织和传输方面的挑战，以及许多关于如何以可理解的形式呈现大量数据的有趣工作："用户界面"是处理数据的一个非常重要的方面。例如，考虑分析一部较早的文学作品（例如，乔叟的《坎特伯雷故事集》或塞万提斯的《堂吉诃德》），通过比较几十个版本来弄清楚作者实际上写了什么。我们需要使用分析人员提供的各种标准来搜索文本，并以有助于发现要点的方式显示结果。想到文本分析，就会想到出版：今天，几乎所有文章、书籍、小册子、报纸等都是在计算机上制作的。对大多数人来说，设计软件来很好地支持这一点仍然缺乏真正好的解决方案。

1.5.6　一种垂直的视角

有些说法认为古生物学家可以通过研究一块小骨头重建完整的恐龙，并描述其生活方式和自然环境。这可能有点夸张，但是看着一个简单的物品并思考它的含义是有道理的。图 1-13 显示了美国宇航局火星探测器上的相机拍摄的火星景观。

图 1-13　火星景观

如果你想研究"火箭科学"，成为一名优秀的程序员是一种方法。各种太空计划雇用了很多软件设计人员，尤其是那些也了解作为载人和无人太空计划基础的物理、数学、电气工程、机械工程、医学工程等领域知识的软件设计人员。让这两辆漫游者在火星上行驶多年是我们文明最伟大的技术胜利之一。其中一台（勇气号）发回了 6 年的数据，另一台（机遇号）在撰写本文时仍在工作，并于 2014 年 1 月在火星上度过十周年纪念日。而它们的设计寿命仅为 3 个月。

照片通过通信信道传输到地球，单向传输延迟为 25 分钟；有很多巧妙的程序设计和高级数学知识可以确保使用最少的位数传输图片而不会丢失任何一位。然后在地球上使用算法渲染照片以恢复颜色并最大程度地减少由于光学和电子传感器引起的失真。

火星车的控制程序当然是程序——火星车每 24 小时进行自动驾驶，并按照前一天从地球发出的指令进行操作。数据传输由程序管理。

漫游者进行传输和照片重建中涉及的各种计算机所使用的操作系统都是程序，编写本章所用的应用程序也是如此。运行这些程序的计算机是使用 CAD/CAM（计算机辅助设计和计算机辅助制造）程序设计和生产的。这些计算机的芯片是在使用精密工具构建的，计算机化装配线上生产的，而且这些工具在其设计和制造中也使用计算机（和软件）。这些漫长的施工过程的质量控制涉及大量计算。所有这些代码都是人类用高级程序设计语言编写的，并由编译器翻译成机器码，而编译器本身就是这样一个程序。其中许多程序使用 GUI 与用户交互，并使用输入 / 输出流交换数据。

最后，大量程序设计也涉及图像处理（包括处理来自火星漫游者的照片）、动画和照片编辑（网络上流传着以"火星人"为主题的漫游者照片的不同版本）。

1.5.7　与 C++ 程序设计有何联系

所有这些"花哨而复杂"的应用程序和软件系统与学习程序设计和使用 C++ 有什么关系？这种联系很简单，就是许多程序员确实在从事此类项目。这些都是好的程序设计可以帮助实现的项目。此外，本章中使用的每个示例都涉及 C++，并且至少涉及我们在本书中描述的一些技术。在MP3 播放器、轮船、风力涡轮机、火星探测和人类基因组计划中都有 C++ 程序。有关更多使用C++ 的应用程序，请参阅 www.stroustrup.com/applications.html。

1.6　程序员的理想

我们想从我们的计划中得到什么？相对于特定程序的特定功能，我们一般想要什么？我们想要程序的正确性和可靠性。如果程序没有做它应该做的事情，并且以某种方式让我们可以依赖它，那么它可能是一个严重的麻烦，最坏的情况可能是一种危险。我们希望它设计得很好，以便很好地满足实际的需求；如果一个程序所做的是对我们无关紧要的，或者它正确地做了一些让我们烦恼的事情，那么它的正确性并不重要。我们也希望它是我们负担得起的；与我常用的交通工具相比，我可能更喜欢劳斯莱斯或公务机，但除非我是亿万富翁，否则我不会负担这些成本。

这些是非程序员的其他人可以从外部对软件（小工具、系统）赞赏的方面。它们是程序员的理想，如果我们想生产成功的软件，我们必须始终牢记它们，尤其是在开发的早期阶段。此外，我们必须关注与代码本身相关的理念：我们的代码必须是可维护的；也就是说，它的结构必须让没有编写它的人能够理解并进行更改。一个成功的项目会"存在"很长时间（通常是几十年），并且会经历一次又一次的修改。例如，它会被转移到新的硬件上，它会增加新的功能，它会被修改以使用新的 I/O 设备（屏幕、视频、声音），使用新的自然语言进行交互等。只有失败的程序永远不会被修改。为了实现可维护性，相对于它的需求来说，程序必须是简单的，并且代码必须直接代表其所想表达的想法。复杂性——简单性和可维护性的敌人——可能是问题的内在导致的（在这种情况下我们必须要处理它），但它也可能源于代码的糟糕表达方法。我们必须通过良好的编码风格来避免这种情况——风格很重要！

这听起来并不难，也确实如此。为什么呢？程序设计从根本上说很简单：只需告诉机器它应该做什么。那么为什么说程序设计最具挑战性呢？计算机从根本上来说很简单；他们只能做一些操作，例如将两个数字相加并根据两个数字的比较选择下一条要执行的指令。问题是我们不希望计算机做简单的事情，我们希望"机器"做一些困难到我们很难完成的事情，但计算机是挑剔的、无情的、不聪明的机器。此外，这个世界比我们想象的要复杂得多，所以我们并不真正了解我们的要求意味着什么。我们只是想要一个程序"做这样的事情"，不想被技术细节所困扰。我们也倾向于假设"常识"。不幸的是，常识在人类中并不那么普遍，在计算机中更是完全不存在（尽管一些真正设计良好的程序可以在特定的、易于理解的情况下模仿它）。

这种思路导致了"程序设计就是理解"的想法：当你可以对一项任务进行程序设计时，你定是理解了它。反过来，当你彻底理解一项任务时，你可以编写一个程序来完成它。换句话说，我们可以将程序设计视为彻底理解某个主题的一部分。程序是我们对问题理解的精确表示。

当你程序设计时，你会花费大量时间来尝试理解你试图自动化的任务。

我们可以将开发程序的过程描述为 4 个阶段：

- 分析：问题是什么？用户想要什么？用户需要什么？用户能负担得起什么？我们需要什么样的可靠性？
- 设计：我们如何解决问题？系统的总体结构应该是怎样的？它由哪几部分组成？这些部分是如何相互联系的？系统如何与用户沟通？
- 程序设计：用代码表达问题的解决方案（设计）。以满足所有约束（时间、空间、金钱、可靠性等）的方式编写代码。确保代码正确且可维护。
- 测试：通过系统地测试，确保系统在所有需要的情况下都能正常工作。

程序设计加测试通常称为实现。显然，将软件开发简单分成四个部分是一种简化。这四个主题中的每一个都有与之相关厚厚的书籍，还有更多关于它们如何相互关联的书籍。需要注意的是，这些开发阶段并不是独立的，也不是严格按顺序发生的。我们通常从分析开始，但是测试的反馈可以帮助改进程序设计；程序运行出现问题可能表明设计存在问题；处理设计问题可能会发现迄今为止在分析中被忽视的问题的各个方面。实际使用该系统通常会暴露分析的弱点。

这里的关键概念是反馈。我们从经验中学习，并根据我们学到的东西修改我们的行为，这对于有效的软件开发至关重要。对于任何大型项目，在我们开始之前，我们并不知道关于问题及其解决方案的所有信息。我们可以尝试想法并通过程序设计来获得反馈，在开发的早期阶段，通过写下设计想法、检验这些设计想法以及通过朋友的使用来获得反馈更容易（也更快）。我们所知道的最好的设计工具是黑板（如果你更喜欢化学气味而不是粉笔灰，请改用白板）。永远要记得尽量避免单独设计！在通过向某人解释你的想法来检验你的想法之前，不要开始编码。在开始使用键盘写代码之前，与朋友、同事、潜在用户等讨论设计和程序设计技术。令人惊讶的是，你可以从简单的尝试解释想法的过程中学到许多东西。毕竟，程序只不过是一些想法的表达（在代码中）。

同样，当你在执行程序时遇到困难，不要从代码中寻找解决方案，想想问题本身，而不是你不完整的解决方案。多与其他人交流：解释你想做什么以及为什么它行不通。你经常发现，通过向某人仔细解释问题就能找到解决方案。如果没有必要，不要单独调试代码（查找程序错误）！

本书的重点是实现，尤其是程序设计。除了大量例题及其解决方案的例子外，我们不教"解决问题的方法"。许多问题的解决是识别已知问题并应用已知的解决方法。只有当大多数子问题都以这种方式处理时，你才会有时间沉浸在令人兴奋并有创造性的"跳出固定模式的思维"中。因此，本节的重点在于展示如何在代码中清楚地表达想法。

在代码中直接表达思想是程序设计的基本理想目标。这真的很明显，但到目前为止我们还缺少很好的例子。我们会反复提及到这一点。当我们在代码中需要一个整数时，我们将它存储在一个 int 类型中，它提供了基本的整数操作。当我们想要一串字符时，我们将它存储在一个 string 类型中，它提供了最基本的文本处理操作。在最基本的层面上的理想是，当我们有一个想法、一个概念、一个实体，一些我们认为是"事物"的东西，一些我们可以在白板上写出来的东西，一些我们可以在讨论中参考的东西，一些我们的（非计算机科学）教科书谈到的东西，然后我们希望这些东西作为命名实体（一种类型）存在于我们的程序中，并提供我们认为适合它的操作。如果我们想进行数学运算，我们需要 complex 类型表示复数和 matrix 类型用于线性代数。如果我们要处理图形，我们需要一个 Shape 类型、一个 Circle 类型、一个 Color 类型和一个 Dialog_box 类型。当我们想要处理数据流时，比如来自温度传感器的数据流，我们需要一个 istream 类型（i 代表输入）。显然，每个这样的类型都应该提供适当的操作，而且只提供适当的操作。这些只是本书中的几个例子。除此之外，我们还为你提供工具和技术来构建你自己定义的类型，以直接表示你在程序中想要表达的任何概念。

程序设计部分是实用的，部分是理论的。如果你只注重实用，你将产生不可扩展、难以维护解决方案。如果你只注重理论，你会生产出无法使用（或难以负担）的玩具。

关于程序设计理念的不同观点，以及一些通过使用程序设计语言为软件做出重大贡献的人，请参阅第 22 章 "理念与历史"。

回顾

复习题旨在为读者指出章节中的关键内容。一种方法是将它们作为练习的补充：练习侧重于程序设计的实际操作，复习题则试图帮助你阐明想法和概念。在这一点上，它们类似于很好的面试问题。

1. 什么是软件？
2. 为什么软件很重要？
3. 软件重要在哪里？
4. 如果某些软件出现故障，会出现什么问题？列举一些例子。
5. 软件在哪里发挥重要作用？列举一些例子。
6. 与软件开发相关的工作有哪些？列举一些例子。
7. 计算机科学和程序设计有什么区别？
8. 船舶的设计、建造和使用过程中哪些地方使用了软件？
9. 什么是服务器集群？
10. 你在网上问了哪些问题？列举一些例子。
11. 软件在科学中有哪些用途？列举一些例子。
12. 软件在医学上有哪些用途？列举一些例子。
13. 娱乐软件有哪些用途？列举一些例子。
14. 我们期望好的软件有哪些一般特性？
15. 软件开发人员是什么样的？

16. 软件开发有哪些阶段？

17. 为什么软件开发会很困难？列举一些原因。

18. 软件的哪些用途让你的生活更轻松？

19. 软件的哪些用途会让你的生活变得更加困难？

术语

这些术语提供了程序设计和 C++ 的基本词汇。如果你想了解人们对程序设计的看法并阐明你自己的想法，你应该知道每个术语的意思。

affordability（负担得起）	customer（客户）	programmer（程序员）
analysis（分析）	design（设计）	programming（程序设计）
blackboard（黑板）	feedback（反馈）	software（软件）
CAD/CAM	GUI	stereotype（刻板印象）
communication（沟通）	ideals（理想）	testing（测试）
correctness（正确性）	implementation（实现）	user（用户）

练习题

1. 选择一项你经常做的活动（比如去上课、吃晚饭或看电视）。列出计算机直接或间接参与的方式。

2. 选择一个职业，最好是你有兴趣或了解的职业。列出从事该行业的人所做的涉及计算机的活动。

3. 与选择不同职业的朋友交换练习 2 中的列表并改进他或她的列表。完成后，比较你们的结果。请记住：开放式练习没有完美的解决方案，总是有改进的空间。

4. 根据你自己的经验，描述一项没有计算机就不可能进行的活动。

5. 列出你直接使用过的程序（软件应用程序）。列出你与程序交互的明显示例（例如在 MP3 播放器上选择一首新歌曲时），而不是可能恰好涉及计算机的示例（例如转动汽车的方向盘）。

6. 列出人们所做的十项不以任何方式，甚至间接涉及计算机的活动。这可能比你想象的要难！

7. 确定现在不涉及计算机但将来某个时刻会使用它们的五项任务。写几句话来详细说明你列举的每一个。

8. 解释（100～500 字）你为什么想成为一名计算机程序员。另一方面，如果你确信自己不想成为一名程序员，请解释一下。无论哪种情况，都要使用经过深思熟虑的、合乎逻辑的论据。

9. 解释（100～500 字）你想在计算机行业扮演除程序员以外的什么角色（独立于"程序员"是否是你的第一选择）。

10. 你认为计算机会发展成为有意识的、会思考的生物，能够与人类竞争吗？写一小段文字（至少 100 字）来支持你的立场。

11. 列出大多数成功的程序员共有的一些特征。然后列出一些人们普遍认为程序员具有的特征。

12. 列举至少五种本章中提到的计算机应用程序，并选择你觉得最有趣并且最有可能在某天参与的一种。写一小段文字（至少 100 字）解释你为什么选择这一应用程序。

13. 存储（a）这一页文字，（b）这一章，（c）莎士比亚的所有作品需要多少内存？假设一个字节的内存保存一个字符，并尽量精确到误差在 20% 左右。

14. 你的电脑有多少内存？多少主内存？多大磁盘？

附言

我们的文明依靠软件运行。软件领域是一个具有无与伦比的多样性和机会的领域，是可以从事有趣的、对社会有用的和有利可图的工作的领域。当你接触软件时，要以一种有原则和严肃的方式去做：你想成为解决方案的一部分，而不是增加问题。

我们显然对渗透到我们技术文明中的软件感到敬畏。当然，并不是所有的软件应用程序都很好。在这里，我们想强调软件的普及程度以及我们日常生活中所依赖的东西在多大程度上取决于软件。这些都是像我们这样的人写的。所有编写这些软件的科学家、数学家、工程师、程序员等都像你一样从零开始的。

现在，让我们回到对程序设计所需技术的学习。如果你开始怀疑学习程序设计是否值得你所有的努力（最有思想的人有时会怀疑），请回来重新阅读本章、前言和引言的部分内容。如果你开始怀疑自己是否能处理好这一切，请记住，数以百万计的人已经成功成为称职的程序员、设计师、软件工程师等，你也可以。

第一部分
基 础

"让鱼雷见鬼去吧，全速前进！"

——Admiral Farragut

第 2 章

Hello, World!

"通过编写程序来学习程序设计。"

—Brian Kernighan

本章我们将展示一个最简单的 C++ 程序，它实际上可以做任何事情。编写这个程序的目的如下：

- 让你试用自己的程序设计环境
- 让你第一次感受如何让计算机为你做事情。

因此，我们提出了程序的概念，即使用编译器将程序从人类可读的形式转换为机器指令，并最终执行这些机器指令。

2.1　程序

要让计算机做某事，你（或其他人）必须准确地——极其详细地——告诉它该做什么。这种对"做什么"的描述称为程序，程序设计就是编写和测试这种程序的行为。

在某种意义上，我们之前都编写过程序。毕竟，我们曾描述过所要完成的任务，例如"如何开车去最近的电影院""如何找到楼上的浴室"以及"如何用微波炉加热一顿饭"。这种描述和程序之间的区别在于精确程度：人类倾向于用常识来弥补不精确的指令，但计算机不会。例如，"在走廊右转，上楼梯，它就在你的左边"可能是一个很好的描述如何去楼上浴室的指令。然而，当你仔细看这些简单的指令时，你会发现它们语法草率，指令不完整。对于人类而言，这些很容易弥补。例如，假设你正坐在桌旁，询问去洗手间的方向。你不需要别人告诉你从椅子上站起来到走廊去，绕着桌子走（不要跨过桌子或从桌子下面走），不要踩到猫等。你不必被告知不要带走刀子和叉子，以及记得开灯才能看到楼梯。你也不需要被告知进入浴室之前需要先开门。

相比之下，计算机真的很笨，它们所做的每件事情都需要精确而详细的描述。再思考一下"在走廊右转，上楼梯，它就在你的左边。"走廊在哪里？什么是走廊？什么是右转？楼梯是什么？我怎么上楼？（一步一个台阶？两个台阶？从栏杆上爬上去？）在我左边的是什么？它什么时候会在我的左边？为了能够精确地为计算机描述"事情"，我们需要一种具有特定语法的精确定义的语言（对此而言，英语的结构太过松散），并针对我们想要执行的各种动作定义明确的词汇表。这样的语言被称为程序设计语言，C++ 是一种为各种各样的程序设计任务而设计的程序设计语言。

如果你想了解更多关于计算机、程序和程序设计的哲学细节，请（重新）阅读第 1 章。在本章，让我们看一些代码，从一个非常简单的程序和运行它所需的工具和技术开始学习。

2.2　经典的第一个程序

这是经典的第一个程序的一个版本。它在你的屏幕上输出"Hello, World ！"：

```cpp
// 这个程序将消息 "Hello, World!" 输出到显示器上
#include "std_lib_facilities.h"
int main()                          // C++ 程序从执行主函数 main 开始
{
    cout << "Hello, World!\n";      // 输出 "Hello, World！"
    return 0;
}
```

把这段文字看作我们交给计算机执行的一组指令，就像我们把食谱交给厨师去做一样，或者是我们去做一个新玩具的一组组装指令。让我们讨论一下这个程序的每一行都做了什么，从第 5 行开始。

```cpp
    cout << "Hello, World!\n";      // 输出 "Hello, World!"
```

这一行实际上产生了输出。它打印的字符串 Hello, World! 后面跟着换行符；也就是说，在写完

Hello, World! 后，光标将被放置在下一行的开始。光标是一个闪烁的字符或线，显示你可以在哪里输入下一个字符。

在 C++ 中，字符串常量由双引号（"）分隔；即，"Hello, World!\n" 是一串字符。\n 是表示换行的"特殊字符"。名称 cout 指的是标准输出流。使用输出运算符 << "放入 cout"的字符将出现在屏幕上。名称 cout 发音为"see-out"，是"character output stream"的缩写。你会发现缩写在程序设计中很常见。当然，第一次看到缩写并且必须记住它可能有点麻烦，但是一旦你开始重复使用缩写，它们就会变得非常自然，并且它们对于保持程序文本的简短和可控制是必不可少的。

该行的结尾

```
// 输出 "Hello, World!"
```

是一个注释。在这一行中的 // 标记（即字符 /，称为"斜杠"，这里是两个斜杠）之后写的任何内容都是注释。注释被编译器忽略，编写注释是为了帮助程序员阅读代码。在这里，我们使用注释来告诉读者这一行的代码实际上做了什么。

编写注释是为了描述程序打算做什么，并且通常是为了提供对人类有用的信息，这些信息不能直接用代码表达。最有可能从你的代码中的注释中获益的人是你自己——当你下周或明年再看那段代码，却忘记了你为什么要这样写代码时。所以，好好记录你的程序。在 7.6.4 节中，我们将讨论什么是好的注释。

一个程序是为两个读者编写的。自然地，我们编写代码是供计算机执行的。但是，程序员会花很长时间阅读和修改代码，因此，程序员是程序的另一个读者。编写代码也是人与人之间交流的一种形式。事实上，考虑将人类作为代码的主要读者是有道理的：如果他们（我们）认为代码不太容易理解，代码就不太可能是正确的。所以，请不要忘记：代码是用来阅读的——尽你所能让它变得可读。无论如何，这些注释对人类读者是有帮助的；计算机不会查看注释中的文本。

这个程序的第一行是一个典型的注释；它只是告诉人类读者程序应该做什么：

```
// 这个程序将消息 "Hello, World!" 输出到显示器上
```

这样的注释很有用，因为代码本身只说明了程序要做什么，而不是我们想让它做什么。此外，我们通常可以对人类（粗略地）解释一个程序应该做什么，这比我们用代码向计算机（详细地）表达要简洁得多。通常，这样的注释是我们编写的程序的第一部分。不出意外的话，它会提醒我们要做什么。

下一行

```
#include "std_lib_facilities.h"
```

是一个"#include 指令"。它指示计算机从名为 std_lib_facilities.h 的文件中获取（"包括"）功能。编写该文件是为了简化使用 C++（"C++ 标准库"）所有实现中可用的功能。我们将随着学习的深入解释其内容。它是非常普通的标准 C++ 程序，我们将在后续章节中介绍它包含的细节。对于这个程序来说，std_lib_facilities.h 的重要性在于我们提供了标准的 C++ 流 I/O 工具。在这里，我们只使用标准输出流 cout 及其输出运算符 <<。使用 #include 包含的文件通常具有后缀 .h，称为头部或头文件。头文件包含我们在程序中使用的术语的定义，如 cout。

一台计算机如何知道从哪里开始执行程序？它会查找一个名为 main 的函数并开始执行它在那里找到的指令。下面是"Hello, World!"程序的 main 函数。

```
int main()                          // C++ 程序从执行主函数 main 开始
{
    cout << "Hello, World!\n";      // 输出 "Hello, World！"
    return 0;
}
```

每个 C++ 程序都必须有一个名为 main 的函数来告诉它从哪里开始执行。一个函数本质上是一个被命名的指令序列，计算机会按照它们被写入的顺序来执行指令。一个函数包含了 4 个组成部分：

- 返回值类型，这里是 int（意思是"整数"），它指定了结果的类型，如果有的话，函数将返回该类型的结果给请求执行它的人。int 一词是 C++ 中的保留词（关键字），因此不能将 int 用作任何其他名称（参见 A.3.1 节）。
- 函数名，这里是 main。
- 参数列表，封闭在圆括号中（参见 8.2 节和 8.6 节），此处为（）；在这个例子中，参数列表为空。
- 函数体，用一组"大括号" { } 括起来，其中列出了函数要执行的操作（称为语句）。

由此可见，最精简的 C++ 程序如下：

```
int main() { }
```

不过，这个程序没什么用，因为它什么都不做。"Hello World!"程序的函数 main()（"主函数"）函数体中有两条语句：

```
cout << "Hello, World!\n"; // 输出 "Hello, World!"
return 0;
```

首先它会写 Hello, World! 到屏幕上，然后它会返回一个值 0（零）给调用它的人。因为 main() 是由"系统"调用的，所以我们不会使用返回值。然而，在某些系统（特别是 UNIX/Linux）上，返回值可以用来检查程序是否成功。main0 返回的零（0）表示程序成功终止。

在 C++ 程序中指定具体动作的代码，且不是 #include 指令（或其他预处理器指令，见 4.4 和 A.17 节）的部分被称为语句。

2.3　编译

C++ 是一种编译语言。这意味着要运行一个程序，首先必须将其从人类可读的形式转换为机器可以"理解"的形式。这种转换是由一个叫作编译器的程序完成的。人类可以进行读和写的东西叫作源代码或程序文本，计算机执行的东西叫作可执行文件、目标代码或机器代码。通常，C++ 源代码文件被赋予后缀 .cpp（如 hello_world.cpp）或 .h（如 std_lib_utilities .h），目标代码文件被赋予后缀 .obj（在 Windows 中）或 .o（在 UNIX 中）。因此，纯代码是模糊的，可能会引起混淆；只有当它的含义很明确时，才小心使用它。除非另有说明，否则我们使用 code 来表示"源代码"甚至"注释之外的源代码"，因为注释实际上只是供人类阅读的，而不会被生成目标代码的编译器看到，如图 2-1 所示。

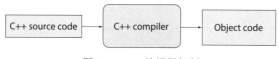

图 2-1　C++ 编译器机制

编译器会阅读你的源代码，并尝试理解你所编写的内容。它会查看你的程序在语法上是否正确，每个单词是否都有明确的定义，以及在不尝试实际执行程序的情况下，是否可以检测到明显的错误。你会发现编译器对语法相当挑剔。忽略程序中的某些细节，如 #include 文件、分号或大括号，就会导致错误。同样，编译器对拼写错误绝对零容忍。让我们用一系列例子来说明这一点，而每个例子中都有一个小错误，这些错误都是我们经常犯的一类错误的例子：

```
// 这里没有 #include
int main()
```

```
{
    cout << "Hello, World!\n";
    return 0;
}
```

我们没有包含任何文件来告诉编译器 cout 是什么，所以编译器会报错。为了纠正这个错误，让我们增加一个头文件：

```
#include "std_facilities.h"
int main()
{
    cout << "Hello, World!\n";
    return 0;
}
```

不幸的是，编译器再次抱怨：我们拼错了 std_lib_facilities.h。编译器也不支持以下代码：

```
#include "std_lib_facilities.h"
int main()
{
    cout << "Hello, World!\n;
    return 0;
}
```

我们没有用 " 来结束字符串。编译器也不支持以下代码：

```
#include "std_lib_facilities.h"
integer main()
{
    cout << "Hello, World!\n";
    return 0;
}
```

在 C++ 中使用的是缩写 int，而不是单词 integer。编译器也不支持以下代码：

```
#include "std_lib_facilities.h"
int main()
{
    cout < "Hello, World!\n";
    return 0;
}
```

我们使用了 <（小于运算符）而不是 <<（输出运算符）。编译器也不支持以下代码：

```
#include "std_lib_facilities.h"
int main()
{
    cout << 'Hello, World!\n';
    return 0;
}
```

我们使用单引号而不是双引号来限制字符串。最后，编译器发现这样的错误：

```
#include "std_lib_facilities.h"
int main()
{
```

```
    cout << "Hello, World!\n"
    return 0;
}
```

我们忘记用分号来终止输出语句。注意，许多 C++ 语句以分号（；）结束。编译器需要这些分号来识别一个语句在哪里结束，下一个语句在哪里开始。没有简短的、完全正确的、非技术性的方法来总结哪里需要分号。目前来说，只需要复制自己的使用模式，它可以总结为："在每个不以右大括号（}）结尾的表达式后面放一个分号。"

为什么我们要花两页篇幅和几分钟的宝贵时间来向你展示一个普通程序中的普通错误示例呢？为了说明，像所有程序员一样，你将花费大量时间在程序源文本中查找错误。大多数时候，我们会查看带有错误的文本。毕竟，如果我们确信某些代码是正确的，那么我们通常会查看其他代码或休息一下。令早期计算机先驱们大吃一惊的是，他们曾经不得不花费大部分的时间来发现自己在程序设计时产生的错误。这也是令大多数程序设计新手感到惊讶的。

在程序设计时，你有时会对编译器感到厌烦。有时它似乎在抱怨不重要的细节（如缺少分号）或你认为"显然是正确的"的事情。然而，编译器通常是正确的：当它给出一个错误消息并拒绝从你的源代码生成目标代码时，那么你的程序中确实有一些不太正确的地方；也就是说，你所写的程序并不符合 C++ 标准的准确定义。

编译器没有常识（它不是人类），它对细节非常挑剔。因为它没有常识，所以你不能希望它去尝试猜测你所说的"看起来不错"但不符合 C++ 定义的东西是什么意思。如果它做了，而且它的猜测与你的不同，那么你可能会花很多时间来试图弄清楚，为什么程序没有做你认为你告诉它要做的事情。当一切都完成后，编译器会帮你从大量自己造成的问题中解脱出来，而不仅是产生问题。所以，请记住：编译器是你的朋友；编译器可能是你程序设计时最好的朋友。

2.4 链接

一个程序通常由几个独立的部分组成，它们通常由不同的人开发。例如，"Hello, World！"程序由我们编写的部分加上 C++ 标准库的部分组成。这些独立的部分（有时称为编译单元）必须被编译，并且生成的目标代码文件必须链接在一起以形成可执行程序。将这些部分链接在一起的程序（不出意外）称为链接器，如图 2-2 所示。

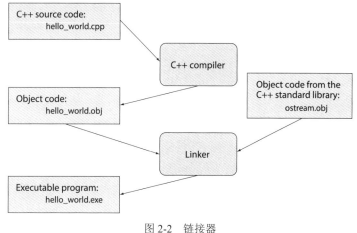

图 2-2　链接器

请注意目标代码和可执行文件在不同系统之间不可移植。例如，当你为 Windows 机器编译时，你得到的 Windows 目标代码将无法在 Linux 机器上运行。

库是一些代码的集合——通常是由其他人编写的——我们使用 #included 文件中的声明来访问这些代码。声明是指定如何使用一段代码的程序语句，我们将在后面的章节（如 4.5.2 节）中介绍声明。

编译器发现的错误称为编译时错误，链接器发现的错误称为链接时错误，直到程序运行才发现的错误称为运行时错误或逻辑错误。通常，编译时错误比链接时错误更容易理解和修复，链接时错误通常比运行时错误和逻辑错误更容易发现和修复。在第 5 章中，我们将更详细地讨论错误和处理错误的方法。

2.5　程序设计环境

我们使用程序设计语言来编写程序。我们还使用编译器将源代码转换为目标代码，使用链接器将目标代码链接为可执行程序。此外，我们还使用一些程序将我们的源代码文本输入计算机并进行编辑。这些最基本且重要的工具，构成程序员工具集或"程序开发环境"。

如果你像许多专业程序设计人员一样使用命令行窗口工作，就必须自己编写编译和链接命令。如果你使用 IDE（"交互开发环境"或"集成开发环境"），就像许多专业程序员所做的那样，那么只需简单地单击正确的按钮就可以完成工作。有关如何在 C++ 中实现编译和链接的描述，请参阅附录 C。

IDE 通常包含一个编辑器，该编辑器具有一些有用的功能，如使用不同颜色，来帮助区分注释、关键字和代码的其他部分，以及其他帮助开发者调试、编译和运行代码的功能。调试是发现程序中的错误并消除它们的活动；在学习的过程中你会听到很多关于这方面的内容。

通过本书，你可以使用任意一个提供最新的、符合标准的 C++ 实现的开发环境。本书所说的大部分内容，经过非常小的修改后，都适用于所有 C++ 实现，并且代码都可以在任何地方运行。在工作中，我们使用了几种不同的实现。

✓ 操作题

到目前为止，我们已经讨论了程序设计、代码和工具（如编译器）。现在你必须让一个程序运行起来。这是本书和学习程序设计过程中的重点。这也是你开始培养实用技能和良好程序设计习惯的开始。本章操作题的重点是让你熟悉软件开发环境。一旦让"Hello, World！"程序运行起来，就说明你已经跨过了作为程序员的第一个重要里程碑。

练习的目的是建立或加强你的程序设计实践技能，并让你体验程序设计环境工具。通常，练习是对单个程序的一系列修改，使其从完全微不足道的东西"成长"为可能对实际程序有用的部分。一套传统的练习旨在测试你的主动性、聪明才智或创造力。相比之下，本操作题几乎不需要你发挥创造力。通常，按顺序完成操作是至关重要的，每个单独的步骤都很容易。请不要自作聪明而跳过某些步骤；一般来说，这通常会减慢你的进展，甚至让你感到困惑。

你可能认为你理解了已经阅读过的所有内容，或你的导师、导员告诉你的所有事，但是重复和实践是提升程序设计技能所必须的。在这方面，程序设计就像体育、音乐、舞蹈或任何一个基于技能的行业。想象一下，人们在没有定期练习的情况下，试图在这些领域中竞争，可以知道他们会表现得怎么样。持续的实践——对于专业人士来说，这意味着终身不断的练习——是培养和保持高水平实践技能的唯一途径。

所以，无论如何，都不要跳过操作题；它们是学习过程中必不可少的。从第一步开始并继续前进，在你前进的过程中测试每一步以确保你做得正确。

如果你不能理解你所使用的语法的每个细节，不必担忧，也不要害怕向老师或朋友寻求帮助。坚持下去，完成所有的操作题和部分习题，所有知识都会逐渐变得清晰。

这是你的第一个简单操作：

（1）查看附录 C，按照设置项目所需的步骤进行操作。设置一个名为 hello_world 的空白控制台 C++ 项目。

（2）输入 hello_world.cpp，完全按照下面指定的内容输入，将其保存在练习目录（文件夹）中，并将它包含在 hello_world 项目中。

```cpp
#include "std_lib_facilities.h"
int main()       // C++ programs start by executing the function main
{
    cout << "Hello, World!\n";      // 输出 "Hello, World!"
    keep_window_open();             // 等待输入一个字符
    return 0;
}
```

在一些 Windows 机器上需要调用 keep_window_open()，以防止它们在有机会读取输出之前关闭窗口。这是 Windows 的特性，不是 C++ 的。我们在 std_lib_facilities.h 中定义了 keep_window_open() 来简化简单文本程序的编写。

如何找到 std_lib_facilities.h？如果你在上课，问问你的老师。如果没有上课，请从我们的支持网站 www.stroustrup.com/Programming 下载。但如果你没有老师，也不能上网怎么办？（仅）在这种情况下，将 #include 指令替换为：

```cpp
#include<iostream>
#include<string>
#include<vector>
#include<algorithm>
#include<cmath>
using namespace std;
inline void keep_window_open() { char ch; cin>>ch; }
```

这里直接使用了标准库，这些指令将一直持续出现到第 5 章，稍后（8.7 节）将详细解释。

（3）编译并运行 "Hello, World!"" 程序。有些地方很可能不会正常工作。在第一次尝试使用新的程序设计语言或新的程序设计环境时，很少有人一次就成功。找到问题并解决它！在这一点上，向更有经验的人寻求帮助是明智的，但一定要理解你从中学习到的内容，这样你才能独立完成之后的内容。

（4）到目前为止，你可能已经遇到了一些错误，并且必须纠正它们。现在是时候更好地了解编译器的错误检测和错误报告功能了！试试 2.3 节中的 7 个错误，看看你的程序设计环境对它们的反应是什么。想想你在程序中输入时可能犯的至少 5 个错误（如，忘记 keep_window_open()，在输入单词时保留 Caps Lock 键，或者输入逗号而不是分号等），尝试每个错误，看看当你试图编译和运行这些有错误的代码时会发生什么。

回顾

这些回顾的目的是让你有机会看看自己是否注意并理解了这一章的重点。你可能需要翻看前面的内容来回答问题，这是正常的，也是意料之中的。你也可能需要重读某一节，这也是正常的且意料之中的。但是，如果你需要重新阅读整章或对每道思考题都有疑问，那么你可能需要考虑自己的学习方式是否有效。你是不是读得太快了？你是否应该停下来，尝试一些"试一试"的建议？你是否应该和朋友一起学习？这样你就可以根据课文中的解释讨论问题了。

1. "Hello, World!" 程序的目的是什么？

2. 说出函数的 4 个部分。

3. 说出一个必须出现在每个 C++ 程序中的函数。

4. 在"Hello, World！"程序，return 0; 的目的是什么？

5. 编译器的目的是什么？

6. #include 指令的目的是什么？

7. 在 C++ 中，文件名末尾的 .h 后缀表示什么？

8. 链接器为你的程序做了什么？

9. 源文件和目标文件有什么区别？

10. 什么是 IDE，它能为你做什么？

11. 如果你理解了书上的所有内容，为什么还要实践？

大多数问题在它们出现的章节中都有明确的答案。然而，我们偶尔会加入一些问题来提醒你复习其他章节的相关信息，有时有些内容甚至超出本书范围。我们认为这是合理的；编写好的软件并思考这样做的意义，这远不止是单独的一章或一本书的内容。

术语

这些术语提供了程序设计和 C++ 的基本词汇。如果你想了解人们对程序设计术语的看法，并明确表达自己的想法，你应该知道每个主题的含义。

//	executable（可执行程序）	main()
<<	function（函数）	object code（目标代码）
C++	header（头文件）	output（输出）
comment（注释）	IDE	program（程序设计）
compiler（编译器）	#include	source code（源文件）
compile-time error（编译时错误）	library（库）	statement（声明）
cout	linker（链接器）	

你可能希望逐步开发出一个用自己的语言编写的术语表。你可以对每一章内容重复下面的练习题 5 来完成这一术语表。

练习题

我们将操作题与练习题分开列出；在尝试练习题之前，请务必完成本章操作题。这样做可以节省你的时间。

1. 修改程序输出下面 2 行。

Hello, programming!

Here we go!

2. 扩展你所学到的知识，写一个程序，列出计算机找到楼上浴室的指令，其在 2.1 节中讨论过。你能讨论更多的人类可能会假设已知而计算机不会的步骤吗？把它们添加到你的列表中。这是一个"像计算机一样思考"的良好开端。注意：对大多数人来说，"去洗手间"是一个完整的指示。对于一个没有使用房屋或浴室经验的人（想象一个石器时代的人，不知怎么被带到你的餐厅了），必要指示的清单可能会很长。请不要让这个指示清单超过一页。为了便于读者们阅读，你可以添加一个关于你所想象的房子布局的简短描述。

3. 写一份描述如何从你的宿舍、公寓、房子等的前门到达你教室门的描述（假设你在上学；如果你不是，请选择另一个目标）。让一个朋友试着按照这些说明走，并在他或她走的过程中对说明进行改进。为了保持朋友关系，在把这些指令交给朋友之前，"实地测试"一下可能是个好主意。

4. 找一本好的食谱。阅读有关蓝莓松饼的烘焙说明（如果你所在的国家 / 地区认为"蓝莓松饼"是一种奇怪的异国菜肴，请改用更熟悉的菜肴）。请注意，只要获得一些帮助和指导，世界上大多数人都能烤出美味的蓝莓松饼。它并不是高级或很难烹饪的食物。然而，对于作者来说，本书中很少有练习像这个一样困难。只要稍加练习，你就能做到令人惊奇的事情。

- 重写这些说明，使每个单独的动作都在其自己编号的段落中。小心列出每一步使用的所有成分和所有厨房用具。注意关键细节，如所需的烤箱温度、预热烤箱、准备松饼烤盘、计算烹饪时间的方式以及从烤箱中取出松饼时需要保护双手。
- 从烹饪新手的角度来考虑这些说明（如果你不是烹饪新手，可以向不懂烹饪的朋友寻求帮助）。把书的作者（几乎可以肯定是一位经验丰富的厨师）遗漏的步骤填上。
- 建立所用术语表。（什么是松饼盘？预热有什么作用？烤箱是什么意思？）
- 现在烤一些松饼并享用你的成果。

5. 为"术语"中的每个术语写一个定义。首先试试看你是否可以不看本章内容（不太可能）就可以做到，然后通读本章找出这些定义。你会发现你初次尝试的定义和看完本书之后的定义之间的区别是什么。你可以参考一些合适的在线术语表，如 www.stroustrup.com/glossary.html。在查阅之前写下你自己的定义，这样可以巩固之前所学的知识。如果你必须重新阅读某个部分内容来形成定义，这也可以帮助你理解它。你可以自由使用自己的词汇进行定义，并让自己的定义越详细越好。通常，在主定义之后给出一个示例会很有帮助。你可能喜欢将定义存储在一个文件中，这样你可以将后面章节的术语添加到这个文件中。

附言

"Hello, World!"程序有多么重要？它的目的是让我们熟悉程序设计的基本工具。每当我们接触一种新工具时，我们都倾向于完成一个非常简单的例子，如"Hello, World!"。这样，我们将学习分为两部分：首先我们通过一个简单的程序学习工具的基础知识，然后我们在不被工具分散注意力的情况下学习更复杂的程序。同时学习工具和语言要比先学一个再学另一个难得多。这种通过将复杂任务分解为一系列小的（且更易于管理的）步骤来简化学习的方法并不局限于程序设计和计算机。它在生活的大部分领域都很常见和有用，尤其是在那些涉及一些实用技能的领域。

第3章

对象、类型和值

"幸运总是青睐有准备的人。"

——Louis Pasteur

本章将介绍程序中数据存储和使用的基础知识。为此，我们首先关注的是从键盘中读取数据。在建立了对象、类型、值和变量的基本概念之后，我们介绍几个运算符并给出了许多使用 char、int、double 和 string 类型的变量的示例。

3.1　输入

"Hello，World！"这个程序只是写入屏幕并产生输出，但不读入任何内容，因为它没有从用户那里获得输入。这是一个很无聊的程序，真正的程序往往会根据我们给它们的一些输入来产生结果，而不是每次执行它们时都做完全相同的事情。

我们需要在某个地方读取内容，也就是说，我们需要在计算机内存中的某个地方放置待读取的内容，我们称这样的"地方"为对象。对象是一个内存区域，其类型指定了可以在其中放置何种信息。命了名的对象称为变量，例如，字符串被放入 string 变量中，整数被放入 int 变量中。你可以将对象视为一个"盒子"，可以将该对象类型的值放入其中，如图 3-1 所示。

图 3-1　age 变量

图 3-1 表示一个名为 age 的 int 类型的对象，其中包含整型值 42。使用字符串变量，我们可以从输入中读取一个字符串并将其再次打印出来，如下所示：

```
// 读入并输出一个名字
#include "std_lib_facilities.h"

int main() {
    cout << "Please enter your first name (followed by 'enter'):\n";
    string first_name;                  // first_name 是一个 string 类型变量
    cin >> first_name;                  // 将字符串读入变量 first_name 中
    cout << "Hello, " << first_name << "!\n";
}
```

#include 和 main() 在第 2 章中已经介绍过了。因为我们所有的程序（直到第 12 章）都需要 #include，所以我们将不再演示它，以避免分散注意力。类似地，我们有时会给出一些只有放在 main() 或其他函数中才能工作的代码，就像这样：

```
cout << "Please enter your first name (followed by 'enter'):\n";
```

我们假设你可以理解如何将这样的代码放入一个完整的程序中来进行测试。

main() 的第一行简单地输出一条消息，鼓励用户输入名字。这样的消息通常被称为提示（prompt），因为它提示用户采取某个操作。接下来的几行定义了一个名为 first_name 的 string 类型的变量，读入键盘的输入存储在该变量中，并写出一个问候语。让我们依次来看这 3 句话。

第一行：

```
string first_name;          // first_name 是一个 string 类型变量
```

这将留出一个存储字符串的内存区域，并将其命名为 first_name，如图 3-2 所示。

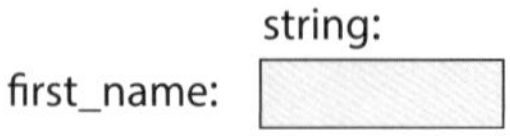

string:

first_name: ▨▨▨▨▨

图 3-2　空的 first_name

程序中引入新名称并为变量留出内存的语句称为定义。

下一行将字符从输入（键盘）读入该变量：

```
cin >> first_name;          // 将字符读入到变量 first_name 中
```

cin 这个名字指的是标准库中定义的标准输入流（发音为 "see-in"，代表 "character input"）。>> 运算符的第二个操作数（"get from"）指定输入的位置。因此，如果我们输入一个名字，比如 Nicholas，后面跟着一个换行符，字符串 "Nicholas" 就变成了 first_name 的值，如图 3-3 所示。

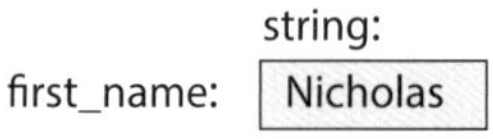

string:

first_name: ┃Nicholas┃

图 3-3　first_name 变量设置值

换行符是引起计算机注意所必须的。在输入换行符（按下 Enter 键）之前，计算机只会收集字符。这种"延迟"让你有机会改变主意，删除一些字符，并在按下 Enter 键之前用其他字符替换它们。换行符不会成为存储在内存中的字符串的一部分。

将输入的字符串放入 first_name 后，我们可以使用它：

```
cout << "Hello, " << first_name << "!\n";
```

这将打印 Hello，然后是 Nicholas（first_name 的值），然后是 ! 和屏幕上的换行符（'\n'）：

```
Hello, Nicholas!
```

如果我们喜欢重复和额外的输入，我们可以写三个单独的输出语句：

```
cout << "Hello, ";
cout << first_name;
cout << "!\n";
```

然而，我们并不是多么好的打字员，而且更重要的是，我们非常不喜欢不必要的重复（因为重复提供了出错的机会），所以我们将这三个输出操作合并到一个语句中。

请注意我们在 "Hello," 中而不是在 first_name 中对字符使用引号。当我们希望输出字符串常量时使用引号。当我们不使用引号时，我们希望输出的是名字中的值。考虑：

```
cout << "first_name" << " is " << first_name;
```

这里，"first_name" 提供的是十个字符 first_name，不加引号的 first_name 提供了 first_name 变量的值（这里是 Nicholas）因此我们得到

```
first_name is Nicholas
```

3.2　变量

基本上，如果不将数据存储在内存中，我们就无法对计算机做任何有意义的事情，如我们在上面的示例中对输入字符串所做的那样。我们存储数据的"地方"被称为对象。要访问一个对象，我

们就需要一个名称。命了名的对象称为变量，并具有特定类型（如 int 或 string），其用于确定可以将什么样的数据放入对象中（例如，123 可以放入 int，而"Hello, World!\n"可以放入 string），以及可以应用哪些操作，例如，我们可以使用 * 运算符将多个整型数据（int）相乘，使用 <= 运算符对字符串（string）进行比较。我们放入变量中的数据项称为值。定义变量的语句（毫不奇怪）称为定义，定义通常可以提供初始值。考虑：

```
string name = "Annemarie";
int number_of_steps = 39;
```

可以通过图 3-4 的方式可视化这些变量。

图 3-4　可视化 number_of_steps 与 name 变量

你不能将错误类型的值放入变量中：

```
string name2 = 39;                  // 错误 :39 并不是 string
int number_of_steps ="Annemarie";   // 错误 :"Annemarie"并不是 int
```

编译器会记住每个变量的类型，并确保你根据其定义指定的类型来使用它。

C++ 提供了相当多的类型（参见附录 A.8）。但是，你只使用其中 5 种类型，就可以写出完美的程序：

```
int number_of_steps = 39;           // int 表示整数
double flying_time = 3.5;            // double 表示浮点数
char decimal_point = '.';           // char 表示单个字符
string name = "Annemarie";          // string 表示字符串
bool tap_on = true;                 // bool 表示逻辑变量
```

命名为 double 是出于历史原因：double 是"双精度浮点数（double-precision floating point.）"的缩写，浮点数是计算机对数学概念上的实数的近似。

注意，每种类型都有其自己的文字风格：

```
39                                  // int: 一个整数
3.5                                 // double: 一个浮点数
'.'                                 // char: 一个用单引号括起来的单个字符
"Annemarie"                         // string: 一串用双引号括起来的字符串
true                                // bool :true 或者 false
```

也就是说，数字序列（如 1234、2 或 976）表示一个整数，单引号中的单个字符（如 'l'、'@' 或 'x'）表示一个字符，一个带小数点的数字序列（如 1.234、0.12 或 .98）表示浮点值，用双引号括起来的字符序列（如"1234"、"Howdy!"或"Annemarie"）表示一个字符串。有关文字的详细说明，请参阅附录 A.2。

3.3　输入和类型

输入操作 >>（"get from"）对类型敏感；也就是说，它根据变量类型进行读取。例如，
```
// 读入名字和年龄
int main()
{
```

```
    cout << "Please enter your first name and age\n";
    string first_name;              // string 变量
    int age;                        // integer 变量
    cin >> first_name;              // 读取字符串
    cin >> age;                     // 读取整数
    cout << "Hello, " << first_name << " (age " << age << ")\n";
}
```

因此，如果你输入 Carlos 22，>> 运算符会将 Carlos 读入 first_name，将 22 读入 age，并产生以下输出：

```
Hello, Carlos (age 22)
```

为什么它不会将 Carlos 22（全部）读入 first_name？因为，按照惯例，字符串的读取以所谓的空白符结束，即空格、换行符和制表符。否则，空格默认会被 >> 忽略。例如，你可以在要读取的数字之前添加任意数量的空格；>> 将跳过它们并读取数字。

如果你输入 22 Carlos，你可能会看到一些令你大吃一惊的东西，需要仔细思考去理解这些内容。22 将读入 first_name，因为 22 毕竟是一个字符序列。另一方面，Carlos 不是整数，因此不会被读取。输出的将是 22 后跟（age 后跟 0（2011 年之前的 ISO C++ 标准实现可能会给出一个随机数，如 -96739）。为什么？你没有给 age 一个初始值，也没有成功地将值读入其中。因此，你将获得输入运算符 >> 提供的任意值。在 10.6 节中，我们研究处理"输入格式错误"的方法。现在，我们只初始化 age 以便在输入失败时可以得到一个可预测的值：

```
// 读入名字和年龄（第 2 版）
int main()
{
    cout << "Please enter your first name and age\n";
    string first_name = "???";     // string 变量
                                    // ("???" 表示 " 不知道名字 ")
    int age = 0; // 整数变量 (0 表示 " 不知道年龄 ")
    cin >> first_name >> age;       // 读取一个字符串后面跟着一个整数
    cout << "Hello, " << first_name << " (age " << age << ")\n";
}
```

现在输入 22 Carlos 将输出：

```
Hello, 22 (age 0)
```

注意，我们可以在单个输入语句中读取多个值，就像我们可以在单个输出语句中写入多个值一样。还要注意 << 对类型敏感，就像 >> 一样，所以我们可以输出整型（int）变量 age、字符串（string）变量 first_name 和字符串文字"Hello,"和"(age"和")\n"。

默认情况下，使用 >> 读取的字符串（string）以空格结尾；也就是说，它只读取一个单词。但有时，我们想读的不止一个单词。当然有很多方法可以做到这一点。例如，我们可以读取一个由两个词组成的名字，如下所示：

```
int main()
{
    cout << "Please enter your first and second names\n";
    string first;
    string second;
    cin >> first >> second;         // 读取 2 个字符串
```

```
cout << "Hello, " << first << " " << second << '\n';
}
```

我们简单地使用了 >> 两次，每个名字一次。当我们写入要输出的多个名称时，我们必须在它们之间插入一个空格。

试一试

运行"姓名和年龄"示例。然后，修改它以月为单位输出年龄：以年为单位读取输入的年龄并乘以 12（使用 * 运算符）。把年龄读入一个 double 型的度量，让孩子们为自己是五岁半而不是五岁而感到自豪。

3.4 运算和运算符

除了指定变量中可以存储哪些值外，变量的类型还决定我们可以对其进行哪些操作及操作的含义。例如：

```
int count;
cin >> count;                  // >> 读取一个整数到 count
string name;
cin >> name;                   // >> 读取一个字符串到 name
int c2 = count+2;             // + 对整数进行相加
string s2 = name + " Jr. ";   // + 对字符串进行拼接
int c3 = count-2;             // - 对整数进行相减
string s3 = name - " Jr. ";   // 错误：对字符串不定义 "-" 运算符
```

这里的"错误"是指编译器会拒绝试图对字符串进行减法操作的程序。编译器确切地知道哪些操作可以应用于每个变量，因此可以防止许多错误。然而，编译器不知道哪些值哪些操作对你有意义，因此它会很乐意接受合法的操作，即使这些操作产生的结果在你看来可能很荒谬。例如：

```
int age = -100;
```

很明显，你不能有一个负的年龄（为什么不呢？），但是没有人告诉编译器，所以它会为这个定义生成代码。

表 3-1 是一些常见类型的运算符表。

表 3-1　常见类型的运算符表

	bool	char	int	double	string
赋值	=	=	=	=	=
加			+	+	
连接					+
减			-	-	
乘			*	*	
除			/	/	
余数（模）			%		

	bool	char	int	double	string
递增 1			++	++	
递减 1			--	--	
加 n			+= n	+= n	
添加到结尾					+=
减 n			-= n	-= n	
乘并赋值			*=	*=	
除并赋值			/=	/=	
取余数并赋值			%=		
从 s 读到 x	s>>x	s>>x	s>>x	s>>x	s>>x
从 x 读到 s	x<<s	x<<s	x<<s	x<<s	x<<s
等于	==	==	==	==	==
不等于	!=	!=	!=	!=	!=
大于	>	>	>	>	>
大于或等于	>=	>=	>=	>=	>=
小于	<	<	<	<	<
小于或等于	<=	<=	<=	<=	<=

表 3-1 中空白项表示运算符不能直接用于一种类型（尽管可能有使用该运算符的间接方式：参见 3.9.1 节）。随着我们的学习，后面的章节将解释这些运算符及更多内容。这里的关键点是有很多有用的运算符，并且它们的含义对相似的类型往往是相同的。

让我们介绍一个涉及浮点数的例子：

```cpp
// 练习运算符的简单程序
int main()
{
    cout << "Please enter a floating-point value: "; double n;
    cin >> n;
    cout << "n == " << n
      << "\nn+1 == " << n+1
      << "\nthree times n == " << 3*n
      << "\ntwice n == " << n+n
      << "\nn squared == " << n*n
      << "\nhalf of n == " << n/2
      << "\nsquare root of n == " << sqrt(n)
      << '\n'; // 换行符表示输出中的新行（"一行的结束"）
}
```

显然，常见的算术运算有它们常见的符号和意义，因为我们从小学就知道它们。当然，并不是我们想对浮点数做的所有事情（如取它的平方根）都可以作为运算符使用。许多操作都通过命名函数来表示。在本例中，我们使用标准库中的 sqrt() 来获得 n 的平方根：sqrt(n)。这个符号与数学中的很相似。我们将在 4.5 节和 8.5 节中使用函数并详细讨论它们。

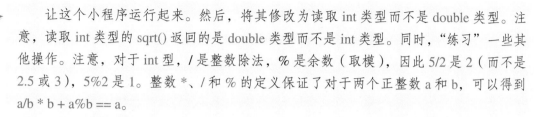

试一试

　　让这个小程序运行起来。然后，将其修改为读取 int 类型而不是 double 类型。注意，读取 int 类型的 sqrt() 返回的是 double 类型而不是 int 类型。同时，"练习"一些其他操作。注意，对于 int 型，/ 是整数除法，% 是余数（取模），因此 5/2 是 2（而不是 2.5 或 3），5%2 是 1。整数 *、/ 和 % 的定义保证了对于两个正整数 a 和 b，可以得到 a/b * b + a%b == a。

　　针对字符串的运算符更少，但正如我们将在第 23 章中看到的，它们有很多命名操作。然而，它们所拥有的运算符使用方法都很常规。例如：

```cpp
// 读取两个名字
int main()
{
    cout << "Please enter your first and second names\n";
    string first;
    string second;
    cin >> first >> second;
    string name = first + ' ' + second;
    cout << "Hello, " << name << '\n';
}
```

　　字符串 + 表示连接；也就是说，当 s1 和 s2 是字符串时，s1+s2 也是一个字符串，其中 s1 中的字符后面跟着 s2 中的字符。例如，如果 s1 的值为"Hello"，s2 的值为"World"，则 s1+s2 的值为"HelloWorld"。字符串的比较特别有用：

```cpp
// 读入并比较名字
int main()
{
    cout << "Please enter two names\n"; string first;
    string second;
    cin >> first >> second; // read two strings
    if (first == second)
        cout << "that's the same name twice\n";
    if (first < second)
            cout << first << " is alphabetically before " << second
<<'\n';
    if (first > second)
        cout << first << " is alphabetically after " << second <<'\n';
}
```

　　在这里，我们使用了 if 语句（将在 4.4.1 节中详细说明）来根据条件选择操作。

3.5　赋值和初始化

　　在许多方面，最有趣的运算符是赋值，用 = 表示。它赋予变量一个新值。例如：

```
int a = 3;          // a 初始值为 3，如图 3-5 所示。
```

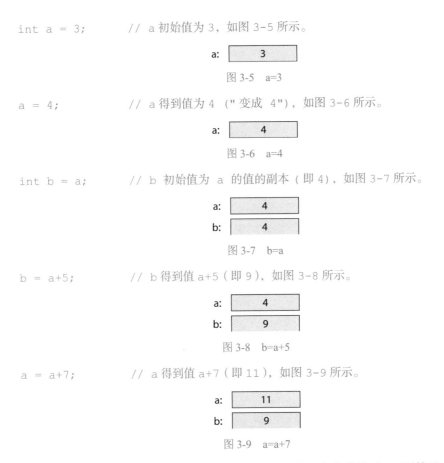

图 3-5   a=3

```
a = 4;              // a 得到值为 4（"变成 4"），如图 3-6 所示。
```

图 3-6   a=4

```
int b = a;          // b 初始值为 a 的值的副本（即 4），如图 3-7 所示。
```

图 3-7   b=a

```
b = a+5;            // b 得到值 a+5（即 9），如图 3-8 所示。
```

图 3-8   b=a+5

```
a = a+7;            // a 得到值 a+7（即 11），如图 3-9 所示。
```

图 3-9   a=a+7

注意最后一次赋值。首先，很明显它清楚地说明 = 并不代表着等于，a 不等于 a+7。它意味着赋值，即在变量中放置一个新值。a=a+7 所做的事情如下：

（1）首先获取 a 的值，即整数 4。

（2）接下来，将 7 与 4 相加，得到整数 11。

（3）最后，把 11 赋值给 a。

接下来我们使用字符串来说明赋值：

```
string a = "alpha";     // a 初始值为 "alpha"，如图 3-10 所示。
```

图 3-10   a="alpha"

```
a = "beta";             // a 得到值 "beta"（变成 "beta"），如图 3-11 所示。
```

图 3-11   a="beta"

```
string b = a;           // b 初始值为 a 值的副本（即 "beta"），如图 3-12 所示。
```

图 3-12   b= a

```
b = a+"gamma";          // b 得到值 a+"gamma"（即 "betagamma"），如图 3-13 所示。
```

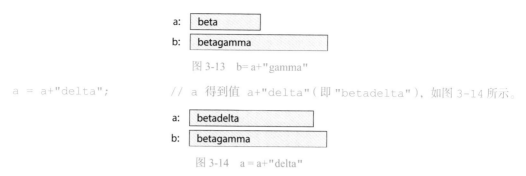

图 3-13　b = a+"gamma"

```
a = a+"delta";          // a 得到值 a+"delta"（即 "betadelta"），如图 3-14 所示。
```

图 3-14　a = a+"delta"

以上，我们用"starts out with（初始化）"和"gets（赋值）"来区分两个相似操作，但逻辑上是不同的操作：

- 初始化（赋予变量初始值）。
- 赋值（给变量一个新值）。

这些操作非常相似，以至于 C++ 允许我们对两者使用相同的符号（=）：

```
int y = 8;              // 初始化 y 的值为 8
x = 9;                  // 给 x 赋值 9
string t = "howdy!";    // 初始化 t 的值为 "howdy!"
s = "G'day";            // 给 s 赋值 "G'day"
```

但是，逻辑上赋值和初始化是不同的。你可以通过类型说明（如 int 或 string）来区分这两者，它们总是标志初始化的开始；赋值没有这个。原则上来说，初始化时变量为空。另外，赋值操作（原则上）在输入新值之前必须清除变量中的旧值。你可以把变量想象成一个小盒子，把值想象成一个具体的东西，如你放进去的硬币。在初始化之前，盒子是空的，但在初始化之后，盒子里总是有一个硬币，所以要放一个新的硬币进去，你（即赋值运算符）首先必须删除旧的硬币（"销毁旧值"）。在计算机的内存中，并不完全如此，但是它对于我们理解后面的内容没有坏处。

3.5.1　一个例子：检测重复词

当我们想在对象中放入一个新值时，就需要赋值操作。当你考虑赋值操作时，很明显它在重复做一些事情时是最有用的。当我们想用不同的值重复执行某项操作时，我们需要进行一次赋值。让我们来看一个小程序，它可以在单词序列中检测相邻的重复单词。这段代码是大多数语法检查程序的一部分：

```
int main()
{
    string previous = " ";       // 上一个单词；初始化为 " 不是单词 "
    string current;              // 当前单词
    while (cin>>current) {       // 读取一串单词
      if (previous == current)   // 检查当前单词是否与上一个单词相同
            cout << "repeated word: " << current << '\n';
      previous = current;
    }
}
```

这个程序不是最有帮助的，因为它不能告诉我们重复的单词出现在文本中的哪个位置，但它现在够用了。我们将一行一行地研究这个程序。

```
string current;                          // 当前单词
```

这是一个字符串变量，我们使用它来读取当前的单词。

```
while (cin>>current)
```

这种结构称为while 语句，我们将在 4.4.2 节中进一步研究它。while 表示只要输入操作 cin>>current 成功，（cin>>current）后面的语句就会重复执行，而 cin>>current 是只要标准输入上有字符可读就会成功。记住，对于字符串，>> 读取以空格分隔的单词。你可以通过给程序一个输入结束符（通常称为文件结束符）来终止此循环。在 Windows 机器上，结束符是 Ctrl+Z（同时按下 Control 和 Z 键），然后按 Enter 键（返回）。在 UNIX 或 Linux 机器上结束符是 Ctrl+D（同时按下 Control 和 D 键）。

所以，我们所做的是将一个单词读入 current，然后将其与前一个单词（存储在 previous 中）进行比较。如果它们相同，我们便可以输出一行信息：

```
if (previous == current)      // 检查单词是否与上一个相同
        cout << "repeated word: " << current << '\n';
```

然后，我们必须准备好为下一个单词再次执行此操作。我们通过将 current 单词拷贝到 previous 单词来做到这一点：

```
previous = current;
```

这可以处理我们开始比较后的所有情况。如果我们没有前一个词可以比较，这段代码应该如何处理第一个词？这个问题是通过前面的定义来处理的：

```
string previous = " ";          // 上一个单词；初始化为 " 不是单词 "
```

这里 " " 仅包含一个字符（空格字符，我们通过敲击键盘上的空格键得到的字符）。输入运算符>> 跳过空格，所以我们不可能从输入中读取它。因此，第一次执行 while 语句，测试（下面 if 条件）失败（如我们所愿）。

```
if (previous == current)
```

理解程序流程的一种方法是"推演计算机的运行"，也就是说，跟着程序一行一行地做它指定的事情。在一张纸上画一些格子，把它们的值写进去。按照程序指定的方式修改存储值。

试一试

用一张纸自己模拟这个程序。输入是 "The cat cat jumped"。即使是经验丰富的程序员，当某段代码不是那么清晰时，也使用这种技术来可视化小段代码，推演其结果。

试一试

运行"重复单词检测程序"。用 She she laughed He He He because what he did did not look very very good good 测试，有多少重复的单词？为什么？这里的单词的定义是什么？重复单词的定义是什么？（例如，She She 是重复的吗？）。

3.6   复合赋值运算符

递增一个变量（即向其加 1）在程序中非常常见，以至于 C++ 为其提供了一种特殊的语法。

例如：

```
++counter
```

意味着：

```
counter = counter + 1
```

还有许多其他常见的方法可以根据变量的当前值来修改它。例如，我们可能想将它加 7、减 9 或乘以 2。C++ 也直接支持此类操作。例如：

```
a += 7;                  // 表示 a = a+7
b -= 9;                  // 表示 b = b-9
c *= 2;                  // 表示 c = c*2
```

通常，对于任何二元运算符 oper，a oper= b 表示 a = a oper b（参见附录 A.5）。对于初学者，该规则为我们提供了运算符 +=、−=、*=、/= 和 %=。这提供了一个有效的、紧凑的符号，直接反映了我们的想法。例如，在许多应用领域中 *= 和 /= 被称为“缩放”。

3.6.1　一个例子：找到重复的词

考虑上面检测重复相邻单词的例子。我们可以通过得到重复的单词在序列中的位置来改进程序。这个想法的一个简单变种是统计单词数，并输出重复单词的计数：

```
int main()
{
    int number_of_words = 0;
    string previous = " ";   // 不是一个单词
      string current;
      while (cin>>current) {
        ++number_of_words;   // 增加单词数量
        if (previous == current)
            cout << "word number " << number_of_words
                << " repeated: " << current << '\n';
        previous = current;
      }
}
```

我们将单词计数器初始化为 0。每当我们看到一个单词，我们就增加计数器：

```
++number_of_words;
```

这样，第一个单词变成数字 1，下一个变成数字 2，以此类推。我们也可以这样说

```
number_of_words += 1;
```

甚至：

```
number_of_words = number_of_words+1;
```

但是 ++number_of_words；更短，并且直接表达了递增的思想。

注意这个程序与 3.5.1 节中的程序是多么相似。显然，我们只是将 3.5.1 节中的程序稍加修改，以实现我们的新目标。这是一种非常常见的技术：当我们需要解决一个问题时，我们首先寻找类似的问题，并进行适当的修改来使用我们的解决方案。除非迫不得已，否则不要从头开始。使用程序的早期版本作为修改的基础，通常可以节省大量时间，并且我们可以从投入到了原始程序的大量工作中获益。

3.7 命名

我们为变量命名，这样就可以记住它们，并在程序的其他部分引用它们。在 C++ 中什么可以是一个名字呢？在 C++ 程序中，一个名字必须以字母开头，并且只包含字母、数字和下画线。例如：

```
x
number_of_elements
Fourier_transform
z2
Polygon
```

以下不是名字：

```
2x                      // 名称必须以字母开头
time$to$market          // $ 不是字母、数字或下画线
Start menu              // 空格不是字母、数字或下画线
```

当我们说"不是名字"时，我们的意思是 C++ 编译器不认为它们是名字。

如果你阅读系统代码或机器生成的代码，可能会看到以下画线开头的名称，如 _foo。千万不要自己这样写；这些名称是为实现和系统实体保留的。通过避免以下画线开头，这样你将永远不会发现你的变量名称与实现生成的某些名称冲突。

名称区分大小写，也就是说，大写字母和小写字母是不同的，所以 x 和 X 是不同的名字。这个小程序至少有 4 个错误：

```
#include "std_lib_facilities.h"

int Main() {
    STRING s = "Goodbye, cruel world! ";
    cOut << S << '\n';
}
```

通常不建议只用字符来区分不同的名字，如 one 和 One，这不会让编译器感到困惑，但却很容易让程序员感到困惑。

试一试

编译"Goodbye, cruel world!"程序并检查错误信息。编译器是否发现了所有错误？它遇到问题时的建议是什么？编译器是否混淆并诊断出 4 个以上的错误？依次纠正错误，首先从词法上开始，然后看错误消息如何改变（和改进）。

C++ 语言保留了许多（大约 85 个）名称作为"关键字"。我们将在附录 A.3.1 中列出它们。你不能使用它们来命名你的变量、类型和函数等。例如：

```
int if = 7;             // 错误：if 是一个关键字
```

你可以使用标准库中的工具名称，如 string，但不应该这样做。如果你想使用标准库，重用这样一个通用名字会带来麻烦：

```
int string = 7;         // 这会带来麻烦，编译器报错
```

在为变量、函数和类型等选择名字时，请选择有特定意义的名称，也就是说，选择有助于人们

理解你程序的名字。如果你的程序中散布着"输入时很简便"的名称（如 x1、x2、s3 和 p7）的变量，那么即使你自己也很难理解你的程序是做什么的。缩写词和首字母缩略词会使人感到困惑，因此请谨慎使用。对于下面这些缩略词，我们在编写时很明白它们的含义，但我们认为至少有一个使你感到疑惑：

```
mtbf
TLA
myw
NBV
```

预计在几个月内，我们自己也至少会忘记其中一个名字的含义。

短名字，如 x 和 i，按惯例使用时是有意义的；也就是说，x 应该是局部变量或参数（参见 4.5 节和 8.4 节），并且 i 应该是循环索引（参见 4.4.2 节）。

不要使用过长的名字，它们难以输入，由于行太长以至于一个屏幕难以展示，而且难以快速阅读。下面这些名字可能没什么问题：

```
partial_sum
element_count
stable_partition
```

而下面这些名字可能太长了：

```
the_number_of_elements
remaining_free_slots_in_symbol_table
```

我们的"内部风格"是使用下画线分隔标识符中的单词，如 element_count，而不是使用其他选项，如 elementCount 和 ElementCount。我们从不使用全部都是大写字母的名称，例如 ALL_CAPITAL_LETTERS，因为这通常是为宏保留的（参见 27.8 节和附录 A.17.2），这是我们需要避免的。对于定义的类型，我们使用首字母大写，如 Square 和 Graph。C++ 语言和标准库不使用首字母大写的样式，所以它是 int 而不是 Int，是 string 而不是 String。因此，我们的约定有助于减少我们的类型和标准类型之间的混淆。

避免使用容易拼写错误、误读或混淆的名字。例如：

```
Name                names               nameS
foo                 f00                 fl
f1                  fI                  fi
```

字符 0（数字 0），o（小写 o），O（大写 O），1（数字 1），I（大写 i）和 l（小写 L）特别容易引起麻烦。

3.8　类型和对象

类型的概念是 C++ 和大多数其他程序设计语言的核心。让我们更仔细、更技术性地了解类型，特别是我们在计算期间存储数据的对象类型。从长远看，它会节省时间，还可能会避免引起你的混淆。

- 类型定义了一组可能的值和一组操作（对于一个对象）。
- 对象是一些保存给定类型值的内存。
- 值是内存中根据类型解释的一组比特位。
- 变量是命了名的对象。

● 声明是命名一个对象的一条语句。

● 定义是为一个对象分配内存空间的声明。

通俗地讲我们可以将对象视为一个盒子，我们可以将给定类型的值放入其中。一个 int 盒子可以容纳整数，如 7、42 和 –399。字符串盒子可以保存字符串值，如 "Interoperability"、"tokens: !@#$%^&*" 和 "Old MacDonald had a farm"。从图形上看，我们可以如图 3-15、图 3-16、图 3-17、图 3-18、图 3-19 和图 3-20 所示这样想。

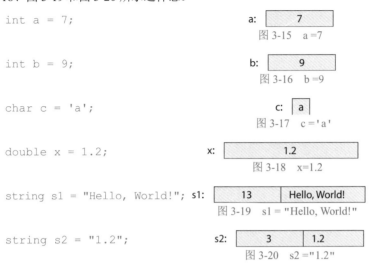

```
int a = 7;
```
a: 7
图 3-15   a =7

```
int b = 9;
```
b: 9
图 3-16   b =9

```
char c = 'a';
```
c: a
图 3-17   c ='a'

```
double x = 1.2;
```
x: 1.2
图 3-18   x=1.2

```
string s1 = "Hello, World!";
```
s1:   13 | Hello, World!
图 3-19   s1 = "Hello, World!"

```
string s2 = "1.2";
```
s2:   3 | 1.2
图 3-20   s2 ="1.2"

string 的表示比 int 的表示要复杂一些，因为字符串会记录它所包含的字符数。注意，double 类型存储的是数字，而 string 存储的是字符。例如，x 存储数字 1.2，而 s2 存储三个字符 '1'，'.' 和 '2'。字符和字符串常量的引号不会被存储。

每个 int 的大小都是相同的；也就是说，编译器会为每个 int 数据留出相同大小的内存。在一台典型的台式计算机上，这个数字是 4 字节（32 位）。类似地，bool、char 和 double 都是固定大小的。你通常会发现台式计算机对 bool 类型或 char 类型使用 1 字节（8 位），而对 double 类型使用 8 字节。注意，不同类型的对象占用不同的空间。特别地，char 类型比 int 类型占用更少的空间，并且 string 类型不同于 double、int 和 char 类型，因为不同的字符串可以占用不同的空间。

内存中比特位的含义完全取决于访问它时所用的类型。可以这样考虑：计算机内存不知道我们的类型；它只是保存起来。只有当我们决定如何解释这些内存时，这些内存片段才有意义。这类似于我们每天使用数字时所做的事情。12.5 是什么意思？我们不知道。可能是 12.5 美元，也可能是 12.5 厘米或 12.5 加仑。只有当我们提供单位时，符号 12.5 才有意义。

例如，对于同样的内存，当表示的是一个 int 时，值为 120 在作为 char 表示时，将是 'x'。如果把它看作一个字符串，它就完全没有意义，如果我们试图使用它，它将成为运行时的一个错误。我们可以图形化地说明这一点，使用 1 和 0 来表示内存中的比特值，如图 3-21 所示。

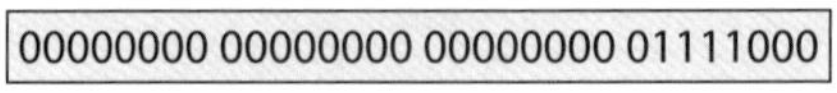

00000000 00000000 00000000 01111000

图 3-21   120 的二进制数

这是内存区域（一个字）的一组位，可以读取为 int (120) 或 char ('x'，仅查看最右边的 8 位）。位是计算机内存的一个单位，可以存储值 0 或 1。二进制数的含义参见附录 A.2.1。

3.9　类型安全

每个对象在定义时都被赋予了一个类型。当对象仅根据其类型的规则使用时，程序或程序的一部分是类型安全的。不幸的是，有些操作的方式是类型不安全的。例如，在初始化变量之前使用变量是被认为是类型不安全的：

```
int main()
{
    double x;              // 忘记初始化:
                          // x 的值是未定义的
    double y = x;         // y 的值是未定义的
    double z = 2.0 + x;   // + 的含义和 z 的值是未定义的
}
```

当使用未初始化的 x 时，有的实现甚至可以出现硬件错误。记得初始化你的变量！这条规则有一些例外情况（非常少），比如我们立即将某个变量用作输入操作的目标，但初始化变量始终是一个好习惯，可以为你省去很多麻烦。

完全的类型安全是最为理想的，因此它也是语言的一般规则。不幸的是，C++ 编译器不能保证完全的类型安全，但是我们可以通过结合良好的编码实践和运行时的检查来避免违反类型安全。理想的情况下，永远不要使用编译器不能证明安全的语言特性：静态类型安全。不幸的是，这对于大多数有趣的程序设计应用来说过于严格。显然的退路是，编译器隐式生成代码来检查是否有违反类型安全的情况并捕获它们，但这超出了 C++ 的能力。当我们决定做一些不安全的事情时，我们必须自己做一些检查。在本书中遇到这种情况时，我们将会指出来。

在编写代码时，类型安全的理想状态是极其重要的。这就是为什么我们在书中这么早地花时间讲它。请注意并避开这些陷阱。

3.9.1　安全转换

在 3.4 节中，我们看到不能直接对 char 进行相加或比较 double 类型和 int 类型。然而，C++ 提供了一种间接的方式来实现这两者。当需要时，char 类型被转换为 int 类型，int 类型被转换为 double 类型。例如：

```
char c = 'x';
int i1 = c;
int i2 = 'x';
```

这里 i1 和 i2 都得到值 120，这是最流行的 8 位字符集 ASCII 中字符"x"的整型值。这是获取字符的数字表示的一种简单而安全的方法。我们称这种 char 到 int 的转换是安全的，因为没有信息丢失；也就是说，我们可以将 int 结果拷贝回 char 并获得原始值：

```
char c2 = i1;
cout << c << ' ' << i1 << ' ' << c2 << '\n';
```

这将打印出：

x 120 x

从这个意义上说，一个值总是被转换为一个等价的值，或者（对于 double）转换为一个相等值的最佳近似值，这些转换是安全的：

bool 到 char

bool 到 int

bool 到 double

char 到 int

char 到 double

int 到 double

最常用的转换是 int 到 double，因为它允许我们在表达式中混合使用 int 和 double：

```
double d1 = 2.3;
double d2 = d1 + 2;                 // 在相加之前，2 被转换为 2.0
if (d1 < 0)                         // 在比较之前，0 被转换为 0.0
    cout << "d1 is negative";
```

对于一个非常大的数，由 int 转换为 double 时，我们可以（对于一些计算机）承受一些精度上的损失。这种情况不是很常见。

3.9.2　不安全类型转换

安全转换通常是程序员的福音，它可以简化代码编写。不幸的是，C++ 也允许（隐式）不安全的转换。所谓不安全，是指一个值可以隐式地转换为不等于原始值的另一种类型的值。例如：

```
int main()
{
    int a = 20000;
    char c = a;                     // 尝试将一个大整数压缩成小字符类型
    int b = c;
    if (a != b)                     // != 表示 " 不等于 "
        cout << "oops!: " << a << "!=" << b << '\n';
    else
        cout << "Wow! We have large characters\n";
}
```

此类转换也称为"缩窄"转换，因为它们将值放入可能太小（"狭窄"）而无法容纳这个值的对象中。很遗憾，很少有编译器会警告将 char 初始化为 int 类型的不安全。问题是 int 通常比 char 类型大得多，因此它可以（在本例中确实）保存不能表示为 char 的 int 值。试试看 b 在你的计算机上得到了什么值（常见的结果是 32）；更进一步，做个实验：

```
int main() {
    double d = 0;
    while (cin >> d) {                          // 只要我们输入数字，重复下面的语句
        int i = d;                              // 尝试将双精度数压缩成整数
        char c = i;                             // 尝试将整数压缩成字符
        int i2 = c;                             // 获取字符的整型值
        cout << "d==" << d                      // 原始的双精度数
            << " i==" << i                      // 转换为整数
            << " i2==" << i2                    // 字符的整型值
            << " char(" << c << ")\n";          // 字符
    }
}
```

我们用来实现多次尝试的 while 语句将在 4.4.2 节中解释。

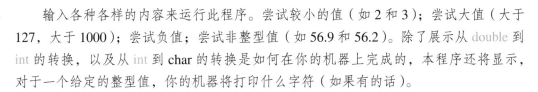

　　输入各种各样的内容来运行此程序。尝试较小的值（如 2 和 3）；尝试大值（大于 127，大于 1000）；尝试负值；尝试非整型值（如 56.9 和 56.2）。除了展示从 double 到 int 的转换，以及从 int 到 char 的转换是如何在你的机器上完成的，本程序还将显示，对于一个给定的整型值，你的机器将打印什么字符（如果有的话）。

　　你会发现很多输入值会产生"不合理"的结果。基本上，我们是在试图做不可能做的事（将大约 4L 水放入 500mL 的玻璃杯中）。编译器接受所有的转换，即使它们是不安全的。

double 到 int

double 到 char

double 到 bool

int 到 char

int 到 bool

char 到 bool

它们是不安全的，因为存储的值可能与赋的值不同。为什么这会是一个问题呢？因为我们通常不会怀疑发生了不安全的转换。考虑：

```
double x = 2.7;
// lots of code
int y = x;      // y becomes 2
```

　　当我们定义 y 的时候，我们可能已经忘记了 x 是一个 double，或者我们可能已经暂时忘记了 double 到 int 类型的转换是截断的（总是向下舍去，趋近于 0），而不是使用传统的四舍五入。发生的事情是完全可以预测的，但是在 int y = x 中没有什么来提醒我们信息（.7）被丢弃了。

　　从 int 到 char 类型的转换没有截断问题——int 和 char 类型都不能表示小数作分。然而，char 只能保存非常小的整型值。在 PC 上，char 是 1 字节，而 int 是 4 字节，如图 3-22 所示。

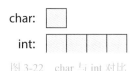

图 3-22　char 与 int 对比

　　因此，我们不能把一个很大的数字，如 1000，放入一个 char 类型中而不丢失精度：这个值被"缩窄"了。例如：

```
int a = 1000;
char b = a; // 在某些机器上，b 变为 -24
```

　　并非所有 int 值都有等价的 char 值，并且 char 值的确切范围取决于特定的实现。在 PC 上，char 值的范围是 [-128:127]，但只有 [0:127] 可以移植使用，因为不是每台计算机都是 PC，不同的计算机有不同的 char 值范围，例如，有的是 [0:255]。

　　为什么人们接受缩窄转换？主要原因是历史性的：C++ 从它的祖先语言 C 继承了缩窄转换，所以从 C++ 出现的第一天起，就有很多代码依赖于缩窄转换。而且，许多这样的转换实际上不会引起问题，因为所涉及的值恰好在范围内，而且许多程序员反对编译器"告诉他们该做什么"。特别是对有经验的程序员来说，不安全转换的问题通常在小程序中是可以处理的。但是，在较大的程序中，它们可能是错误的来源，也是新手程序员遇到问题的重要原因。然而，编译器可以对缩窄转换发出警告：许多编译器确实这样做了。

C++ 11 引入了一种初始化符号，它禁止缩窄转换。例如，我们可以（也应该）用 {} 列表符号重写上面那些麻烦的例子，而不是用 = 符号：

```
double x {2.7};          // 正确
int y {x};               // 错误：double -> int 可能会缩窄范围
int a {1000};            // 正确
char b {a};              // 错误：int -> char 可能会缩窄范围
```

当初始值设定项是整数字面量时，编译器可以检查实际值并接受不会引起缩窄的值：

```
char b1 {1000};          // 错误：缩窄范围（假设字符为 8 位）
char b2 {48};            // 正确
```

那么，如果你认为转换可能会导致错误的值，你应该怎么做呢？使用 {} 初始化来避免意外发生，当你想要转换时，在赋值之前检查它，就像我们在本节的第一个例子中所做的那样。参见 5.6.4 节和 7.5 节了解这种检查的简化方法。{} 列表符号被称为通用和统一初始化，我们将在后面看到更多这样的例子。

✓ 操作题

在完成这个操作题的所有步骤之后，运行你的程序以确保它确实在执行你期望的操作。把你所犯过的错误列一个清单，这样你就可以在将来尽量避免这些错误。

1. 这个操作题是编写一个程序，根据用户的输入生成一个简单的格式信。首先输入 3.1 书中的代码，提示用户输入他或她的名字，并写 "Hello, first_name"，其中 first_name 是用户输入的名字。然后修改代码如下：将提示符更改为 "输入要写信的人的姓名"，并将输出更改为 "Dear first_name,"。不要忘记逗号。

2. 添加一两句介绍性的话，比如 "How are you? I am fine. I miss you." 确保第一行缩进。多写几行字。

3. 现在提示用户输入另一个朋友的名字，并将其存储在 friend_name 中。在你的信中添加一行："Have you seen friend_name lately?"

4. 声明一个名为 friend_sex 的 char 变量，并将其值初始化为 0。如果朋友是男性，则提示用户输入 m；如果朋友是女性，则提示用户输入 f。将输入的值赋给变量 friend_sex。然后用两个 if 语句完成以下输出：

如果朋友是男性，输出 "If you see friend_name please ask him to call me."

如果朋友是女性，输出 "If you see friend_name please ask her to call me."

5. 提示用户输入收件人的年龄并将其分配给 int 变量 age。让你的程序输出："I hear you just had a birthday and you are age years old." 如果 age 小于等于 0 或大于等于 110，则使用 std_lib_facilities.h 中的 simple_error() 调用 simple_error("you're kidding!")。

6. 在你的信中添加下面内容：

如果你的朋友不满 12 岁，输出 "Next year you will be age+1."

如果你的朋友 17 岁，输出 "Next year you will be able to vote."

如果你的朋友已经 70 多岁了，输出 "I hope you are enjoying retirement."

检查你的程序，以确保它正确地响应每种类型的值。

7. 添加 "Yours sincerely,"然后空两行供签名，再加上你的名字。

回顾

1. 术语 "prompt"是什么意思？

2. 你用哪个运算符来读入变量？

3. 如果你想让用户在你的程序中为一个名为 number 的变量输入一个整型值，你可以写哪两行代码来要求用户这样做并将值输入到你的程序中？

4. \n 被称为什么？它有什么用途？

5. 怎样终止对字符串的输入？

6. 怎样终止输入一个整数？

7. 如何将下面的代码改造为一行代码？

```
cout << "Hello, ";
cout << first_name;
cout << "!\n";
```

8. 什么是对象？

9. 什么是字面量？

10. 字面量有哪些类型？

11. 什么是变量？

12. char、int 和 double 类型的典型大小是什么？

13. 我们用什么方法来衡量内存中实体的大小，如 int 和 string？

14. = 和 == 的区别是什么？

15. 什么是定义？

16. 什么是初始化，它与赋值有什么不同？

17. 什么是字符串连接，你如何使它在 C++ 中工作？

18. 下列哪个是 C++ 中的合法名称？如果名字不合法，为什么？

```
This_little_pig      This_1_is fine      2_For_1_special
latest thing         the_$12_method      _this_is_ok
MiniMineMine         number              correct ?
```

19. 举 5 个你不应该使用的合法的例子，因为它们可能会引起混淆。

20. 选名字有什么好的规则吗？

21. 什么是类型安全？为什么它很重要？

22. 为什么从 double 型到 int 型的转换是一件坏事？

23. 定义一个规则来帮助确定从一种类型到另一种类型的转换是否正确，安全还是不安全。

术语

assignment（赋值）	definition（定义）	operation（运算）
cin	increment（递增）	operator（运算符）
concatenation（连接）	initialization（初始化）	type（类型）

conversion（转换）	name（名字）	type safe（类型安全）
declaration（声明）	narrowing（缩窄）	value（值）
decrement（递减）	object（对象）	variable（变量）

练习题

1. 请先执行本章中的"试一试"练习。

2. 用 C++ 编写一个程序，将英里转换为公里。你的程序应该有一个合理的提示让用户输入英里数。提示：1 英里有 1.609 公里。

3. 编写一个什么都不做的程序，但是它声明了一些具有合法和非法名称的变量（比如 int double = 0;），这样你就可以看到编译器如何反应。

4. 编写一个程序，提示用户输入两个整型值。将这些值存储在名为 val1 和 val2 的 int 变量中。编写你的程序以确定这两个值的较小值、较大值、总和、差值、乘积和比率，并将它们报告给用户。

5. 修改上面的程序，要求用户输入浮点值并将它们存储在 double 变量中。对于你选择的某些输入，比较两个程序的输出。结果是否相同？它们应该相同吗？有什么不同？

6. 编写一个程序，提示用户输入 3 个整型值，然后以逗号分隔的数字序列输出这些值。因此，如果用户输入值 10 4 6，则输出应为 4, 6, 10。如果两个值相同，则应将它们一起排序。所以，输入 4 5 4 应该输出 4, 4, 5。

7. 做练习 6，但使用 3 个字符串。因此，如果用户输入值 Steinbeck、Hemingway、Fitzgerald，则输出应该是 Fitzgerald, Hemingway, Steinbeck。

8. 编写一个程序来判断一个整型值是奇数还是偶数。一如既往，确保你的输出清晰完整。换句话说，不要只输出 yes 或 no。你的输出应该是独立的，比如 The value 4 is an even number。提示：参见 3.4 节中的余数（模）运算符。

9. 编写一个程序，将拼写出来的数字（如 "zero" 和 "two"）转换为数字，如 0 和 2。当用户输入数字时，程序应打印出相应的数字。对值 0、1、2、3 和 4 执行此操作，如果用户输入不对应的内容（如 stupid computer!），程序则输出 "not a number I know"。

10. 编写一个程序，输入一个运算符后跟两个运算数并输出结果。例如：

```
+ 100 3.14
*4 5
```

将操作读入名为 operation 的字符串，并使用 if 语句确定用户想要的操作，如 if (operation== "+")。实现 +、-、*、/ 的操作，加、减、乘和除都是各自明显的意义。

11. 编写一个程序，提示用户输入一定数量的 pennies（1 美分硬币）、nickels（5 美分硬币）、dimes（10 美分硬币）、quarters（25 美分硬币）、half dollars（50 美分硬币）和 one-dollar 硬币（100 美分硬币）。分别询问用户每种面额硬币的数量，例如，"How many pennies do you have?" 然后你的程序应该打印出下面类似的结果：

```
You have 23 pennies.
You have 17 nickels.
You have 14 dimes.
You have 7 quarters.
You have 3 half dollars.
```

```
The value of all of your coins is 573 cents.
```

　　做一些改进：如果某个面值只有一枚硬币时，确保输出语法是正确的，例如，应输出 14 dimes 和 1 dime（不是 1 dimes）。此外，将总数用美元和美分来表示，即 5.73 美元而不是 573 美分。

附言

　　请不要低估类型安全概念的重要性。类型是大多数正确程序的核心概念，构建程序的一些最有效的技术依赖于类型的设计和使用——正如你将在第 6 章、第 9 章、第二部分、第三部分和第四部分中看到的那样。

第 4 章

计算

"如果不要求结果的正确性，我可以让程序运行得任意快。"

——Gerald M. Weinberg

本章将介绍与计算相关的基础知识。我们将着重讨论如何从一组运算对象（表达式）计算一个值，如何在备选操作中进行选择，以及如何对一系列值进行重复计算（迭代）。我们还展示了一种可以被单独命名和指定的子计算（函数）。我们主要核心是通过介绍计算让读者能编写正确的、组织良好的程序。为了帮助读者执行更逼真的计算，我们引入 vector 类型这一概念来保存值序列。

4.1　计算的定义

从某一个角度来看，程序所做的一切都是计算；即它需要一些输入并产生一些输出。毕竟，我们将运行程序的硬件称为计算机。只要我们从广义的角度来看待什么是输入和输出，这个观点就是准确和合理的，如图 4-1 所示。

图 4-1　计算机处理输入与输出

输入可以来自键盘、鼠标、触摸屏、文件、其他输入设备、其他程序或者同一程序的其他部分。"其他输入设备"是一个包含最有趣输入源的类别：音乐键盘、录像机、网络连接、温度传感器、数码相机图像传感器等，种类十分丰富。

为了处理输入，程序通常包含一些数据，有时称为程序的数据结构或程序的状态。例如，一个日历程序可能包含不同国家的假期列表和用户的日程安排列表。这些数据的一部分是在程序中设定好的，还有一部分是在程序运行期间程序通过各种输入设备获取的。例如，日历程序可能会根据你给它的输入构建准确的日程安排列表。对于日历程序来说，主要输入是查看你所要求的日期（一般使用鼠标单击）和你要它跟踪的日程安排（通常通过在键盘上输入信息）。输出是日历和日程安排的显示，以及日历程序在屏幕上显示按钮和输入提示符等。

输入的来源非常广泛。输出同样也有很多不同的途径：可以是屏幕、文件、网络连接、其他输出设备、其他程序以及同一程序的其他部分。输出设备的例子包括网络接口、音乐合成器、电动机、光发生器、加热器等。

从程序设计的角度来看，最重要和最有趣的两类输入 / 输出类别是"到 / 从另一个程序"和"到 / 从程序的其他部分"。本书其余大部分内容都可以看作是在讨论最后一个类别：我们如何将程序表示为一组相互协作的部分，以及它们如何共享和交换数据？这些是程序设计中的关键问题。我们可以用图形来说明，如图 4-2 所示。

缩写 I/O 代表"输入 / 输出（Input/Output）"。在示例图中，一部分代码的输出是下一部分的输入。此类"子程序"共享的是存储在主内存、永久性存储设备（如磁盘）或通过网络连接传输的数据。"子程序"是指各种函数，例如从一组输入参数产生结果的函数（如浮点数的平方根函数），对物理对象执行操作的函数（例如在屏幕上画线的功能），或修改程序中某些表格的功能（例如向客户表格添加名称的功能）。

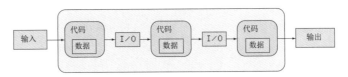

图 4-2　程序设计角度看输入与输出

当我们说"输入"和"输出"时，我们通常指的是进出计算机的信息。正如前文所述，我们也可以使用这些术语来表示提供给子程序的或由子程序产生的信息。子程序的输入通常称为参数，子程序的输出通常称为结果。

我们所说的计算只是指基于某些输入产生某些输出的过程，例如使用计算（函数）square 从参数（输入）7 产生结果（输出）49（参见 4.5 节）。有趣的是，我们注意到在 20 世纪 50 年代以前，计算机（计算者，computer）被定义为做计算的人，如会计、航海家或物理学家。今天，我们只需将大多数计算任务委托给各种形式的计算机（机器）完成，其中计算器是最常见的。

4.2　目标和工具

作为程序员，我们的工作是将计算表达出来，并且做到：

- 正确。
- 简单。
- 有效。

请注意上述目标的顺序：如果程序给出错误的结果，那么它的速度有多快都无任何意义。类似地，一个正确而高效的程序可能非常复杂，导致必须将其丢弃或完全重写以产生一个新版本（发行版）。记住，有用的程序总是会被修改以适应新的需求、新的硬件等。因此，一个程序以及它的任何子程序应该尽可能以简单的方式执行它的任务。例如，假设你为当地学校的孩子们编写了一个完美的基础算术教学程序，但其内部结构非常糟糕。这个程序必须和孩子们交互，你用什么语言？英语吗？英语和西班牙语？如果程序要在芬兰或科威特使用怎么办？你会如何改变与孩子交流时使用的（自然）语言？如果程序的内部结构非常混乱，那么改变与用户交流的自然语言（在逻辑上简单，但实际上是非常困难的）将会变成一项艰巨的任务。

在我们开始编写代码的时候，就需要特别关注正确性、简单性和效率，也就是说，当我们决定成为专业人士时，我们必须承担这一责任。实际上，这意味着我们不能只是将代码放在一起，我们必须关注代码的结构。矛盾的是，关注结构和"代码质量"通常是取得成功的最快途径。当程序设计完成得很好时，这种关注会最大限度地减少程序设计中最令人沮丧的部分工作：调试。也就是说，在开发过程中良好的程序结构不仅可以最大限度地减少错误的数量，而且还能缩短发现和改正此类错误所需的时间。

程序的组织体现了程序员的程序设计思想，目前的主要工具是把一个大的计算分解成许多小的计算。这种技术有两种变体：

- 抽象：隐藏那些我们不需要使用的细节（"实现细节"）之后提供一个方便和通用的接口。例如，我们不需要考虑如何对电话簿进行排序（有关如何排序已经有很多书讨论过了），我们只需要使用 C++ 标准库调用 sort 算法。我们所需要知道的就是如何调用那个算法，所以我们可以写 sort(b)，其中 b 指的是电话簿；sort() 是 std_lib_facilities.h 中定义的标准库排序算法（参见 21.8 节，附录 B.5.4）的变体（参见 21.9 节）。另一个例子是我们使用计算机内存的方式。直接使用内存可能非常混乱，因此我们通过变量（参见 3.2 节）、标准 vectors（参见 4.6 节，第 17 ~ 19 章）、mapslmap（第 21 章）等方式访问内存。

- 分治：这里我们把一个大问题分解成几个小问题。例如，如果我们需要构建一个字典，我们可以将该任务分成三个子任务：读取数据、对数据进行排序和输出数据，由此产生的每个问题都比原来的问题要小得多。

这么做有什么用呢？毕竟，一个由多个部分组成的程序可能比一个完整的程序规模大。原因是我们不太擅长处理大问题。在程序设计和其他方面我们实际上处理这些问题的方法是把它们分解成更小的问题，我们不断地把它们分解成更小的部分，直到问题小到我们能够理解和解决为止。以程序设计为例，一个 1000 行程序的规模是一个 100 行程序的 10 倍。但是 1000 行程序的错误会远超过 100 行程序的 10 倍。对于大型程序，例如 1000 万行的程序，使用抽象和分治不仅仅是一个选项，而是必须这样做。因为我们根本无法编写和维护大型单个程序。本书其余部分的内容，读者可以将其视为一系列例子，这些例子关注如何将大问题分解成更小的部分，以及思考这样做所需的工具和技术。

当我们考虑划分一个程序时，我们必须始终考虑我们有哪些可用的工具来表达各个部分及其之间的关系。这是因为一个能够提供充分的接口和功能的库可以大大简化程序的划分工作。凭空想象什么是程序的最优划分是不切实际的，按照功能对程序进行划分是目前最常用的方法。无疑，利用已有的各类程序库能够简化按功能进行程序划分的工作量。事实上，利用类似 C++ 标准库这种已有的库，不但可以减少程序设计的工作量，而且可以减少测试和写文档的工作量。例如，iostreams 使我们不必直接处理硬件的输入 / 输出端，这是使用抽象对程序进行分区的第一个示例。后续每一个新的章节会提供更多的例子。

请注意我们对结构和组织的强调：仅仅编写大量语句是得不到好的代码的。为什么我们现在提到这个？因为在这个阶段，你或者至少许多读者，对代码还不太了解，在你编写出能用于实践的代码之前，可能需要几个月的时间。我们提到结构和组织是为了帮助你找到正确的学习重点，因为专注于程序设计的部分，就像本章其余部分所描述的那样，是具体的和有用的，人们很容易禁不住诱惑从而忽略了软件开发艺术中"软知识"和更概念化的部分。然而，优秀的程序员和系统设计人员知道（通常都是经过艰苦的学习），对结构的关注是优秀软件的核心，忽视结构会导致严重的混乱。如果没有结构，你就是用泥砖砌房子。虽然泥砖也能够盖房子，但你永远不会到达五楼（泥砖缺乏结构强度）。如果你有雄心去构建某种合理的、永久性的东西，你就会在开发过程中关注代码结构和组织的问题，而不是在发生错误后再回来学习。

4.3　表达式

程序最基本的组成单元是表达式。表达式是从若干操作数中计算出一个值。最简单的表达式只是一个字面量，例如 10、'a'、3.14 或 "Norah"。

变量名也是一种表达式。变量表示其名称对应的对象。考虑：

```
// 计算面积：
int length = 20;              // 字面整数（用于初始化变量）
int width = 40;
```

```
int area = length*width;        // 一个乘法运算
```

这里字面数量 20 和 40 用于初始化变量 length 和 width。然后，将 length 和 width 相乘。在这里，length 只是"在名为 length 的对象中找到的值"的简写。考虑如下情况：

```
length = 99; // 将 99 赋值给 length
```

length 的左值与右值：这里，length 位于赋值符号的左边，length 表示"名为 length 的对象"，因此赋值表达式读作"将 99 放入 length 命名的对象中"。我们要注意区分赋值或初始化左侧使用的 length（"length 的左值"或"length 命名的对象"），赋值或初始化右侧使用的 length（"length 的左值"或"length 命名的对象"）是不同的。length 在左边时（即 length 是左值）表示"名为 length 的对象"，在右边时（即 length 是右值）表示"名为 length 的对象的值"。在这种情况下，我们发现将变量可视化为标有其名称的框很有用，如图 4-3 所示。

图 4-3   length 变量

上图中，length 是包含 99 值的 int 类型对象的名称。有时（作为左值）length 指的是方框（对象），有时（作为右值）length 指的是方框中的值。

我们可以通过使用运算符结合表达式，例如 + 和 *，以我们习惯的方式来创建更复杂的表达式。当需要时，我们可以使用括号构成复合表达式：

```
int perimeter = (length+width)*2;    // 先相加再相乘
```

如果没有括号，我们只能表示为：

```
int perimeter = length*2+width*2;
```

这种方法很烦琐，甚至可能会出错：

```
int perimeter = length+width*2;      // 将 width 的两倍加到 length 上
```

最后一个错误是合乎逻辑的，编译器无法发现。编译器看到的只是一个由有效表达式初始化的名为 perimeter 的变量。如果该表达式的结果是无意义的，那就是你的问题。因为你知道 perimeter 的数学定义，但编译器不知道。

按照运算符优先级的常用数学规则，length+width*2 表示 length+(width*2)。类似地，a*b+c/d 表示 (a*b)+(c/d) 而不是 a*(b+c)/d。有关运算符优先级表，请参见附录 A.5。

使用括号的第一条规则就是"如对运算符优先级有疑问，请加上括号"。如果你对表达式有足够的了解，就不会对 a*b+c/d 产生疑问。过度使用括号，如 (a*b)+(c/d)，会降低程序的可读性。

为什么要关心程序的可读性？因为程序是给人读的，读者可能是程序员本人或其他人。丑陋的代码不但会降低程序的可读性和可理解性，而且难以发现和改正程序的错误。因为丑陋的代码往往会导致难以发现其中的语义错误，并且更难说服你自己和其他人丑陋的代码是正确的。记住在程序中不要写出复杂的表达式，例如：

```
a*b+c/d*(e-f/g)/h+7 // 过于复杂
```

另外，变量的命名可尝试选择有意义的名称。

4.3.1 常量表达式

程序通常会使用很多常量。例如，几何程序可能会使用 pi，而英寸到厘米的转换程序将使用诸如 2.54 之类的转换因子。显然，我们想为这些常量使用有意义的名称（就像我们为 pi 所做的那样；而不是使用 3.14159）。而且我们不想经常改变这些常量。因此，C++ 提供了符号常量的概念，即一个已命名的对象，在它被初始化后不能再赋予新值。例如：

```
constexpr double pi = 3.14159;
pi = 7;                  // 错误：为常量赋值
double c = 2*pi*r;       // 正确：我们刚刚读取了 pi，我们不试图对其进行更改
```

这些常量对于保持代码的可读性很有用。如果你在某些代码中看到 3.14159，你可能会认出它是 pi 的近似值，但你会认出 299792458 吗？此外，如果有人要求你更改某些代码以使用 12 位精度的 pi 进行计算，你可以在代码中搜索 3.14，但如果有人不小心使用了 22/7 来代替 pi 的语句，你可能找不到它。仅更改 pi 的定义以使用更合适的值会好得多：

```
constexpr double pi = 3.14159265359;
```

因此，我们不要在代码中的大多数地方使用字面常量（除了非常明显的字面常量，例如 0 和 1）。而是尽可能使用具有描述性名称的常量。代码中不明显的字面常量（在符号常量的定义之外）通常被称为魔数（magic constants）。

在某些地方，例如 case 标签（参见 4.4.1 节），C++ 需要由表达式与整数组合构成一个常量表达式，例如：

```
constexpr int max = 17;        // 字面常量是一个常量表达式
int val = 19;


max + 2                        // 一个常量表达式（一个常量整数加上一个字面常量）
val + 2                        // 不是一个常量表达式：它使用了一个变量
```

顺便说一下，299792458 是一个基本的物理常量：它是真空中的光速，单位是米 / 秒。如果你不知道这一点，在代码中看到这个字面常量肯定会犯糊涂，因此要避免使用魔数！

必须为 constexpr 符号常量指定一个在编译时已知的值。例如：

```
constexpr int max = 100;
void use(int n)
{
  constexpr int c1 = max+7;  // 正确：c1 等于 107
  constexpr int c2 = n+7;    // 错误：我们不知道 c2 的值
  // ...
}
```

为了处理这样的情况：一个“变量”的值在编译时是未知的，但在初始化后将永远不会改变，C++ 提供了第二种形式的常量（const）：

```
constexpr int max = 100;
void use(int n)
{
    constexpr int c1 = max+7;        // 正确：c1 等于 107
    const int c2 = n+7;              // 正确，但是不会改变 c2 的值
    // ...
    c2 = 7;                          // 错误：c2 是一个 const
}
```

这样的“const 变量”非常常见，有两个原因：

● C++ 98 没有 constexpr，所以人们使用 const。

● “变量”不是常量表达式（在编译时不知道它们的值），但在初始化后不改变值非常有用。

4.3.2 运算符

到目前为止，我们只用了最简单的运算符。但是，当你想要表达更复杂的运算时，就需要更多复杂运算符的使用方法。大多数运算符都是比较常规的，稍后我们将根据需要详细解释它们，如果你需要的话，可以查看详细信息。表 4-1 是一些最常见的运算符：

表 4-1　常见的运算符表

名称		说明
f(a)	函数调用	a 作为参数传递给函数 f
++lval	前置加	递增 1 并使用递增后的值
--val	前置减	递减 1 并使用递减后的值
!a	非	结果是布尔类型
-a	一目减	
a*b	乘法	
a/b	除法	
a%b	取模	仅适用于整型
a+b	加法	
a-b	减法	
out<<b	把 b 写入 out	out 是一个 ostream 对象
in>>b	从 in 中读入 b	In 是一个 istream 对象
a<b	小于	结果是布尔类型
a<=b	小于等于	结果是布尔类型
a>b	大于	结果是布尔类型
a>=b	大于等于	结果是布尔类型
a==b	等于	不要与 = 混淆
a!=b	不等于	结果是布尔类型
a && b	逻辑与	结果是布尔类型
a || b	逻辑或	结果是布尔类型
lval = a	赋值	不要与 == 混淆
lval *= a	复合赋值	lval = lval*a; 对 /, %, +-, 也适用

我们在运算符修改操作数的地方使用 lval（"可以出现在赋值对象左侧的值"的缩写）。你可以在附录 A.5 中找到完整的列表。

逻辑运算符 &&（和）、||（或）和 !（非），分别参见 5.5.1 节、7.7 节、7.8.2 节和 10.4 节。

需要注意的是，表达式 a<b<c 意味着 (a<b)<c，并且 a<b 计算结果为布尔值：true 或 false。所以表达式 a<b<c 的值等于 true<c 或 false<c。特别地，a<b<c 并不意味着 b 在 a 和 c 之间，这是许多人认为正确（但并非不合理）的假设。因此，表达式 a<b<c 基本上是一个无用的表达式。不要编写带有两个比较操作的表达式，如果你在别人的代码中发现这样的表达式，这很可能是一个错误。

增量至少有三种表达方式：

```
++a
a+=1
a=a+1
```

我们应该用哪种方式呢？为什么？建议使用第一个版本 ++a，因为它更直接地表达了增量的含义。它表达出了我们想做什么（对 a 加 1），而不是如何做（给 a 加 1，然后把结果写入 a）。一般来说，在程序的编写中，要直接地表达其思想。因为这种方式更准确，更容易为读者理解。如果我们写 a=a+1，读者很容易怀疑我们是否真的要对 a 加 1。也许我们只是打错了 a=b+1，a=a+2，甚至 a=a − 1；而有了 ++a，出现这种怀疑的机会就少多了。请注意，这是关于程序可读性和正确性的逻辑争论，而不是关于程序效率的争论。实际上，当 a 是内置类型之一时，现代编译器倾向于从 a=a+1 生成与 ++a 完全相同的代码。同样，我们更建议使用 a*=scale 而不是 a=a*scale。

4.3.3　类型转换

我们可以在表达式中"混合"不同的类型。例如，2.5/2 是一个 double 类型除以一个 int 类型。这是什么意思呢？我们应该做整型除法还是双精度浮点型除法？整型除法会丢掉余数；例如，5/2 = 2。浮点型除法的不同之处在于不丢弃余数；例如，5.0/2.0 为 2.5。因此，对于"2.5/2 是整型除法还是浮点型除法？"答案"当然是浮点型除法；否则我们就会丢失信息"。我们更喜欢答案是 1.25 而不是 1。总结的规则是（对于我们目前所介绍的类型）：如果一个运算符有一个 double 类型的运算数，我们使用浮点型算术产生一个 double 结果；否则，我们就使用整型运算得到 int 型结果。例如：

5/2 结果是 2（而不是 2.5）

2.5/2 表示 2.5/double(2)，结果是 1.25

'a' +1 表示 int{'a'}+1

符号 type(value) 和 type{value} 的意思是"将 value 转换为 type，就好像你在用 value 初始化 type 类型的变量一样"。换句话说，如果需要，编译器将 int 类型转换（"提升"）为 double，或将 char 转换为 int。type{value} 表示法可以防止缩窄（参见 3.9.2 节），但 type (value) 表示法不能。一旦计算出结果，编译器可能必须对其进行转换，以将其用作初始化式或赋值的右侧。例如：

```
double d = 2.5;
int i = 2;
double d2 = d/i;        // d2 == 1.25
int i2 = d/i;           // i2 == 1
int i3 {d/i};           // 错误:double 到 int 转换可能会发生缩窄 (参见 3.9.2 节 )
d2 = d/i;               // d2 == 1.25
i2 = d/i;               // i2 == 1
```

请注意，在包含浮点运算的表达式中很容易忘记整数除法。例如，将摄氏度转换为华氏度的常用公式为：$f = 9/5 * c + 32$。我们可以这样写：

```
double dc;
cin >> dc;
double df = 9/5*dc+32; // 小心！
```

4.4　语句

4.3 节中提到用各种运算符组成表达式来计算出一个值。当我们想要同时生成几个值时，我们该怎么办？当我们想重复计算多次做某事时呢？我们如何在备选方案中进行选择？应该如何获得输入或产生输出？与许多其他语言中一样，C++ 语言也是通过语句来实现这些功能的。

到目前为止，我们已经看到了两种语句：表达式语句和声明。表达式语句只是一个表达式后跟一个分号。例如：

```
a = b;
++b;
```

这是两个表达式语句。注意，= 是一个运算符，a=b 后面紧跟终止分号，因此 a=b 是一个表达式。为什么我们需要这些分号？原因主要是出于技术上的考虑。例如：

```
a = b ++ b;       // 语法错误：缺少分号
```

没有分号，编译器就不知道我们的意思是 a=b++; b; 或者 a=b; ++b。这种二义性问题不仅限于计算机程序设计语言中，也存在于自然语言中。例如："man eating tiger!"（人吃虎）的感叹吧！谁在吃谁？标点符号的存在就是为了消除这样的问题，例如："man-eating tiger!"（食人虎）。

当语句紧随其后时，计算机会按照它们的写入顺序执行它们。例如：

```
int a = 7;
cout << a << '\n';
```

这里声明及其初始化在输出表达式语句之前执行。

一般来说，声明具有一定的效果。没有效果的语句通常是无用的。例如：

```
1+2;              // 进行加法，但不使用其结果
a*b;              // 进行乘法，但不使用其结果
```

这种没有效果的语句通常是逻辑错误造成的，编译器会经常警告不要使用它们。因此，表达式语句通常是赋值语句、I/O 语句或函数调用。

我们将提到另一种类型的语句："空语句"。考虑以下代码：

```
if (x == 5);
{ y = 3; }
```

上面的语句看起来像是一个错误，事实上可以肯定是语义一个错误。第一行不应该出现分号（;）。但是，这在 C++ 中是一个合法的结构，它被称为空语句，即什么都不做的语句。分号前面的空语句很少被使用。在这种情况下，空语句的存在导致其掩盖了一个语义错误，即编译器也无法发现这是错误的结果，所以它不会提醒你错误，因此你将很难找到它。

运行这段代码会发生什么？编译器将测试 x 的值是否为 5。如果这个条件为真，下面的语句（空语句）将被执行，但没有结果。然后程序继续执行下一行，将 3 赋值给 y（这是正确程序中 x 等于 5 时会执行的操作），另一方面，如果 x 值不等于 5，编译器不会执行空语句（仍然没有结果），并且仍会将 3 赋值给 y（当 x 不等于 5，这不是代码原本想得到的结果）。换句话说，if 语句并不重要；不管怎样，y 的值都是 3。这是新手程序员常犯的错误，而且很难发现，所以要小心这种错误。

下一节将专门讨论用于改变计算顺序的语句，以使我们能够表达比仅按编写顺序执行语句更有趣的计算。

4.4.1 选择语句

程序如生活，我们经常不得不在备选方案中进行选择。在 C++ 中，选择是使用 if 语句或 switch 语句完成的。

1. if 语句

最简单的选择形式是 if 语句，它在两个选项之间进行选择。例如：

```
int main()
{
    int a = 0;
    int b = 0;
    cout << "Please enter two integers\n"; cin >> a >> b;
    if (a<b)      // 条件
                  // 第一个分支（在条件为真时执行）:
            cout << "max(" << a << "," << b <<") is " << b <<"\n";
        else
                  // 第二个分支（在条件为假时执行）:
            cout << "max(" << a << "," << b <<") is " << a << "\n";
}
```

if 语句在两个选项中进行选择。如果它的条件为真，则执行第一个语句；否则，执行第二个语句。这个概念很简单。大多数基本的程序设计语言功能都是这样规定的。事实上，程序设计语言中的大多数基本功能来自于你的实际学习和生活习惯。例如，你在幼儿园时被告知过马路时，你必须等待交通灯变绿："如果交通灯是绿色的，就走"和"如果交通灯是红色的，就等待"。对应的 C++ 中的程序为：

```
if (traffic_light==green) go();
if (traffic_light==red) wait();
```

虽然，if 语句的基本概念很简单，但是也要仔细使用 if 语句。看看下面这个程序有什么问题（为了简化，去掉了 #include）：

```
// 将英寸转换为厘米或将厘米转换为英寸
// 后缀 'i' 或 'c' 表示输入的单位
int main()
{
    constexpr double cm_per_inch = 2.54;  // 英寸中的厘米数量
                                          // 一英寸
    double length = 1;                    // 长度以英寸或
                                          // 厘米为单位
    char unit = 0;
    cout<< "Please enter a length followed by a unit (c or i):\n";
    cin >> length >> unit;

    if (unit == 'i')
        cout << length << "in == " << cm_per_inch*length << "cm\n";
    else
        cout << length << "cm == " << length/cm_per_inch << "in\n";
}
```

实际上，如果按照格式输入数据，这个程序是能够执行的：输入 1i 得到 1in == 2.54cm；输入 2.54c，你会得到 2.54cm == 1in。不妨动手实践一下，这是个很好的练习。

问题是我们没有测试错误输入的情况。该程序假定用户进行了正确的输入。条件 unit=='i' 只是区分了单位为 'i' 的情况和所有其他情况。它未判断 'c'。

如果用户输入 15f（表示英尺）"只是为了看看会发生什么"？条件（unit == 'i'）将失效，程序将执行 else 部分（第二个选择），将厘米转换为英寸。当我们输入 'f' 时，这个结果不是我们想要的英尺的转换。

　　我们必须始终用"错误的"输入来测试我们的程序，因为总会有意或无意地进行了错误的输入。不管用户出于什么目的造成了非法输入的情况，程序也应该合理运行。

　　以下是改进版：

```cpp
// 将英寸转换为厘米或将厘米转换为英寸
// 后缀 'i' 或 'c' 表示输入的单位
int main()
{
    constexpr double cm_per_inch = 2.54;  // 1 英寸相当于多少厘米

    double length = 1;                    // 长度以英寸或厘米为单位
    char unit = ' ';
    cout<< "Please enter a length followed by a unit (c or i):\n";
    cin >> length >> unit;

    if (unit == 'i')
        cout << length << "in == " << cm_per_inch*length << "cm\n";
    else if (unit == 'c')
        cout << length << "cm == " << length/cm_per_inch << "in\n";
    else
        cout << "Sorry, I don't know a unit called '" << unit << "'\n";
}
```

在这个程序中，我们首先测试 unit=='i'，然后测试 unit=='c'，如果都不成立，则显示出错信息。看起来好像我们使用了"else-if 语句"，但在 C++ 中没有这样的语句。实际上，我们合并了两个 if 语句。if 语句的一般形式是：

```cpp
if (款式) 语句 else 语句
```

关键字 if 后跟括号中的表达式，然后是语句，再后是 else 语句，else 语句后是另一个分支语句。其中该分支语句可以是一条 if 语句

```cpp
if (表达式) 语句 else if (表达式) 语句 else 语句
```

对于给出这个结构的程序如下：

```cpp
if (unit == 'i')         // 第一个分支（单位为英寸）
    ...
else if (unit == 'c')    // 第二个分支（单位为厘米）
    ...
else                     // 第三个分支
    ...
```

　　通过这种方式，我们可以编写任意分支的复杂语句，但是，请记住，代码的理想之一是模拟性，而不是复杂性。你不能通过编写最复杂的程序来证明你的水平。相反，可以通过编写完成这项工作的最简单的代码来证明你的能力。

试一试

基于上面的例子编写一个程序的模型，该程序将日元（'y'）、欧元（'k'）和英镑（'p'）转换为美元。为了更接近实际情况，你可以在互联网上获得最新的汇率。

2. switch 语句

实际上，unit 与 'i' 和 'c' 的比较是一种最常见的选择形式：基于一个值与几个常量的比较进行选择。这样的选择在程序设计中经常会用到，因此 C++ 专门提供了一个特殊的语句：switch 语句。我们可以利用 switch 语句把前面的程序改写为：

```cpp
int main()
{
    constexpr double cm_per_inch = 2.54;   // 1英寸相当于多少厘米
    double length = 1;                     // 长度以英寸或厘米为单位
    char unit = 'a';
    cout<< "Please enter a length followed by a unit (c or i):\n";
    cin >> length >> unit;
    switch (unit) {
    case 'i':
        cout << length << "in == " << cm_per_inch*length << "cm\n";
        break;
    case 'c':
cout << length << "cm == " << length/cm_per_inch << "in\n";
break;
    default:
        cout << "Sorry, I don't know a unit called '" << unit << "'\n";
        break;
    }
}
```

switch 语句的语法虽然不够新颖，但比嵌套的 if 语句清晰易懂，特别是当我们与许多常量进行比较时。在 switch 后括号里的值与一组常量进行比较。每个常量都使用 case 语句标记。如果该值等于 case 标记中的常数，则选择该 case 的语句执行。每个 case 语句都以 break 结束。如果该值不等于任何 case 后的常量，则选择执行 default 语句。你不必提供 default 语句，除非你完全确定你已经给出的分支覆盖了所有的情况。

3. switch 技术细节

以下是 switch 语句的一些技术细节：

- switch 语句括号中的值必须是整型、字符型或枚举类型（参见 9.5 节）。特别记住，你不能使用字符串类型（string）。
- case 语句中的值必须是常量表达式（参见 4.3.1 节）。特别是，不能在 case 语句中使用变量。
- 两个 case 语句不能使用相同的值。
- 可以为单个 case 后使用多个 case 语句。
- 不要忘记在每个 case 语句结束时加上 break。如果你忘记了，编译器可能不会有任何警告信息。

例如：

```
int main()                  // 你只能在整型等类型上使用 switch 语句
{
    cout << "Do you like fish?\n";
    string s;
    cin >> s;
    switch (s) {            // 错误：值必须是整型、字符型或枚举类型
    case "no":
        // ...
        break;
    case "yes":
        // ...
        break;
    }
}
```

如果要根据字符串进行选择，必须使用 if 语句或 map（参见第 21 章）。switch 语句能够生成用于与一组常量进行比较的优化代码。对于较大的常量集，switch 语句通常会产生比 if 语句集合更有效的代码。然而，这意味着 case 语句中的值必须是常量且不同。例如：

```
int main()                  // case 标签必须是常量
{
    // 定义分支：
    int y = 'y';            // 这会引发问题
    constexpr char n = 'n';
    constexpr char m = '?';
    cout << "Do you like fish?\n";
    char a;
    cin >> a;
    switch (a) {
    case n:
        // ...
        break;
    case y:                 // 错误：case 标记中使用了变量
        // ...
        break;
    case m:
        // ...
        break;
    case 'n':               // 错误：重复 case 标签。（变量 n 的值也是 'n'）
        // ...
        break;
    default:
        // ...
        break;
    }
}
```

如果你希望对 switch 语句中的一组值执行相同的操作，你可以通过一组 case 语句来标记单个操作，重复操作会很乏味。例如：

```
int main()          // 你可以使用多个 case 语句来标记一个语句
{
    cout << "Please enter a digit\n";
    char a;
    cin >> a;
    switch (a) {
    case '0':
    case '2': case '4': case '6': case '8':
        cout << "is even\n";
        break;
    case '1': case '3': case '5': case '7': case '9':
        cout << "is odd\n";
        break;
    default:
        cout << "is not a digit\n";
        break;
    }
}
```

switch 语句最常见的错误是忘记使用 break 来终止 case 语句。例如：

```
int main()                              // 错误的代码示例（缺少了 break）
{
    constexpr double cm_per_inch = 2.54;  // 1 英寸对应的厘米数量
    double length = 1;                    // 长度以英寸或厘米为单位
    char unit = 'a';
    cout << "Please enter a length followed by a unit (c or i):\n";
    cin >> length >> unit;

    switch (unit) {
    case 'i':
        cout << length << "in == " << cm_per_inch*length << "cm\n";
    case 'c':
        cout << length << "cm == " << length/cm_per_inch << "in\n";
    }
}
```

然而，对于上面这个例子编译器是不会报错的，当完成 case 'i' 时，程序将接着执行 case 'c'，所以如果输入 2i，程序将输出：

```
2in == 5.08cm
2cm == 0.787402in
```

编译器会弹出警告。

> 使用 switch 语句重写货币转换程序（上一节试一试中的例子），添加人民币和克朗的换算。哪个版本的程序更容易编写、理解和修改？为什么？

4.4.2 循环语句

现实生活中我们很少只做某件事一次。因此，程序设计语言提供了多次执行某项操作的语言工具称为循环（repetition），尤其是当你对数据结构的一系列元素进行处理时，也称它为迭代（iteration）。

1. while 语句

接下来列举一个迭代例子，在世界上第一台能存储程序计算机（EDSAC）上运行的第一个程序就是一个循环语句。1949 年 5 月 6 日，戴维·惠勒（David Wheeler）在英国剑桥大学（Cambridge University）的计算机实验室编写并运行了这个程序，其目的是计算并打印了下面这个简单的平方表：

```
0       0
1       1
2       4
3       9
4       16
        ...
98      9604
99      9801
```

平方表的每一行都是一个数字，后面跟着一个 "tab" 字符（"\t"），然后是这个数字的平方。该程序的 C++ 版本是这样的：

```cpp
// 计算并打印 0-99 的平方表格
int main()
{
    int i = 0;        // 从 0 开始
    while (i<100) {
        cout << i << '\t' << square(i) << '\n';
        ++i;          // 让 i 的值递增 (i 的值变为 i + 1)
    }
}
```

程序 square (i) 的意思就是 i 的平方。我们稍后会解释它的含义（参见 4.5 节）。

实际上，这个程序并不是一个真正的 C++ 程序，它的程序逻辑如下所示：

- 从 0 开始计数。
- 检查计数是否已经达到 100，如果是的话，程序结束。
- 否则，打印数字及其平方，用制表符（'\t'）分隔，计数加 1，然后重复上述操作。

显然，要做到这一点，我们需要：

- 一种重复某些语句（循环）的方法。
- 使用一个变量来记录我们已经进行了多少次循环（循环变量或控制变量），这里使用的是

int 型变量称为 i。

- 循环变量的初始化，这里为 0。
- 循环的终止条件，在这里我们要进行 100 次循环。
- 每次循环（循环体）要完成的操作。

我们使用的语言结构称为 while 语句。在 while 语句中，关键字 while 后是循环条件，然后是它的循环体：

```
while (i < 100)          // 循环条件是检查循环变量 i
{
  cout << i << '\t' << square(i) << '\n';
  ++i;                   // 增加循环变量 i
}
```

循环体是一个程序块（用大括号分隔），它写出表中的一行，并增加循环变量 i。我们通过检查 i<100 是否成立来开始每次循环。如果满足，继续执行循环体。如果不成立，也就是说，当 i 等于 100 时，我们结束 while 语句并执行程序块之后的语句。在这个程序中，while 语句是程序的结尾，所以 while 语句结束程序也随之结束。

while 语句的循环变量必须在 while 语句之外（之前）定义和初始化。如果我们没有定义它，编译器会给我们一个错误信息。如果我们定义但未能初始化它，大多数编译器会警告我们："没有对本地变量 i 赋值"。如果我们坚持的话，它仍会执行程序。但不要坚持！当编译器对未初始化的变量发出警告时，它们肯定是正确的。因为未初始化的变量是常见的错误来源，在这种情况下，我们应该初始化它，正确写法如下：

```
int i = 0;               // 从 0 开始
```

这样便会没有警告。

基本上，编写循环语句很简单，然而，将它用于实际问题可能会很棘手。特别是，正确地表达条件，并初始化所有变量以使循环正确地开始是很难的。

试一试

字符 'b' 可以通过 char（'a'+1）得到，'c' 可以通过 char（'a'+2）。使用一个循环语句输出一个字符表及其对应的整数值：

a 97

b 98

...

z 122

---

2. 程序块

注意，下面是如何对 while 语句的循环体进行定义的代码：

```
while (i<100) {
  cout << i << '\t' << square(i) << '\n';
  ++i ;            // 增加 i（即，i 变为 i+1）
}
```

我们把由花括号 { 和 } 分隔的语句序列称为程序块（block）或复合语句（compound

statement）。程序块是一种特殊语句。空块 {} 有时用于表示不进行任何操作。例如：

```
if (a<=b) {        // 不做任何事情
}
else {             // 交换 a 和 b
    int t = a;
    a = b;
    b = t;
}
```

3. for 语句

对一组数据进行迭代操作很常见，C++ 像大多数其他程序设计语言一样，为一组数据的迭代操作设置了特殊的语法。for 语句类似于 while 语句，不同之处在于 for 语句要求将控制变量的循环集中在开头，以便于阅读和理解。一个示例如下：

```
// 计算并打印 0-99 的平方表格
int main()
{
    for (int i = 0; i<100; ++i)
        cout << i << '\t' << square(i) << '\n';
}
```

这意味着"从 i = 0 开始执行循环体，每次执行后递增 i，直到 i 的值达到 100。"for 语句总是等同于 while 语句。例如：

```
{
    int i = 0;                                    // for 循环的初始化语句
    while (i < 100) {                             // for 循环的条件
        cout << i << '\t' << square(i) << '\n'; // for 循环的循环体
        ++i;                                      // for 循环的增量
    }
}
```

有些初学者喜欢用 while 语句，有些初学者喜欢用 for 语句。然而，当一个循环可以定义为一个 for 语句时，使用 for 语句会产生更容易理解和更好维护的代码，因为它将简单的初始化式、循环条件和增量操作集中在一起。

注意，不要在 for 语句体中修改循环变量，虽然这种操作没有语法错误，但这将违背每个读者对循环所做的合理假设。考虑下面这个例子：

```
int main() {
    for (int i = 0; i < 100; ++i) { // 对于范围 [0:100) 中的 i
        cout << i << '\t' << square(i) << '\n';
        ++i;                                // 这里发生了什么? 看起来像是一个错误!
    }
}
```

任何查看这个循环的人都会合理地假设执行体被执行 100 次。然而，事实并非如此。执行体中的 ++i 语句确保 i 在每次循环中都加 2，因此我们只输出 i 的 50 个偶数值。尽管这个程序没有语法错误，但是我们看到这样的代码，会认为这是一个错误，可能是代码由 while 语句的"草率"转换引起的。如果你想循环控制变量每次增加 2，可以这样写：

```
// 计算并打印在 [0:100) 范围内偶数的平方表格
int main()
```

```
{
    for (int i = 0; i<100; i+=2)
        cout << i << '\t' << square(i) << '\n';
}
```

请注意，对于程序的简洁性，后面将介绍一些典型的示例。

试一试

使用 for 语句，重写前面试一试中的字符值输出示例，然后修改你的程序，使其也能输出所有大写字母和数字。

还有一个更简单的"范围 for 循环"用于遍历数据集合，如 vector；参见 4.6。

4.5 函数

在上面的程序中，square(i) 是什么呢？它是一个函数调用。具体来说，它是调用带有参数 i 的 square 函数。函数是命了名的语句序列。函数可以返回结果（也称为返回值）。标准库提供了很多有用的函数，例如我们在 3.4 节中使用的平方根函数 sqrt()。但是，我们自己在程序中还编写了很多函数。下面是 square 函数的一种合理定义：

```
int square(int x)              // 返回 x 的平方
{
    return x*x;
}
```

这个定义的第一行告诉我们这是一个函数（由括号可知），它被称为 square，它有一个 int 类型的参数（这里称为 x），并且它返回一个 int 型的值（函数声明中出现在前面的关键词）；也就是说，我们可以这样使用它：

```
int main()
{
    cout << square(2) << '\n';     // 打印 4
    cout << square(10) << '\n';    // 打印 100
}
```

我们不必使用函数调用的结果，但我们必须为函数提供它所需要的参数。例如：

```
square(2);                     // 可能是一个错误：未使用返回值
int v1 = square();             // 错误：缺少参数
int v2 = square;               // 错误：缺少括号
int v3 = square(1, 2);         // 错误：参数过多
int v4 = square("two");        // 错误：参数类型错误 —— 需要 int 类型
```

许多编译器对未使用的结果发出警告，并且所有编译器都按照指示给出错误。你可能会认为计算机应该足够"聪明"，能够分辨出字符串"two"实际上指的是整数 2。然而，C++ 编译器并没有那么"聪明"。编译器的工作就是在验证你的代码符合 C++ 的定义后，准确地执行你告诉它要做的事情。如果编译器猜到了你的意思，它可能会猜错，从而导致你或者你程序的用户陷入麻烦。如果有了编译器的"帮助"（不百分之百地按照代码执行），你会发现很难预测你的代码会做什么。

函数体是实现实际工作的程序块（参见 4.4.2 节）。

```
{
    return x*x;          // 返回 x 的平方
}
```

对于 square 函数，实现很简单：计算参数的平方，并将其作为结果返回。显然，用 C++ 描述比用自然语言（如英语汉语等）更容易。这一点在很多情况下都适用。毕竟，程序设计语言就是为了简单而精确地表达这些简单的思想而设计的。

函数定义的语法可以这样描述：

类型 函数名 (参数列表)　函数体

其中，一个类型（函数的返回类型），后面跟着一个标识符（函数名），然后是圆括号中的参数列表，最后是函数体（要执行的语句）。函数所需的参数列表称为形参列表，其元素称为形参（形式参数）。参数列表可以为空，如果不想函数返回结果，则将 void（意为"无"）作为返回类型。例如：

```
void write_sorry()      // 没有参数，没有返回值
{
    cout << "Sorry\n";
}
```

函数语法的相关细节可以参考本书第 8 章的内容。

4.5.1　为什么要用函数？

当我们需要将一部分计算任务独立实现的时候，我们将其定义为一个函数，因为可以这样做：

- 使计算在逻辑上独立。
- 使程序文本更清晰（通过命名计算）。
- 可以在程序中的多个地方使用该函数。
- 减少程序调试的工作量。

在本书的后续内容中，我们将会看到很多解释上述原因的例子，并且我们还会再次谈及某个原因。注意，实际的应用程序可能会用到成百上千个函数，有些甚至用到数十万个函数。显然，如果它们的各个部分（如计算）没有被清晰地分隔和命名，我们将永远无法编写或理解这样的程序。此外，你很快就会发现许多函数都是重复使用的，并且你很快就会厌倦重复相同的代码。例如，你可能喜欢写 x*x 和 7*7 以及 (x+7)*(x+7) 等，而不是 square(x)、square(7)、square(x+7) 等。然而，这只是因为平方是一个非常简单的计算。对于平方根（在 C++ 中称为 sqrt）来说，情况大不相同：你更喜欢编写 sqrt(x)、sqrt(7) 和 sqrt(x+7) 等，而不是重复计算平方根的代码（这些代码很长、很复杂）。实际上，大多数情况下，你甚至不需要了解求平方根函数的实现细节，因为知道 sqrt(x) 将给出 x 的平方根就足够了。

在 8.5 节中，我们将讨论许多函数的技术细节，现在我们给出另一个例子。

如果我们想让 main() 函数中的循环更简洁，可将程序改写为

```
void print_square(int v)
{
    cout << v << '\t' << v*v << '\n';
}

int main()
```

```
    {
        for (int i = 0; i<100; ++i) print_square(i);
    }
```

为什么我们不使用 print_square() 的版本？因为该版本并不比使用 square() 的版本简单得多，请注意：

- print_square() 是一个相当特殊的函数，我们不能期望以后能够使用它，而 square() 可以重复多次使用。
- square() 几乎不需要说明文档，而 print_square() 显然需要相关文档说明函数的功能和使用方法等。

两者的根本原因是 print_square() 执行两个逻辑上独立的逻辑操作：

- 输出结果。
- 计算平方值。

如果每个函数执行一个逻辑操作，程序通常更容易编写和理解。因此，square() 是一个更好的选择。

最后，为什么我们在问题的第一个版本中使用 square(i) 而不是简单的 i*i？使用函数的目的之一是通过将复杂的计算分离为命名函数来简化代码，而在 1949 年版本的程序中，没有硬件能够直接实现“乘法运算”。因此，在 1949 年版本的程序中，i*i 实际上是一个相当复杂的计算，类似于你在一张纸上手工进行复杂的计算。而且，原始版本的作者 David Wheeler 是现代计算中函数（当时称为子例程）的发明者，因此在这里使用它似乎是合适的。

试一试

　　不使用乘法运算符实现 square()，即通过重复加法来完成 x*x（设置一个变量的初始值为 0，并将 x 的值添加到变量上 x 次）。然后使用该 square() 运行前面的例子。

4.5.2　函数声明

你是否注意到调用函数所需的所有信息都包括在函数定义的第一行？例如：

```
int square(int x)
```

根据这些信息，可以写出如下语句：

```
int x = square(44);
```

我们不需要知道函数体是如何实现的。在实际编写程序中，我们通常不想查看函数体。为什么要知道标准库的 sqrt() 函数是如何实现的呢？因为我们知道它会计算参数的平方根就可以了。为什么我们想要阅读 square() 函数的代码呢？虽然我们可能会好奇它的具体实现，但大多数情况下，我们仅仅关心如何调用函数就可以了。幸运的是，C++ 提供了一种从完整的函数定义中分离出来的方法来显示函数信息，它被称为函数声明：

```
int square(int);              // 声明 square
double sqrt(double);          // 声明 sqrt
```

注意结尾的分号。分号用于函数声明中，而不是对应函数定义中使用的函数体：

```
int square(int x)             // 定义 square 函数
{
    return x*x;
}
```

因此，如果你只是想使用一个函数，你只需在代码中声明或者通过更常见的 #include 包含它的声明。函数定义可以在程序的其他地方。我们将在 8.3 节和 8.7 节中讨论"程序的其他地方"可能在哪里。声明和定义之间的区别在较大的程序中变得非常重要，在这些程序中，我们使用函数声明来保持大部分代码的简洁，从而允许我们关注程序的某个部分（参见 4.2 节）。

4.6　向量容器

在编写程序之前，我们需要处理相关的数据。例如，我们可能需要电话号码列表、足球队成员列表、课程列表、去年阅读的书籍列表、可供下载的歌曲目录、汽车的一组支付选项、下周的天气预报列表、不同网络商店中相机的价格列表，等等。程序的数据形式可能性是无限的，因此在程序中无处不在。我们将看到各种存储数据集合的方法（其他各种数据形式；见第 20 章和第 21 章）。在这里，我们将从一种最简单，也可以说是最常用的存储数据的方法开始：向量容器（vector）。

向量容器是可以通过索引访问的元素序列。例如，这里有一个向量容器 v，如图 4-4 所示。

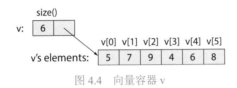

图 4.4　向量容器 v

也就是说，第一个元素的索引为 0，第二个元素的索引为 1，以此类推。我们通过将向量容器的名称和元素的索引来引用一个元素，因此这里 v[0] 的值为 5，v[1] 的值为 7，以此类推。向量的索引总是从 0 开始，然后每次加 1。这看起来很熟悉，实际上标准库中的向量容器仅仅是 C++ 标准库中一个古老而著名的简化版本。图 4.4 中这个向量容器是为了强调它"知道自己的大小"，即一个向量容器不仅存储它的元素，它还存储它的大小。

我们可以做出这样一个向量：

```cpp
vector<int> v = {5, 7, 9, 4, 6, 8};            // 6 个 int 元素的 vector
```

我们看到，要创建一个向量容器，需要指定数据的类型和初始元素集。数据类型位于 vector 之后尖括号（<>）中，此处为 <int>。另一个例子是：

```cpp
vector<string> philosopher
    = {"Kant", "Plato", "Hume", "Kierkegaard"};// 包含 4 个 string 元素的 vector
```

显然，向量容器只能存储与其数据类型相同的数据：

```cpp
philosopher[2] = 99;      // 错误：尝试将整数赋值给字符串
v[2] = "Hume";            // 错误：尝试将字符串赋值给整数
```

我们还可以定义给定大小的向量容器而不指定元素值。在这种情况下，我们使用 (n) 表示法，其中 n 是元素的数量，并且根据数据类型为数据赋予默认值。例如：

```cpp
vector<int> vi(6);      // 包含 6 个整数的向量，初始化为 0
vector<string> vs(4);   // 包含 4 个字符串的向量，初始化为空字符串 ""
```

没有字符的字符串""称为空字符串。

请注意，你不能简单地引用向量容器中不存在的元素：

```cpp
vi[20000] = 44;         // 运行时错误
```

我们将在下一章讨论运行时错误的细节。

4.6.1 遍历向量

向量容器"知道"它的大小，所以我们可以像这样打印向量容器的元素：

```
vector<int> v = {5, 7, 9, 4, 6, 8};
for (int i=0; i<v.size(); ++i)
    cout << v[i] << '\n';
```

调用 v.size() 给出了名为 v 的向量容器的元素数。通常，v.size() 使我们能够访问向量容器的元素，而不会意外地引用向量容器范围之外的元素。向量容器 v 的范围是 [0:v.size（）)。这是半开元素序列的数学符号。v 的第一个元素是 v[0]，最后一个元素是 v[v.size()−1]。如果 v.size()==0，则 v 没有元素，即 v 为空向量容器。这种半开序列的概念在整个 C++ 和 C++ 标准库中使用（参见 17.3 节和 20.3 节）。

该语言利用了半开放序列的概念来提供一个简单的循环，遍历序列的所有元素（如向量容器的元素），对应代码如下：

```
vector<int> v = {5, 7, 9, 4, 6, 8};
for (int x : v) // for each x in v
    cout << x << '\n';
```

这被称为范围 for 循环，因为"范围"这个词通常与"元素序列"的意思相同。我们将 for (int x:v) 读为"对于向量容器 v 中的每个整型元素 x"，循环的含义与下标 [0:v.size()) 上的循环一致。我们使用范围 for 循环对序列的所有元素进行简单循环，每次只看一个元素。对于更复杂的循环，例如查看一个向量容器的每三个元素，只查看一个向量的后半部分，或者比较两个向量的元素，通常更好的方式是使用更复杂和更通用的传统 for 语句（参见 4.4.2.3 节）。

4.6.2 向量容器的增长

通常，我们从一个空的 vector 开始使用向量，并在读取或计算我们想要的数据时将其增长到所需的大小。这里的关键操作是 push_back()，它向 vector 中添加一个新元素。新元素成为 vector 的最后一个元素，如图 4-5、图 4-6、图 4-7、图 4-8 所示。

```
vector<double> v;      // 初始化为空；也就是说，v 没有元素
```

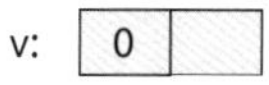

图 4-5 空的容器 v

```
v.push_back(2.7);      // 在 v 的末尾（"尾部"）添加一个值为 2.7 的元素
                       // 现在 v 有一个元素，v[0] 的值为 2.7
```

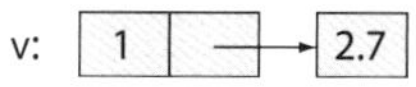

图 4-6 容器 v 有 1 个元素

```
v.push_back(5.6);      // 在 v 的末尾添加一个值为 5.6 的元素
                       // 现在 v 有两个元素，v[1] 的值为 5.6
```

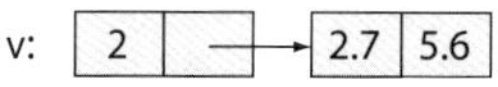

图 4-7 容器 v 有 2 个元素

```
v.push_back(7.9);      // 在 v 的末尾添加一个值为 7.9 的元素
                       // 现在 v 有三个元素，v[2] 的值为 7.9
```

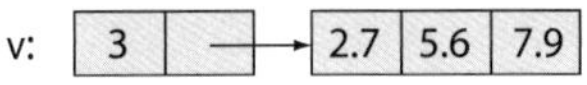

图 4-8　容器 v 有 3 个元素

注意调用 push_back() 的语法，它被称为成员函数调用（member function call）。push_back() 是 vector 的成员函数，必须使用 "." 表示法调用：

成员函数调用：

对象名 . 成员函数（参数表）;

vector 的大小可以通过调用 vector 的另一个成员函数 size() 来获得。最初 v.size() 为 0，在第三次调用 push_back() 后，v.size() 已变为 3。

如果你以前做过程序设计，便会注意到 vector 类似于 C 语言中的数组。但是，你不需要事先指定 vector 的大小（长度），就可以添加任意数量的元素。随着我们对 vector 的深入了解，将发现 C++ 标准库中的 vector 还有其他有用的属性。

4.6.3　一个数值计算的示例

让我们看一个更实际的例子。通常，我们要将一系列值读入程序，以便对它们进行处理。这些数据操作可以是数据的可视化，计算平均值和中位数，找到最大的元素，对它们进行排序，将它们与其他数据结合，搜索 "有趣的" 值，将它们与其他数据进行比较等等。我们对数据执行的计算范围没有限制，但首先我们需要将数据读入计算机的内存中。以下是将未知的（可能是大量的）数据输入计算机的基本方法。作为一个具体的例子，我们选择读取代表温度的浮点数：

```
// 从输入中读取一些温度值，并存储到一个向量中
int main()
{
    vector<double> temps;          // 温度
    for (double temp; cin>>temp; ) // 将数据读入 temp 中
        temps.push_back(temp);     // 把 temp 放进 vecor
                                   // ... 处理数据 ...
}
```

那么，这里发生了什么？首先我们声明一个向量来保存数据：

```
vector<double> temps; // 温度
```

这是提到我们期望的输入类型的地方。我们读取和存储双精度浮点类型。接下来是实际的读取循环：

```
for (double temp; cin>>temp; )        // 读进 temp
    temps.push_back(temp);            // 把 temp 放进 vector
```

我们定义了一个双精度浮点类型的变量 temp 来读入。 cin>>temp 读取一个双精度浮点数，然后将该双精度浮点数推入向量容器（放在后面）。我们以前见过单独的操作，这里是使用输入操作 cin>>temp 作为 for 语句的条件。基本上，如果一个值被正确读取，则 cin>>temp 为真，否则为假，因此 for 语句将读取我们给它的所有双精度浮点值，并在我们给它任何其他值时停止。例如，如果输入：

```
1.2 3.4 5.6 7.8 9.0 |
```

那么 temps 将获得五个元素 1.2、3.4、5.6、7.8、9.0（按此顺序，例如，temps[0]==1.2）。我们使用字符 '|' 终止输入——可以使用任何不是 double 的字符达到这个目的。在 10.6 节中我们将讨

论如何终止输入以及如何处理输入错误。

为了将输入变量 temp 的作用域限制在循环中，我们使用了 for 语句，也可以使用 while 语句：

```
double temp;
while (cin>>temp)                    // 读取
    temps.push_back(temp);           // 放进 vector
   // ... temp 可能在这里使用 ...
```

for 循环在前面的语句中显示发生了什么，这样代码更容易理解，也更难发生意外错误。

一旦我们把数据转换成一个向量容器，我们就可以很容易地对它进行操作。作为一个例子，让我们计算平均温度和中位数温度：

```
// 计算平均温度和中位数温度
int main()
{
    vector<double> temps;           // 温度
    for (double temp; cin>>temp; )  // 读入 temp
        temps.push_back(temp);      // 把 temp 放入 vector

    // 计算平均温度 :
    double sum = 0;
    for (double x : temps) sum += x;
    cout << "Average temperature: " << sum/temps.size() << '\n';

    // 计算中位数温度 :
    sort(temps);                    // 对温度排序
    cout << "Median temperature: " << temps[temps.size()/2] << '\n';
}
```

我们简单地将所有元素添加到 sum 中，然后将总和除以元素的数量（即 temps.size()）来计算平均值：

```
// 计算平均温度 :
double sum = 0;
for (double x : temps) sum += x;
cout << "Average temperature: " << sum/temps.size() << '\n';
```

注意 += 运算符是如何派上用场的。

为了计算中位数（选择一个值，使一半的值较低，另一半的值较高），我们需要对元素进行排序。为此，我们使用标准库排序算法的变体，sort()：

```
// 计算中位数温度 :
sort(temps); // sort temperatures
cout << "Median temperature: " << temps[temps.size()/2] << '\n';
```

我们稍后会解释标准库算法（参见 20 章）。一旦对温度进行排序，就很容易找到中位数：我们只需选择中间元素，即索引为 temps.size()/2 的元素。如果你要求比较高（如果你这样做，就会开始像程序员一样思考），你可能会发现，根据我们上面提供的定义，我们找到的值可能不是中位数。本章末尾的练习 2 旨在解决这个小问题。

4.6.4 一个文本处理的示例

本节没有给出温度的例子，因为我们对温度数据不是特别感兴趣。但是气象学家、农学家和海洋学家等，对温度数据和基于它的值（如均值和中位数）非常感兴趣。从程序员的角度来看，这个例子的有趣之处在于它的通用性：向量容器和对它的简单操作可以用于大量的应用程序中。总之，无论你对什么感兴趣，如果你需要分析数据，你都会使用向量容器（或类似的数据结构，具体内容见第 21 章）。举个例子，让我们构建一个简单的字典：

```cpp
// 简单的字典：按顺序排列的单词列表
int main()
{
    vector<string> words;
    for(string temp; cin>>temp; )              // 读取以空格分隔的单词
        words.push_back(temp);                 // 放进 vector

    sort(words); // 对单词进行排序

    for (int i = 0; i<words.size(); ++i)
        if (i==0 || words[i-1]!=words[i])      // 是否是一个新的单词
            cout << words[i] << "\n";
}
```

如果我们输入一些单词给这个程序，它会把它们按字母顺序写出来，而不会重复一个单词。例如，给定：

```
a man a plan a canal panama
```

程序将输出：

```
a
canal
man
panama
plan
```

我们如何停止读取字符串输入？换句话说，我们如何终止输入循环？

```cpp
for (string temp; cin>>temp; )         // 读取
    words.push_back(temp);             // 放进 vector
```

当我们读取数字时（参见 4.6.3 节），我们只是给出了一些不是数字的输入字符。在这里我们不能这样做，因为每个（普通）字符都可以读入字符串。幸运的是，我们可以利用一些特殊符号作为终止符。如 3.5.1 节所述，在 Windows 下按 Ctrl+Z 键终止输入流，在 UNIX 下按 Ctrl+D 键终止输入流。

这个程序的大部分内容与我们对温度所做的程序非常相似。事实上，我们通过剪切和粘贴"温度程序"来编写"字典程序"。唯一新的东西就是单词重复性测试：

```cpp
if (i==0 || words[i-1]!=words[i])   // 是否是一个新单词
```

如果你删除了该测试，输出将是

```
a
a
a
canal
```

```
man
panama
plan
```

我们不喜欢重复，所以我们用这个测试消除了重复的单词。这个测试有什么作用？它会查看我们之前输出的单词是否与我们即将输出的下一单词不同（words[i - 1]!=words[i]），如果是，则输出那个单词；否则，我们不会输出。显然，当我们要输出第一个单词（i==0）时，我们不能谈论前一个单词，而是首先测试它，并使用 ||（或）运算符将这两个测试结合起来：

```
if (i==0 || words[i-1]!=words[i])    // 是否是一个新单词
```

注意，我们可以比较字符串。我们在这里使用 !=（不等于），==（等于），<（小于），<=（小于或等于），>（大于），>=（大于或等于）也适用于字符串。<、> 等运算符使用的是字典顺序，因此 "Ape" 在 "Apple" 和 "Chimpanzee" 之前。

试一试

写一个程序，把你不喜欢的单词划掉；也就是说，使用 cin 读取单词，并使用 cout 输出它。如果一个词是你定义的几个词之一，那么你可以写出 BLEEP 代替那个词。可以从一个 "不喜欢的词" 开始定义，例如：

string disliked = "Broccoli"；

实现程序功能后，可以尝试添加更多单词。

4.7　语言特性

温度和字典程序使用了我们在本章中介绍的大部分基本语言特性：迭代（for 语句和 while 语句）、选择（if 语句）、简单算术（++ 和 += 运算符）、比较和逻辑运算符（==、!= 和 || 运算符）、变量和函数（如 main()、sort() 和 size() 等）。此外，我们还使用了标准库工具，如 vector（包含多个元素的向量容器）、cout（输出流）和 sort()（排序算法）等。

仔细回想一下，你会发现我们已经用到了很多语言特性。每一种语言特性都表示了一种基本思想，将许多语言特性结合起来，我们就能写出有用的程序了。记住，计算机不是一种只能完成固定功能的机器，而是一台可以用程序设计来做任何我们能想到的计算的机器，并且通过计算机与其他设备的结合，理论上我们可以用它来完成任何任务。

✓ 操作题

逐步完成下列操作题，不要试图跳过某一操作题来加快速度。通过输入至少三对值来测试每一步——值越多越好。

1. 编写一个由 while 循环组成的程序，该程序（每次循环）读入两个 int 类型数据，然后输出它们。当碰到字符 '|'，则退出程序。

2. 更改程序，输出 "较小的值是："，后面跟着较小的数；输出 "较大的值是："后面跟着较大的数。

3. 修改程序，当两个数据相等时，输出"数据相等"。

4. 修改程序，使其使用双精度浮点类型（double）变量而不是整型（int）变量。

5. 修改程序，在输出这两个数字中哪个较大，哪个较小后，如果两者差异小于 1.0/100，输出"两个数据几乎相等"。

6. 现在改变循环的主体，使它每次只读一个 double 型数据。定义两个变量，以记录到目前为止哪个值最小，哪个值最大。每次通过循环输出输入的值，如果到目前为止它是最小的，在数字后面添加"目前为止最小的值"；如果它是目前为止最大的，在数字后面添加"目前为止最大的值"。

7. 为每个双精度类型（double）输入添加一个单位；也就是说，输入诸如 10cm、2.5in、5ft 或 3.33m 之类的值。程序可接受四种单位：cm、m、in、ft。假设转换系数 1m == 100cm，1in == 2.54cm，1ft == 12in。将单位也读入字符串类型中。你可以认为 12 m（数字和单位之间有空格）等价于 12m（没有空格）。

8. 拒绝没有单位或使用"非法"单位表示的值，如 y、yard、meter、km 与 gallons。

9. 记录输入值的总和、最小值和最大值以及输入值的数量。当循环结束时，输出最小值、最大值、值的数量和值的和。请注意，为了使用这个总和，你必须决定这个总和使用哪个单位，例如，使用 meters(m)。

10. 将所有输入的值（单位转换为 m）保存在一个向量容器中。最后，输出这些值。

11. 在输出向量容器的值之前，对它们进行排序（递增）。

回顾

1. 什么是计算？

2. 什么是计算的输入和输出？请举例说明。

3. 程序员在表达计算时应牢记的三个要求是什么？

4. 表达式有什么作用？

5. 在本章中，语句和表达式之间的区别是什么？

6. 什么是左值？列出需要左值的运算符。为什么这些运算符需要左值？

7. 什么是常量表达式？

8. 什么是字面常量？

9. 什么是符号常数，我们要如何使用它们？

10. 什么是魔数？举例说明。

11. 我们可以对整型和浮点型使用哪些运算符？

12. 哪些运算符可以用在整型上，但不能用在浮点型上？

13. 字符串可以使用的运算符有哪些？

14. 程序员什么时候更喜欢 switch 语句而不是 if 语句？

15. switch 语句有哪些常见问题？

16. for 循环语句中循环控制中各部分的作用是什么？它们执行顺序是什么？

17. 什么时候用 for 循环，什么时候用 while 循环？

18. 如何输出字符的数值？

19. 描述函数定义中 char foo (int x) 这一行的含义。

20. 什么时候应该为程序的一部分定义一个单独的函数？列出原因。

21. 哪些操作能对整型做，而不能对字符串做？

22. 哪些操作能对字符串做，而不能对整型做？

23. 向量容器的第三个元素的索引是什么?

24. 如何用 for 循环输出向量容器的每个元素?

25. 语句 vector<char> alphabet (26); 的含义是什么?

26. 描述 push_back() 对向量容器的作用。

27. 向量容器的成员 size() 有什么作用?

28. 是什么让向量容器如此流行 / 有用?

29. 如何对向量容器的元素进行排序?

术语

abstraction（抽象）	function（函数）	repetition（重复）
computation（计算）	if-statement（if 语句）	rvalue（右值）
conditional statement（条件语句）	increment（增量）	selection（选择）
declaration（声明）	input（输入）	size()
definition（定义）	iteration（迭代）	sort()
divide and conquer（分而治之）	loop（循环）	statement（语句）
else	lvalue（左值）	switch-statemet(switch 语句）
expression（表达式）	member function（成员函数）	vector（向量容器）
for-statement（for 语句）	output（输出）	while-statement（while 语句）
range-for-statement（范围循环）	push_back()	

习题

1. 如果你还没有做过本章中的"试试",请先完成相关的练习。

2. 如果我们将一个序列的中位数定义为"一个数字,使得序列中在它之前的元素和在它之后的元素一样多",那么请修改 4.6.3 节中的程序,使它总是输出一个中位数。提示:中位数不一定是序列的元素。

3. 将多个双精度浮点数读入一个向量容器中。假设每个值都可以看作是沿着给定路线的两个城市之间的距离。要求计算并输出总距离(所有距离的总和);找出并输出两个相邻城市之间的最小和最大距离。找出并输出两个相邻城市之间的平均距离。

4. 写一个程序来玩一个数字猜谜游戏。用户想到一个 1 到 100 之间的数字,你的程序就会问出这个数字是多少(例如,"你想的这个数字小于 50 吗?")。你的程序应该能够再问不超过 7 个问题后识别出这个数字。提示:使用 < 和 <= 运算符和 if-else 结构。

5. 写一个程序来执行一个非常简单的计算器。你的计算器应该能够在两个输入值上处理四个基本的数学运算——加、减、乘、除。你的程序应该提示用户输入三个参数:两个双精度浮点数和一个表示操作的字符。如果输入参数是 35.6、24.1 和 '+',则程序输出应为"35.6 与 24.1 的和等于 59.7"。在第 6 章中,我们将看到一个更加复杂的计算器程序。

6. 定义一个包含 10 个字符串值的向量容器,例如:"zero""one"⋯"nine"。编写一个,将数字转换为对应的拼写出来的值的程序;例如,输入 7 给出输出 seven。使用相同的程序,使用相同的输入循环,将拼写出来的形式转换为数字形式;例如,输入 seven 给出输出 7。

7. 修改练习 5 中的"简单计算器"程序,使程序不但能够接受数字形式的数据,也能够接受拼写形式的数据。

8. 有一个古老的故事，讲述的是一个皇帝想感谢国际象棋的发明者，并要求发明者提出他想要的奖励。发明者要求在第一个方格上放一粒米，在第二个方格上放两粒米，在第三个方格上放四粒米，以此类推，每个方格上的数量是上一个方格的两倍，直到所有 64 个方格上都放上米为止。这听起来可能要求并不多，但实际上全国所有的米都不够支付这个赏赐！写一个程序来计算给发明者至少 1000 粒米，至少 100 万粒米，至少 10 亿粒米需要多少棋盘格。当然，你将需要一个循环，可能还需要一个整型变量来记录当前的方格，一个整型变量来记录当前方格上的颗粒数，一个整型变量来记录之前所有方格上的米数。我们建议你在每次循环时输出所有变量的值，这样你就可以看到发生了什么。

9. 试着在习题 8 中计算发明者要求的米粒数量。你会发现这个数字太大了，以至于它不适合以整型或双精度浮点型保存。观察若数字太大而不能精确地表示为整型和双精度浮点数时，会发生什么。使用整形数据，可以计算出确切的颗粒数的最大方块数是多少？使用双精度浮点型数据，计算出大概颗粒数的最大方块数是多少？

10. 编写一个玩"石头剪子布"游戏的程序。使用 switch 语句来完成这个练习。此外，程序应该给出随机的下一步操作（即随机选择石头、布或剪刀）。现在很难实现真正的随机性，所以构建一个包含一系列值的向量容器，作为"下一个值"。如果你在程序中使用这个向量容器，程序将总是执行相同的操作，所以也许你应该让用户输入一些值。尝试一些变化，让用户不太容易猜测机器下一步会做什么。

11. 创建一个程序来查找 1 到 100 之间的所有素数。实现此目的的一种方法是编写一个函数来判断一个数是否为素数（即查看该数是否可以被比其自身小的数整除），按顺序将素数存储在向量容器中（例如，如果该向量容器被称为 primes，则 primes[0]==2、primes[1]==3、primes[2]==5 等）。然后编写一个从 1 到 100 的循环，判断每个数字是否为素数，并将找到的每个素数存储在一个向量容器中。编写另一个循环，列出你找到的素数。您可以通过将素数向量与素数进行比较来检查结果。其中第一个素数是 2。

12. 修改上一习题中的程序，设定程序的输入值 max，然后查找从 1 到 max 的所有素数。

13. 对于查找 1 到 100 之间的所有素数，有一个经典的方法可以做到这一点，叫作"埃拉托斯特尼筛法"（Sieve of Eratosthenes）。如果你不知道这个方法，可以上网查一下，然后使用这种方法编写程序。

14. 修改上一习题中描述的程序，取一个输入值 max，然后查找从 1 到 max 的所有素数。

15. 写一个程序，取输入值 n，然后找出前 n 个素数。

16. 编写了一个程序，给定一系列数字，找到该系列的最大值和最小值。在序列中出现次数最多的数字称为众数（mode）。创建一个程序来查找一组正整数的众数。

17. 编写一个程序来查找字符串序列的最小值、最大值和众数。

18. 编写一个程序来求解一元二次方程。一元二次方程的形式为

$$a \cdot x^2 + b \cdot x + c = 0$$

如果你不知道如何求解此类表达式的一元二次公式，可先进行一些研究。请记住，在程序员教计算机如何解决问题之前，通常需要研究如何解决问题。对用户输入的 a、b 和 c 使用双精度浮点类型。由于一元二次方程有两个解，所以输出 x1 和 x2。

19. 编写一个程序，首先输入一组名称和数值对，例如，Joe 17 和 Barbara 22。对于每一对，将名字添加到一个名为 names 的向量容器中，将数字添加到一个名为 scores 的向量容器中（在相应的位置，如果 names[7]=="Joe"，则 scores[7]==17）。用 NoName 0 终止输入。注意，检查每个名

称是否唯一，如果名称输入两次，则以错误消息终止。最后按照每行一个的形式，输出所有的（名字，数值）对。

20. 修改习题 19 中的程序，以便在输入名称后，程序将输出相应数值或输出"未找到相应名称"。

21. 修改练习 19 中的程序，以便在输入数值后，程序将输出所有对应的名称或输出"未找到对方数值"。

附言

从哲学的角度来看，你现在可以用电脑做所有可以做的事情——剩下的就是一些具体的细节了！除此之外，由于你是一个程序设计的初学者，我们要郑重地提醒你：程序设计的细节的价值和实用技能很重要。通过本章提供的内容，你已经练习了许多计算机技巧：如任意多的变量的使用（包括向量和字符串），算术和比较运算符的使用，选择和迭代等。这些基本元素几乎可以完成所有计算任务。也练习了有文本、数字的输入和输出，每个输入或输出都可以表示为文本（甚至是图形）。利用这一系列函数，你可以很好地组织你的程序。剩下要做的就是学会编写好的程序，也就是说，编写正确的、可维护的和相当高效的程序。更重要的是，你必须试着付出一些努力来做到这一点。

第 5 章

错误

"我意识到，从现在起，我生命的大部分时间将花在查找和纠正自己的错误上。"

——Maurice Wilkes, 1949

在本章中，我们将讨论程序的正确性、错误和错误处理。如果你是一个新手，你会发现这种讨论有时有点抽象，有时又显得过于细节化了。错误处理真的如此重要吗？是的，它非常重要。在编写出别人愿意使用的程序之前，你将通过几种方式了解这一点。我们要做的是向你展示如何"像程序员一样思考"。它是建立在对细节和替代方案细致分析的基础上的各种抽象策略的组合。

5.1　介绍

在前面章节的示例和练习中，我们已经反复提到了错误处理的相关内容，现在对于错误你已经有了初步的认识。在开发程序时，错误是不可避免的，但是最终的程序必须没有错误，或者至少没有我们认为不可接受的错误。

对错误进行分类的方法有很多。例如：

- 编译时错误：由编译器发现的错误。我们可以根据它们违反的语言规则，进一步分类编译时错误，例如：
- 语法错误。
- 类型错误。
- 链接时错误：链接器试图将目标文件组合成可执行程序时发现的错误。
- 运行时错误：通过检查正在运行的程序发现的错误。我们可以进一步将运行时错误分类为：
- 计算机（硬件或操作系统）检测到的错误。
- 库（如标准库）检测到的错误。
- 用户代码检测到的错误。
- 逻辑错误：由程序员在寻找导致错误结果的原因时发现的错误。

作为程序员，我们的工作就是消除所有错误。这当然是最理想的，但通常是不可行的。事实上，对于真实世界的程序，很难确切地知道"所有错误"是什么意思。如果我们在你的电脑执行程序时把电源线拔了出来，这会是你应该处理的一个错误吗？在许多情况下，答案是"显然不是"，但如果我们谈论的是医疗监控程序或电话交换机控制程序呢？在这些情况下，用户只是关心，即使你的计算机断电或宇宙射线损坏了保存你程序的内存，你的程序所属的系统中的某些东西也会做一些明智的事情以应对错误。因此，问题变成了："我的程序能够检测到这个错误吗？"。除非我们特别说明，否则我们将假定你的程序：

（1）应该为合法的输入给出正确输出结果。

（2）应该对所有非法输入给出合理的错误信息。

（3）不用担心硬件异常。

（4）不用担心系统软件行为不当。

（5）发现错误允许程序终止。

假设（3）、（4）或（5）不成立的程序超出了本书的讨论范围。但是，假设（1）和（2）包含在程序员的基本专业能力范围内，而培养专业能力正是我们的目标之一。即使我们没有 100% 地达到理想目标，它也一定是我们努力的方向。

当我们编写程序时，错误是很自然的且不可避免的，问题是：我们如何应对它们？我们估计在开发正式的软件时，90% 以上的工作是放在如何避免、发现和纠正错误上。对于安全至关重要的程序来说，这方面的努力可能会更多。对于小程序来说，你可以做得更好；但是，如果你粗心大意，你也很容易做得很糟。

总之，我们提供了三种方法来编写可接受的软件：

- 组织软件结构以减少错误。
- 通过调试和测试消除我们所犯的大部分程序错误。
- 确保其余错误不严重。

单独使用这些方法并不能完全消除错误，因此我们必须同时使用这三个方法。当涉及制作可靠的程序时，经验非常重要，也就是说，可以依靠程序以可接受的错误率完成它们应该做的事情。请不要忘记，理想情况下，我们的程序总是做正确的事情。我们通常只能接近这个理想，但这不是不努力的借口。

5.2　错误的来源

以下是一些错误来源：

- 缺乏规范：如果我们未事先明确程序应该做什么，我们就不可能充分地检查"黑暗角落"，并确保所有情况都得到处理（即对每个输入都能给出正确的答案或适当的错误消息）。
- 不完整的程序：在软件开发过程中，显然有一些情况我们还没有考虑到，这是不可避免的。我们的目标是知道什么时候我们可以处理所有的情况。
- 意外的参数：函数接受参数。如果给函数一个不能处理的参数，就有问题了。例如，使用 -1.2 作为参数调用标准库平方根函数：sqrt(-1.2)。因为 sqrt() 输入和返回的都是一个 double 类型数据，所以不可能有正确的返回值。5.5.3 节讨论了这类问题。
- 意外输入：程序通常从键盘、文件、图形用户界面、网络连接等读取数据。程序对这样的输入做了许多假设，例如，用户输入一个数字，如果用户输入 "aw, shut up!" 而不是预期的整数程序会怎样呢？ 5.6.3 节和 10.6 节讨论了这类问题。
- 意外状态：大多数程序都会保留大量数据（"状态"），以供系统的不同部分使用。例如地址列表、电话号码和读取温度数据的向量容器。如果这些数据不完整或错误怎么办？程序的各个部分仍然必须正常运行。26.3.5 节讨论了这类问题。
- 逻辑错误：即程序根本没有做它应该做的事情；我们需要找到并解决这些问题。6.6 节和 6.9 节给出了发现这类问题的例子。

上述列表有实际用途。当我们开发一个软件时，可以把上述列表作为检查表。在排除了所有这些潜在的错误来源之前，程序是不能被交付使用的。实际上，从项目一开始就将它们牢记在心是明智的，因为一个没有考虑过错误，而只是拼凑在一起的程序有很大可能要通过重写来发现并删除错误。

5.3　编译时错误

在编写程序时，编译器是防止错误的第一道防线。在生成代码之前，编译器会分析代码以检测语法错误和类型错误。只有当编译器发现程序完全符合语言规范时，它才会允许继续编译。编译器发现的许多错误只是由于输入错误或源代码编辑不完整而导致的"低级错误"。它们一般是由源代码的编译错误导致的。对于初学者来说，编译器通常看起来很烦琐，但是当你学会使用语言工具（尤其是类型系统）来直接表达你的想法时，你就会欣赏编译器检测问题的能力，否则这些问题会导致你乏味的搜索错误的工作。

作为一个例子，我们将看看下面这个简单函数的一些调用：

```
int area(int length, int width); // 计算矩形的面积
```

5.3.1　语法错误

如果我们按照如下方式调用 area() 会怎样：

```
int s1 = area(7;        // 错误：缺少 )
int s2 = area(7)        // 错误：缺少 ;
Int s3 = area(7);       // 错误：Int 不是一个类型
int s4 = area('7);      // 错误：字符未终止（缺少 '）
```

这里每一行都有一个语法错误；也就是说，根据 C++ 语法，它们的格式不正确，因此编译器将拒绝它们。然而，语法错误并不总是容易以程序员容易理解的方式报告。因为编译器可能需要更进一步地读取信息以确保确实存在错误。这样做的结果是，尽管语法错误往往是完全微不足道的（一旦发现，你通常会发现很难相信自己犯了这样的错误），但报告通常是含糊不清的，甚至会指向程序中的其他行。因此，对于语法错误，如果你没有发现编译器指向的行有任何问题，还要查看程序中的前几行。

请注意，编译器不知道你要做什么，所以它不能根据你的意图报告错误，只能根据你做了什么报告错误。例如，鉴于 s3 声明中的错误，编译器不太可能说：

"你拼错了 int；不要把 i 大写。"

相反，它会说

"语法错误：在标识符 's3' 前面缺少 ';'"

"'s3' 缺少存储类或类型标识符"

"'Int' 缺少存储类或类型标识符"

此类消息往往含糊其词，直到你习惯它们并理解这些词汇。不同的编译器可以为相同的代码给出非常不同的错误消息。幸运的是，你很快就会习惯阅读此类内容。实际上，快速浏览一下这些令人费解的信息就可以理解为：

"在 s3 之前有一个语法错误，它与 Int 或 s3 的类型有关。"

实际上，发现这些问题并不是一件困难的事情。

试一试

试着编译一下上面的例子，看看编译器的返回信息是什么。

5.3.2　类型错误

一旦你排除了语法错误，编译器将开始报告类型错误。也就是说，它将会检查你所声明的变量、函数的类型（或者发现你忘记了声明类型），检查赋予变量或函数的数值或表达式的类型以及传递给函数参数的数值或表达式的类型，例如：

```
int x0 = arena(7);            // 错误：未声明的函数
int x1 = area(7);             // 错误：参数数量错误
int x2 = area("seven", 2);    // 错误：第一个参数类型错误
```

让我们考虑一下这些错误：

（1）对于 arena(7)，我们将 area 错误地拼写为 arena，因此编译器认为我们要调用一个名为 arena 的函数。（编译器还能"想"什么？这就是前文说的，编译器不知道我们的想法。）假设没有名为 arena() 的函数，你将得到一条未声明函数的错误信息。如果有一个名为 arena 的函数，并且该函数接受 7 作为参数，那么就会出现更糟糕的问题：程序会被正确编译，但它会做一些你没有预料到的事情（这是一个逻辑错误，参见 5.7 节）。

（2）对于 area(7)，编译器检测到错误的参数数量。在 C++ 中，每个函数调用都必须提供预期数量的参数，并且其类型、顺序正确。当类型系统被恰当地使用时，这可以成为避免运行时错误的强大工具（参见 14.1 节）。

（3）对于 area("seven", 2)，你可能希望计算机会看到 "seven" 表示的是整数 7，但它不会做到这点。如果一个函数需要一个整数，你不能给它一个字符串。C++ 确实支持一些隐式类型转换（参见 3.9 节），但不支持 string 到 int 的转换。编译器不会尝试猜测你的意思。你认为 area("seven", 2)，arena("7，2") 与 area(" sieben "," zwei ") 是什么意思呢？

上述只是几个例子。编译器会为你找到更多的错误。

试一试

试着编译下面例子，看看编译器的返回信息是什么。试着自己再想几个错误，然后尝试一下。

5.3.3　无明显错误

当你使用编译器时，你会希望它足够聪明，能明白你的意思；也就是说，你希望它报告的一些错误并不是真正的错误。这种想法是很自然的。更令人惊讶的是，随着经验的积累，你会开始希望编译器拒绝更多的代码，而不是更少。考虑下面的例子：

```
int x4 = area(10, -7);      // 正确：但是宽度为负数的矩形是什么意思？
int x5 = area(10.7, 9.3);   // 正确：但会调用 area(10, 9)
char x6 = area(100, 9999);  // 正确：但结果被截断
```

对于 x4，我们没有从编译器得到错误消息。从编译器的角度来看，area(10, -7) 是可以的：area() 需要两个整数参数，你给了它，没有人说这些参数必须是正数。

对于 x5，一个好的编译器会警告双精度浮点数 10.7 和 9.3 被截取为整型数 10 和 9（参见 3.9.2 节）。但是，（旧的）语言规则规定可以隐式地将 double 类型转换为 int 类型，因此编译器不允许拒绝调用 area(10.7,9.3)。

x6 的初始化遇到了与调用 area(10.7,9.3) 相同问题。由 area(100,9999) 返回的 int，可能是

999900，将被赋值给一个 char 类型变量。最可能的结果是 x6 得到"截取"的值 -36。同样，一个好的编译器会给你一个警告，即使（旧的）语言规则不拒绝代码。

随着经验的积累，你将学习如何最大限度地利用编译器检测错误的能力，并避免其已知的弱点。然而，不要过于自信："我的程序已编译"，这并不意味着它可以正常运行。即使它运行了，一开始通常也会给出错误的结果，直到你发现逻辑中的缺陷。

5.4　链接时错误

一个程序由几个单独编译的部分组成，这些部分称为编译单元。程序中的每个函数必须在使用它的每个编译单元中声明完全相同的类型，我们使用头文件来确保这一点，参见 8.3 节。每个函数也必须在程序中只被定义一次。如果违反了这些规则中的任何一条，链接器就会报错。我们在 8.3 节中讨论了如何避免链接时错误。现在，这里有一个典型的链接器错误示例：

```
int area(int length, int width);                // 计算矩形的面积

int main()
{
    int x = area(2,3);
}
```

除非我们以某种方式在另一个源文件中定义了 area()，并将从该源文件生成的代码链接到此代码，否则链接器将报错它没有找到 area() 的定义。

area() 的定义必须与我们在文件中使用的类型（返回类型和参数类型）完全相同，即：

```
int area(int x, int y) { /* . . . */ }          // "我们的" area()
```

同名不同类型的函数将不会被匹配，并被忽略：

```
double area(double x, double y) { /* . . . */ } // 并不是 "我们的" area()
int area(int x, int y, char unit) { /* . . . */ } // 不是 "我们的" area()
```

注意，拼写错误的函数名通常不会导致链接器错误。相反，当编译器看到对未声明的函数的调用时，会立即给出一个错误。这是一个好的实践：编译时错误比链接时错误更早被发现，而且通常更容易修复。

如上所述，函数的链接规则也适用于程序的所有其他实体，如变量和类型：具有给定名称的实体只能有一个定义，但可以有许多声明，并且所有实体类型必须完全相同。详情请参见 8.2.3 节。

5.5　运行时错误

如果你的程序没有编译错误和链接错误，它就会运行。现在乐趣才真正开始，当你编写程序时，你可以检测到错误，但一旦在运行时发现错误，要知道如何处理错误并不那么容易。例如：

```
int area(int length, int width)                 // 计算矩形的面积
{
    return length*width;
}
int framed_area(int x, int y)                   // 计算框内的面积
{
    return area(x-2,y-2);
```

```
    }
int main() {
    int x = -1;
    int y = 2;
    int z = 4;
    // ...
    int area1 = area(x,y);
    int area2 = framed_area(1,z);
    int area3 = framed_area(y,z);
    double ratio = double(area1)/area3;
}
```

在程序中，我们使用变量 x, y, z（而不是直接使用值作为参数），以使发现问题更难了，对编译器来说也更难发现。然而，这些调用导致负数被赋值给 area1 和 area2，以表示面积。我们应该接受这样违背大多数数学和物理规律的错误结果吗？如果不是，应该由谁来检测错误：是 area() 的调用者还是函数本身？这种错误应该如何报告呢？

在回答这些问题之前，先看看上面代码中 ratio 的计算，它看起来没有什么问题。但你有没有注意到它有些不对？如果没注意到，再看一遍：area3 将为 0，因此 double(area1)/area3 会出现除以零问题。这会导致硬件检测到错误，该错误会终止程序并显示一些与硬件相关的错误消息。如果你不能及时地检测和处理运行这类错误，那么你的用户将不得不处理这类错误。大多数人对这种"硬件错误"的容忍度很低，因为对于不熟悉程序的人来说，所提供的所有信息都是"某个地方出了问题！"，这对于帮助处理问题是不够的，因此在这种情况下我们感到很愤怒，并对提供程序的人抱怨连连。

因此，让我们来解决 area() 参数错误的问题。我们有两个明显的选择：

（1）让 area() 的调用者处理不正确的参数。

（2）让 area()（被调用的函数）处理不正确的参数。

5.5.1 调用者处理错误

让我们先尝试第一种方法（"让用户意识到问题！"）。如果 area() 是一个我们无法修改的库中的函数，我们就必须选择第一种方法。不管怎样，这是最常见的方法。

在 main() 中 area(x,y) 的调用相对简单：

```
if (x<=0) error("non-positive x");
if (y<=0) error("non-positive y");
int area1 = area(x,y);
```

实际上，唯一的问题是如果我们发现了错误该怎么办。在这里，我们调用了一个函数 error()，我们假设它会做一些错误处理的工作。事实上，在 std_lib_ facilities.h 中，我们提供了一个 error() 函数，默认情况下，该函数以系统错误消息加上作为参数传递给 error() 的字符串来终止程序。如果你喜欢自己写错误消息或采取其他操作，参照 runtime_error（参见 5.6.2 节、7.3 节、7.8 节和附录 B.2.1）。这种方法适用于大多数初学者程序，并且可用于更复杂的错误处理。

如果我们不需要关于每个参数的单独错误消息，我们可以简化程序：

```
if (x<=0 || y<=0) error("non-positive area() argument");// || 表示 " 或者 "
int area1 = area(x,y);
```

为了完成保护 area() 免受错误参数的影响，我们必须通过 framed_area() 处理调用。我们可以将程序改写为

```
if (z<=2)
  error("non-positive 2nd area() argument called by framed_area()");
int area2 = framed_area(1,z);
if (y<=2 || z<=2)
  error("non-positive area() argument called by framed_area()");
int area3 = framed_area(y,z);
```

这看上去很混乱，而且也有一些根本性的问题。上面的程序只有在我们确切知道 framed_area() 如何使用 area() 的情况下才能编写正确。我们必须知道 framed_area() 对每个参数中减去 2。我们应该知道这些细节！如果有人修改 framed_area() 为减 1 而不是 2 呢？如果这种情况发生，我们必须查看 framed_area() 的每次调用，并相应地修改错误检查代码。这样的代码被称为"易碎"，因为它很容易被破坏。这也是"魔数"（参见 4.3.1 节）的一个例子。为了减少程序的"易碎性"，我们可以在 framed_area() 中用一个命名常量代替具体的数值：

```
constexpr int frame_width = 2;
int framed_area(int x, int y)          // 计算框内的面积
{
      return area(x-frame_width,y-frame_width);
}
```

调用 framed_area() 的代码可以使用该名称：

```
if (1-frame_width<=0 || z-frame_width<=0)
    error("non-positive argument for area() called by framed_area()");
int area2 = framed_area(1,z);
if (y-frame_width<=0 || z-frame_width<=0)
    error("non-positive argument for area() called by framed_area()");
int area3 = framed_area(y,z);
```

仔细看看上面的代码！你能确定它是正确的吗？你觉得好看吗？容易阅读吗？实际上，我们发现它很难看（因此容易出错）。我们将代码的大小增加了两倍多，并了解了 framed_area() 的实现细节。但是我们仍然没有达到目的，我们认为一定有更好的方法解决这一问题！

再看看源代码：

```
int area2 = framed_area(1,z);
int area3 = framed_area(y,z);
```

它可能是错误的，但至少我们可以看到它要做什么。如果我们将检查放在 framed_area() 中，我们可以保留这段代码。

5.5.2　被调用者处理错误

在 framed_area() 中检查有效参数非常简单，并且 error() 仍然可以用来错误报告：

```
int framed_area(int x, int y)          // 计算框内的面积
{
      constexpr int frame_width = 2;
      if (x-frame_width<=0 || y-frame_width<=0)
              error("non-positive area() argument called by framed_
```

```
area()");
        return area(x-frame_width,y-frame_width);
}
```

这一实现非常好，我们不再需要为每次调用 framed_area() 编写测试。对于一个在大型程序中调用 500 次的有用函数来说，这可能是一个巨大的优势。此外，对错误处理进行修改时，我们只需要在一个地方修改代码。

需要注意的是：我们总是不自觉地从"调用方必须检查参数"的方法滑向了"函数必须检查自己的参数"的方法（也称为"被调用方检查"，因为被调用函数通常被称为"被调用方"）。后一种方法的一个好处是参数检查代码集中在一个地方，我们不需要搜索整个程序的调用。此外，这个地方正是要使用参数的地方，所以我们需要的所有信息都很容易得到，以便我们进行检查。

让我们把这个解决方案应用到 area()：

```
int area(int length, int width)  // 计算矩形的面积
{
    if (length<=0 || width <=0)
        error("non-positive area() argument");
    return length*width;
}
```

上面的程序将捕获调用 area() 时的所有错误处理，因此我们不再需要检查 framed_area()。不过，我们可能想要得到一个更好的、更具体的错误消息。检查函数中的参数似乎很简单，那么为什么人们还会忽视它呢？疏忽错误处理是一个原因，粗心大意是另一个原因，但也有其他的原因：

- 我们无法修改函数定义：函数在库中，由于某种原因不能被更改。也许该函数也被其他程序调用。相关的错误处理可能不一致。也许函数属于别人，而你没有源代码。如果在一个定期发布新版本的库中，你更改了函数，则必须为每个库的新版本再次更改它。
- 被调用的函数不知道在发生错误时该怎么做：这通常是库函数的情况。编译器可以检测到库错误，但只有你知道发生错误时要做什么。
- 被调用函数不知道它是从哪里调用的：当你收到一条错误消息时，它会告诉你出了什么问题，但不会告诉你正在执行的程序是如何到达那个点的。有时，你需要更具体地了解错误信息。
- 性能：对于一个小函数来说，检查错误的成本可能超过计算结果的成本，area() 就是这种情况。错误检查的代价超过函数本身一倍以上（即需要执行的机器指令的数量，而不仅仅是源代码的长度）。对于某些程序，这可能是至关重要的，特别是当函数相互调用时，因为传递的信息没有改变，所以相同的信息会被反复检查。

那我们该怎么办呢？除非你有充分的理由不这样做，否则检查函数中的参数还是应该在函数内部完成。在研究了相关内容之后，我们将回到 5.10 节中继续讨论如何处理错误参数的问题。

5.5.3　错误报告

让我们考虑一个稍微不同的问题：检查一组参数并发现错误后，你应该怎么做？有时你可以返回一个"错误值"。例如：

```
// 要求用户给出 yes 或 no 的回答;
// 返回 'b' 以表示回答错误（即输入内容不是 yes 或 no）
char ask_user(string question)
{
    cout << question << "? (yes or no)\n";
```

```
        string answer = " ";
        cin >> answer;
        if (answer =="y" || answer=="yes") return 'y';
        if (answer =="n" || answer=="no") return 'n';
        return 'b'; // 'b' 表示 "bad answer" ，即错误的回答
}
// 计算矩形的面积；
// 返回 -1 表示参数错误
int area(int length, int width)
{
        if (length<=0 || width <=0) return -1;
        return length*width;
}
```

如上面示例所示，我们可以让被调用的函数进行详细的检查，同时让每个调用者按需处理错误。这种方法似乎可行，但它有几个问题，使其在许多情况下无法使用：

- 被调用的函数和所有调用方都必须进行测试。调用方只有一个简单的测试要做，但仍然必须编写该测试，并决定如果测试失败该做什么。
- 调用者可能会忘记测试。这可能会在程序的后续阶段出现不可预测的行为。
- 许多函数没有一个"额外的"返回值，用来表示错误。例如，从输入中读取整数的函数（如 cin 的运算符 >>）显然可以返回任何 int 值，因此它不可以用 int 来表示错误信息。

上面程序的第二种情况显示的就是调用者忘记进行测试，这很容易发生意外情况。例如：

```
int f(int x, int y, int z) {
    int area1 = area(x,y);
    if (area1<=0) error("non-positive area");
    int area2 = framed_area(1,z);
    int area3 = framed_area(y,z);
    double ratio = double(area1)/area3;
    // ...
}
```

你看出错误了吗？错误是缺乏测试。因为没有明显的"错误代码"可以查看，所以这类错误很难发现。

试一试

用不同的值测试这个程序。输出函数 area1、area2、area3 和 ratio 的值。写入更多的测试，直到检测到所有错误。你怎么知道检测到了所有的错误？这不是一个技巧问题；在这个特定的例子中，你可以给出一个有效的论据来证明已经检测到了所有错误。

还有另一种解决该问题的方法：使用异常处理。

5.6　异常

与大多数现代程序设计语言一样，C++ 提供了一种机制来帮助处理错误：异常。异常处理的基本思想是将错误检测（应在被调用函数中完成）与错误处理（应在调用函数中完成）分开，同时确

保检测到的错误不会被忽略；也就是说，异常提供了一种机制，使我们能够将已知的各种错误处理方法组合在一起。错误处理很烦琐，但异常使它更容易。

异常的基本思想是，如果一个函数发现了一个它无法处理的错误，它就不会正常返回结果；相反，它会抛出一个异常，指出哪里出错了。任何直接或间接调用者都可以捕获异常，也就是说，当被调用的代码使用 throw 抛出异常，此时需要做什么。函数通过使用 try 语句（如 5.6.1 节所述）来表达此处有异常发生，在 try 语句的 catch 语句后处理各类异常。如果调用方没有捕获到异常，则程序终止。

稍后（第 19 章）我们会再回到对异常的讲解，看看如何以更高级的方式使用它们。

5.6.1 错误参数

下面是函数 area() 使用异常处理的版本：

```
class Bad_area { }; // 一个专门用于报告 area() 函数错误的类型

// 计算矩形的面积
// 如果参数错误，则抛出 Bad_area 异常
int area(int length, int width)
{
    if (length <= 0 || width <= 0)
        throw Bad_area{};
    return length * width;
}
```

也就是说，如果参数是正确的，我们一如既往地返回 area()。如果参数错误，则使用 throw 抛出异常，希望这些异常被捕获并做出相应错误处理。Bad_area 是我们定义的一个新类型，是为从 area() 抛出提供一些独特的东西，以便某些 catch 可以将其识别为 area() 抛出的异常。用户自定义类型（类和枚举）将在第 9 章讨论。需要注意的是，符号 Bad_area{} 表示"使用默认值创建一个 Bad_area 类型的对象"，因此 throw Bad_area{} 表示"创建一个 Bad_area 类型的对象并抛出它"。

现在我们可以写出下面代码：

```
int main()
try {
    int x = -1;
    int y = 2;
    int z = 4; // ...
    int area1 = area(x,y);
    int area2 = framed_area(1,z);
    int area3 = framed_area(y,z);
    double ratio = area1/area3;
}
catch (Bad_area) {
    cout << "Oops! bad arguments to area()\n";
}
```

首先要注意的是，它处理了所有对 area() 的调用，包括 main() 中的调用和通过 framed_area() 的间接调用。其次，注意错误的处理是如何与错误的检测完全分开的：main() 不知道哪个函数抛出了 Bad_area{}，而 area() 不知道哪个函数（如果有的话）会捕获它抛出的 Bad_area 异常。这种分离在使用多个库编写的大型程序中尤其重要。在这样的程序中，没有人能够"通过将一些代码放在需要

的地方来处理错误"，因为没有人愿意同时修改应用程序和所有库中的代码。

5.6.2　范围错误

现实世界的代码大多都是处理数据集合；也就是说，它使用各种数据元素的表格、列表等来完成这一项工作。在 C++ 的上下文中，我们通常将"数据集合"称为容器。最常见和有用的标准库容器是我们在 4.6 节中介绍的向量容器。向量容器包含多个元素，我们可以通过调用向量的 size() 成员函数来确定容器的元素数量。如果我们尝试使用索引（下标）访问不在有效范围 [0:v.size()) 内的元素，会发生什么情况？需要注意的是，一般表示法 [low:high) 表示从 low 到 high-1 的下标范围，它包括 low 但不包括 high，如图 5-1 所示。

图 5-1　[low:high) 的图形表示

在回答这个问题之前，我们应该提出另一个问题并回答它："为什么要这样做？"毕竟，你知道 v 的下标应该在 [0,v.size()) 的范围内，所以要确保是这样的就可以了！

说起来容易，但有时很难做到。考虑一下这个看似合理的程序：

```
vector<int> v;                        // 一个整形 vector
for (int i; cin>>i; )
    v.push_back(i);                   // 获取值
for (int i = 0; i<=v.size(); ++i)     // 打印值
    cout << "v[" << i <<"] == " << v[i] << '\n';
```

你看到错误了吗？在继续阅读之前，请试着找出它。这是一个不常见的错误。由我们自身的原因导致了这样的错误，尤其是在深夜疲惫不堪的时候。当你疲劳或劳累时，这类错误总是更常见。当我们执行 v[i] 时，我们使用 0 和 size() 来确保 i 始终在范围内。

不幸的是，我们犯了一个错误。看看 for 循环：终止条件是 i<=v.size() 而不是正确的 i<size()。这会导致一个不幸的后果，如果我们读入 5 个整数，我们会尝试写出 6 个结果。我们试着读出 v[5]，它比向量容器的末端大 1。这种错误是非常常见的而且很"著名"，以至于它有几个名字：偏一位错误（off-by-one error）、范围错误（a range error），因为下标不在向量容器所要求的范围内；还有一个边界错误（bounds error），因为下标不在向量容器的限制（边界）内。

为什么我们不使用范围 for 语句来表达该循环？使用范围 for，我们不会错误地结束循环。然而，对于这个循环，我们不仅需要每个元素的值，还需要索引（下标）。因为如果添加额外的条件，范围 for 是做不到的。

这是一个更简单的版本，它会产生与上文相同的范围错误：

```
vector<int> v(5);
int x = v[5];
```

但是，我们怀疑你没有认识到这个问题的真实性和严重性。

那么当我们犯了这样的范围错误时到底会发生什么情况？向量容器的下标运算知道向量容器的大小，因此它可以检查（我们使用的向量容器确实如此；参见 4.6 节和 19.4 节）。如果该检查发现错误，则下标操作会抛出类型为 out_of_range 的异常。因此，如果上面的代码是捕获异常的程序的一部分，我们至少会得到一条错误消息：

```
int main()
try {
```

```
    vector<int> v;                           // 一个整形向量容器
    for (int x; cin>>x; )
        v.push_back(x);
    for (int i = 0; i<=v.size(); ++i)        // 输入数值
        cout << "v[" << i <<"] == " << v[i] << '\n';// 输出数值
} catch (out_of_range) {
    cerr << "Oops! Range error\n";
    return 1;
} catch (...) {                              // 捕获所有其他异常
    cerr << "Exception: something went wrong\n";
    return 2;
}
```

请注意，范围错误实际上是我们在 5.5.2 节中讨论的参数错误的一个特例。我们不能保证自己能够总是正确地检查出向量容器索引的范围，所以我们让向量容器的下标操作为我们做这件事。正如上文概述，vector 的下标函数（称为 vector::operator[]）通过抛出异常报告发现错误。它还能做什么？它不知道在范围错误的情况下我们是如何处理的。vector 的作者甚至不知道他或她的代码将属于哪些程序。

5.6.3 输入错误

我们将推迟到 10.6 节详细讨论如何处理输入错误。但是，一旦检测到输入错误，就会使用与参数错误和范围错误相同的技术和语言特性来处理它。在这里，我们只展示如何判断输入操作是否正确。考虑读取一个浮点数：

```
double d = 0;
cin >> d;
```

我们可以通过测试 cin 来判断最后一次输入操作是否成功：

```
if (cin) {
        // 输入成功，我们可以做下一次输入操作
} else {
        // 输入失败，我们应该进行一些处理
}
```

输入操作失败有多种可能原因。其中一个原因就是，>> 操作输入的没有 double 类型数据可读。

在开发工作的早期阶段，我们经常想表明我们发现了一个错误，但还没有特别好的方法来解决它。我们做的仅仅是报告错误并终止程序。下面，我们将尝试更好的方法来处理它。例如：

```
double some_function()
{
    double d = 0;
    cin >> d;
    if (!cin) error("couldn't read a double in 'some_function()'");
    // 做一些有用的事情
}
```

条件 !cin（"not cin"，即 cin 状态不佳）表示之前对 cin 的操作失败。然后输出错误提示字符串作为调试帮助或作为消息返回给用户。我们如何编写 error() 以便在很多程序中都有用？它不能返回值，因为我们不知道如何处理该值；相反，error() 应该在写入消息后终止程序。此外，我们可能

希望在退出前采取一些次要的操作，例如让窗口保持足够长的活动状态时间以便我们阅读消息。显然，这是异常处理应该做的工作（参见 7.3 节）。

标准库定义了几种类型的异常，例如 vector 抛出的 out_of_range。此外，标准库还提供了 runtime_error，这非常符合我们的需求，因为它包含一个可以用于错误处理程序的字符串。因此，我们可以像这样编写简单的 error()：

```
void error(string s) {
    throw runtime_error(s);
}
```

当我们想要处理 runtime_error 时，我们只需捕获它就可以了。对于简单的程序，在 main() 函数中捕获 runtime_error 更理想：

```
int main()
try {
    // ... 我们的程序 ...
    return 0;  // 返回 0 表示成功
}
catch (runtime_error& e) {
    cerr << "runtime error: " << e.what() << '\n';
    keep_window_open();
    return 1;  // 返回 1 表示失败
}
```

调用 e.what() 从 runtime_error 中提取错误信息。在下面代码中的 & 表明我们想要"通过引用传递异常"。

```
catch(runtime_error& e) {
```

现在，请将其视为无关紧要的技术问题。在 8.5.4 ～ 8.5.6 节中，我们解释了通过引用传递某些内容的含义。

请注意，我们使用 cerr 而不是 cout 来输出错误：cerr 与 cout 完全一样，它们是专门用于错误输出的。默认情况下，cerr 和 cout 都会输出到屏幕上，但 cerr 没有优化，因此它更适合错误信息输出，并且在某些操作系统上，它还可以被转移到不同的目标，例如一个文件中。cerr 还具有记录与错误相关的文档的作用。因此，我们将 cerr 用于错误信息输出。

事实上，out_of_range 不是 runtime_error，因此捕获 runtime_error 不会处理我们可能因滥用向量容器和其他标准库容器类型而导致的 out_of_range 错误。然而，out_of_range 和 runtime_error 都是"异常"，所以我们可以对异常进行一些通用的处理：

```
int main()
try {
    // 我们的程序
    return 0; // 返回 0 表示成功
}
catch (exception& e) {
    cerr << "error: " << e.what() << '\n';
    keep_window_open();
    return 1; // 返回 1 表示失败
}
catch (...) {
```

```
        cerr << "Oops: unknown exception!\n";
        keep_window_open();
        return 2; // 返回 2 表示失败
    }
```

我们添加了 catch(...) 来处理任何其他类型的异常。

通过单一类型 exoeption 同时处理类型 out_of_range 和类型 runtime_error 的异常，它称为两者的公共基类（超类型，supertgpe），是我们将在第 13 ～ 16 章中探讨的最有用和最通用的技术。

需要注意的是，main() 的返回值被传递给了调用该程序的"系统"。一些系统（如 UNIX）经常使用该值，而其他系统（如 Windows）通常会忽略它。main() 返回 0 表示成功完成，返回非 0 值表示某种类型的错误。

当你使用 error() 时，你通常希望传递两部分信息来描述问题。在这种情况下，只需连接描述这两部分信息的字符串即可。这太常见了，所以我们为此提供了 error() 的第二个版本：

```
void error(string s1, string s2)
{
    throw runtime_error(s1+s2);
}
```

在我们的需求显著增加并且我们作为设计人员和程序员的成熟度相应提高之前，这种简单的错误处理可以维持一段时间。请注意，我们可以独立地使用 error()，而不用考虑在程序执行过程中调用了多少函数：error() 将找到最近的 runtime_error 捕获点，通常是 main() 中的捕获点。有关异常和 error() 的使用示例，请参见 7.3 节和 7.7 节。如果没有捕获异常，则会得到一个默认的系统错误（"未捕获的异常"错误）。

试一试

　　尝试查看未捕获的异常错误是什么样的，请运行一个使用 error() 而不捕获任何异常的小程序。

5.6.4 缩窄错误

在 3.9.2 节中，我们看到了一种故意的错误：当我们将"太大而不适合"的值分配给变量时，它会被隐式截断。例如：

```
int x = 2.9;
char c = 1066;
```

这里 x 将得到值 2 而不是 2.9，因为 x 是一个整形变量并且整型没有小数部分，只有整数部分（很明显）。同样，如果我们使用普通的 ASCII 字符集，c 会得到值 42（代表字符 *），而不是 1066，因为在那个字符集中没有值为 1066 的字符。

在 3.9.2 节中，我们看到了如何通过测试来确保不发生截断错误。给定异常和模板，（参见第 19.3 节），我们可以编写一个函数来测试，如果赋值或初始化会导致值发生变化将抛出 runtime_error 异常。例如：

```
int x1 = narrow_cast<int>(2.9);      // 抛出异常
int x2 = narrow_cast<int>(2.0);      // 正常
char c1 = narrow_cast<char>(1066);   // 抛出异常
```

```
char c2 = narrow_cast<char>(85);      // 正常
```

这里 < . . . > 括号与 vector<int> 的用法相同。当我们需要指定一个类型（而不是一个值）来表达一个想法时，就会使用它们。它们被称为模板参数。当我们需要转换一个值的类型并且我们不确定"它是否适合"时，我们可以使用 narrow_cast；它在 std_lib_facilities.h 中定义，并使用 error() 实现。cast 这个词的意思是"类型转换"，并表示该操作在处理损坏的东西时所扮演的角色（例如骨折腿上的石膏）。注意，类型转换不会改变它的操作数，而是产生一个对应于它的操作数数值的新值（在 < . . . > 中指定的类型）。

5.7 逻辑错误

一旦我们消除了初始编译器和链接器错误，程序就会运行。通常，接下来程序可能没有产生输出，或者程序产生的输出是错误的。发生这种情况的原因有很多，也许你对程序逻辑的理解存在错误；也许你没有写出你的想法；或者你在一个 if 语句中犯了一些"低级的错误"，或者其他原因。逻辑错误通常是最难发现和消除的，因为在这个阶段计算机会按照你的要求进行操作。你现在的工作是弄清楚你让计算机所做的事情为什么没有反映你的真实意愿。基本上，计算机是一个非常快速的白痴，它完全按照你的指示去做，这有时可能会让人感到尴尬。

让我们试着用一个简单的例子来说明这一点。考虑以下用于查找一组数据中的最低、最高和平均温度值的代码：

```
int main() {
    vector<double> temps;                       // 温度

    for (double temp; cin>>temp; )              // 读取并放入 temps
         temps.push_back(temp);

    double sum = 0;
    double high_temp = 0;
    double low_temp = 0;

    for (double x : temps)
    {
        if(x > high_temp) high_temp = x;   // 获取最高温度
        if(x < low_temp) low_temp = x;     // 获取最低温度
        sum += x;                          // 计算温度总和
    }
    cout << "High temperature: " << high_temp<< '\n';// 输出最高温度
    cout << "Low temperature: " << low_temp << '\n';// 输出最低温度
     cout << "Average temperature: " << sum/temps.size() << '\n';// 输出平均温度
}
```

我们通过输入 2004 年 2 月 16 日得克萨斯州（Lubbock）气象中心的每小时温度值来测试这个程序（得克萨斯州仍然使用华氏温度）：

```
-16.5, -23.2, -24.0, -25.7, -26.1, -18.6, -9.7, -2.4,
7.5, 12.6, 23.8 25.3, 28.0, 34.8, 36.7, 41.5,
```

```
40.3, 42.6, 39.7, 35.4, 12.6, 6.5, -3.7, -14.3
```

输出是：

```
High temperature: 42.6
Low temperature: -26.1
Average temperature: 9.3
```

缺乏经验的程序员会认为这个程序工作得很好。一个不负责任的程序员会把它直接交付客户。谨慎的做法是用另一组数据再次进行测试。这次使用 2004 年 7 月 23 日的温度：

```
76.5, 73.5, 71.0, 73.6, 70.1, 73.5, 77.6, 85.3,
88.5, 91.7, 95.9, 99.2, 98.2, 100.6, 106.3, 112.4,
110.2, 103.6, 94.9, 91.7, 88.4, 85.2, 85.4, 87.7
```

接下来输出：

```
High temperature: 112.4
Low temperature: 0.0
Average temperature: 89.2
```

哦！有些地方不太对劲。若 7 月在拉伯克出现严寒（0.0℉约 -18℃）将意味着世界末日！你发现错误了吗？由于 low_temp 初始化为 0.0，所以它将保持 0.0，除非数据中的某个温度低于 0。

试一试

运行上面这个程序。检查我们的输入数据是否真的产生了输出。尝试通过利用其他输入集来"破坏"程序（即让程序给出错误的结果）。你能让程序失败的最少输入数据是多少？

不幸的是，这个程序中还有更多错误。如果所有的温度都在零度以下会发生什么？ high_temp 的初始化问题与 low_temp 相同：除非数据中有高于 0 的温度，否则 high_temp 将保持为 0.0。这个程序也不适用于冬天的南极。

这些错误是相当典型的；当你编译程序时，它们不会引起任何错误，也不会导致"合理"输入的错误结果。然而，我们忘记了思考哪些数据才是"合理的"。以下是改进后的程序：

```cpp
int main() {
    double sum = 0;
    double high_temp = -1000;              // 初始化为不可能的低温
    double low_temp = 1000;                // 初始化为不可能的高温
    int no_of_temps = 0;

    for (double temp; cin >> temp; ) {     // 读取温度
        ++no_of_temps;                     // 计算温度数量
        sum += temp;                       // 计算温度总和
        if (temp > high_temp) high_temp = temp;  // 获取最高温度
        if (temp < low_temp) low_temp = temp;    // 获取最低温度
    }

    cout << "High temperature: " << high_temp << '\n';  // 输出最高温度
    cout << "Low temperature: " << low_temp << '\n';    // 输出最低温度
```

```
        cout << "Average temperature: " << sum / no_of_temps << '\n';
                                        // 输出平均温度
    }
```

这个程序正确吗？你怎么能确定？你如何准确地定义"程序正确"？我们从哪里达到 1000 和 –1000 的温度值？想想关于"魔法常量"的警告（见 5.5.1 节）。在程序中间使用 1000 和 –1000 作为字面量是糟糕的风格，但是这些值也是错误的吗？有没有温度低于 - 1000 ℉（- 573℃）的地方？有没有温度超过 1000 ℉（538℃）的地方？

试一试

查阅一下相关资料，为我们的程序选择合适的 min_temp（"最低温度"）和 max_temp（"最高温度"）常量值。这些值将决定我们程序的适用范围。

5.8 估算

假设你编写了一个程序来进行简单的计算，例如计算六边形的面积。运行这个程序你得到的结果是 –34.56。你知道那是错误的。为什么？因为面积不可能是负数。因此，你修复了该错误（无论它是什么）并获得 21.65685。是对的吗？这很难说，因为我们通常不会在脑海中记住六边形的面积公式。为了避免交付一个产生可笑结果的程序给用户而使我们出丑，我们必须做的是在交付前检查答案是否合理。在这种情况下，这很容易。六边形很像正方形。我们在一张纸上潦草地画下我们的正六边形，然后目测它大约是 3×3 正方形的大小。这样一个正方形的面积是 9。糟糕，我们的 21.65685 不可能是对的！所以我们要再次修改我们的程序，并得到 10.3923。现在，这可能是对的！

这种方法与六边形无关。其关键是，除非我们知道正确答案会是什么样子，或者大致是什么样，否则我们也不知道我们的结果是否合理。要不断问自己这个问题：

（1）这个特定问题的答案是否合理？

你还应该提出更一般（通常更难）的问题：

（2）我如何识别合理的结果？

这里，我们不是在问，"确切答案是什么？"或"正确答案是什么？"这是我们编写程序要告诉我们的内容。我们只想确定答案并不荒谬。只有当我们知道我们有一个似是而非的答案时，才能进一步地工作。

估算是一门高尚的艺术，它结合了常识和应用于常见问题的一些非常简单的算术运算。有些人擅长在脑海中进行估算，但我们更提倡在纸上写写画画，因为我们发现这样我们就不会那么容易出现错误。我们在这里所说的估计是一组非正式的技术，有时被（幽默地）称为猜测，因为它们结合了一些猜测和一些计算。

试一试

我们的六边形的每边长为 2 厘米。我们的答案正确吗？粗略地计算一下。可以拿一张纸在上面乱写。不要觉得这过于简单。许多著名的科学家都因为能够用铅笔和信封（或餐巾）的背面得出大致的答案而备受钦佩。这是一种能力，一种简单的习惯，可以为我们节省很多时间并减少很多错误。

通常，估算包括对正确计算所需的数据估计，但我们还没有这些数据。想象一下，你要测试一个估算城市间驾驶时间的程序。从纽约到丹佛 15 小时 33 分钟的车程合理吗？从伦敦到尼斯呢？为什么合理或者为什么不合理呢？要回答这些问题，你需要"猜测"哪些数据？通常，在网络上快速地搜索是最有帮助的。例如，从纽约到丹佛的公路距离是 2000 英里，这是一个合理的猜测，要保持 130 英里 / 小时的平均速度是很难的（而且是非法的），所以 15 小时是不合理的（15*130 只是比 2000 少一点）。你可以检验一下：我们高估了距离和平均速度，但在检查合理性时，我们不必完全正确，我们只要猜得差不多就行了。

试一试

估计一下上述驾驶时间。同时，估计一下相应的飞行时间（以普通商业航空旅行为例）。然后，尝试使用更准确的资源来验证你的估计，如地图和时间表。我们建议使用互联网资源。

5.9　调试

当你编写（起草）完一个程序后，它会有不少错误。小程序偶尔会在第一次尝试时正确编译和运行，但如果这种情况发生在一个复杂的大程序上，你就应该非常怀疑。如果它第一次真的运行正常，去告诉你的朋友们来庆祝一下吧，因为这种情况不会每年都发生。

因此，当你编写了一些代码时，你必须找到并排除错误。这个过程通常称为调试，错误被称为"bug"。"bug"一词通常被认为起源于电子设备中的昆虫导致的硬件故障，当时的计算机是真空管架子和占据大量空间的继电器，一些人因发现和应用"bug"这个词来指代软件中的错误而受到赞誉，其中最著名的是 Grace Murray Hopper, COBOL 程序设计语言的发明者（参见 22.2.2 节）。不管是谁在 50 多年前发明了"bug"这个词，它都能唤起人们的共鸣，现在它已经被人们普遍接受了。搜索错误并消除错误的活动过程称为调试。

调试工作大致如下：

（1）让程序编译。

（2）让程序链接。

（3）让程序做它应该做的事情。

基本上，我们要一遍又一遍地重复这个过程：对于大程序，需要重复上百次，上千次，一遍又一遍，持续数年。每当程序不能正常工作，我们必须找到问题的原因并解决它。我认为调试是程序设计中最乏味、最浪费时间的部分，因此在设计和程序设计过程中，要竭尽全力，尽量减少花在寻找 bug 上的时间。而一些人则发现调试是令人兴奋的，也是程序设计的本质——它可以像任何视频游戏一样让人上瘾，让程序员整天整夜地守在电脑前（我也可以从个人经历中证明这一点）。

以下是调试不要做的：

```
while (程序没有正确运行) { // 伪代码
    在程序中随机查看那些看起来奇怪的地方
    更改这些部分让代码看上去更好
}
```

我们为什么要费心提这个呢？这显然是一个糟糕的算法，会让成功的可能性很低。不幸的是，这种描述只是对许多人深夜时所做工作的概括，那时他们在已经尝试了"所有其他方法"后感到迷失和茫然。

调试中的关键问题是：

我怎么知道程序是否正常运行呢？

如果你不能回答这个问题，那么你将进入一个漫长而乏味的调试阶段，你的用户很可能会感到沮丧。我们总是反复提及这一点，因为任何有助于回答这个问题的方法都可以减少调试，并有助于生成正确且可维护的程序。基本上，我们想要设计好我们的程序，让错误无处藏身，这通常要求太多了而且很难达到，但我们的目标是通过构建程序来最小化出现错误的可能，并最大化发现错误的概率。

5.9.1 实用的调试建议

在编写第一行代码之前一定要考虑调试问题。一旦编写了大量代码，再试图简化调试就太晚了。

首先你要决定如何报告错误："在 main() 函数中使用 error() 函数并捕获异常"将是本书中的默认答案。

让程序易于阅读，这样你就有机会发现错误：

（1）注释好你的代码。这并不仅仅意味着"添加许多注释"。能靠代码本身表达清楚的就不要用注释了。相反，你可以在注释中，尽可能清晰和简短地说出代码中不能清楚地说出来的东西：

- 程序的名称。
- 程序的目的。
- 这段代码是谁写的，什么时候写的。
- 版本号。
- 复杂代码每部分的目的是什么。
- 总体设计思路是什么。
- 源代码的组织方式。
- 对输入提前做了什么假设。
- 代码的哪些部分仍然缺失，哪些情况仍然没有处理。

（2）使用有意义的名字，但并不仅仅意味着"使用长名字"。

（3）使用一致的代码结构：

- 你是代码负责人，集成调试环境（IDE）会尽力提供帮助，但它不能代替你做所有事情。
- 本书使用的程序设计风格是一个合理的起点。

（4）将代码分解成小函数，每个函数表示一个逻辑操作，尽量避免函数超过一页或两页，大多数函数都比较短。

（5）避免复杂的代码，尽量避免使用嵌套循环、嵌套 if 语句、复杂的条件等。不幸的是，你有时需要这些代码，但请记住，复杂的代码是最容易隐藏 bug 的地方。

（6）尽可能使用标准库而不是自己的代码，与忙于解决主要问题时作为替代方案生成的库相比，标准库可能经过了更完备的测试。

前面提到的几点很抽象，但我们会一个接一个地讲。

显然，当编译程序时，编译器是你最好的助手。它的错误消息通常是有用的，即使我们总是希望有更准确的错误消息。除非你是一个真正的专家，否则假定编译器总是正确的为好。如果你是一个真正的专家，这本书不是为你写的。有时，你会觉得编译器强制执行的规则是愚蠢和不必要的（它们很少是），这些规则可以而且应该更简单（确实，但它们不是这样的）。然而，正如他们所说，"糟糕的工匠才会抱怨他的工具"。一个好的工匠知道他工具的优点和缺点，并能相应地调整他的工作。以下是一些常见的编译时错误：

- 每个字符串常量都用双引号终止了吗？

```
cout << "Hello, << name << '\n';      // 错误
```

- 每个字符常量都用单引号终止了吗？

```
cout << "Hello, " << name << '\n; // 错误
```

- 每个程序块都终止了吗？

```
int f(int a)
{
    if (a>0) { /* do something */ else { /* do something else */ }
} // 错误
```

- 每组括号都匹配吗？

```
if (a<=0 // 错误
    x = f(y);
```

编译器通常会"延迟"报告这种错误；它不知道你打算在 0 之后输入一个右括号。

- 每个名字都声明了吗？
  - 你是否包含了所需的头文件（目前，#include "std_lib_facilities.h"）？
  - 每个名称在使用前都声明吗？
  - 你所有的名字都拼对了吗？

```
int count; /* ... */ ++Count;// 错误
char ch; /* ... */ Cin>>c;            // 两个错误
```

  - 你是否用分号终止了每个表达式语句？

```
x = sqrt(y)+2                         // 错误
z = x+3;
```

在本章的练习中，我们会给出更多的例子。同时，请记住 5.2 节中的错误分类。

在完成程序编译和链接之后，接下来通常是最困难的部分：弄清楚程序没有按照我们的意图去运行的原因。你查看输出并试图找出你的代码是如何产生这些结果的。实际上，首先你经常会看到一个空白的屏幕（或窗口），想知道你的程序为什么不能产生任何输出。Windows 控制台模式程序的第一个常见问题是，在你有机会看到输出（如果有的话）之前，控制台窗口就消失了。一个解决方案是在 main() 的末尾从 std_lib_facilities.h 调用 keep_window_open()。然后，程序将在退出之前请求输入，你可以在给它输入之前查看产生的输出，以便关闭窗口。

在寻找错误时，要从程序中最后一个确认正确的语句开始，仔细地逐条跟踪代码。假装你是执行程序的计算机，输出是否符合你的预期？当然不符合，否则你不会调试。

- 通常，当你找不到问题时，原因是你"看到"了你期望看到的，而不是你写的内容。例如：

```
for (int i = 0; i<=max; ++j) {        // （两）个错误
    for (int i=0; 0<max; ++i);        // 输出 v 的元素
        cout << "v[" << i << "]==" << v[i] << '\n';
    // ...
}
```

最后一个例子来自一个经验丰富的程序员编写的真实程序（我们认为它是在某个深夜编写的）。

- 你找不到问题，原因是在程序产生上一个良好输出和下一个输出（或缺少输出）之间执行了太多代码。大多数程序设计环境都提供了一种逐条执行（"单步执行"）程序语句的方法。最终，你将学会使用这些工具，但对于简单的问题和简单的程序，你可以暂时加入一些额外的输出语句（使用 cerr）来帮助你检查运行结果。例如：

```
int my_fct(int a, double d)
{
    int res = 0;
    cerr << "my_fct(" << a << "," << d << ")\n";
    // ... 此处的错误代码 ...
    cerr << "my_fct() returns " << res << '\n';
     return res;
}
```

- 在可能包含错误的代码部分插入检查不变式（即应始终成立的条件，参见 9.4.3 节）的语句。例如：

```
int my_complicated_function(int a, int b, int c)
// the arguments are positive and a < b < c
{
        if (!(0<a && a<b && b<c)) // "!" 表示 "非"，"&&" 表示 "与"
            error("bad arguments for mcf");
        // ...
}
```

- 如果这还是没有任何效果的话，请在不可能存在错误的代码段中插入不变式；如果找不到错误，几乎可以肯定是找错了地方。

声明（断言）不变式的语句称为断言（或简称为断言）。

有趣的是，有许多有效的程序设计方法。不同的人成功使用的技巧截然不同。调试技术的许多差异来自于要调试的程序类型的差异；另外一些似乎与人们思考方式的差异有关。据我们所知，目前没有一种最佳的调试方法。但是，有一件事应该永远记住：混乱的代码很容易隐藏 bug。保持代码尽可能简单、合乎逻辑和格式良好，可以减少调试时间。

5.10　前置条件和后置条件

现在，让我们回到如何处理函数的错误参数的问题上。函数的调用基本上是考虑正确代码和捕获错误的最佳点：这是逻辑上独立计算的开始（并在返回时结束）的地方。看看我们基于前面的建议做了什么：

```
int my_complicated_function(int a, int b, int c)
// 参数是正整数并且 a < b < c
{
        if (!(0<a && a<b && b<c)) // "!" 表示 "非"，"&&" 表示 "与"。
            error("bad arguments for mcf");
    // ...
}
```

首先，我们声明（在注释中）函数对其参数的要求，然后检查该要求是否满足（如果不满足则抛出异常）。

这是一个很好的基本策略。一个函数对其参数的要求通常被称为前置条件（pre-condition）：它必须为真，函数才能正确执行其操作。问题是如果前置条件被违反了（不成立）该怎么办。我们基本上有两个选择：

（1）忽略它（希望 / 假设所有调用者给出正确的参数）。

（2）检查它（并以某种方式报告错误）。

从这个角度来看，参数类型只是让编译器为我们检查最简单的前置条件，并在编译时报告它们错误的一种方式。例如：

```
int x = my_complicated_function(1, 2, "horsefeathers");
```

在这里，编译器将捕捉到违反了第三个参数为整型的要求（"前置条件"）。基本上，我们在这里讨论的是如何处理编译器无法检查的函数需求 / 前置条件。

我们的建议是要在注释中说明前置条件（这样调用者就可以看到函数的要求）。一个没有注释文档的函数将被假定处理每一个可能的参数值。但是我们应该相信调用方会阅读这些注释并遵守约定吗？有时我们不得不相信调用方会这样做，但是 "检查被调用对象中的实参" 规则可以声明为 "让函数检查它的前置条件"。只要我们找不到不这样做的理由，我们就应该这样做。不检查前置条件的最常见原因是：

- 没有人会使用错误的参数。
- 它会降低我的代码速度。
- 检查工作太复杂了。

第一个原因只有在我们碰巧知道 "谁" 调用了一个函数时才合理——而在实际的代码中，这是很难知道的。

第二个原因成立的情况少得多，作为 "过早优化" 的一个例子经常被忽略。如果前置条件真的成为程序的负担，你可以把它取消。然而就无法轻易获得它们确保的正确性，而且要花费更多时间来寻找这些本该被找到的错误。

第三个原因是最严重的。很容易（如果你是一个有经验的程序员）找到检查前置条件比执行函数花费更多时间的例子。一个例子是字典中的查找工作：前置条件是字典条目已排序而验证字典是否已排序可能比查找所做的工作要多得多。有时，也很难在代码中表达前置条件并确保表达正确。然而，每当你写一个函数时，总是考虑你是否可以写一个快速检查前置条件的代码，除非你有充分的理由不这样做。

编写前置条件（甚至作为注释）对提高程序质量也有显著好处：它迫使你考虑函数需要什么。如果你不能在几行注释中简单而准确地说明这一点，你可能没有真正理解你在做什么。经验表明，编写这些前置条件注释和前置条件检查可以帮助您避免许多设计错误。我们确实提到过我们讨厌调试，也明确说明了前置条件有助于避免设计错误和及早发现使用错误。如果将代码写成：

```
int my_complicated_function(int a, int b, int c)
// 参数为正数且 a < b < c
{
    if (!(0<a && a<b && b<c)) // ! 表示 "非"，&& 表示 "与"
        error("bad arguments for mcf");
    // ...
}
```

与下面的简化版本相比，上面的程序可以节省你的时间。

```
int my_complicated_function(int a, int b, int c)
{
    // ...
}
```

使用前置条件有助于我们改进设计并尽早发现使用错误。这种明确说明要求的想法可以用在其他地方吗？是的，我马上又想到了一个地方：返回值！毕竟，我们通常必须说明函数返回的内容；

也就是说，如果我们从函数返回一个值，我们总是对返回值做出承诺（否则调用者怎么知道会得到的是什么？）。让我们再看看我们的面积函数（参见 5.6.1 节）：

```
// 计算矩形的面积;
// 如果参数不正确, 抛出 Bad_area 异常
int area(int length, int width)
{
    if (length<=0 || width <=0) throw Bad_area();
    return length*width;
}
```

这个程序检查了它的前置条件，但不会在注释中说明（对于这么短的函数来说，这可能没问题）并且它假设计算是正确的（对于这样一个微不足道的计算，这可能没问题）。但是，我们可以更明确一点：

```
int area(int length, int width)
// 计算矩形的面积;
// 前置条件: length 和 width 为正数
// 后置条件: 返回一个正数, 表示矩形的面积
{
    if (length<=0 || width <=0) error("area() pre-condition");
    int a = length*width;
    if (a<=0) error("area() post-condition");
    return a;
}
```

我们无法检查完整的后置条件，但我们至少可以检查其中一部分：返回值是否为正数。

试一试

尝试找到一对值，使此版本 area 函数的前置条件成立，但后置条件不成立。

前置条件和后置条件在代码中提供基本的完整性检查。因此，它们与不变式（参见 9.4.3 节）、正确性（参见 4.2 节和 5.2 节）和测试（第 26 章）的概念密切相关。

5.11　测试

我们如何知道何时停止调试？好吧，我们要继续调试，直到我们找到所有的 bug，或者至少我们尝试着这样做。我们如何知道我们已经找到了最后一个 bug？我们没有办法知道。"最后一个 bug"是程序员开的玩笑：根本就没有这样的东西。我们永远不会在一个大型程序中找到"最后一个 bug"。因为我们在查找错误的同时，我们还忙着修改程序以用于一些新的用途。

除了调试之外，我们还需要一种系统的方法来搜索错误，这就是所谓的测试，我们将在 7.3 节、第 10 章和第 26 章中详细介绍相关内容。基本上，测试就是用大量系统选择的数据集作为输入来执行程序，并将结果与预期进行比较。运行一组给定输入集合称为测试用例（testcase）。现实的程序可能需要数百万个测试用例。基本上，系统测试不能通过人类输入一个又一个测试来完成，所以在我们拥有正确进行测试所需的工具之后，我们再正式讨论测试。然而，与此同时，请记住，我们必

须以发现错误是好事的态度来进行测试。考虑：

态度 1：我比任何程序都聪明！我要打破这个 @#$%^ 代码！

态度 2：我花了两周时间打磨这段代码。它是完美的！

你认为谁会发现更多错误？当然，最好的情况是一个有经验的人，有一点"态度"，冷静、耐心和系统地处理程序可能出现的缺陷。优秀的测试人员价值不菲。

我们尝试系统地选择我们的测试用例，一般包括正确和不正确的输入。7.3 节给出了第一个例子。

✅ 操作题

下面是 25 个代码片段。每一个都要插入这个"框架"中：

```
#include "std_lib_facilities.h"
int main() try {
    <<your code here>>
    keep_window_open();
    return 0;
}
catch (exception& e) {
    cerr << "error: " << e.what() << '\n';
    keep_window_open();
    return 1;
}
catch (...) {
    cerr << "Oops: unknown exception!\n";
    keep_window_open();
    return 2;
}
```

每个代码都有零或多个错误。你的任务是找到并删除每个程序中的所有错误。当你删除了这些错误后，生成的程序将编译、运行并输出"成功！"。即使你认为你已经发现了一个错误，你仍然需要输入（原始的，未改进的）程序片段并测试它，因为你可能猜错了错误是什么，或者片段中的错误比你发现的要多。另外，这个操作题的一个目的是让你感受编译器如何对不同类型的错误做出反应。不要输入上面的程序框架 25 次，这是一个剪切和粘贴或一些类似的"机械"技术的工作。不要通过简单地删除语句来解决问题，可以通过更改、添加或删除一些字符来修复它们。

1. cout << "Success!\n" ;

2. cout << "Success!\n;

3. cout << "Success" << !\n"

4. cout << success << '\n' ;

5. string res = 7; vector<int> v(10); v[5] = res; cout << "Success!\n" ;

6. vector<int> v(10); v(5) = 7; if (v(5)!=7) cout << "Success!\n" ;

7. if (cond) cout << "Success!\n" ; else cout << "Fail!\n" ;

8. bool c = false; if (c) cout << "Success!\n" ; else cout << "Fail!\n" ;

9. string s = "ape"; boo c = "fool" <s; if (c) cout << "Success!\n";

10. string s = "ape"; if (s==" fool") cout << "Success!\n";

11. string s = "ape"; if (s==" fool") cout < "Success!\n";

12. string s = "ape"; if (s+" fool") cout < "Success!\n";

13. vector<char> v(5); for (int i=0; 0<v.size(); ++i); cout << "Success!\n";

14. vector<char> v(5); for (int i=0; i<=v.size(); ++i); cout << "Success!\n";

15. string s = "Success!\n"; for (int i=0; i<6; ++i) cout << s[i];

16. if (true) then cout << "Success!\n"; else cout << "Fail!\n";

17. int x = 2000; char c = x; if (c==2000) cout << "Success!\n";

18. string s = "Success!\n"; for (int i=0; i<10; ++i) cout << s[i];

19. vector v(5); for (int i=0; i<=v.size(); ++i); cout << "Success!\n";

20. int i=0; int j = 9; while (i<10) ++j; if (j<i) cout << "Success!\n";

21. int x = 2; double d = 5/(x–2); if (d==2*x+0.5) cout << "Success!\n";

22. string<char> s = "Success!\n"; for (int i=0; i<=10; ++i) cout << s[i];

23. int i=0; while (i<10) ++j; if (j<i) cout << "Success!\n";

24. int x = 4; double d = 5/(x–2); if (d=2*x+0.5) cout << "Success!\n";

25. cin << "Success!\n";

回顾

1. 说出四种主要的错误类型，并简要地定义每一种。

2. 在学生练习程序中，我们可以忽略哪些错误？

3. 每个完成的项目应该提供什么保证？

4. 列出我们可以采取的三种方法来减少程序中的错误，并开发出可接受的软件。

5. 为什么我们讨厌调试？

6. 什么是语法错误？举五个例子。

7. 什么是类型错误？举五个例子。

8. 什么是链接时错误？举三个例子。

9. 什么是逻辑错误？举三个例子。

10. 列出文中讨论的程序错误的四个潜在来源。

11. 你如何知道一个结果是否可信？你有什么技巧来回答这样的问题？

12. 比较下函数的调用者处理运行时错误和被调用函数处理运行时错误的异同。

13. 为什么使用异常比返回"错误值"更好？

14. 如何测试输入操作是否成功？

15. 描述如何抛出和捕获异常的过程。

16. 为什么 v[v.size()] 会导致一个范围错误？调用这个函数会有什么结果呢？

17. 定义前置条件和后置条件；举出一个例子（不是本章的 area() 函数），最好是一个带循环的计算过程。

18. 什么时候不会测试前置条件？

19. 什么时候不会测试后置条件？

20. 调试程序有哪些步骤？

21. 注释对调试有什么帮助？

22. 测试和调试有什么不同？

术语

argument error（参数错误）　　　　exception（异常）　　　　　　requirement（需求）

assertion（断言）　　　　　　　　invariant（不变式）　　　　　run-time error（运行时错误）

catch（捕获）　　　　　　　　　link-time error（链接时错误）　syntax error（语法错误）

compile-time error（编译时错误）　logic error（逻辑错误）　　　testing（测试）

container（容器）　　　　　　　　post-condition（后置条件）　　throw（抛出）

debugging（调试）　　　　　　　pre-condition（前置条件）　　type error（类型错误）

error（错误）　　　　　　　　　range error（范围错误）

练习题

1. 如果你还没有完成本章中的"试一试"，请先完成本章的练习。

2. 下面的程序采用的是摄氏温度值并将其转换为绝对温度。这段代码有很多错误，找出错误，列出它们，并纠正代码。

```
double ctok(double c) {               // 摄氏温度 转换为 绝对温度
    int k = c + 273.15;
    return int
}
int main() {
    double c = 0;                      // 声明输入变量
    cin >> c;                          // 从输入获取温度到输入变量
    double k = ctok(c);                // 转换温度
    cout << k << '\n';                 // 打印温度
}
```

3. 绝对零度是可以达到的最低温度；它是 –273.15℃或 0K。上面的程序，即使经过更正，在给定低于此温度的情况下也会产生错误的结果。如果给定的温度低于 –273.15℃，则在主程序中进行检查是否也将产生错误。

4. 再次做练习题 3，但这次处理 ctok() 中的错误。

5. 添加程序中的功能，以便它也可以从绝对温度转换为摄氏温度。

6. 编写一个程序，它可以实现将摄氏温度转换为华氏温度，然后将华氏温度转换为摄氏温度（见 4.3.3 节中的公式）。使用估计的方法（见 5.8 节）查看你的结果是否合理。

7. 一元二次方程的形式是

$$a \cdot x^2 + b \cdot x + c = 0$$

要解决这些问题，可以使用二次公式：

$$x = \frac{-b \pm \sqrt{b^2 - 4ac}}{2a}$$

但是有一个问题：如果 $b^2 - 4ac$ 小于零，那么它将出错。编写一个程序，它可以计算一元二次方程的 x。创建一个函数，在给定 a、b、c 的情况下输出一元二次方程的根。当程序检测到一个没有实根的方程时，让它输出一条消息：你如何确定程序的结果是合理的？你能检验结果的正确性吗？

8. 编写一个程序，读取并存储一系列整数，然后计算前 N 个整数的和。它首先询问 N 的值，然后将值读入向量，再计算前 N 个值的总和。例如：

```
"Please enter the number of values you want to sum:"
    3
"Please enter some integers (press '|' to stop):"
    12 23 13 24 15 |
"The sum of the first 3 numbers ( 12 23 13 ) is 48."
```

处理所有输入。例如，如果用户要求的数字总和多于向量容器中的数字，请确保给出错误消息。

9. 修改练习题 8 中的程序，如果结果不能用 int 表示，则输出一个错误信息。

10. 修改练习题 8 中的程序，使用 double 而不是 int。同样，构造一个包含相邻值之间 N-1 个差值的双精度浮点向量容器，并写出这个差值向量容器。

11. 编写一个程序，输出斐波那契数列的前几个值，即从 1 1 2 3 5 8 13 21 34 开始的数列。数列的下一个数是前两个数的和。找出适合整型的最大斐波那契数。

12. 执行一个叫作"公牛和母牛"的小猜谜游戏。程序有四个不同的整数向量，范围从 0 ～ 9（如 1234 但不是 1122），用户的任务是通过反复猜测来发现这些数字。假设要猜的数字是 1234，用户猜的是 1359；程序的反馈应该是"1 个公牛和 1 个母牛"，因为用户的一个数字（1）是正确的，并且在正确的位置（公牛）；有一个数字（3）也是正确的，但在错误的位置（母牛）。继续猜测，直到用户得到四个公牛，也就是说，四个数字和顺序都是正确的。

13. 上一个程序有点乏味，因为答案是硬编码到程序中的。接下来做一个用户可以反复玩游戏（无需停止和重新启动程序）的版本，每个游戏都有一组新的四位数。通过四次调用 std_lib_facilities.h 中的随机数生成器 randint(10)，可以获得四个随机数字。你将注意到，如果你重复运行该程序，每次启动该程序时，它将选择相同的四位数序列。为了避免这种情况，请用户输入一个数字（任何数字）并调用 seed_randint(n)，同样来自 std_lib_facilities.h，其中 n 是用户在调用 randint(10) 之前输入的数字。这里 n 被称为种子，不同的种子给出不同的随机数序列。

14. 从标准输入读取一对数据（星期，值）。例如：

```
Tuesday 23 Friday 56 Tuesday -3 Thursday 99
```

在 vector<int> 中收集一周中每一天对应的所有值。输出一周七天向量容器的值。输出每个向量容器中值的和。忽略输入中不合法的日子，如 Funday，但接受常见的同义词，比如 Mon 和 monday。输出被拒绝的值的数量。

附言

你认为我们过分强调错误了吗？作为新手程序员，我们可能会这么想。最自然的反应是"程序根本不能出错！"但是，错误总会发生的。许多世界上最聪明的人都曾为编写正确程序的困难而感到震惊和困惑。根据我们的经验，优秀的数学家是最有可能低估 bug 问题的人。但我们会认识到：所编写的程序一次通过是一件超出我们能力范围的事。你已经被警告过了！幸运的是，经过 50 年左右的时间，我们在组织代码以最小化问题方面积累了丰富的经验，并掌握了发现错误的技术，尽管我们尽了最大的努力，但当我们第一次编写程序时，这些错误不可避免地会留在程序中。本章中的技术和例子是一个很好的开始。

第 6 章

编写一个程序

"程序设计就是问题理解。"

– Kristen Nygaard

编写程序需要逐步完善所实现的功能及其表达方式。在接下来的两章我们将从一个模糊的想法开始，经过分析、设计、实现、测试、再设计和再实现等阶段来开发一个程序，最终实现预期目标。本章主要讨论程序结构、用户定义类型和输入处理等内容，目的是帮助读者了解在编写一段代码过程中如何去思考。

6.1　一个问题

程序的编写通常从一个问题出发，也就是说，借助程序解决一个实际问题。因此正确理解问题对程序实现是非常关键的。毕竟，无论多么好的程序，如果其解决的问题并非是我们需要的，可能这个程序也没有什么用处。或许这个程序恰好对一些预料之外的问题是有用的，但这种幸运事件发生的概率非常小。因此，所设计的程序应该简单明了地解决要处理的问题。

基于以上背景，什么是一个好的程序？一个好的程序通常具有以下特点：

- 阐明设计和程序设计技术。
- 让我们有机会探索程序员必须做出的各种决定及其相关考虑。
- 不需要太多新的程序设计语言结构。
- 对设计的考虑足够全面。
- 考虑所有可能的解决方案。
- 解决一个容易理解的问题。
- 解决一个有价值的问题。
- 有一个小到足以完全实现和彻底理解的解决方案。

我们编写一个简单的计算器，实现计算机对输入的表达式进行常规算术运算。毫无疑问这类程序非常有用，每台台式计算机都有这样的计算器程序，你甚至可以买到专门用来运行这些程序的计算机：袖珍计算器。

例如输入：

```
2+3.1*4
```

程序应该输出：

```
14.4
```

不幸的是，这样的计算器程序并不能提供我们计算机上不具备的功能，但作为第一个程序，我们可以从中获得很多内容。

6.2　对问题的思考

我们如何开始呢？简单来说，我们要做就是对问题和问题求解方法进行思考。首先考虑一下这个程序应该完成什么，人机交互的方式是什么。然后再考虑如何编写程序来实现这样的功能。试着写出每一个解决方案的简单框架，并检验它的正确性。或许你可以与朋友讨论这个问题及其解决方案，试着向朋友阐述你的想法是一种很好的发现错误的方式，甚至比把它们写下来更好，因为纸（或计算机）不能对你的假设提出疑问，不能反驳你的错误观点。理想情况下，设计并不是一个孤独的过程。

不幸的是，并没有一个解决问题的通用策略适用于所有人和所有问题。有些书通篇都在帮助读者学习更好地解决问题，其他大部分书籍则侧重于程序设计。我们并不那么做。相反，本书针对一些个人能够处理的小规模问题，并给出若干有价值的通用求解策略。随后，我们将以微型计算器程序为例对这些策略进行验证。

建议读者带着疑问阅读关于计算器程序的讨论。实际上，一个程序的开发通常需要经过一系列的版本，每个版本实现了我们得到的一些推论。显然，很多推理都是不完整的，甚至是错误的，否则我们会提前结束这一章。随着讨论的深入，我们将提供设计人员和程序员一直在处理的各种关注点和推理的示例。直到下一章结束，我们才会完成这个程序的最终版本。

学习本章和下一章时需记住，实现程序最终版本的过程——提出部分解决方案、产生想法和发现错误的历程——至少与程序最终版本一样重要，甚至比在实现过程中遇到的语言技术细节更重要（我们将在后面讨论这些问题）。

6.2.1　程序设计的几个阶段

下面是与程序开发相关的几个术语。解决一个问题需要反复经历以下阶段：

- 分析（analysis）：弄清楚应该做什么，并写下当前你对此问题理解的描述，这样的描述称为需求集合或规范。我们并不会详细讨论如何开发和撰写这些规范，这已经超出了本书的范围，但随着问题的规模越来越大，这种规范就越来越重要。
- 设计（design）：给出系统的整体结构图，并确定具体的实现内容及其联系。作为设计的一部分，考虑哪些工具（如函数库）可以帮助你实现程序的结构。
- 实现（implementation）：编写代码、调试和测试，确保程序完成预期的功能。

6.2.2　策略

以下是一些有助于许多程序设计项目的建议：

（1）需要解决的问题是什么？首要事情就是明确你想要达到的目标。这通常包括对问题的描述，或者分析已有描述的真实意图。此时你应该站在用户的角度（而不是程序员 / 实现者的角度）；也就是说，应该询问程序要实现什么功能，而不是它怎样实现这些功能。例如，可以问问自己："这个程序能实现什么功能？"以及"我想如何与这个程序进行交互？"记住，大多数人都具有很丰富的计算机使用经验。

- 问题定义清楚了吗？实际上，我们并不能准确定义问题。即使是一个学生练习题目，也很难做到足够精确和具体。如果我们解决了错误的问题，那就太可惜了，所以我们必须弄清楚所要解决的问题是什么。另一个容易犯的错误是我们常常会把问题复杂化，当我们试图弄清楚我们想要什么时，我们很容易变得太贪心。为了使程序更容易说明、理解、使用和实现，将问题简化是更好的做法。一旦程序能够实现预期的功能，基于已有的经验可以构建一个更华丽的"2.0 版本"。

● 考虑到可用的时间、技能和工具，问题似乎是可以管理的吗？从事一项你不可能完成的项目没有什么意义。如果没有足够的时间来实现（包括测试）一个完成所有要求的程序，通常不要开始这个项目。否则需要获取更多的资源（特别是更多的时间）或者修改需求来简化任务。

（2）尝试将程序分解成可管理的部分。即使是解决实际问题的最小程序也可以进一步细分。

● 你知道有什么工具、函数库等可以帮助你吗？答案是肯定的。即使在学习程序设计的最初阶段，你也能使用 C++ 标准库的部分内容。稍后，你将了解该标准库的大部分内容以及如何查找更多内容，包含图形和图形用户界面库，矩阵库等。在获得了一些程序设计经验之后，你就能通过简单的网络搜索找到更多的函数库。请记住：当你构建用于实际使用的软件时，重新设计基本模型没有什么价值。当学习程序设计时，情况就不同了。重新设计基本模块可以更清楚了解其实现过程。通过使用一个好的函数库节约的时间可以用来解决问题的其他部分或者休息。但是，如何知道一个函数库适合于目前的任务或者程序性能是否满足要求是一个很困难的问题。一种解决方案是询问同事，或在讨论组中询问，或者在使用函数库之前使用例子进行验证。

● 寻找一个解决方案中可以单独描述的部分（可能用在程序的多个地方，甚至在其他程序中使用）。要找到这样的部分需要经验，所以我们在本书中提供了许多例子。我们已经使用了 vector、string 和 iostreams（cin 和 cout）。本章给出了作为用户预定义类型（Token 和 Token_stream）提供的程序部分的设计、实现和使用的第一个完整示例。第 8 章和第 13 ～ 15 章介绍了更多的例子以及它们的设计原理。现在考虑一个类似的问题：如果我们要设计一辆汽车，首先需要确定它的组件，如车轮、发动机、座椅、门把手等，在组装完整的汽车之前，我们可以在这些组件上单独工作。一辆现代汽车上有成千上万个这样的组件，一个程序也是如此，只不过它的每个组件是代码而已。我们不会试图直接用铁、塑料和木材等原材料来制造汽车，也不会试图直接（仅仅）从语言提供的表达式、语句和类型中构建一个主要程序。设计和实现这些组件是本书的一个主要主题和一般软件开发的重要方法，参见用户自定义类型（第 9 章）、类层次结构（第 14 章）和泛型类型（第 20 章）。

（3）实现一个小的、有限的程序版本来解决问题的关键部分。当我们开始程序设计时，对要解决的问题并不十分了解。我们经常认为我们知道（难道我们不知道计算器程序是什么吗？）但实际上并不是这样。只有把对问题的思考（分析）和实验（设计和实现）结合起来，我们才能充分理解并编写一个好的程序。所以，实现一个小的、有限的程序应做到以下两点：

● 在我们的理解、想法和工具上提出问题。

● 看看能否改变问题描述的一些细节使其更加容易处理。当我们分析问题并进行初步设计时，预料到所有问题几乎是不可能的。我们必须充分利用代码编写和测试过程中的反馈信息。

● 有时，这种用于实验的小程序被称为原型（prototype）。如果（很有可能）我们的第一个版本不起作用，或者很难在此基础上继续下去，可以将其丢弃，可根据我们的经验重新设计另一个原型程序版本。重复这个过程，直到我们找到一个满意的版本。不要搞得一团糟，否则将会越来越混乱。

● 实现一个完整的解决方案，最好使用最初版中的组件。理想情况是逐步构建组件来编写一个程序，而不是一次编写所有的代码。另一种选择是奇迹发生了，期待一些未经检验的想法能够实现我们设想的功能。

6.3   回到计算器问题

我们要如何与计算器交互？这很简单：因为我们知道如何使用 cin 和 cout。但是图形用户界面（GUI）直到第 16 章才讨论，所以我们将坚持使用键盘和控制台窗口。假设从键盘输入表达式，然后计算并将结果显示在屏幕上。例如：

```
Expression: 2+2
Result: 4
Expression: 2+2*3
Result: 8
Expression: 2+3-25/5
Result: 0
```

2+2 和 2+2*3 等表达式是由用户输入的，而其他部分则是由程序输出的。我们选择输出 "Expression: " 来提示用户输入表达式。我们也可以选择 "Please enter an expression followed by a newline"，但这看起来很冗长而且毫无意义。另外，像 > 这样简短的提示似乎太模糊了。尽早勾勒出这样的使用例子是很重要的。它们为程序最低限度应该实现哪些功能供了一个非常实用的定义。在讨论程序的设计和分析时，这样的使用示例称为用例（use cases）。

当第一次碰到计算器问题时，大多数人首先想到的是程序的主要逻辑：

```
read_a_line
calculate // 实际计算
write_result
```

像上面这种描述显然不是真正的代码，而是伪代码（pseudo code）。我们倾向于在设计的早期阶段使用它，那时我们还不确定我们的符号到底意味着什么。例如，在上面的伪代码描述中，"calculate" 是函数调用吗？如果是，它的参数是什么？现在回答这些问题还为时过早。

6.3.1   初步尝试

在这个阶段上，我们还没有准备好编写计算器程序。我们对问题还没有深入思考，但思考是一项困难的工作，而且就像大多数程序员一样，我们急于编写一些代码。下面让我们试试，写一个简单的计算器程序，看看它将我们引向哪里。按照最初想法设计的程序如下：

```cpp
#include "std_lib_facilities.h"
int main()
{
    cout << "Please enter expression (we can handle + and -): ";
    int lval = 0;
    int rval;
    char op;
    int res; cin>>lval>>op>>rval;   // 读取类似于 1 + 3 的表达式
    if (op=='+')
       res = lval + rval;           // 加法
    else if (op=='-')
       res = lval - rval;           // 减法
    cout << "Result: " << res << '\n';
    keep_window_open();
    return 0;
}
```

上面的程序读取由运算符（如 2+2）分隔的一对值，计算结果（在本例中为 4），并打印结果值，其中运算符左边的变量名为 lval，右边的变量名为 rval。

这个程序能够运行了！那么，如果这个程序不完整呢？让程序运行起来感觉很棒！也许程序设计和计算机科学并不像大家所说的那么难。好吧，也许是这样的，但我们不要被早期的成功冲昏了头脑。让我们继续下面几项工作：

（1）稍微清理一下代码。

（2）添加乘法和除法（如 2*3）。

（3）添加处理多个运算符的功能（如 1+2+3）。

特别地，我们应该检查输入的内容是否符合要求（但由于匆忙，我们"忘记了"）。另外，如果一个变量的值可能是多个常量之一，测试它的值最好采用 switch 语句而不是 if 语句。

对于"1+2+3+4"这种包含多个运算符的表达式，按照它们输入顺序进行加法运算，也就是说，我们从 1 开始，看到 +2，然后把 2 加到 1（得到中间结果 3），看到 +3，然后把 3 加到中间结果上，以此类推，直到运算结束。经过一些简单的语法和逻辑修改之后得到了如下程序：

```cpp
#include "std_lib_facilities.h"
int main()
{
    cout << "Please enter expression (we can handle +, -, *, and /)\n";
    cout << "add an x to end expression (e.g., 1+2*3x): ";
    int lval = 0;
    int rval;
    cin>>lval;                        // 读取最左边的操作数
    if (!cin) error("no first operand");
    for (char op; cin>>op; ) {        // 重复读取运算符和右操作数
    if (op!='x') cin>>rval;
        if (!cin) error("no second operand");
        switch(op) {
        case '+':
            lval += rval;        // 加法：lval = lval + rval
            break;
        case '-':
            lval -= rval;        // 减法：lval = lval - rval
            break;
        case '*':
            lval *= rval;        // 乘法：lval = lval * rval
            break;
        case '/':
            lval /= rval;        // 除法：lval = lval / rval
            break;
        default:                 // 不再有其他运算符：输出结果
            cout << "Result: " << lval << '\n';
            keep_window_open();
            return 0;
        }
    }
}
```

```
            error("bad expression");
    }
```

程序没有错，但当我们输入 1+2*3 时输出的结果是 9，而不是正确答案 7。类似地，1-2 *3 得到的是 -3 而不是正确结果 -5。我们以错误的顺序进行运算：1+2*3 是按照 (1+2)*3，而不是通常的 1+(2*3) 顺序计算的。类似地，1-2*3 是按照 (1 - 2)*3，而不是通常的 1-(2*3) 顺序计算的。真糟糕！我们可能会对"乘法比加法约束更紧密"的这种约定熟视无睹，但数百年人们所习惯的运算规则不会仅仅因为简化程序设计而消失。

6.3.2 单词

因为，我们必须"向前"看一行，看看表达式中是否有 * 或 /。如果有，我们必须以某种方式调整这种简单的从左到右的计算顺序。然而，当我们尝试这样做时，立刻遇到了一些困难：

1. 我们并没有必须要求表达式在一行输入，例如：

```
1
+
2
```

目前的代码能够正常地计算其结果。

2. 如何在几个输入行上的数字、加号、减号和括号中搜索一个 *（或一个 /）？

3. 如何记住 * 运算符的位置？

4. 如何不按从左到右的顺序计算表达式的值（如 1+2*3）？

让我们做一回极端的乐观主义者，我们将首先解决前 3 个问题，不需要担心最后一个问题，我们将在后面谈论它。

我们四处寻找帮助，肯定有人知道如何从输入读取包括数字和运算符在内的表达式方法，而且以一种看起来非常合理的方式进行存储。答案就是"分词"（tokenize）：读取输入字符并组合为单词（tokens），因此如果从键盘输入：

```
45+11.5/7
```

程序将产生一个单词列表：

```
45
+
11.5
/
7
```

单词是表示可以看作一个单元的一个字符序列，例如数字或者运算符。这就是 C++ 编译器处理源代码的方式。实际上，"分词"在某种形式上是大多数文本分析经常采用的方法。下面以 C++ 表达式为例，我们看到所需的三种单词类型：

● 浮点常量：如 C++ 定义的 3.14、0.274e2 和 42

● 运算符：+、-、*、/、%

● 括号：(、)

浮点常量看起来似乎会成为一个问题：读取 12 似乎比读取 12.3e-3 容易得多，但计算器确实应该做浮点运算。类似地，我们怀疑我们的程序必须能识别括号，否则计算器会显得没有用处。

如何在程序中表示这样的单词？我们可以尝试记录每个单词的起始位置和结束位置，但这很麻烦（特别是如果我们允许表达式跨越行边界）。同样，如果我们将一个数字保存为字符串，我们稍后必须计算出它的值；也就是说，如果我们看到数 42，将其存储为字符 4 和 2，然后我们必须弄清楚这些字符表示数值 42（即 4*10+2）。一种较好解决方案是将每个单词表示为（kind,value）对。kind 表示单词是数字、运算符还是圆括号。对于一个数字（在本例中，也只有数），value 保存的就是它的数值。

那么，我们如何在代码中表达（kind,value）对呢？我们定义了一个 Token 类型来表示单词。为什么？记住为什么要使用类型：它们定义了我们需要的数据，并为我们提供了对这些数据的有效操作。例如，int 类型定义整数并提供加法、减法、乘法、除法和余数等运算，而 string 类型定义了字符序列并提供连接和下标等操作。C++ 语言及其标准库提供了许多类型，如 char、int、double、string、vector 和 ostream，但没有 Token 类型。事实上，我们希望可以使用的类型成千上万甚至更多，但语言及其标准库不提供这些类型。其中比较有用的类型有第 24 章的 Matrix 类型、第 9 章的 Date 类型以及无限精度整数（尝试在网上搜索"Bignum"）等。如果您仔细思考一下，就会发现一种语言无法提供成千上万种类型：谁来定义它们，谁来实现它们，如何找到它们，参考手册应该有多厚？ C++ 等高级语言通过在需要时用户定义类型（user-defined types），从而避免了这个问题。

6.3.3　实现单词

在程序中的单词应该是什么样的？换句话说，自定义的 Token 类型是什么样的？ Token 必须能够表示运算符（如 + 和 -）和数值（如 42 和 3.14）。即表示单词是什么类别以及保存单词的数值（如果有的话），如图 6-1 所示。

图 6-1　Token 的内部表示

在 C++ 代码中，有许多方法可以表示这个类型。下面是我们发现的最简单的一种方法：

```
class Token {          // 一个非常简单的用户定义类型
public:
    char kind;
    double value;
};
```

Token 是一种类型（如 int 或 char），所以它可以用来定义变量和保存值，它有两部分（称为成员）：kind 和 value。关键字 class 表示定义一个"用户自定义类型"，它表示正在定义具有零个或多个成员的类型。第一个成员 kind 是字符 char，因此它可以方便地容纳 '+' 和 '*' 来表示 + 和 *。我们可以使用它来创建这样的类型：

```
Token t;               // t 是一个 Token
t.kind = '+';          // t 表示一个 +
Token t2;              // t2 是另一个 Token
t2.kind = '8';         // 我们将数字 8 用作数字的 "kind"
t2.value = 3.14;       // t2 的值为 3.14
```

我们使用成员访问表示法 object_name . member_name 以访问成员。你可以把 t.kind 读成"t 的 kind"，将 t2.value 读作"t2 的 value"。此外，也可以像复制 int 一样复制 Token 对象：

```
Token tt = t;          // 拷贝初始化
if (tt.kind != t.kind) error("impossible!");
```

```
t = t2;                  // 赋值
cout << t.value;         // 将会打印 3.14
```

给定 Token 类型，可以用 7 个单词来表示表达式 (1.5+4)*11，如图 6-2 所示。

'('	'8'	'+'	'8'	')'	'*'	'8'
	1.5		4			11

图 6-2　表达式 (1.5+4)*11 单词表示

注意，对于简单的单词，比如+，我们不需要值，所以我们不使用它的 value 成员。我们需要一个表示"数字"的字符，我们选择了 '8' 来标识单词"数"，因为 '8' 显然不是运算符或标点符号。虽然用 '8' 来表示"数字"有点混淆，但目前这样用。

Token 是 C++ 用户自定义类型的一个例子。一个用户自定义类型可以有成员函数（操作）以及数据成员。对于 Token，我们不需要定义函数，因为它提供了读写简单用户自定义类型的默认方式：

```
class Token {
public:
    char kind;            // 哪种类型 token
    double value;         // 用于数字：一个值
};
```

我们现在可以初始化（"构造"）Token 对象。例如：

```
Token t1 {'+'};         // 初始化 t1, 使得 t1.kind = '+'
Token t2 {'8', 11.5};   // 初始化 t2, 使得 t2.kind = '8', t2.value = 11.5
```

有关初始化类对象的更多信息，请参见 9.4.2 节和 9.7 节。

6.3.4　使用单词

现在，也许我们可以完成完整的计算程序了！然而，可能前面的设计只有一小部分有用，我们将如何在计算器程序中使用 Token？我们可以将输入读入 Token 向量中：

```
Token get_token();      // 从 cin 读取一个 token 的函数
vector<Token> tok;      // 我们将把 tokens 放在这里
int main()
{
    while (cin) {
        Token t = get_token();
        tok.push_back(t);
    }
    // ...
}
```

现在我们可以先读取一个表达式，然后再求值。例如，对于 11*12，其结果如图 6-3 所示。

'8'	'*'	'8'
11		12

图 6-3　11*12 单词表示

我们可以从中找到乘法符号及其操作数，因此能够非常轻松地执行乘法运算，因为数字 11 和 12 存储为数值而不是字符串。

接下来看一个更复杂的表达式。给定 1+2*3，tok 将包含 5 个 Token，如图 6-4 所示。

'8'	'+'	'8'	'*'	'8'
1		2		3

图 6-4　表达式 1+2*3 单词表示

现在我们可以通过一个简单的循环找到乘法运算：

```
for (int i = 0; i<tok.size(); ++i) {
        if (tok[i].kind=='*') { // we found a multiply!
                double d = tok[i-1].value*tok[i+1].value;
                // now what?
        }
}
```

但接下来如何处理乘积 d 呢？如何确定子表达式的计算顺序呢？因为加法运算符在乘法运算符之前，所以我们不能按照从左到右的顺序计算。我们可以尝试从右到左计算！这适用于 1+2*3 但不适用于 1*2+3。更糟糕的是，1+2*3+4，此示例必须"由内而外"进行计算：1+(2*3)+4。我们将如何处理括号，我们最终到底应该如何做呢？似乎是走进了死胡同。我们必须后退一步，暂时停止程序设计，并思考我们如何读取和理解输入表达式，并计算它的值。

我们第一次满怀激情地尝试解决这个问题（编写一个计算器程序）就失去了动力。这在第一次尝试中并不少见，它在帮助我们理解问题方面发挥着重要作用。在这个例子中，这次尝试还给我们带来了一个有用的概念：单词。我们今后会反复遇到（name, value）对这种形式，单词是一个很好的实例。但是，我们必须始终确保这种轻率的、无计划的"编码"不会浪费太多时间。正确做法是，在做过分析（理解问题）和设计（决定解决方案的总体结构）之后进行程序设计。

试一试

另一方面，为什么我们不能找到一个更简单的方法解决这个问题呢？这看起来并不是那么难。即便尝试没有什么效果，也可以增加我们对问题和最终求解方案的理解。现在马上思考一下你可以做什么。例如，看一下输入 12.5+2。我们可以先进行单词划分，然后确定表达式很简单，最终计算出结果。这个过程有点混乱，但它比较直接，或许我们可以朝这个方向前进，找到更好的解决方法！接着考虑一下，如果我们在 2+3*4 中发现了 + 和 *，该怎么办。这也可以通过"蛮力"来解决。但是我们如何处理一个复杂的表达式，例如 1+2*3/4%5+(6-7 *(8))？如何处理像 2+*3 和 2&3 这样的错误呢？稍微花些时间思考一下，或许可以在纸上写点什么，比如试着勾勒出可能的解决方案和有趣或重要的输入表达式。

6.3.5　重新开始

现在，我们再看一遍这个问题，不要急于得出不成熟的解决办法。如果程序只计算一个表达式的值是不满足要求的。我们希望能够在程序的一次调用中计算多个表达式，因此改进的伪代码如下：

```
while (not_finished) {
    read_a_line
```

```
    calculate                        // 进行一些运算
    write_result
}
```

很明显这个程序变得复杂了，但想想我们使用计算器的情景时，你就会意识到一次做多个运算是很平常的事情。

难道我们可以让用户做一次运算就启动一次程序吗？可以，但是在许多现代操作系统上，程序启动速度很慢（而且不合理），因此最好不要这样做。

当我们查看上面这段伪代码、我们最初的解决方案以及设计的使用实例时，产生了如下几个问题——其中某些给出了可能的答案：

（1）如果我们输入 45+5/7，我们如何在输入中找到单独的部分：45、+、5、/ 和 7 ？（单词化！）

（2）如何标识表达式的结束？当然是用换行符！（要始终保持对"当然"的怀疑："当然"不是一个有说服力的理由。）

（3）如何将 45+5/7 作为数据存储以便于计算？在做加法之前，我们必须以某种方式将字符 4 和 5 转换为整数值 45（即 4*10+5）。（因此单词化是解决方案的一部分。）

（4）我们如何确保 45+5/7 被计算为 45+(5/7) 而不是 (45+5)/7 ？

（5）表达式 5/7 的值是多少？大约是 0.71，但这不是一个整数。根据使用计算器的经验可知，用户希望得到一个浮点数的结果。我们是否也应该允许表达式中有浮点数输入？当然！

（6）可以使用变量吗？例如，我们能否使用下面的表达式：

```
v=7
m=9
v*m
```

好主意，不过先放一放，我们还是先实现计算器的基本功能。

如何回答问题（6）可能是解决方案中最重要的抉择。在 7.8 节，你会看到如果我们决定使用变量，程序代码量将会是原来的两倍。这将使早期版本的代码运行所需的时间增加一倍多。我们的猜测是，如果你真的是一个新手，将至少需要付出四倍的努力，很可能因其超出你的耐心而最终放弃。在程序设计早期避免"功能蔓延"是最重要的。相反，应该构建一个简单的版本，只实现基本的功能。一旦程序能够运行，你就可以有更大的野心继续完善程序。分阶段构建程序要比一次性构建程序容易得多。对第 6 个问题说"是"还会产生另外一个负面影响：它会让人难以抵制在这条线上增加更多"整洁功能"的诱惑。例如，加上常用的数学函数怎么样？再加上循环功能怎么样？一旦我们开始添加"整洁的功能"，就很难停止。

从程序员的角度来看，问题 1、3 和 4 是最麻烦的，但它们也是相关的，因为一旦我们找到了一个 45 或一个 +，我们该怎么处理它们？也就是说，我们如何在程序中存储它们？显然，单词化是解决方案的一部分，但只是一部分而已。

一个有经验的程序员会怎么做？当我们面对一个棘手的技术问题时，通常都有一个标准答案。我们知道，至少从计算机键盘上接受符号输入开始，人们就一直在编写计算器程序。至少已有 50 年的历史了，因此肯定有很成熟的解决方案！在这种情况下，有经验的程序员会咨询同事、查阅文献。希望猛冲猛闯，一夜之间打破 50 年来的经验是很愚蠢的想法。

6.4　语法

对于如何理解表达式的问题，有一个标准答案：首先读取输入字符并将其组合成单词。如果输入：

```
45+11.5/7
```

程序应该产生如下单词列表：

```
45
+
11.5
7
```

一个单词就是一个字符序列，用来表示一个基本单元，例如数字或者运算符。

在产生单词之后，程序必须保证对整个表达式正确解析。例如，我们知道表达式 45+11.5/7 的计算顺序 45+(11.5/7) 而不是 (45+11.5)/7，但是我们如何告诉程序这个有用的规则呢（例如，除法比加法优先级更高）？标准的方法是设计一个文法（grammar）来定义表达式的语法，然后编写一个程序来实现这些文法的规则。例如：

```
// 一个简单的表达方式：
Expression:
  Term
  Expression "+" Term        // 加法
  Expression "-" Term        // 减法
Term:
  Primary
  Term "*" Primary           // 乘法
  Term "/" Primary           // 除法
  Term "%" Primary           // 余数（模运算）
Primary:
  Number
  "(" Expression ")"         // 分组
Number:
  floating-point-literal
```

这是一组简单的规则。最后一条规则读作“一个 Number 是一个浮点常量”。倒数第二条规则表明，“一个 Primary 是一个 Number 或 '(' 后接一个 Expression 再接一个 ')'。”Expression 和 Term 的规则类似，都是依赖其后的规则来定义。

正如在 6.3.2 节中看到的一样，我们从 C++ 定义中借用了如下几类单词：

- 浮点常量：与 C++ 定义相同，例如 3.14、0.274e2 或 42 等
- 运算符：+、-、*、/、% 等
- 括号：(,)

从最初的伪代码到使用单词和文法的方法，在概念上实际是一个巨大的飞跃。这正是我们所期望的那种飞跃，但在没有帮助的情况下很少有人能做到，这就是经验、文献和导师的意义所在。

文法可能看起来完全没有意义，语法符号通常是这样的。但是，请记住，它是一种通用的、优雅的（您最终会欣赏的）符号，实际上，你在中学时期或更早就有能力使用这样一套符号系统。你自己计算 1-2*3 和 1+2 -3 和 3*2+4/2 是没有问题的，它似乎已经在你的大脑中根深蒂固了。但是，你能解释一下你是怎么做到的吗？你能把它解释得足够好，让一个从未见过传统算术的人理解吗？你的方法能计算每个运算符和运算数组合出的表达式吗？为了足够详细和精确地表达一个解释，使计算机能够理解，我们需要一种符号，而文法是最强大和最传统的工具。

如何来读入一个文法呢？基本方法是这样的：给定一些输入，从"顶层规则"Expression 开始，然后在规则中搜索，以便在读取单词流时找到匹配的单词。根据文法读取单词流称为语法分析（parse），执行此操作的程序通常称为分析器（parser）或语法分析器（syntax analyzer）。分析器从左到右读取单词，与我们输入并读取它们的顺序是一样的。让我们尝试一些非常简单的问题：2 是一个表达式吗？

（1）一个 Expression 必须是一个 Term 或以 Term 结尾。一个 Term 必须是一个 Primary 或者以 Primary 结尾。一个 Primary 必须以（或者 Number 开头。显然，2 不是一个（，但它是一个浮点字面值 Number，因此它是一个 Primary。

（2）Primary (Number 2) 前面没有 /、* 或 %，因此它是一个完整的 Term（而不是 /、* 或 % 表达式的结尾）。

（3）Term (Primary 2) 前面没有 + 或 -，所以它是一个完整的 Expression（而不是 + 或 - 表达式的结尾）。

因此，根据文法，2 是一个表达式，分析步骤如图 6-5 所示。

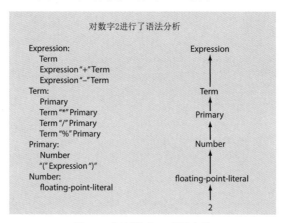

图 6-5　解析数字 2 所需步骤

上面给出了我们通过定义解析表达式的方法。由解析路径可知 2 是一个表达式，因为 2 是一个浮点常量，而一个浮点常量是一个 Number，一个 Number 是一个 Primary，一个 Primary 是一个 Term，一个 Term 是一个 Expression。

下面给出一个更复杂的实例：2+3 是一个表达式吗？显然，大部分推导与 2 相同：

（1）一个 Expression 必须是一个 Term 或以 Term 结尾。一个 Term 必须是一个 Primary 或者以 Primary 结尾。一个 Primary 必须以 '(' 或者 Number 开头。显然，2 不是一个 ')'，但它是一个浮点常量类型的 Number，因此它是一个 Primary。

（2）Primary (Number 2) 前面没有 /、* 或 %，因此它是一个完整的 Term（而不是 /、* 或 % 表达式的末尾）。

（3）Term (Primary 2) 后跟一个 + 运算符，因此它是 Expression 第一部分的结尾，我们必须在 + 运算符之后查找 Term。与推导 2 是一个 Term 的方式一样，我们发现 3 也是一个 Term。因为 3 后面没有跟 + 或 - 运算符它是一个完整的 term（而不是 + 或 - 表达式的第一部分）。因此，2+3 匹配 Expression+Term 规则，它是一个 Expression。

同样，我们可以用图形来说明这个推导过程（为了简化，省略了浮点常量到 Number 规则的推导），如图 6-6 所示。

2+3 是 一 个 Expression， 因 为 2 是 一 个 Term 类 型 的 Expression，3 是 一 个 Term， 一 个 Expression 后跟 + 后跟一个 Term 构成了一个 Expression。

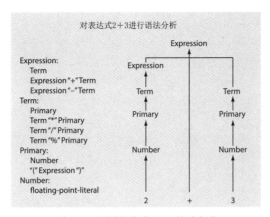

图 6-6　解析表达式 2+3 所需步骤

我们对文法感兴趣的真正原因是它可以帮助我们正确地分析同时包含 + 和 * 的表达式，下面看看如何处理 45+11.5*7。然而，计算机利用上述规则分析表达式的详细过程是令人乏味的，所以让我们跳过一些我们已经为 2 和 2+3 完成的中间步骤。显然，45、11.5、7 都是浮点常量，因而都是 Numbers，是 Primary，所以我们可以忽略 Primary 以下的所有规则。所以我们得到：

（1）45 是一个 Expression 后跟一个 +，所以我们寻找一个 Term 来完成 Expression+Term 规则。

（2）11.5 是一个 Term 后面跟着 *，所以我们找一个 Primary 来完成 Term* Primary 规则。

（3）7 是 Primary，根据 Term*Primary 规则可知，11.5*7 是一个 Term。同样，45+11.5*7 是一个符合 Expression+Term 规则的 Expression，特别地，它是一个先执行乘法 11.5*7，然后再执行加法 45+11.5*7 的表达式，正如我们写的 45+(11.5*7) 一样。

同样，我们可以用图形来说明这个推理（再次省略浮点常量到 Number 规则的推导），如图 6-7 所示。

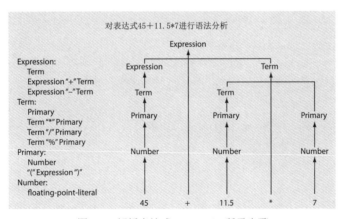

图 6-7　解析表达式 45+11.5*7 所需步骤

同样，上面给出了根据定义分析表达式的路径。请注意 Term*Primary 规则表明了 11.5 先与 7 做乘法，而不是与 45 做加法运算。

一开始你可能会觉得这个逻辑很难理解，但是很多人确实会阅读文法，简单的文法并不难理解。然而，我们并不是真的要教你理解 2+2 或 45+11.5*7。显然，你已经知道这些了。我们只是试图找到一种方法让计算机"理解"45+11.5*7 以及可能要计算的所有其他更复杂的表达式的方法。实际上，复杂的文法不适合人类阅读，但计算机擅长这项工作。计算机能够毫不费力地快速、正确地遵循这些文法规则。遵循精确的规则正是计算机所擅长的。

6.4.1 饶个弯路：英语文法

如果你以前从未使用过文法，我们希望你现在就开动大脑。事实上，即使你之前曾经接触过文法，现在还是要开动脑筋，但看看下面的一小部分英语文法子集：

```
Sentence:
    Noun Verb                       // 例如，C++ 规则
    Sentence Conjunction Sentence   // 例如，鸟飞翔但鱼游泳
Conjunction:
    "and"
    "or"
    "but"
Noun:
    "birds"
    "fish"
    "C++"
Verb:
    "rules"
    "fly"
    "swim"
```

句子是由词性（如名词、动词和连词）构成的。一个句子可以根据文法规则来解析，以确定哪些词是名词、动词等。这个简单的文法还包括语义上无意义的句子，例如，"C++ fly and birds rules"，但如何修正这一问题已超出本书的范围。

许多人在中学或外语课（如英语课）中已经学习过文法规则了。这些文法规则非常基础。实际上，将这些文法规则深深地印在我们的大脑之中，这也是神经学所研究的重要课题。

下面来看一下语法分析树，前面我们用它来分析表达式，这里用来描述简单的英语句子，如图 6-8 所示。

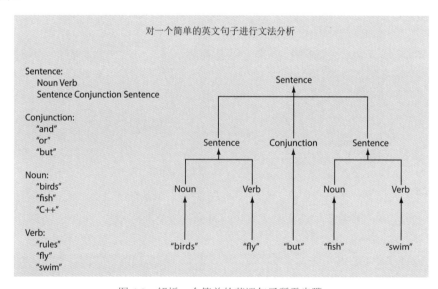

图 6-8 解析一个简单的英语句子所需步骤

这些语法看起来并不是那么复杂。如果你在 6.4 节遇到问题，请回头重新阅读，多次阅读你将会发现更多有用的东西。

6.4.2　设计一个文法

我们应如何选择这些表达式的文法规则呢？"经验"是最诚实的答案。我们的方法很简单，就是人们所习惯的写表达式文法的方法。然而，编写一个简单的文法还有一些相当直接的方法，我们需要知道：

（1）如何区分文法规则和单词。

（2）如何来排列文法规则（顺序）。

（3）如何表达可选的模式（多选）。

（4）如何表达重复的模式（重复）。

（5）如何识别出文法规则的开始。

不同的教材与不同的分析程序使用不同的符号约定和不同的术语。例如，一些人习惯称单词为终结符（terminal），称规则为非终结符（non-terminal）或者产生式（production）。我们可以简单地把单词放在（双）引号中与规则相区分，然后从第一条规则开始。一个规则的可选模式放在不同行中。例如：

```
List:
    "{" Sequence "}"
Sequence:
    Element
    Element " ," Sequence
 Element:
    "A"
    "B"
```

因此上面文法的含义是，一个 Sequence 是一个 Element，或者是一个 Element 后面紧跟一个 Sequence，并且两者以逗号隔开。一个 Element 是字母 A 或字母 B。List 是"花括号"中的一个 Sequence。因此我们可以生成如下这些 List（如何生成？）：

```
{ A}
{ B}
{ A,B }
{A,A,A,A,B }
```

但下面这些不是 List（为什么？）：

```
{}
A
{ A,A,A,A,B
{A,A,C,A,B }
{ A B C }
{A,A,A,A,B, }
```

这个文法规则不是你在幼儿园学到的或是深深印在脑海中的那些，但它们也并非什么高深的学问。参见 7.4 节和 7.8.1 节的例子，可以了解到我们是如何使用文法来表达语法思想的。

6.5　将文法转化为程序

现在有许多令计算机使用文法的方式。我们将使用最简单的方法：为每个文法规则编写一个函数，并使用自定义类型 Token 来表示单词。实现一个文法的程序通常称为分析器（parse）。

6.5.1 实现文法规则

我们在计算器程序的设计中使用了四个函数，一个函数用于读入单词，其他三个函数分别实现文法的三条规则：

```
get_token()            // 读取字符并组成单词
                       // 使用 cin
expression()           // 处理 + 和 -
                       // 调用 term() 和 get_token()
term()                 // 处理 *, /, 和 %
                       // 调用 primary() 和 get_token()
primary()              // 处理数字和括号
                       // 调用 expression() 和 get_token()
```

注意：每个函数只处理表达式的一个特定部分，将其他工作留给其他函数，这样可以简化函数的实现。如同每个人处理自己所擅长的问题，将其他不熟悉的问题留给同事完成一样。

这些函数应该具体做什么呢？每个函数都应该根据它正在实现的文法规则，调用其他文法函数，并利用 get_token() 获得规则所需的单词。例如，当 primary() 试图实现（Expression）规则时，它必须调用：

```
get_token()            // 处理（和）
expression()           // 处理表达式
```

这些分析函数应该返回什么？我们真正想要的答案是什么？例如，对于 2+3，expression() 可能返回 5。毕竟，所有信息都包含其中了。这就是我们应该做的！这样做实际上回答了前面列表中最复杂的问题："如何将 45+5/7 表示为数据以便我们可以对其进行计算？"

我们在读入表达式时就计算它的值，而不是把它的某种表示形式存储到内存中。这个小创意真是一个重要的突破！我们如果让 expression() 返回某种复杂的形式，随后再进行计算的话，程序规模是直接计算值的版本的 4 倍。直接计算表达式的值会节省我们 80% 左右的工作量。

另一个函数是 get_token()：因为它只处理单词，而不是表达式，所以它不能返回子表达式的值。例如，+ 和（不是表达式。所以，它必须返回一个 Token 对象。因此有：

```
// functions to match the grammar rules:
Token get_token()      // 读取字符并组成标记
double expression()    // 处理 + 和 -
double term()          // 处理 *, /, 和 %
double primary()       // 处理数字和括号
```

6.5.2 表达式

下面首先编写 expression()，它的语法规则如下：

```
Expression:
  Term
  Expression '+' Term
  Expression '-' Term
```

由于这是我们第一次尝试将一组文法规则转换为代码，因此我们将经历一些错误的开始。这是学习一种新技术常见的过程，我们可以从中学到很多有用的东西。特别地，通过观察相似代码段表现出令人吃惊的不同行为，初学者可以学到很多。阅读代码是积累程序设计技能的有效途径。

1. 表达式：第一次尝试

首先看一下 Expression '+' Term 规则，我们首先尝试调用 expression()，然后查找 +（和 –），最后调用 term()：

```
double expression()
{
    double left = expression();      // 读取并计算一个表达式
    Token t = get_token();           // 获取下一个单词
  switch (t.kind) {                  // 查看单词的类型
  case '+':
    return left + term();            // 读取并计算一个项，然后进行加法运算
  case '-':
    return left - term();            // 读取并计算一个项，然后进行减法运算
  default:
    return left;                     // 返回表达式的值
  }
}
```

这个程序看起来不错。它几乎是文法的一个简单誊写，其结构非常简单：首先读取一个 Expression，然后判断它后面是否跟有 + 或 –，如果是，则再读取 Term。

不幸的是，这并没有什么意义。我们如何知道表达式的结束位置以便我们可以寻找 + 或 -？请记住，我们的程序从左到右读取，不能提前查看前面是否有 +。事实上，这个 expression() 函数只能执行第一行代码，因为 expression() 在一直不停地调用自己，这种情况称为无限递归（infinite recursion），实际上递归调用还是会停止的，因为每次调用都会消耗一定的内存空间，直到计算机内存资源耗尽，程序便会退出。递归用于描述函数调用自身时发生的情况，并不是所有的递归都是无限的，递归是一种非常有用的程序设计技术（参见 8.5.8 节）。

2. 表达式：第二次尝试

那么我们该怎么办呢？每一个 Term 都是一个 Expression，但不是每一个 Expression 都是一个 Term。也就是说，我们可以从寻找一个 Term 开始，但只有当我们找到一个 + 或 - 时，才算寻找一个完整的 Expression。例如：

```
double expression()
{
  double left = term();             // 读取并计算一个表达式
  Token t = get_token();            // 获取下一个单词
  switch (t.kind) {                 // 查看单词的类型
  case '+':
    return left + expression();     // 读取并计算一个表达式，然后进行加法运算
  case '-':
    return left - expression();     // 读取并计算一个表达式，然后进行减法运算
  default:
    return left;                    // 返回表达式的值
  }
}
```

实际上，这个函数或多或少是可以正确运行的。我们在最终的程序中测试过它，它完全可以分析我们输入的每一个合法的表达式，甚至正确地求出了大多数表达式的值。例如，1+2 被读取为一

个 Term（值为 1），接着是一个 + 运算符，然后是一个 Expression（恰好是一个值为 2 的 Term），最后计算出结果 3。类似地，1+2+3 等于 6。我们可以继续讨论很长一段时间，但长话短说：1-2-3 会得到什么结果呢？这个 expression() 函数会把 1 读取为 Term，然后继续将 2 - 3 读取为 expression（由 Term 2 和 Expression 3 组成），然后用 1 减去 2 - 3 的值。换句话说，它会求 1 -（2-3）的值，其计算结果为 2（正数 2）。然而，在小学或更早的时候就学过 1-2-3 表示 (1-2)-3，其结果是 -4（负数 4）。

所以我们得到了一个看似正确却不能得到正确结果的程序，这是很危险的。因为它在很多情况下给出了正确的答案，例如，它能计算出 1+2+3 的正确答案 6，因为 1+(2+3) 等于 (1+2)+3。从程序设计的角度来看，我们到底做错了什么？当我们发现错误时，我们都应该问自己这个问题。这样我们就可以避免一次又一次地犯同样的错误。

最基本的做法是阅读代码并猜测错误出现在哪里，但这通常不是一个好办法！因为我们必须理解代码在做什么，必须能够解释它为什么对有些表达式计算正确，对有些表达式则计算错误。

错误分析通常也是找出正确求解方案的最好方法。在本例中，我们定义 expression() 函数如下：先读入一个 Term，接着判断它后面是否跟一个 + 或一个 -，若有则寻找一个 Expression。这实际上实现了一个稍微不同的文法：

```
Expression:
Term
Term '+' Expression    // 加法
Term '-' Expression    // 减法
```

这与我们期望实现的语法不同之处在于，我们希望将 1-2-3 解释为 Expression 1-2 后接 - 再接 Term 3，但在这里得到的是 Term 1 后接 – 再接 Expression 2 - 3；也就是说，我们希望 1-2-3 表示 (1-2)-3，但我们得到的却是 1-(2-3)。

是的，调试可能是一项非常乏味、棘手和耗时的工作。但在这种情况下，我们实际上是在使用在小学学过的、可以帮我们避免很多错误的运算规则。潜在的困难，可能出错的地方在于我们必须把这些规则教给计算机，但计算机却不善于学习这些内容。

请注意，我们可以将 1-2-3 定义为 1-(2-3) 而不是 (1-2)-3，从而避免这个问题。通常，在程序设计时最棘手的问题是程序必须符合先前由人类建立和制定的传统规则，而这些规则在计算机出现之前已经存在很长时间了。

3. 表达式：幸运的第三次

那么现在应该怎么办呢？再看一下文法（6.5.2 节中的正确文法）：任何一个 Expression 都以一个 Term 开始，Term 后面可以跟一个 + 或一个 –。因此，我们必须先寻找一个 Term，看看它后面是否跟有 + 或 –，并且重复此步骤直到 Term 后面没有更多的加号或减号为止。例如：

```
double expression()
{
    double left = term();          // 读取并计算一个项（Term）
    Token t = get_token();         // 获取下一个单词（Token）
    while (t.kind == '+' || t.kind == '-')
    {
        if (t.kind == '+')         // 寻找一个加号或减号
            left += term();        // 计算项（Term）并相加
        else
            left -= term();        // 计算项（Term）并相减
        t = get_token();
    }
```

```
    return left;              // 最后：没有更多的加号或减号；返回结果
}
```

这个程序可能有点混乱：我们必须引入一个循环来寻找加法与减法。而且这里还有一些重复工作：对 + 和 - 的测试进行了两次，get_token() 函数也被调用了两次。这样导致程序的逻辑变得混乱，下面我们修改程序，去掉对 + 和 - 的重复测试：

```
double expression()
{
    double left = term();       // 读取并计算一个项（Term）
    Token t = get_token();      // 获取下一个单词（Token）
    while (true)
    {
        switch (t.kind)
        {
        case '+':
            left += term(); // 计算项（Term）并相加
            t = get_token();
            break;
        case '-':
            left -= term(); // 计算项（Term）并相减
            t = get_token();
            break;
        default:
            return left;        // 最后：没有更多的加号或减号；返回结果
        }
    }
}
```

请注意，除了循环之外，该程序实际上与我们的第一次尝试（参见 6.5.2.1 节）非常相似。我们所做的是用循环语句替代了递归调用。换句话说，我们将 Expression 的文法规则中的 Expression 转换成一个循环语句，在循环语句中寻找后接 + 和 - 的 Term。

6.5.3　项

Term 的文法规则与 Expression 规则非常相似：
```
Term:
    Primary
    Term '*' Primary
    Term '/' Primary
    Term '%' Primary
```
因此，它们的代码基本相同。下面是第一次尝试：
```
double term()
{
    double left = primary();
    Token t = get_token();
    while (true) {
        switch (t.kind) {
```

```
        case '*':
            left *= primary();
            t = get_token();
            break;
        case '/':
            left /= primary();
            t = get_token();
            break;
        case '%':
            left %= primary();
            t = get_token();
            break;
        default:
            return left;
        }
    }
}
```

不幸的是，程序没有编译成功：编译器给出了错误信息——C++ 对浮点数没有定义模运算（%）。当我们回答 6.3.5 节中的问题 5 时——"我们也应该允许输入表达式中出现浮点数吗？"我们做出了肯定的回答"当然！"我们实际上并没有想清楚这个问题，从而陷入了"功能蔓延"的困境。

这种情况经常发生！那么我们应该如何处理呢？我们可以在运行时检查 % 的两个运算数是否都是整数，如果不是则报错，或者简单地将运算符 % 排除在外，本书中就选择这种简单方法。我们可以随时将运算符 % 加起来（参见 7.5 节）。

在去掉运算符 % 以后，函数就能够正常运行了，其能够正确分析 Term 并进行计算。但是，有经验的程序员会注意到 term() 中存在一个不可接受的情况。如果输入 2/0 会发生什么情况？C++ 程序中零不能作为除数，否则计算机硬件会检测出这一情况，并终止程序，给出一些无用的错误消息。没有经验的程序员会很难发现这一点。所以，我们最好在程序中检查这种情况并给出一个恰当的错误提示：

```
double term()
{
    double left = primary();
    Token t = get_token();
    while (true) {
        switch (t.kind) {
        case '*':
            left *= primary();
            t = get_token();
            break;
        case '/':
        { double d = primary();
            if (d == 0) error("divide by zero");
            left /= d;
            t = get_token();
```

```
            break;
        }
        default:
            return left;
        }
    }
}
```

为什么我们把处理 / 的语句放到一个语句块内呢？这是编译器规定的，如果想在 switch 语句中定义和初始化变量，必须把它们放在一个语句块内。

6.5.4　基本表达式

基本表达式的文法规则也很简单：

```
Primary:
    Number
    '(' Expression ')'
```

实现它的代码有点混乱，因为其中有很多可能导致语法错误的地方：

```
double primary()
{
    Token t = get_token();
    switch (t.kind)
    {
    case '(':
        {
            double d = expression();
            t = get_token();
            if (t.kind != ')')
                error("')' expected");
            return d;
        }
    case '8':                  // 我们使用 '8' 表示一个数字
        return t.value;        // 返回数字的值
    default:
        error("primary expected");
    }
}
```

基本上，与 expression() 和 term() 函数相比并没有什么新内容。因为我们使用了相同的语言指令、相同的单词处理的方式，以及相同的程序设计技巧。

6.6　尝试第一个版本

为了执行这些计算器函数，需要实现 get_token() 函数并提供一个 main() 函数。main() 函数比较简单，仅仅用于 expression() 的调用和结果输出：

```
int main()
try {
```

```
    while (cin)
        cout << expression() << '\n';
    keep_window_open();
}
catch (exception& e) {
    cerr << e.what() << '\n';
    keep_window_open ();
    return 1;
}
catch (...) {
    cerr << "exception \n";
    keep_window_open ();
    return 2;
}
```

错误处理部分还是老样式（参见 5.6.3 节）。我们把 get_token() 函数的实现留到 6.8 节介绍，这里只是用它来测试计算器程序的第一个版本。

试一试

　　计算器程序的第一个版本（包括 get_token()）在文件 calculator00.cpp 中。请尝试编译、运行它，并验证结果。

　　不出所料，计算器程序的第一个版本并不像我们预期的那样工作。于是我们不禁要，问："为什么不按我们预期的方式工作呢？或者更确切地说，"那么，它为什么会这样工作呢？"或"它是能做什么呢？"输入 2 并换行，程序没有反应。尝试另一个换行符，看看程序是否进入睡眠状态了，仍然没有反应。接着输入一个 3 并换行，程序还是没有反应！再输入数字 4 接着换行，程序终于给出了一个应答 2！此时屏幕显示如下：

```
2
3
4
2
```

● 我们继续输入 5+6。程序返回一个 5，此时屏幕显示如下：

```
2
3
4
2
5+6
5
```

　　除非你以前有过程序设计经验，否则你多半会陷入深深的迷惑之中！事实上，即使是有经验的程序员也会感到困惑。接下来该如何处理呢？这时你应该尝试结束程序。但应该如何结束程序呢？我们没有在程序中设置结束命令，但是一个错误将导致程序退出。因此，你可以输入一个 x，程序会输出 Bad token 然后结束运行。终于，程序能按我们的计划工作了！

　　但是，我们忘记了在屏幕上区分输入和输出。在解决主要难题之前，让我们先对输出做些改动，易于呈现出程序做了什么事情。我们在输出内容前增加一个 =，将其与输入信息区分开来：

```
while (cin) cout << "="<< expression() << '\n'; // 版本 1
```

现在，重新输入与上一次运行完全一样的符号，我们得到如下结果：

```
2
3
4
=2
5+6
=5
x
Bad token
```

很奇怪！我们试着理解程序做了什么。我们又举了几个例子，但还是看这个例子吧！下面有几点令人疑惑不解的问题：

为什么在我们第一次输入 2、3 并换行之后，程序没有反应呢？

为什么在我们输入 4 之后，程序的输出是 2 而不是 4 呢？

为什么程序在输入 5+6 之后，为什么程序回答的是 5 而不是 11 呢？

产生这些奇怪的结果有很多可能的原因，我们将在下一章探讨其中一些原因，但在这里，我们只是简单思考一下。程序会不会算错了？这是最不可能的；但确实结果是错误的：4 的值不是 2，5+6 的值是 11 而不是 5。我们再试着输入 1 2 3 4+5 6+7 8+9 10 11 12 后跟换行符时会发生什么。我们得到了：

```
1 2 3 4+5 6+7 8+9 10 11 12
=1
=4
=6
=8
= 10
```

哈？没有输出 2 或 3。而且为什么输出 4 而不是 9（即 4+5）呢？为什么输出 6 而不是 13（即 6+7）呢？仔细观察：程序在每三个单词中输出一个！也许程序在没有计算的情况下"吃掉"了我们的一些输入？确实是这样。考虑 expression() 函数：

```
double expression()
{
    double left = term();    // 读取并计算一个项
    Token t = get_token();   // 获取下一个单词
    while (true)
    {
        switch (t.kind)
        {
        case '+':
            left += term(); // 计算项并相加
            t = get_token();
            break;
        case '-':
            left -= term(); // 计算项并相减
```

```
            t = get_token();
            break;
        default:
            return left;      // 最终：没有更多的加号或减号，返回结果
        }
    }
}
```

当 get_token() 返回的单词不是 + 或 - 时，我们简单地从 expression() 函数返回了。我们没有使用该单词，也没有把它保存下来用于后面的计算。这是很不明智的做法，在不确定输入内容的情况下就丢弃输入并不是一个好主意。快速查看一下可以发现 term() 函数也有完全相同的问题。这就解释了为什么我们的计算器每处理一个单词后就会"吃掉"后面的两个。

让我们修改 expression() 函数，使其不会"吃掉"单词。当程序不需要下一个单词（t）时，我们应该把它放在哪里？我们可以想到许多复杂的方案，但是让我们选择最明显的答案（一旦看到这个方法，就会觉得"显而易见"）：如果其他某个函数需要使用该单词，而此函数从输入流读入单词的话，我们将单词放回输入流，以便其他函数可以再次读取它！实际上，你可以把字符放回 istream，但那不是我们真正想要的。我们希望处理单词，而不是把输入流变得混乱。我们想要的是一个处理单词的输入流，并且可以将已经读取的单词重新放回其中。

因此，假设我们有一个名为 ts 的单词流 "Token_stream"。进一步假设 Token_stream 有一个成员函数 get()，它返回下一个单词；还有一个成员函数 putback（t），它将单词 t 放回流中。一旦了解了如何使用单词流之后，我们将在 6.8 节实现 Token_stream。给定 Token_stream，我们可以重写 expression() 函数，以便它将不使用的单词放回 Token_stream：

```
double expression()
{
    double left = term();      // 读取并计算一个项
    Token t = ts.get();        // 从 单词 流获取下一个 单词

    while (true)
    {
        switch (t.kind)
        {
        case '+':
            left += term();  // 计算项并相加
            t = ts.get();
            break;
        case '-':
            left -= term();  // 计算项并相减
            t = ts.get();
            break;
        default:
            ts.putback(t);   // 将 t 放回 单词 流
            return left;       // 最终：没有更多的加号或减号，返回结果
        }
    }
}
```

此外，我们必须对 term() 函数做同样的更改：

```
double term()
{
    double left = primary();
    Token t = ts.get();        // 从 单词 流获取下一个 单词
    while (true)
    {
        switch (t.kind)
        {
        case '*':
            left *= primary();
            t = ts.get();
            break;
        case '/':
        {
            double d = primary();
            if (d == 0)
                error("divide by zero");
            left /= d;
            t = ts.get();
            break;
        }
        default:
            ts.putback(t);  // 将 t 放回 单词 流
            return left;
        }
    }
}
```

对于最后一个分析函数 primary()，只需要将 get_token() 更改为 ts.get()，primary() 函数使用它读取的每个单词。

6.7 试验第二个版本

现在，我们准备测试程序的第二个版本。计算器程序的第二个版本（包括 Token_stream）在 calculator01.cpp 文件中。输入 2 后跟换行符，程序没有输出，再次换行，程序仍然没有输出。输入 3 后跟换行符，结果是 2。输入 2+2 后面加换行符，结果是 3。此时屏幕上显示：

```
2
3
=2
2+2
=3
```

根据以上结果，也许在 expression() 和 term() 中使用 putback() 并没有解决问题。下面做另一个测试：

```
2 3 4 2+3 2*3
=2
```

```
=3
=4
=5
```

程序给出了正确的结果！但最后一个结果（6）却不见了。因此这里仍然存在一个单词预读方面的问题。但是，这一次的问题不是我们的代码"吃掉"字符，而是在我们输入接下来表达式之前，它没得到表达式的任何输出。即表达式的结果不会立即输出，输出会被延迟，直到程序看到下一个表达式的第一个单词后才输出。不幸的是，只有我们在输入下一个表达式并点击 Return 后，程序才会看到这个单词。这个程序并没有错，只是它的输出有点延迟。

我们如何解决这个问题？一个很明显的方法是加入一个"输出命令"。因此，让我们在表达式后使用一个分号来终止它并触发输出。同时，我们可以添加一个"退出命令"来实现程序的正常退出。字符 q（表示"退出"）可以很好地作为退出命令。在原来版本的 main() 函数中，有：

```cpp
while (cin) cout << "=" << expression() << '\n'; // 版本 1
```

我们把它改成下面这样，可能有点复杂，但却更加实用：

```cpp
double val = 0; while (cin) {
    Token t = ts.get();

    if (t.kind == 'q') break;                 // 'q' 表示 " 退出 "
    if (t.kind == ';')                        // ';' 表示 " 立刻打印 "
        cout << "=" << val << '\n';
    else
        ts.putback(t);
    val = expression();
}
```

现在计算器可以用了。例如，我们得到：

```
2;
=2
2+3;
=5
3+4*5;
= 23
Q
```

现在我们有了一个比较好的计算器程序的初步版本。虽然还不是我们最终想要的，但是可以把它作为进一步完善的基础。重要的是，现在的版本可以正常运行，然后就可以逐步改进问题、增加功能，并在这个过程中维护一个可以正常运行的版本。

6.8　单词流

在进一步改进计算器之前，我们先给出 Token_stream 的实现。毕竟，程序在得到正确的输入之前是不能正常工作的。我们首先实现 Token_stream，但并不是想偏离计算器程序这个主题太远，只是首先实现一个尽量小的可用程序。

计算器程序的输入是一个单词序列，正如前面 (1.5+4)*11 所示（参见 6.3.3 节）。我们需要从标准输入 cin 中读取字符，并且能够向程序提供运行时需要的下一个单词。另外，我们发现计算器程序经常多次读入一个单词，因此应该把它们保存起来便于后续使用。这是最典型也是最基本的功能，当你将 1.5+4 严格地从左到右读时，你怎么知道 1.5 这个数字已经完全读过了，而没有读到 + 呢？实际上，在看到 + 之前，我们可能会读到 1.55555 而不是 1.5。因此，我们需要一个"流"，当我们使用 get() 函数请求一个单词时，它会生成一个单词，并且我们可以使用 putback() 将一个单词放回流中。根据 C++ 的语法规则，我们必须先定义 Token_stream 类型。

你可能注意到了在 6.3.3 节中 Token 定义中的 public。那里使用 public 并没有特别的原因。但对于 Token_stream，则必须使用 public 来限定相应的函数。C++ 用户自定义类型通常由两部分组成：公共接口（用 public：标识）和实现细节（用 private：标识）。这样做主要是为了将用户接口（用户方便使用类型所需的）和具体实现（实现类型所需的）分开，希望没有对用户的理解造成困难：

```
class Token_stream {
public:
  Token get();                 // 获取一个单词
  void putback(Token t);       // 将一个 单词 放回
private:
  // 实现细节
};
```

这就是用户使用 Token_stream 所需的全部内容。有经验的程序员会对 cin 是字符的唯一输入源感到惊讶，但这里我们决定只从键盘上输入字符。我们将在第 7 章的练习中重新审视这个决定。

为什么我们使用较长的名字 putback() 而不是 put() 呢？我们这样做是想强调 get() 和 putback() 之间的不对称性，这是一个输入流，不能用于一般输出。另外，istream 中也有一个 putback() 函数：命名的一致性是一个有用的系统属性，它有助于记忆和避免不必要的错误。

我们现在可以创建、使用 Token_stream 对象了：

```
Token_stream ts;             // 一个名为 ts 的 Token_stream
Token t = ts.get();          // 从 ts 中获取下一个 单词
// ...
ts.putback(t);               // 将 单词 t 放回 ts 中
```

下面我们要做的就是实现计算器程序的剩余部分了。

6.8.1　实现 Token_stream

现在，我们需要实现这两个 Token_stream 函数。如何表示一个 Token_stream 呢？也就是说，我们需要在 Token_stream 中存储哪些数据才能让它完成工作？放回 Token_stream 中的任何单词都需要存储空间。但为了简单起见，假设我们一次最多只能放回一个单词，这对于我们的程序（以及许多类似的程序）来说已经足够了。这样，我们只需要一个单词的存储空间和一个指示该空间是满的还是空的布尔变量：

```
class Token_stream {
public:
    Token get();             // 获取一个 单词 (get() 在 6.8.2节 中定义)
    void putback(Token t);   // 将一个 单词 放回
private:
    bool full {false};       // 缓冲区是否有 单词 ?
    Token buffer;            // 这里存储使用 putback() 放回的 单词
};
```

现在我们可以定义（"编写"）两个成员函数了。putback() 很简单，因此我们将首先定义它。putback() 成员函数将其参数放回 Token_stream 的缓冲区中：

```
void Token_stream::putback(Token t)
{
    buffer = t;                         // 拷贝到缓冲区
    full = true;                        // 缓冲区现在满了
}
```

关键字 void（意思是"什么都没有"）用于表示 putback() 函数不返回任何值。

当我们在类外定义类的成员时，必须指明这个成员属于哪个类，为此，需采用如下语法：

```
class_name :: member_name
```

在这种情况下，我们定义 Token_stream 的成员 **putback**。

为什么我们要在其类外定义一个成员呢？主要是为了保持代码清晰：类的定义主要说明类可以做什么。成员函数定义则指明如何做，因此我们更喜欢将它们放在"别处"，以免它们混在一起分散注意力。我们的理想是，让程序中的每个逻辑实体都很简短，能完整地显示在屏幕上的一页内。如果将成员函数定义放在别处，是能做到这点的，但如果将它们放在类定义中（"类内"成员函数定义），将很难满足这个要求。

如果我们想确保不发生这种情况：连续两次使用 putback() 期间没有使用 get() 读取放回流的内容，我们可以添加一个测试：

```
void Token_stream::putback(Token t)
{
    if (full) error("putback() into a full buffer");
    buffer = t;                         // 拷贝到缓冲区
    full = true;                        // 缓冲区现在满了
}
```

对 full 的测试用来检查前置条件"缓冲区中没有单词"。

显然，Token_stream 开始时应该是空的。也就是说，在第一次调用 get() 之前，full 应该为 false。我们通过在 Token_stream 的定义中初始化成员 full 来实现这一点。

6.8.2 读单词

所有的读入操作都是 get() 函数完成的，如果 Token_stream::buffer 中还没有单词，get() 函数必须从 cin 中读取字符并将它们组成单词：

```
Token Token_stream::get()
{
    if (full) {                         // 是否已经有一个单词准备好了？
        full = false;                   // 从缓冲区移除单词
        return buffer;
    }

    char ch;
    cin >> ch;                          // 注意 >> 运算符会跳过空白字符（空格、换行、制表符等）
    switch (ch) {
        case ';': case 'q': case '(': case ')': case '+': case '-': case
```

```
'*': case '/':
            return Token{ch};// 每个字符都代表其本身
        case '.':
        case '0': case '1': case '2': case '3': case '4':
        case '5': case '6': case '7': case '8': case '9':
        {
            cin.putback(ch);          // 将数字放回输入流
            double val;
            cin >> val;               // 读取浮点数
            eturn Token{'8', val};  // 用 '8' 代表 "数字"
        }
        default:
            error("Bad token");
    }
}
```

让我们详细分析一下 get() 函数。首先检查缓冲区中是否已经有单词了。如果是，我们可以返回：

```
if (full) {                           // 是否已经有一个单词准备好了？
    full = false;                     // 从缓冲区移除单词
    return buffer;
}
```

只有当 full 为 false 时（即缓冲区中没有单词），我们才需要处理输出字符。在这种情况下，我们读取一个字符并适当地处理它并在其中查找括号、运算符和数字，遇到任何其他字符都将调用 error() 函数来终止程序：

```
default:
    error("Bad token");
```

error() 函数在 5.6.3 节中描述过，我们将其声明包含在 std_lib_facilities.h 文件中。

我们必须考虑如何表示不同类型的单词，也就是说，必须为 kind 成员选择不同的值。为了简单和易于调试，我们决定让单词的 kind 域保存括号和运算符本身。这就使得括号和运算符的处理极其简单：

```
case '(': case ')': case'+': case'-': case'*': case'/':
    return Token{ch};                 // 让每个字符代表它自身
```

6.8.3　读取值

现在我们必须处理数值，事实上这不是一件容易的事。如何求出 123 的值呢？当然，它可由 100+20+3 得来，但 12.34 又如何获得呢？我们应该接受科学计数法吗，如 12.34e5？为了正确实现这些功能，可能需要花几个小时甚至几天时间，但幸运的是，我们可以不必做这个工作。输入流能够解析 C++ 文字常量，并能将其转换为 double 类型的数值。因此，我们要做的就是如何在 get() 函数中告诉 cin 完成这些工作而已：

```
case '.':
case '0': case '1': case '2': case '3': case '4':
case '5': case '6': case '7': case '8': case '9':
{   cin.putback(ch);                  // 将数字放回输入流中
```

```
    double val;
    cin >> val;                      // 读取一个浮点数
    return Token{'8', val};          // 让 '8' 代表 " 一个数字 "
}
```

在某种程度上，我们是随意选择了 '8' 来表示"数值"这类单词。

我们怎么知道输入中出现了一个数值呢？如果我们根据经验猜测或参考 C++ 文献（如附录 A），我们会发现数值常量必须以一个阿拉伯数字或小数点开头。因此，我们可以在程序中检测这些符号，来判断是否出现数值。接下来，我们希望 cin 完成数值的读取，但我们已经读取了第一个字符（一个阿拉伯数字或小数点），所以仅仅让 cin 读取其余的字符将会给出错误的结果。我们需要将第一个字符的值与 cin 读取的后续字符的值结合起来。例如，如果有人输入 123，我们将得到 1，cin 将读取 23，我们必须将 100 与 23 相加。真是太烦琐了！幸运的是（并不是偶然的），cin 的工作原理与 Token_stream 非常相似，所以也可以将已经读出的字符放回输入流中。因此，我们不做烦琐的数学运算，只是把第一个字符放回 cin，然后由 cin 读取整个数值。

请注意，我们如何一次又一次地避免做复杂的工作，找到更简单的解决方案——通常是借助于 C++ 库。这就是程序设计的本质：不断寻找更简单的方法。这与"优秀的程序员都是懒惰的"不谋而合。从这个角度说（也只是在这个意义上），我们应该"懒惰"，如果我们能找到一种更简单的方法，何必写这么多代码呢？

6.9　程序结构

俗话说，只见树木不见森林。同样，如果我们只关心一个程序中的函数、类等，就很容易失去对程序的理解。所以，下面就忽略细节，看看程序的结构：

```
#include "std_lib_facilities.h"

class Token { /* . . . */ };
class Token_stream { /* . . . */ };

void Token_stream::putback(Token t) { /* . . . */ }
Token Token_stream::get() { /* . . . */ }

Token_stream ts;                    // 提供 get() 和 putback()
double expression();                // 声明以便 primary() 可以调用 expression()

double primary() { /* . . . */ }    // 处理数字和括号
double term() { /* . . . */ }       // 处理 * 和 /
double expression() { /* . . . */ } // 处理 + 和 -

int main() { /* . . . */ }          // 主循环和处理错误
```

在这里，声明的顺序很重要。变量在被声明之前是不能使用的，因此 ts 必须在 ts.get() 使用之前声明，error() 必须在分析函数之前声明，因为它们都使用它。在调用图中有一个有趣的循环：expression() 调用 term()，term() 调用 primary()，primary() 调用 expression()。

我们可以用图形的方式表示（由于所有的函数都调用 error()，因此将其忽略），如图 6-9 所示。这意味着我们不能简单地定义这三个函数：没有任何一种顺序满足先定义后使用的原则。因此，至少有一个函数必须先只给出声明而非定义。我们选择先声 expression() 函数，这种称为前置声明（forward declare）。

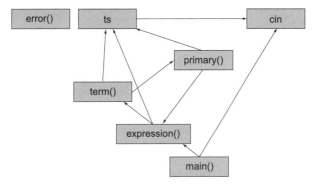

图 6-9　程序调用链

现在计算器程序能够正常运行了吗？在某种程度上确实可以了，它可以正常编译、运行、正确计算表达式，并给出适当的错误信息。但它是否以我们希望的方式工作？不出所料的答案是——它并不能真正按我们的意图工作。我们尝试了 6.6 节中的第一个版本，并消除了一个严重的错误。第二个版本（6.7 节）也好不到哪里去。但这没有关系，也是意料之中的。对于这个目标来说，现在的版本已经足够好了，即我们可以使用它来验证我们的基本想法并从中获得反馈。因此，它是成功的，但尝试一下：它仍然存在很多问题！

试一试

编译、运行上面介绍的计算器程序，看看它做了什么，并试图找出它为什么这样工作。

操作题

本操作题包括对一个有 bug 的程序进行一系列修改，使其变得更加有用。

1. 编译 calculator02buggy.cpp 文件中的计算器程序。需要找到并修复一些错误，那些错误在课本里没有。找到在 calculator02buggy .cpp 中三个逻辑错误并消除它们，以便计算器产生正确的结果。

2. 将退出命令的字符由 q 修改为 x。

3. 将输出命令使用的字符；修改为 =。

4. 在 main() 函数中添加一条欢迎信息：
```
"Welcome to our simple calculator.
 Please enter expressions using floating-point numbers."
```

5. 改进问候语，提示用户哪些运算符可用，以及如何输出结果和退出程序。

回顾

1. "程序设计就是问题理解" 的含义是什么？

2. 本章详细讲述了计算器程序的设计，简要分析计算器程序应该实现哪些功能？

3. 如何把一个大问题分解成一系列易于处理的小问题？

4. 为什么创建一个程序时，先编写一个小的、功能可控的版本是一个好主意？

5. 为什么功能蔓延是不好的？

6. 软件开发的三个主要阶段是什么？

7. 什么是"用例"？

8. 测试的目的是什么？

9. 根据本章的大纲，描述 Term、Expression、Number 和 Primary 之间的区别。

10. 在本章中，输入表达式被分解为 Term、Expression、Number 和 Primary 等组成部分，试按这种方式分析表达式 (17+4)/(5-1) 的构成。

11. 为什么程序没有一个名为 number() 的函数？

12. 什么是单词？

13. 什么是文法？文法规则？

14. 什么是类？类的作用是什么？

15. 什么是构造函数？

16. 在 expression 函数中，为什么 switch 语句的默认值是退回单词？

17. 什么是"预读取"？

18. putback() 函数的功能是什么？为什么说它是有用的？

19. 为什么余数（取模）运算符 % 很难在 term() 函数中实现？

20. Token 类的两个数据成员的作用是什么？

21. 为什么我们（有时）把一个类的成员分成 private 成员和 public 成员？

22. 对于 Token_stream 类，当缓冲区中有一个单词时，调用 get() 函数会发生什么情况？

23. 在 Token_stream 类的 get() 函数中，为什么在 switch 语句中增加了对 ';' 和 'q' 字符的处理？

24. 应该时候开始测试程序？

25. "用户自定义类型"是什么？为什么我们需要这种机制？

26. C++ "用户定义类型"的接口是什么？

27. 为什么我们要依赖代码库？

术语

analysis（分析）	grammar（文法）	prototype（原型）
class（类）	implementation（实现）	pseudo code（伪代码）
class member（类成员）	interface（接口）	public
data member（数据成员）	member function（成员函数）	syntax analyzer（语法分析器）
design（设计）	parser（分析器）	token（单词）
divide by zero（被 0 除）	private	use case（用例）

练习题

1. 如果你还没有做本章"试一试"的练习，现在就做一下。

2. 程序中添加对 {} 的处理，令其与 () 作用一致，这样，{(4+5)*6}/(3+4) 是一个有效的表达式。

3. 在程序中增加对阶乘运算符（用 ! 表示）的处理，例如，表达式 7! 表示 7 * 6 * 5 * 4 * 3 * 2 * 1 阶乘的优先级高于 * 和 /，即 7*8! 表示 7*(8!) 而不是 (7*8)!。首先修改语法，以描述更高级别的运算。为了与阶乘的标准数学定义一致，令 0! 等于 1。提示：计算器函数处理双精度值，但是阶乘只定义为整型，所以只定义为 x!，将 x 赋值为一个整型，并计算该整型的阶乘。

4. 定义一个 Name_value 类，它包含一个字符串和一个值，给出其构造函数（与 token 的构造函数类似）使用 vector<Name_value>，而不是两个 vector 重做第 4 章的练习题 19。

5. 6.4.1 节的"英语"文法中添加 the，这样它就可以描述这样的句子："The birds fly but the fish swim."

6. 编写一个程序，根据 6.4.1 节中的"英语"文法检查句子是否正确。假设每个句子都以空格包围的句号 (.) 结束。例如，"birds fly but the fish swim."。是一个合法的句子，但 "birds fly but the fish swim"（缺少句号）和 "birds fly but the fish swim. "（句号之前没有空格）都不是正确的句子。对于输入的每个句子，程序应该简单地回答"OK"或"not OK"。提示：不要为单词的处理而烦恼；直接使用 >> 读入字符串即可。

7. 写一个按位逻辑表达式的文法。逻辑表达式很像算术表达式，只是运算符不同 !（非）~（补）&（与）|（或）、^（异或）。每个运算符对其整数操作数的每一位进行操作（参见 25.5 节）。! 与 ~ 是前缀一元运算符。异或运算的优先级高于或运算，所以 x|y^z 意味着 x|(y^z) 而不是 (x|y)^z。与运算的优先级高于异或运算，因此 x^y&z 表示 x^(y&z)。

8. 重做第 5 章练习题 12 中的 "Bulls and Cows" 游戏，用 4 个字母代替 4 个数字。

9. 编写一个程序，读取数字并将它们组合成整数。例如，读取字符 1、2 和 3 得到整数 123。程序应该输出 "123 is 1 hundred and 2 tens and 3 ones"。数值由 1 ~ 4 个数字构成，以 int 类型输出。提示：可通过字符 '5' 减去 '0' 得到整数值 5，即 '5' - '0'==5。

10. 排列是集合的有序子集。例如，假设你要从 60 个数中选取 3 个数排成金库密码，则共有 $P(60, 3)$ 种排列，其中 P 由如下公式定义：

$$P(a,b) = \frac{a!}{(a-b)!},$$

其中 ! 是后缀阶乘运算符。例如，4! 是 4 * 3 * 2 * 1。组合类似于排列，差别在于对象的顺序无关紧要。例如，如果你想从 5 种不同口味的冰激凌中选出 3 种制作香蕉圣代，那么你不必关心香草冰激凌是先加入的还是后加入的，因为无论如何香草冰激凌都得加进去。组合的计算方式如下：

$$C(a,b) = \frac{P(a,b)}{b!}.$$

设计一个程序，要求用户输入两个数字，询问用户是计算排列还是组合，然后输出计算结果。

这项工作包含以下几个步骤：首先分析上面给出的需求，确定程序需要完成的功能；然后进入设计阶段，编写伪代码，并将其分解为多个子模块。程序应该有错误检查功能，确保所有错误的输入都会产生恰当的错误提示信息。

附言

了解输入的含义是程序设计的重要组成部分，每个程序都在某种程度上面临这个问题，其中理解那些由人类直接生成的信息的含义最为困难。例如，语音识别仍然是一个非常困难的研究课题。当然，这类问题中也有一些较为简单，例如本章研究的计算器，可以通过使用文法定义输入方式来处理。

第 7 章

完成一个程序

"不到最后，不见分晓。"

——歌剧谚语

编写程序需要不断地改进你要实现的功能及其表达方式。在第 6 章中，我们给出了一个可以正确运行的计算器程序的初步版本。本章将对其进行进一步的完善和优化。"完成程序"意味着让它更适合用户使用，更方便开发者维护——包括改进用户接口，添加一些重要的错误处理机制，添加一些有用的功能，以及重构代码以便理解和修改。

7.1　介绍

当你的程序第一次正常运行时，你可能只完成了一半工作。对于一个大的程序，或者一个如果使用不当就会造成不良后果的程序，那连一半工作也没完成。一旦程序能初步正常运行，程序设计的真正乐趣就开始了！此时，我们可以在初步版本上试验各种不同的想法。

本章将引导你如何以一名专业程序员的眼光来改进第 6 章中的计算器程序。值得注意的是，关于程序相关的问题和一些思考，远比计算器程序本身更有趣。本章将通过一个实例说明如何在需求和约束的压力下逐步优化程序。

7.2　输入和输出

让我们回到第 6 章开始，你会发现迫于使程序尽快运行起来的压力，我们决定采用提示信息"Expression:"提示用户输入表达式，用"Result:"提示输出计算结果。在让程序运行的过程中，我们忽略了一些看似不重要的细节。这是很常见的，我们不可能每时每刻都想到所有的情况，所以当我们停下来反思时，我们发现我们忘记了一些最初想要实现的一些功能。

对于某些程序设计任务，原始需求是不能更改的。这是一种过于严格的策略，会给问题求解方案的设计带来很多困难。那么，假设我们可以改变程序需求，我们该如何做呢？应该修改哪些需求，哪些需求又该保持不变呢？我们真的想让程序输出提示信息"Expression:"和"Result:"吗？我们怎么知道呢？仅仅靠"思考"是不行的，我们最好实际试验一下，看看哪种方法最有效，假定我们输入：

```
2+3; 5*7; 2+9;
```

输出结果为：

```
= 5
= 35
= 11
```

如果我们在程序中添加提示信息"Expression:"和"Result:"，将得到如下结果：

```
Expression: 2+3; 5*7; 2+9;
Result : 5
Expression: Result: 35
Expression: Result: 11
```

```
Expression:
```

我们相信有些人会喜欢前一种风格，而其他人会喜欢后一种。因此我们可以考虑给用户一个选择，但对于这个简单的计算器程序来说，提供两种风格将是多余的，所以我们必须决定使用哪一种输出风格。我们认为写 "Expression:" 和 "Result:" 有点太 "冗余"，而且会分散注意力。如果使用这些提示信息的话，真正有用的表达式和结果只是屏幕上出现内容的一小部分，因为表达式和结果是最重要的，所以其他内容不应该分散它们的注意力。另一方面，除非我们以某种方式将用户输入的表达式与计算机输出的结果分开，否则用户可能无法分辨出结果。在最初调试期间，我们添加了 = 作为结果指示符。我们还需要一个简短的 "提示符" 来提示用户输入字符 >，它通常用作用户提示输入提示符：

```
> 2+3;
=5
> 5*7;
= 35
>
```

这种方式看起来好多了，我们只需对 main() 函数中的主循环做一点改动即可实现这种方式：

```
double val = 0;
while (cin) {
    cout << "> " ; // 打印提示
    Token t = ts.get();
  if (t.kind == 'q') break;
    if (t.kind == ';')
        cout << "= " << val << '\n';
    else
        ts.putback(t);
    val = expression();
}
```

不幸的是，如果在一行上输入多个表达式，其输出仍然比较混乱：

```
> 2+3; 5*7; 2+9;
=5
> = 35
> = 11
>
```

根本原因是我们在开发程序时就认为用户不会在一行中输入多个表达式（至少我们假设用户不会这样）。但对于这种情况，我们期望输出方式如下：

```
> 2+3; 5*7; 2+9; =5
= 35
= 11
>
```

这种显示方式看起来很合理，但不幸的是，实现它却比较麻烦。我们首先看一下 main() 函数，是否有一种方法只在后面不紧跟符号 = 时才输出 >？答案是否定的！因为程序是 get() 函数调用之前输出提示符 > 的，而此时无法知道 get() 函数是真正读取了新字符，还是简单地将已经从键盘读入的字符组成单词返回给我们。换句话说，我们将不得不打乱 Token_stream 才能实现上述输出形式。

我们认为现在的输出形式已经满足基本要求了，因此不再进行改进。如果将来我们发现必须修改 Token_stream 类，那时将重新考虑这个决定。然而，通过重大的结构变化来获得微小的改进是不明智的，而且我们还没有对计算器程序进行全面测试，因此我们决定不做输出改进，目前输出形式已经满足要求了。

7.3　错误处理

当你的程序能够初步运行时，你要做的第一件事就是试着打破它——也就是说，我们试图给它输入，希望让它表现出错误的行为。我们说"希望"，是因为目前所面临的挑战是找到尽可能多的错误，以便在最终交付用户之前将其修正。如果你对这项工作时的态度是"我的程序运行正常，我没有犯错误！"那么你将不会发现很多错误，而一旦发现错误时，你又会变得非常沮丧。你这是在和自己玩头脑游戏！进行测试时的正确态度是"我能打败它！"我比任何程序都聪明，甚至比自己写的程序都聪明！"因此，我们可以使用一些正确和不正确表达式的混合在一起的输入来测试计算器程序。例如：

```
1+2+3+4+5+6+7+8
1-2-3-4
!+2
;;;
(1+3;
(1+);
1*2/3%4+5- 6;
();
1+;
+1
1++;
1/0
1/0;
1++2;
-2;
- 2;;;;
1234567890123456;
'a';
q
1+q
1+2; q
```

试一试

尝试向计算器程序输入几个不同的"问题表达式"，看看能使它表现出有多少种不同的错误行为。你能使程序崩溃吗——让它跳过我们的错误处理机制，而直接输出平台级的错误信息？我们认为你做不到。你能让程序异常退出而不输出任何错误信息吗？我想你是可以做到的。

这种技术被称为测试（test）。有些人专门从事这项工作，负责找出程序中的错误。测试是软件

开发中非常重要的一部分，实际上是可以很有趣的。我们将在第 26 章详细讨论程序测试的一些细节问题。程序测试的一个重要问题是"我们能否系统地测试程序，以便发现所有的错误？"这个问题没有普遍的答案——没有一个答案对所有程序都成立。然而，对大多数程序来说，严格的测试通常都会获得很好的效果。系统地设计测试用例也是非常重要的，为了防止测试设计不全面的情况，你可以用一些"不合理"的输入来测试程序，例如：

```
Mary had a little lamb
srtvrqtiewcbet7rewaewre- wqcntrretewru754389652743nvcqnwq;
!@#$%^&*() ~ :;
```

在此，我再一次使用了习惯性的做法：将报告编译器错误的电子邮件（包含邮件标题、用户解释等）直接提供给编译器，来测试编译器的反应，这看起来不合理，因为"没有人会这么做"。

然而在实际应用中，完美的程序应该能捕获所有错误，并且能够从"奇怪的输入"中快速恢复正常运行，而不是只处理那些"合乎情理"的输入。

在测试计算器程序时，第一个棘手的问题是在输入下列非法表达式时，程序窗口会立刻关闭例如：

```
+1;
()
!+2
```

稍微思考一下或跟踪一下程序的执行情况，就会发现问题在于，在写入错误消息后，窗口立即被关闭。这是因为我们保持窗口活动的机制是为了等待用户输入一个字符。然而，对上述三种输入而言，程序在读取所有字符之前就检测到一个错误，因此在输入行中还剩下未被读入的字符。但是，程序不能区分它是"剩余字符"还是用户在看到提示信息"Enter a character to close window"后输入的字符。于是，这个"剩余字符"就被程序认为是关闭窗口的命令，导致程序窗口被关闭。

我们可以通过修改 main() 函数来解决这个问题（参见 5.6.3 节）：

```
catch (runtime_error& e) {
    cerr << e.what() << '\n';
    // keep_window_open():
    cout << "Please enter the character ~ to close the window\n";
    for (char ch; cin >> ch; ) // 一只读取直到~
        if (ch==' ~ ') return 1;
    return 1;
}
```

基本上，我们可以将 keep_window_open() 函数完全替换为自己的逻辑代码，来解决上述问题。请注意，如果~恰好是错误后要读取的字符，我们仍然会遇到问题，不过这种情况出现的可能性就小很多了。

当我们遇到这个问题时，我们可以编写了一个新版本的 keep_window_open() 函数来处理这个问题，它接受一个字符串参数，只有用户在看到提示消息后输入这个字符串，程序才会关闭窗口，所以一个更简单的解决方案是：

```
catch (runtime_error& e) {
    cerr << e.what() << '\n';
    keep_window_open(" ~~ ");
    return 1;
}
```

此时输入如下内容：

```
+1
!1 ~~
```

()

计算器程序在输出错误信息后给出如下提示信息：

```
Please enter ~~ to exit
```

直到用户输入～～后才会退出。

计算器程序从键盘上获取输入，这使得测试过程非常乏味：每当我们进行改进时，我们都必须输入大量的测试用例（再一次！）以确保程序修改是否正确。因此，最好能将测试用例保存起来，用一个单独的命令就能输入这些用例进行测试。一些操作系统（特别是 UNIX）使得在不修改程序的情况下从文件中读取 cin 变得很简单，类似地，将输出从 cout 的内容转移到文件中也很简单。但如果在你所使用的操作系统中，这种输入 / 输出重定向很难实现，则必须修改程序来使用文件（参见第 10 章）。

现在考虑下面两个输入：

```
1+2; q
```

和

```
1+2 q
```

我们希望程序中的这两个输入都能在输出结果（3）之后退出程序。奇怪的是下面这种输入确实是这样的：

```
1+2 q
```

而看起来正常的输入（下面这个输入），却引发了 "Primary expected" 错误：

```
1+2; q
```

我们应该如何来查找这个错误呢？我们在 main() 函数中加入了对；与 q 的处理。在 6.7 节，我们匆忙地添加了 "print" 和 "quit" 命令来让计算器程序工作。重新考虑这部分代码：

```
double val = 0;
while (cin) {
    cout << "> ";
    Token t = ts.get();
    if (t.kind == 'q') break;
    if (t.kind == ';')
        cout << "= " << val << '\n';
    else
        ts.putback(t);
    val = expression();
}
```

在上面代码中，判断我们输入一个分号后是否就不再检查 q，而是直接继续调用 expression() 函数。expression() 函数首先调用 term()，term() 首先调用 primary()，primary() 首先检测 q。由于字符 q 不是 Primary，所以我们得到错误信息。因此，我们应该在测试分号之后测试 q。对当前的程序，我们觉得有必要适当简化程序逻辑，所以完整的 main() 函数读取如下：

```
int main()
try
{
    while (cin) {
        cout << "> ";
        Token t = ts.get();
```

```
        while (t.kind == ';') t=ts.get(); // eat ';'
        if (t.kind == 'q') {
            keep_window_open();
            return 0;
        }
        ts.putback(t);
        cout << "= " << expression() << '\n'; }
        keep_window_open();
        return 0;
    }
    catch (exception& e) {
        cerr << e.what() << '\n';
        keep_window_open(" ~~ ");
        return 1;
    }
    catch (...) {
        cerr << "exception \n";
        keep_window_open(" ~~ ");
        return 2;
    }
```

以上代码实现了强有力的错误处理机制。接下来我们就可以开始考虑从其他方面改进计算器程序了。

7.4 负数

当你测试完这个计算器程序后，你会发现它不能很好地处理负数。例如，输入下面内容将返回错误：

```
-1/2
```

必须将其写成：

```
(0-1)/2
```

但是这并不符合人们的使用习惯。

在程序调试和测试中发现这样的问题是很常见的。只有这时我们才有机会看到我们的设计到底实现了什么功能，并根据程序给出的反馈不断改进我们的设计。在程序设计过程中，一种明智的做法是在安排工作日程时尽量预留出时间，以便我们能有机会从经验教训中获得收益并改进程序。通常情况下，"1.0 版本"发布时没有进行必要的改进，因为紧凑的时间表和严格的项目管理策略阻止了对规范的"后期"更改，"后期"添加"特性"的做法是灾难性的。实际上，当一个程序足够好，可以被设计人员简单使用，但还未达到可以发布的程度时，开发进程还远未到"后期"。此时还处于开发进程的"早期"，正是我们从程序中获得丰富经验的时候。在实际安排工作日程时，应该将这样的过程考虑其中。

对于本例，我们只需要修改文法来处理负数。最简单的方式似乎是修改 Primary 的定义。将

```
Primary: Number
    "(" Expression ")"
```

改为：

```
Primary:
```

```
Number
"(" Expression ")"
"-" Primary
"+" Primary
```

我们还增加了对一元加的操作，C++ 语言也支持这个运算符。当有了一元减后，人们通常也会尝试一元加，因为实现它是有意义的。而且既然实现了一元减，实现一元加也很容易，没有必要纠缠它到底有没有用。实现 Primary 的代码变为：

```cpp
double primary()
{
    Token t = ts.get();
    switch (t.kind) {
    case '(': // handle '(' expression ')'
        {
            double d = expression();
            t = ts.get();
            if (t.kind != ')') error("')' expected");
            return d;
        }
    case '8':
        return t.value;
    case '-':
        return - primary();
    case '+':
        return primary();
    default:
        error("primary expected");
    }
}
```

修改后的 Primary 看起来非常简洁，它第一次就可以正常地运行了。

7.5　模运算：%

当我们最初分析计算器程序应该具有什么功能时，我们希望它能够处理取余（模）运算：%。但是 C++ 语言中的模运算符不支持浮点数，因而未加以实现。现在我们可以重新考虑模运算了，可按如下方式简单实现：

（1）添加单词 %。

（2）为 % 下定义。

我们知道 % 对于整数操作数的意义。例如：

```
> 2%3;
=2
> 3%2;
=1
> 5%3;
=2
```

但是我们应该如何处理非整数的操作数呢？考虑：

```
> 6.7%3.3;
```

结果应该是什么？目前没有完美的答案。无论如何，模运算通常是为浮点操作数定义的。特别地，x%y 可以定义为x%y ==x -y*int(x/y)，因此 6.7%3.3=6.7-3.3*int(6.7/3.3)，即 0.1。实现比较简单，只需要引入头文件 <cmath>（参见 24.8 节），使用标准库函数 fmod() 函数（浮点模）。我们在 term() 函数中添加以下代码：

```
case '%':
{ double d = primary();
    if (d == 0) error("%:divide by zero");
    left = fmod(left,d);
    t = ts.get();
    break;
}
```

在标准库 <cmath> 中我们可以找到所有的标准数学函数，例如 sqrt(x)（x 的平方根）、abs(x)（x 的绝对值）、log(x)（x 的自然对数）和 pow(x,e)（x 的 e 次方）。

或者，我们可以禁止在浮点数上使用 %。我们检查模运算中的浮点操作数是否有小数部分，如果有则给出错误消息。确保 % 的操作数为整型的问题是类型缩窄问题（参见 3.9.2 节和 5.6.4 节）的变体，所以我们可以使用 narrow_cast 函数来解决它：

```
case '%':
{ int i1 = narrow_cast<int>(left);
  int i2 = narrow_cast<int>(primary());
  if (i2 == 0) error("%: divide by zero");
  left = i1%i2;
  t = ts.get();
  break;
}
```

对于一个简单的计算器程序，以上任何一种方法都可以。

7.6　清理代码

我们已经对代码做了几处修改。虽然每次性能都有改进，但代码开始看起来有点混乱。现在是检查代码的好时机，看看我们是否可以使代码更清晰、更简短，并增加一些注释以提高系统的可读性。换句话说，只有当代码达到易于他人接管和维护的状态，程序才算编写完成。到目前为止，除了缺少注释外，计算器程序总体来说还是不错的，接下来我们进行一点清理工作。

7.6.1　符号常量

回忆一下，我们使用 '8' 来表示单词中包含一个数值。实际上，采用什么值来表示数值类型的单词并不重要，只要该值与标识其他单词类型的数值可以区分即可。然而，这种处理方式使代码看起来有点奇怪，我们应该使用注释语句进行相应的说明：

```
case '8':              // 我们使用 '8' 代表数值
  return t.value;      // 返回数值
case '-':
```

```
return - primary();
```

说实话，我们也犯过一些错误，输入了 `'0'` 而不是 `'8'`，因为我们忘记了我们选择使用的是哪个值。换句话说，在操作 Token 的代码中直接使用 `'8'` 是草率的，而且不容易记住，很容易造成人为错误——实际上，`'8'` 是我们在 4.3.1 节中曾经提到的应该避免的"魔数"。我们应该引入一个符号常量，来代表这个数：

```
const char number = '8';// t.kind==number 表示 t 是一个数值类型的单词
```

const 修饰符告诉编译器我们正在定义一个不应该更改的对象：例如，对 number=`'0'`，编译器将会给出错误信息。定义了字符常量 number 以后，我们不必再显式地使用 `'8'` 来表示数值型单词了。primary 函数中的相应代码片段修改如下：

```
case number:
    return t.value;                // 返回数字的值
case '-':
    return - primary();
```

这段代码不再需要任何注释了。我们不应该在注释中表达无效含义，代码本身可以直接表达出内容的意义，所以就无须使用重复的注释解释一些东西。如果频繁地使用注释来解释程序的含义，通常表示你的代码需要改进了。

类似地，Token_stream::get() 中识别数字的代码变成：

```
case '.':
case '0': case '1': case '2': case '3': case '4':
case '5': case '6': case '7': case '8': case '9':
    { cin.putback(ch);             // 将数字放回输入流中
      double val;
          cin >> val;              // 读取浮点数
          return Token{number,val};
    }
```

理论上我们可以为所有的单词设置符号名称，但这太烦琐了。毕竟，`'('` 和 `'+'` 是任何人都能想到的最明显的代表左括号和加号的符号。检查计算器程序所涉及的单词，只有 `';'` 表示"打印"（或"结束表达式"）和 `'q'` 表示"退出"似乎有些不妥。为什么不用 `'p'` 和 `'e'` 呢？在一个大型程序中，这种模糊和任意的符号迟早会引起问题，所以我们引入如下声明：

```
const char quit = 'q';          // t.kind==quit 表示 t 是一个退出单词
const char print = ';';          // t.kind==print 表示 t 是一个打印单词
```

下面修改 main() 函数中的循环代码：

```
while (cin) {
    cout << "> ";
    Token t = ts.get();
    while (t.kind == print) t=ts.get();
    if (t.kind == quit) {
            keep_window_open();
            return 0;
    }
    ts.putback(t);
    cout << "= " << expression() << '\n';
}
```

引入符号名称"print"和"quit"后，提高了代码的可读性。此外，我们并不鼓励通过阅读 main() 函数来推测输入什么内容表示"print"和"quit"。例如，如果我们决定将"quit"的表示改为 "e"（表示"exit"），这应该是很正常的，而且不用改动 main() 函数中。

输入/输出提示符 ">" 和 "=" 也存在上述问题。为什么代码中有这么多概念模糊的符号？如何让初级程序员在阅读 main() 函数时猜测其正确含义？也许我们应该加个注释？添加注释可能是个好主意，但引入符号常量更加有效：

```cpp
const string prompt = "> ";
const string result = "= ";                    // 用于表示接下来的内容是一个结果
```

如果我们想要改变输入或输出提示符时该怎么办呢？只需要修改这些（常量）即可。主函数中的循环现在修改为：

```cpp
while (cin) {
    cout << prompt;
    Token t = ts.get();
    while (t.kind ==print) t=ts.get();
    if (t.kind == quit) {
        keep_window_open();
        return 0;
    }
    ts.putback(t);
    cout << result << expression() << '\n';
}
```

7.6.2 使用函数

程序中所使用的函数应该反映出该程序的基本结构，而函数名则应该有效地标识代码的逻辑功能模块。目前为止，计算器程序在这方面做得还是非常不错的：expression()、term() 和 primary() 直接反映了我们对表达式文法的理解，而 get() 函数则用来处理输入和单词识别。不过，分析一下 main() 函数，我们注意到它做了两件逻辑上独立的事情：

（1）main() 函数提供了整体的"程序框架"：启动程序，结束程序，并处理"致命"错误。

（2）main() 函数用了一个循环来计算表达式。

理想情况下，一个函数只执行一个逻辑操作（参见 4.5.1 节）。而 main() 函数实现了两个功能，这会模糊程序的结构。一种显然的解决方案是将表达式计算循环逻辑从 main() 函数中分离出来，实现一个 calculate() 函数：

```cpp
void calculate()                              // 表达式计算循环
{
    while (cin) {
        cout << prompt;
        Token t = ts.get();
        while (t.kind == print) t=ts.get(); // 首先丢弃所有的 " 打印 " 操作
        if (t.kind == quit) return;
        ts.putback(t);
        cout << result << expression() << '\n';
    }
}
```

```
int main()
try {
  calculate();
  keep_window_open();        // 处理 Windows 控制台模式
  return 0;
}
catch (runtime_error& e) {
  cerr << e.what() << '\n';
  keep_window_open(" ~~ ");
  return 1;
}
catch (...) {
  cerr << "exception \n";
  keep_window_open(" ~~ ");
  return 2;
}
```

修改后的代码更直接地反映了程序的结构，更加易于理解。

7.6.3 代码布局

重新检查一下计算器程序中是否有"丑陋"的代码，我们发现：

```
switch (ch) {
case 'q': case ';': case '%': case '(': case ')': case '+': case'- ':
case '*': case '/':
    return Token{ch}; // 让每个字符表示其本身
```

在我们添加 'q'、';' 和 '%' 之前，这段代码还不算太糟糕，但现在它开始变得有点混乱。难以阅读的代码（代码可读性）更容易隐藏 bug。而这段代码中确实隐藏着一个潜在的 bug！我们可以修改一下代码，令每行代码只对应 switch 语句的一种情况，并加入适当的注释来帮助代码理解，因此，Token_stream 的 get() 函数变成：

```
Token Token_stream::get()
    // 从 cin 读取字符并组合成一个单词
{
    if (full) {          // 检查是否已经有一个准备好的单词
        full = false;
        return buffer;
    }
    char ch;
cin >> ch;               // 注意,>> 运算符会跳过空白字符（如空格、换行符、制表符等）
switch (ch) {
case quit:
case print:
case '(': case ')':
case '+':
case '-':
```

```
    case '*':
    case '/':
    case '%':
        return Token{ch};           // 让每个字符代表它自身
    case '.':                         // 浮点数常量可以以小数点开头
    case '0': case '1': case '2': case '3': case '4':
    case '5': case '6': case '7': case '8': case '9': // numeric literal
    { cin.putback(ch);               // 将数字放回输入流中
        double val;
        cin >> val;                  // 读取一个浮点数
        return Token{number,val};
    }
    default:
        error("Bad token"); }
    }
}
```

当然，我们也可以把每个数字放在单独的行上，但这似乎并不能使代码更加清晰。而且，这样做的话会导致屏幕上不能一次完整地展示所有代码。我们理想情况是让每个函数的代码都显示在屏幕的可视区域上——在屏幕之外我们无法看到的代码是最有可能隐藏 bug 的地方。因此代码布局是非常重要的。

另一个值得注意的地方是，我们在程序中将普通的 'q' 更改为了符号常量 quit。这不但提高了代码的可读性，而且也保证了当有编译错误时能被编译器捕获——如果我们为 quit 操作选择的字符与其他单词冲突，将会产生一个编译时错误。

在代码清理阶段，可能会意外地引入错误。因此，在代码清理之后一定要测试代码的正确性。最好是在每一组小的改进之后做一些测试，这样如果出现了错误，你仍然可以准确地定位出做了什么样的改动导致这个错误。记住：尽早测试经常测试。

7.6.4　注释

我们在编写计算器程序过程中添加了一些注释。好的注释是编写代码的重要组成部分。但是在程序开发赶进度阶段，我们往往会忘记注释。当我们回过头来进行代码清理的时候，是一个很好的时机去查看程序的每个部分，检查原来所写的注释是否满足以下要求：

（1）原来的注释是否仍然有效？（可能在编写注释后更改了代码）

（2）对读者来说注释足是否充分？（通常不够）

（3）注释是否简短清晰，以免分散读者看代码的注意力？

强调一下最后一个问题：最好的注释应该让程序本身来表达。对那些懂程序设计语言的人来说，应避免不必要注释。例如：

```
 x = b+c; // 将 b 和 c 相加，并将结果赋值给 x
```

你会在本书中找到类似的注释，但只限于用来解释你所不熟悉的语言特性的用法。

注释一般用于代码本身很难表达想法的情况。换句话说，注释的意图：代码说明它做了什么，但没有表达为什么这么做（参见 5.9.1 节）。看看计算器程序的代码，这里缺少了一些必要的注释：函数说明了我们如何处理表达式和单词，但是没有给出（除了代码）表达式和单词是什么。对于计算器程序，表达式的文法最适合放入代码注释或说明文档中，来解释表达式和单词的含义。

```
/*
简单计算器程序
修订历史
    Revised by Bjarne Stroustrup November 2013
    Revised by Bjarne Stroustrup May 2007
    Revised by Bjarne Stroustrup August 2006
    Revised by Bjarne Stroustrup August 2004
    Originally written by Bjarne Stroustrup
               (bs@cs.tamu.edu) Spring 2004.
```

这个程序实现了一个基本的表达式计算器，从 cin 读入、输出至 cout。输入的文法如下所示：

```
Statement:
  Expression
    Print
    Quit
Print:
    ;
Quit:
    q
Expression:
    Term
    Expression + Term
    Expression - Term
Term:
    Primary
    Term * Primary
    Term / Primary
    Term % Primary
Primary:
    Number
    ( Expression )
    - Primary
    + Primary
Number:
    floating-point-literal
输入从 cin 读入、通过名为 ts 的单词流
*/
```

这里我们使用了块注释，它以 /* 开始，一直持续到 */。在实际的程序中注释的开始是程序的版本变化历史，版本历史一般用于记录每个版本相对于上一个版本做了哪些修正和改进。

注意，注释不是代码。实际上，上面注释中的文法已经进行了简化：对比 Statement 的规则与实际的程序实现可以看出（参见 7.7 节中的代码）。注释中的规则没有解释 calculate() 中的循环语句，该循环语句允许我们在一次程序运行中执行多个计算。我们在 7.8.1 节中将对这个问题进行进一步探讨。

7.7 错误恢复

为什么程序遇到错误就退出呢？这在当时我们现在策略时似乎简单明了，但是，我们为什么不让程序给出一个错误提示信息，然后继续运行呢？毕竟，我们经常会犯一些小的输入错误，这样的错误并不意味着我们打算结束程序的运行。让我们试着从错误中恢复。这意味着，程序必须能够捕获异常，并在清理遗留问题后继续运行。

到目前为止，所有错误都被表示为异常并由 main() 函数处理。如果我们想从错误中恢复，calculate () 函数必须捕获异常，并在计算下一个表达式之前清理故障：

```cpp
void calculate()
{
    while (cin)
    try {
        cout << prompt;
        Token t = ts.get();
        while (t.kind == print) t=ts.get(); // 首先丢弃所有的 " 打印 " 操作
        if (t.kind == quit) return;
        ts.putback(t);
        cout << result << expression() << '\n';
    }
    catch (exception& e) {
        cerr << e.what() << '\n';            // 写入错误信息
        clean_up_mess();
    }
}
```

我们简单地把 while 循环的块变成了一个 try-catch 结构，try 结构在捕获异常后给出错误提示信息，并清理遗留故障。在此之后，程序如往常一样继续运行。

"清理遗留故障"的必要性何在？本质上，在错误处理后准备后续的计算，就意味着确保所有数据都处于良好和可预测的状态。在计算器程序中，Token_stream 是唯一在函数之外定义的数据。因此，我们需要做的是确保不会有与中止计算相关的单词存在，从而混淆下一个计算。例如：

```cpp
1**2*3;  4+5;
```

这将引发一个错误，即在第二个 * 触发异常后，2*3; 4+5；仍然留在 Token_stream 和 cin 的缓冲区中。对此我们有两个解决方式：

（1）清除 Token_stream 中的所有单词。

（2）清除 Token_stream 中与当前表达式相关的所有单词。

第一个方式将丢弃所有单词（包括 4+5;），而第二个方式是只丢弃 2*3;，留下 4+5，随后都将会被计算。两者都可能是一个合理的选择，并且都可能让用户感到奇怪。实际上，两者都同样易于实现，为了简化测试，我们选择了第二种方式。

我们需要读取输入直到找到分号，这看起来很简单。get() 函数可以帮助我们进行读取，所以我们可以写出如下 clean_up_mess() 函数：

```cpp
void clean_up_mess()         // 有问题
{
    while (true) {           // 跳过直到找到一个 print
        Token t = ts.get();
```

```
        if (t.kind == print) return;
    }
}
```

不幸的是，这种方式并不能处理所有情况。考虑如下输入：

```
1@z; 1+3;
```

@ 会导致程序执行 while 循环的 catch 子句，进而调用 clean_up_mess() 来查找下一个分号。然后，clean_up_mess() 调用 get() 并读取 z。这会产生另一个错误（因为 z 不是一个单词），使程序进入 main() 函数的 catch(...) 处理程序，最后导致程序退出。太糟糕了！我们没有机会计算 1+3，程序就退出了。只能回到起点了！

我们可以尝试更复杂的 try 和 catch，但这样会使程序更加混乱。处理错误很困难，而在处理错误时发生错误比处理错误还要糟糕。因此，让我们设法想出一种无法抛出异常的方式来清空 Token_stream 中的字符。将输入导入计算器的唯一方式是通过 get()，正如我们刚刚发现的那样，它可能会抛出异常。因此，我们需要设计一个新的操作。显然，将其放在 Token_stream 中是合适的位置：

```
class Token_stream {
public:
    Token get();                // 获取一个单词
    void putback(Token t);      // 将一个单词放回单词流中
    void ignore(char c);        // 忽略字符直到遇到字符 c（包括 c 在内）
private:
    bool full {false};          // 缓冲区中是否有单词
    Token buffer;               // 通过 putback() 存放的单词
};
```

由于 ignore() 函数需要检查 Token_stream 的缓冲区，因此将其定义为 Token_stream 类的成员函数。我们选择将"希望得到的内容"作为 ignore() 函数的参数因为毕竟 Token_stream 不必知道计算器程序的哪些字符可用于错误恢复。我们将这个参数设置为一个字符，是因为希望按原始字符处理输入。错误恢复过程中提取单词的缺点在前面已经看到了，所以我们得到：

```
void Token_stream::ignore(char c)
    // c 表示单词的类型
{
    // 首先查找缓冲区：
    if (full && c == buffer.kind) {
        full = false;
        return;
    }
    full = false;

    // 现在搜索输入：
    char ch = 0;
    while (cin >> ch) {
        if (ch == c)
            return;
    }
}
```

程序首先检查缓冲区，如果缓冲区中的字符是 c，则丢掉它，结束函数；否则一直从 cin 中读取字符，直到找到 c 为止。

现在我们可以相对简单地编写 clean_up_mess() 函数：

```
void clean_up_mess()
{
    ts.ignore(print);
}
```

处理错误总是比较困难的，因为很难想象会发生什么错误，它需要大量的实验和测试。编写一个万无一失的程序对技术要求很高，业余程序员通常会忽略这一方面，因此高质量的错误处理往往是衡量程序员专业程度的标志。

7.8　变量

我们已经对程序的代码风格和错误处理机制进行了改进，接下来该回过头进一步完善计算器程序的功能了。我们现在已经有一个运行较好的程序了，那么接下来该如何改进它？我们希望加入的第一个功能是支持变量。有了变量的加入，我们就可以更好地表示更长的表达式。类似地，对于科学计算，我们希望支持内置的命名变量，如 pi 和 e，就像大多数科学计算器一样。

添加变量和常量是计算器的主要扩展，会涉及程序的大部分代码。如果没有充分的理由和充足的时间，我们最好不要进行这种类型的修改。在这里，我们添加了变量和常量的功能，一方面是因为我们可以借此机会重新检查程序代码，另一方面可以学习更多的程序设计技巧。

7.8.1　变量和定义

显然，变量和内置常量的关键是计算器程序保存（name，value）对，从而我们可以通过名字来访问相应的值。我们可以这样定义一个变量：

```
class Variable {
public:
    string name;
    double value;
};
```

我们将使用 name 成员来标识一个变量（variable），使用 value 成员来存储与 name 对应的值。

我们应该如何存储 Variables 对象，从而能够根据 name 来查找 Variable 并存取对应的值？回顾一下我们所学过的程序设计工具，最好的方法是使用 Variable 向量容器：

```
vector<Variable> var_table;
```

我们可以在向量容器 var_table 中放入任意多个 Variable 对象，当搜索某个给定的 name 时，只需要通过顺序查找向量容器的每个元素即可。我们可以编写一个 get_value() 函数来查找给定的 name，并返回其相应的值：

```
double get_value(string s)
    // 返回名称为 s 的变量的值
{
    for (const Variable& v : var_table)
    if (v.name == s)
        return v.value;
}
```

```
    error("get: undefined variable ", s);
}
```

这个函数其实很简单：遍历 var_table 中的每个 Variable 对象（从第一个元素开始，一直到最后一个元素），看看它的 name 成员是否与参数字符串 s 匹配。如果匹配，就返回 value 成员中的值。

类似地，我们可以定义 set_value() 函数来为变量赋一个新值：

```
void set_value(string s, double d)
    // // 将名称为 s 的变量设置为 d
{
    for (Variable& v : var_table)
        if (v.name == s) {
            v.value = d;
            return;
        }
    error("set: undefined variable ", s);
}
```

我们现在可以读写 var_table 中已存在的变量（描述为 Variable）。但是如何在 var_table 添加一个新的 Variable 呢？计算器程序的使用者应该输入什么内容，来定义一个新的变量，以便随后使用它呢？

我们可以考虑采用 C++ 的语法：

```
double var = 7.2;
```

这样是可以的，但计算器程序中的所有变量都是 double 类型的，所以这里的 "double" 是可以忽略的，变量的定义可以简化为：

```
var = 7.2;
```

但是，有时候无法正确区分是新变量声明还是拼写错误。例如：

```
var1 = 7.2; // 定义一个名为 var1 的新变量，并赋值为 7.2
var1 = 3.2; // 将名为 var1 的变量的值修改为 3.2
```

哦！显然，我们的意思是 var2 = 3.2;但输入发生了错误（注释没有输入错），我们可以接受这一点，但更好的方式是遵循 C++ 等程序设计语言的传统，将变量的声明（带有初始化）与赋值区分开来。我们可以使用 double，但对于计算器程序，借鉴另一个古老的传统，我们选择更简短关键字 let 来定义变量——它实际来自更老的程序设计语言：

```
let var = 7.2;
```

文法如下：

```
Calculation:
    Statement
    Print
    Quit
    Calculation Statement
Statement:
    Declaration
    Expression
Declaration:
    "let" Name "=" Expression
```

　　Calculation 是文法中新增的顶层产生式（规则），表示 calculate() 函数中的循环可以在计算器程序的一次运行过程中执行多次计算。Calculation 依赖于 Statement 产生式处理表达式和声明。处理 Statement 规则的函数如下：

```
double statement()
{
    Token t = ts.get();
    switch (t.kind) {
    case let:
        return declaration();
    default:
        ts.putback(t);
        return expression();
    }
}
```

现在我们在 calculate() 函数中使用 statement() 函数替代 expression() 函数：

```
void calculate()
{
    while (cin)
    try {
    cout << prompt;
    Token t = ts.get();
    while (t.kind == print) t=ts.get();    // 首先丢弃所有的 " 打印 " 操作
    if (t.kind == quit) return;            // 退出

    ts.putback(t);
    cout << result << statement() << '\n';
  }
  catch (exception& e) {
  cerr << e.what() << '\n';               // 写入错误信息
  clean_up_mess();
  }
 }
```

　　现在我们必须编写 declaration() 函数，它应该完成什么功能？它应该确保在 let 之后出现的是一个 Name 接一个 = 再接一个 Expression——也就是语法所描述的形式。它应该如何处理 name 呢？我们应该向向量容器 var_table 中添加一个 Variable 对象，其中两个成员设置为 name 的字符串和 expression 值。在随后的表达式计算过程中，我们就可以使用 get_value() 和 set_value() 函数对变量值进行读写。然而，在编写代码之前，我们应该考虑如何处理一个变量定义两次的情况？例如：

```
let v1 = 7;
let v1 = 8;
```

　　一般把这种重复定义作为错误来处理，实际上这往往是拼写错误所致。如本例，我们实际是想定义两个变量：

```
let v1 = 7;
let v2 = 8;
```

定义一个名为 var 及值为 val 的 Variable，逻辑上分成两部分：

（1）检查向量容器 var_table 中是否已经存在名为 var 的 Variable。

（2）将（var,val）添加到 var_table 中。

这里不支持未初始化的变量。我们定义函数 is_declare() 和 define_name() 分别实现上述两个独立的逻辑操作：

```
bool is_declared(string var)
    // 判断变量 var 是否已经在 var_table 中存在？
{
    for (const Variable& v : var_table)
        if (v.name == var) return true;
    return false;
}
double define_name(string var, double val)
    // 将 {var, val} 添加到 var_table 中
{
    if (is_declared(var)) error(var," declared twice");
    var_table.push_back(Variable{var,val});
    return val;
}
```

可以通过向量的 push_back() 成员函数将一个新的 Variable 添加到 vector<Variable> 向量中：

```
var_table.push_back (Variable{var,val});
```

其中，Variable{var,val} 使用参数 var 和 val 构造了一个 Variable 对象，然后调用 push_back() 函数将它添加到向量容器 var_table 的末尾。假设我们已经能够处理 let 和 name 单词，declaration() 函数的实现如下：

```
double declaration()
  // 假设我们已经看到了 "let"
  // 处理：name = expression
  // 声明一个名为 "name" 的变量，初始值为 "expression"
{
    Token t = ts.get();
    if (t.kind != name) error ("name expected in declaration");
    string var_name = t.name;

    Token t2 = ts.get();
    if (t2.kind != '=') error("= missing in declaration of ", var_name);

    double d = expression();
    define_name(var_name,d);
    return d;
}
```

注意，我们在函数末尾返回了新变量的值。当初始化表达式比较复杂时，这种方式比较有用。例如：

```
let v = d/(t2-t1);
```

这个声明定义了变量 v 并打印它的值。此外，打印已声明变量的值简化了 calculate() 函数的代

码，因为每个 statement() 都会返回一个值。一般原则会保持代码简单，而特殊情况会使问题变得复杂。

这种跟踪变量的机制通常被称为符号表（symbol table），可以通过使用标准库中的映射容器（map）来简化代码（参见 21.6.1 节）。

7.8.2 引入单词 name

到现在为止，我们已经对程序进行了很好的改进，但遗憾的是它还不能正常运行。这并不意外，我们对程序下的"第一刀"是不会正常工作的，因为我们甚至还没有完成程序——程序还无法通过编译。程序还不能识别单词 '='，但这可以通过对 Token_stream::get() 中添加一种情况处理来简单实现。但是对于单词 let 和 name，必须修改 get() 函数来识别这些单词，其中一种实现方式如下：

```
const char name = 'a';              // 名称标记
const char let = 'L';               // 声明标记
const string declkey = "let";       // 声明关键字
Token Token_stream::get()
{
    if (full) {
        full = false;
        return buffer;
    }
    char ch;
    cin >> ch;
    switch (ch) {
        // as before
    default:
        if (isalpha(ch)) {
            cin.putback(ch);
            string s;
            cin >> s;
            if (s == declkey) return Token{let}; // declaration keyword
            return Token{name,s};
        }
        error("Bad token");
    }
}
```

首先请注意函数调用 isalpha(ch)，它用来检测输入 ch 是否为字符。Isalpha() 是一个标准库函数，包含在头文件 std_lib_facilities.h 中。更多的字符分类函数可以参考 11.6 节。识别变量名与识别数字的逻辑是相同的：找到正确类型的字符（这里是一个字母）以后，使用 putback() 函数将其放回，然后使用 >> 读取整个变量名。

不幸的是，程序还是不能通过编译，因为 Token 无法存储一个字符串，编译器不能识别 Token{name, s}。要处理这个问题，必须修改 Token 的定义以保存字符串或双精度浮点对象，并处理三种形式的初始化式，例如：

● 只有一个 kind，例如，Token{'*'}。

● 一个 kind 和一个数字，例如，Token{number,4.321}。

- 一个 kind 和一个 name，例如，Token{name，"pi"}。

我们通过引入三个初始化函数来处理这个问题，它们被称为构造函数，因为它们构造对象：

```
class Token {
public:
    char kind;
    double value;
    string name;
    Token() : kind{0} {}                            // 默认的构造函数
    Token(char ch) :kind{ch} { }                    // 将 kind 初始化为 ch
    Token(char ch, double val) :kind{ch}, value{val} { } // 初始化 kind
                                                    // 初始化 value
    Token(char ch, string n) :kind{ch}, name{n} { }  // 初始化 kind
                                                    // 初始化 name
};
```

构造函数为初始化添加了控制性和灵活性。我们将在第 9 章（参见 9.4.2 节和 9.7 节）中详细讨论构造函数。

- 这里用字符 'L' 来表示单词 let，字符串 let 作为关键字。显然，将关键字更改为 double、var、# 是很简单的，或者我们可以改变 declkey 的值，与读入的 s 值进行比较。

现在我们再试一次这个程序。如果你输入这个，程序能够正常运行：

```
let x = 3.4;
let y = 2;
x + y * 2;
```

但是，程序不能正确计算以下表达式：

```
let x = 3.4;
let y = 2;
x+y*2;
```

这两个例子有什么差别吗？让我们仔细检查一下发生了什么。

问题是我们对 name 的定义很草率，甚至“忘记”在文法中定义 name 的产生式（参见 7.8.1 节）。什么样的字符可以作为名字的一部分？字母？当然可以。数字呢？也可以，只要不出现在首字符就可以。那么下画线呢？＋字符？应该是不允许的，但我们的程序没有正确处理它们。我们还是再来检查一下代码吧。在首字母之后，我们使用 >> 读入一个字符串。它接收每个字符，直到看到空格为止。例如，x+y*2;虽然是一个表达式，但这里却作为一个变量名处理，甚至分号也成了变量名的一部分。这显然不是我们的本意，也是无法接受的。

我们应该如何修正这个错误呢？首先，我们必须精确地定义 name 是什么；然后，我们必须修改 get() 函数来做实现 name 的读取。一个可行的 name 定义如下：以字母开头的字母和数字串。则下面的字符串都是 name：

```
a
ab
a1
Z12 asdsddsfdfdasfdsa434RTHTD12345dfdsa8fsd888fadsf
```

而下面的字符串都不是：

```
1a
```

```
as_s
#
as*
a car
```

当然，按 C++ 的语法，**as_s** 是一个合法的 name。可将 get() 函数的 default 项
修改如下：

```
default:
    if (isalpha(ch)) {
        string s;
        s += ch;
        while (cin.get(ch) && (isalpha(ch) || isdigit(ch))) s+=ch;
        cin.putback(ch);
        if (s == declkey) return Token{let};    // 声明关键字
        return Token{name,s};
    }
    error("Bad token");
```

我们不是直接读入字符串 s，而是读入字符并将它们放入 s，只要它们是字母或数字，就添加
到 s 的末尾（s+=ch 语句将字符 ch 添加到字符串 s 的末尾）。While 语句看起来很奇怪：

```
while (cin.get(ch) && (isalpha(ch) || isdigit(ch))) s+=ch;
```

这条语句读取一个字符到 ch（使用 cin 的成员函数 get()），并检查它是不是字母或数字。如果
是字母或数字，就将 ch 添加到 s 的末尾，然后继续读入下一个字符。get() 成员函数的工作方式与
>> 类似，只是它默认情况下不会遇到空格时停止。

7.8.3 预定义名字

现在程序已经支持名字了，我们可以轻松地预定义一些常见的名字。例如，如果想让我们的计
算器程序用于科学计算，我们可能需要预定义 pi 和 e。我们应该在程序中什么位置放置这些定义？
可以放在 main() 函数中调用 calculate() 函数之前，或放在 calculate() 函数中调用循环之前。由于这
些定义实际上不是任何表达式计算的组成部分，因此可以将它们放在 main() 函数中。

```
int main()
try {
    // predefine names:
    define_name("pi",3.1415926535);
    define_name("e",2.7182818284);

    calculate();

    keep_window_open();        // 处理 Windows 控制台模式
    return 0;
}
catch (exception& e) {
    cerr << e.what() << '\n';
    keep_window_open("~~");
    return 1;
}
```

```
catch (...) {
    cerr << "exception \n";
    keep_window_open(" ~~ ");
    return 2;
}
```

7.8.4　我们到达目的地了吗？

显然没有，在对程序做了诸多修改之后，还需要对程序进行测试、清理代码和修改注释等。

并且还应该做更多的定义。例如，我们"忘记"提供赋值运算符（参见练习 2），如果实现赋值操作的话，我们可能还应该区分变量和常量（参见练习 3）。

最初，我们不支持在计算器程序中使用命名变量。仔细回顾一下命名变量功能的代码，可能会有两种不同的反应：

（1）实现变量并不是那么糟糕，它只用了大约三十几行代码就可以了。

（2）实现变量是一个重大的扩展，几乎涉及每个函数，并且在计算器程序中引入了一个全新的概念。在没有实现赋值操作的情况下，代码量已经增加了 45%！

计算器程序是我们第一个比较复杂的程序，基于这个情况来看，第二个反应是比较合理的。一般来说，如果一个改进程序的建议会使得程序的代码量和复杂度增加 50% 左右，第二个反应是很正常的。如果真按这样的建议做了，你会发现整个过程更像是基于原来版本重新编写了一个新的程序。而且，你应该把这个过程当作重写程序来对待，这样会有更好的效果。特别地，如果我们能够分阶段编写和测试程序，就像设计计算器程序那样，我们最好就这么做，这样做比试图一次性完成整个程序要好得多。

操作题

1. 从 calculator08buggy.cpp 程序文件开始，修改其中的错误并使之通过编译。

2. 阅读整个计算器程序并添加适当的注释。

3. 你会发现程序中存在一些错误（我们特意加入了一些不明显的错误让你来查找），这些错误都未在本章中出现过，请尝试修正它们。

4. 测试：准备一组测试数据，用来测试计算器程序。要注意测试用例的完整性，思考你要通过测试用例查找什么？测试用例包括负数、0、非常小的数、非常大的数和一些"愚蠢的"输入。

5. 进行测试并修改在阅读代码过程中遗漏的任何错误。

6. 添加预定义名称 k，其值为 1000。

7. 给用户提供一个平方根函数 sqrt()，如允许用户计算 sqrt(2+6.7)。因此 sqrt(x) 的值是 x 的平方根，例如，sqrt(9)= 3。使用标准库 sqrt() 函数完成平方根的计算，该函数可通过头文件 std_lib_facilities.h 获得。记得更新程序代码注释以及文法。

8. 捕获负数平方根的异常，并输出适当的错误信息。

9. 允许用户使用函数 pow(x,i) 表示"将 x 与自身相乘 i 次"；例如，pow(2.5,3) 为 2.5*2.5*2.5。要求 i 为整数，可使用与 % 运算符相同的方法处理。

10. 将"声明关键字"let 改为 #。

11. 将"退出关键字"从 quit 改为 exit。这将涉及为 quit 定义一个"退出的"字符串，就像我们在 7.8.2 节中为 let 所做的那样。

回顾

1. 为什么还要对程序的第一版做改进呢？列出原因。

2. 为什么输入表达式"1+2;q"后，程序不退出而是给出一个错误信息？

3. 为什么我们选择用一个字符常量表示 number？

4. 为什么把 main() 函数分解为两个独立的函数，它们分别实现了什么功能？

5. 为什么我们要把代码分成多个函数？划分原则是什么？

6. 代码注释的目的是什么？应该如何为程序编写注释？

7. narrow_cast 的作用是什么？

8. 符号常量的用途是什么？

9. 为什么我们要关心代码布局？

10. 如何处理浮点数的模运算（%）？

11. is_declare() 函数的功能是什么？它是如何工作的？

12. let 单词对应的输入内容是由多个字符构成的，在修改后的程序中，如何将其作为一个单词读入？

13. 计算器程序中的 name 可以是什么形式，不能是什么形式，对应的规则是什么？

14. 为什么以增量方式构建程序是个好主意？

15. 什么时候开始对程序进行测试？

16. 什么时候对程序进行再测试？

17. 如何决定函数的划分？

18. 如何为变量和函数选择名称？列出可能的原因。

19. 为什么要添加注释？

20. 注释中应该有什么，不应该有什么？

21. 什么时候可以认为已经完成了一个程序？

术语

code layout（代码布局）	maintenance（程序维护）	scaffolding（程序框架）
commenting（注释）	recovery（错误恢复）	symbolic constant（符号常量）
revision history（版本历史）	error handling（错误处理）	testing（测试）
feature creep（功能蔓延）		

练习题

1. 修改计算器程序，允许变量名中使用下画线。

2. 提供赋值运算符 =，以便在使用 let 引入变量后可以更改变量的值。讨论它为什么有用，以及它如何成为问题的根源。

3. 提供不允许更改其值的命名常量。提示：你必须在 Variable 中添加一个成员来区分常量和变量，并在 set_value() 中进行逻辑判断。如果允许用户定义常量（而不仅仅是计算器程序中预定义的 pi 和 e 那样的常量），必须添加一个符号，用户可以用其表达常量定义，例如用"const"表达常量定义：const pi = 3.14;。

4. get_value()，set_value()，is_declare() 和 define_name() 等函数都可以对变量 var_table 进行操作。定义一个名为 Symbol_table 的类，其成员 var_table 类型为 vector，成员函数为 get()、set()、is_declare() 和 declare()。使用 Symbol_table 类型的变量重写计算器程序。

5. 修改 Token_stream::get() 函数，在读到换行时返回单词 print。这就需要寻找空白字符并特别处理换行符（'\n'）。可能会发现标准库函数 isspace(ch) 很有用，如果 ch 是一个空白字符，则返回 true。

6. 每个程序都应该具备提供一些帮助信息的功能。当用户按下 H 键（大写和小写）时，让计算器程序输出一些如何使用计算器程序的说明。

7. 将 q 和 h 命令分别修改为 quit 和 help。

8. 7.6.4 节中的文法是不完整的（我们提醒过你不要过度依赖注释）；它不定义语句序列，比如 4+4;5-6;，并且它不包含 7.8 节中概述的文法变化。修改文法，还可以将你认为需要的任何内容添加到该注释中，作为计算器程序的第一个注释及其整体注释。

9. 对计算器程序提出三个改进建议（本章未提及），并实现其中一个。

10. 修改计算器程序，使其仅能处理整数类型；给出上溢和下溢的错误信息。提示：使用 narrow_cast（7.5 节）。

11. 回顾你在第 4 章或第 5 章练习编写的两个程序。根据本章概述的规则清理代码，看看你在这个过程中有没有发现什么错误。

附言

恰好，我们现在已经看到了编译器是如何工作的简单示例。计算器程序分析输入流，将其分解成单词，并根据文法规则进行解释，这正是编译器所做的。在分析其输入之后，编译器会生成另外一个描述（目标代码），可供我们随后执行。而计算器程序在分析了表达式的含义后，会立刻计算其值，这种程序被称为解释器而不是编译器。

第 8 章

函数相关的技术细节

"再多天赋也战胜不了对细节的偏执"。

——俗语

在本章和第 9 章中，我们将重点从程序设计转移到程序设计的主要工具，即 C++ 程序设计语言。我们会介绍一些语言的技术细节，以更广泛地了解 C++ 的基本功能，并对这些功能进行更系统的讨论。这两章还回顾了很多前面章节介绍过的程序设计概念，并提供了一个研究语言工具的机会，这两章不介绍新的程序设计技术或概念。

8.1　技术细节

如果可以选择的话，我们宁愿讨论程序设计，而不是讨论程序设计语言的特性。也就是说，我们认为，如何用代码表达思想远比我们用来表达这些思想的程序设计技术细节更有意思。自然语言也有类似的情况：我们宁愿讨论一部好的小说中的思想以及用它表达这些思想的方式，也不愿研究其中的语法和词汇。总之，重要的是思想和如何用代码表达思想，而不是单独的程序设计语言特性。

但是，我们不总是可以选择。当你开始程序设计时，你用的程序设计语言对你而言就是一门外语。你必须学习它的"语法和词汇"。这就是我们在本章和第 9 章中要做的，但请不要忘记：

- 我们要学习的主要是程序设计。
- 我们的产物是程序和系统。
- 程序设计语言（只）是一种工具。

记住这一点似乎是极其困难的，因为很多程序员明显对语言语法和语义的次要细节表现出巨大的兴趣。特别是，很多人错误地认为他们使用的第一种程序设计语言中的解决问题的方法是"唯一正确的方式"，请不要掉入这个陷阱。C++ 在很多方面是一种非常好的程序设计语言，但它并不完美，任何其他程序设计语言也都一样。

大多数程序设计概念都是通用的，并且许多概念被流行的程序设计语言广泛支持。这意味着，我们在一门好的程序设计课程中学到的基本思想和技术可以在不同的程序设计语言之间延续。也就是说，它们可以方便地用于所有语言。然而，程序设计语言的技术细节只是限于特定的语言。幸运的是，程序设计语言不是在真空中设计的，所以你在这里学到的大部分内容都会在其他语言中找到明显的对应内容。特别是，C++ 与 C（参见 27 章）、Java 和 C# 属于同一类语言，它们具有相当多的共性。

注意，当我们讨论语言技术问题时，我们可以故意使用非描述性名称，如 f、g、X 和 y。我们这样做是为了强调此类示例的技术性质，保证这些示例非常简单，以及尽力避免将语言技术细节和真正的程序设计方法混淆而令你困惑。当你看到非描述性名称（例如在实际代码中永远不应该使用的名称）时，请将注意力放在代码的语言技术层面上来。典型的语言技术示例由只用来展示语言规则的代码组成。如果你编译并运行它们，你会收到许多"变量未使用"的警告，而这样的技术性程序片段很少具有实用意义。

请注意我们在这里所写的并不是对 C++ 语法和语义的完整描述，甚至不是我们介绍过的 C++

功能的完整描述。ISO C++ 标准的篇幅有 756 页，都是晦涩难懂的技术语言；而 Stroustrup 所著《The C++ Programming Language》一书有 1300 多页，针对的是有经验的程序员。本书不会在完整性和综合性方面与它们一争高下，本书的优势是易懂，值得阅读。

8.2 声明和定义

声明（declaration）语句是将名字引入作用域（参见 8.4 节）

- 为命名实体（如变量或函数）指定一个类型。
- （可选）进行初始化（例如，为变量指定一个初始值或者为函数指定函数体）。

例如：

```
int a = 7;                        // 一个整型变量
const double cd = 8.7;            // 一个双精度浮点数常量
double sqrt(double);             // 一个接受双精度浮点数参数并返回双精度浮点数结果
                                  //    的函数
vector<Token> v;                 // 一个存储 Token 对象的向量变量
```

C++ 程序中的名字都必须先声明后使用。考虑下面代码：

```
int main()
{
    cout << f(i) << '\n';
}
```

编译器至少会给出三个"未声明的标识符"的错误，因为在程序片段中的任何地方都没有cout、f 和 i 的声明。我们可以通过包含头文件 std_lib_facilities.h 来得到 cout 的声明，以下头文件包含了 cout 的声明：

```
#include "std_lib_facilities.h"    // 我们在这里找到了 cout 的声明
int main()
{
    cout << f(i) << '\n';
}
```

现在，我们只剩下两个"未定义"错误了。当编写真实程序时，你会发现大多数声明都是在头文件中给出的。换句话说，在头文件中定义接口，在"其他地方"定义有用的功能。大致来说，声明定义了功能的使用方式，也就是定义了函数、变量或类的接口。请注意使用声明有一个明显但容易被忽视的优点：我们不必详细了解 cout 及其 << 运算符是如何定义的，我们只需 #include 包含它们的声明即可。我们甚至无须了解它们的声明，从教科书、手册、代码示例或其他资料中了解 cout 应该如何使用就够了。因为编译器会读取头文件中的声明，以便"理解"我们的程序。

然而，我们仍然需要声明 f 和 i，可以这样做：

```
#include "std_lib_facilities.h"    // 我们在这里找到了 cout 的声明
int f(int);                        // f 的声明
int main() {
    int i = 7;                     // i 的声明
    cout << f(i) << '\n';
}
```

这段代码就可以编译通过了，因为每个名字都已声明过了，但它仍会链接失败（参见 2.4 节），因为我们没有定义函数 f()；也就是说，我们没有在任何地方指定 f() 实际应该做什么。

如果一个声明（还）给出了声明的实体的完整描述，我们称为定义（definition）。例如：

```
int a = 7;
vector<double> v;
double sqrt(double d) { /* ... */ }
```

每个定义（根据定义☺）也是一个声明，但某些声明不是定义。以下是一些非定义的声明示例；如果使用了它所指的实体，则每个实体都必须与代码中其他地方的定义相匹配：

```
double sqrt(double);      // 这里没有函数体，只有函数声明
extern int a;             // "extern 加上没有初始化"表示"不是定义"
```

当我们对比定义和声明时，我们遵循惯例并使用"声明"来表示"非定义的声明"，尽管这是一个不严谨的术语。

一个定义准确地指定了名字所指的内容。尤其是一个变量的定义会为该变量分配内存空间。因此，你不能重复定义某个名字。例如：

```
double sqrt(double d) { /* ... */ }          // 定义
double sqrt(double d) { /* ... */ }          // 错误：重复定义
int a;                                        // 定义
int a;                                        // 错误：重复定义
```

相反，一个"非定义的声明"只是告诉你如何使用一个名字，它只是一个接口，不会为变量分配内存或为函数指定函数体。因此，只要你保持一致，就可以声明一个名字多次：

```
int x = 7;                                    // 定义
extern int x;                                 // 声明
extern int x;                                 // 另一个声明

double sqrt(double);                          // 声明
double sqrt(double d) { /* ... */ }           // 定义
double sqrt(double);                          // sqrt 的另一个声明

double sqrt(double);                          // sqrt 的又一个声明

int sqrt(double);                             // 错误：sqrt 的声明不一致
```

为什么最后的声明是错误的？因为不能有两个名为 sqrt 的函数接受同样 double 类型的参数并返回不同类型（int 和 double）。

x 的第二个声明中使用的 extern 关键字表示此声明不是一个定义。这个关键字几乎没什么用，我们建议你不要使用它，但你会在其他人的代码中看到它，尤其是使用过多全局变量的代码（参见 8.4 节和 8.6.2 节）。

为什么 C++ 能同时提供声明和定义两个功能呢？因为声明 / 定义的区别反映了"我们如何使用一个实体（接口）"和"这个实体如何完成它应该做的事情（实现）"之间的根本区别。对于变量，其声明提供类型但只有定义提供对象（内存）。对于函数来说，其声明也只是再次提供了类型（参数类型加上返回类型），但只有定义才提供函数体（可执行的语句）。注意，函数体作为程序的一部分存储在内存中，因此可以说函数和变量定义会消耗内存，而声明则不会。

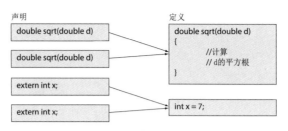

图 8-1　声明与定义

声明 / 定义的区别允许我们将程序分成许多可以单独编译的部分。声明使得程序的每个部分都能保有程序其余部分的视图，而无须关心其他部分中的定义。由于所有声明（包括唯一的一个定义）必须一致，因此整个程序中实体的命名也应该一致。我们将在 8.3 节中进一步讨论这个问题。在这里，我们只是提醒你回顾一下第 6 章中的表达式解析器：其中 expression() 调用 term()，term() 调用 primary()，primary() 又调用了 expression()。由于 C++ 程序中的每个名字都必须在使用前声明，因此我们不能只是简单地定义这三个函数：

```cpp
double expression();   // 只是一个声明，不是定义
double primary()
{
  // ...
  expression();
  // ...
}
double term()
{
  // ...
primary();
  // ...
}
double expression()
{
  // ...
  term();
  // ...
}
```

我们可以按照自己喜欢的方式对这四个函数进行排序，总会有一次调用定义在它后面的函数。在某个地方，我们需要前置声明。因此，我们在 primary() 的定义之前声明了 expression()，这样就一切顺利了。在实际程序设计中，这种循环调用模式非常常见。

为什么名字必须在使用前声明？难道我们不能要求编译器通过读取程序（就像我们所做的那样）找到定义，来获得如何调用函数的信息吗？我们当然可以这样要求，但这会导致"有趣的"技术问题，所以我们决定不这样做。C++ 定义需要在使用前声明（类成员除外，参见 9.4.4 节）。毕竟，这种方式已经是一般写作（非程序）的惯例了：当你读一本教科书时，你当然希望作者在使用它之前先定义；否则，你要一直猜测术语的含义或查索引。"使用前声明"的规则简化了人类和编译器的阅读。在程序中，"使用前声明"之所以重要还有另一个原因。在数千行（可能数十万行）的程序中，我们要调用的大部分函数都会在"其他地方"定义。而这个"其他地方"通常是我们并不想知道的地方。只需了解我们使用的实体的声明，就可以使编译器从阅读大量程序文本中解脱出来。

8.2.1　声明的类别

程序员可以在 C++ 中定义多种类别的实体。最有趣的是：

- 变量
- 常量
- 功能（参见 8.5 节）
- 命名空间（参见 8.7 节）
- 类型（类和枚举，参见第 9 章）
- 模板（参见第 19 章）

8.2.2　变量和常量声明

一个变量或常量的声明需指定名称、类型和可选的初始值。例如：

```
int a;                      // 没有初始化
double d = 7;               // 使用 = 语法进行初始化
vector<int> vi(10);         // 使用 ( ) 语法进行初始化
vector<int> vi2 {1,2,3,4};  // 使用 { } 语法进行初始化
```

你可以在 ISO C++ 标准中找到完整的语法。

常量与变量具有相同的声明语法。它们的不同之处在于将 const 作为其类型的一部分，而且必须进行初始化：

```
const int x = 7;            // 使用 = 语法进行初始化
const int x2 {9};           // 使用 {} 语法进行初始化
const int y;                // 错误：没有初始化器
```

const 需要初始化的原因很明显：如果 const 没有值，它怎么可能是常量呢？初始化变量通常是一个好主意，未初始化的变量会导致隐蔽的错误。例如：

```
void f(int z)
{
    int x;                  // 未初始化
    // ... 这里没有对 x 进行赋值 ...
    x = 7;                  // 给 x 赋值
    // ...
}
```

这段代码看起来再正常不过了，但如果是第一个 "…" 处包括对 x 的使用又如何呢？例如：

```
void f(int z)
{
    int x;                  // 未初始化
    // ... 这里没有对 x 进行赋值 ...
    if (z>x) {
    // ...
    }
    // ...
    x = 7;                  // 给 x 赋值
    // ...
}
```

因为 x 未初始化，所以执行 z>x 的结果是未定义的行为。在不同的机器平台上，比较操作 z>x 可能会给出不同的结果，甚至在同一台机器上执行多次也会给出不同的结果。原则上，z>x 可能会导致程序因一个硬件错误而终止，但通常不会发生这种情况，取而代之的是我们会得到一个不可预知的结果。

我们自然不会故意这么做，但是如果我们没有坚持初始化变量，它最终会发生错误。记住，大多数"愚蠢的错误"（例如在对它赋值之前就使用未初始化的变量）都会在你忙碌或疲倦时发生。编译器会试图发出警告，但在复杂的代码中（最有可能发生此类错误的地方）因为编译器还无法捕获所有此类错误。有些人没有初始化变量的习惯，通常是因为他们学会了使用不允许或不鼓励一致初始化的语言进行程序设计；因此你会在其他人的代码中看到这样的例子。请不要因为忘记初始化你自己定义的变量，而向你的程序中引入错误。

我们更倾向于 { } 初始化语法，一方面是因为它是最通用的，也最明确地表示"初始化"；另一方面，有时我们出于旧习惯使用 = 来进行一些简单的初始化，并 ( ) 来指定向量容器的元素数量（参见 17.4.4 节）。

8.2.3　默认初始化

你可能已经注意到，我们通常不对 string(字符串)、vector（向量容器）等进行初始化。例如：

```
vector<string> v;
string s;
while (cin>>s) v.push_back(s);
```

这不是"变量必须在使用前初始化"的这条规则的例外情况。之所以出现这种情况，是因为我们定义 string 和 vector 类时，定义了默认初始化机制，如果代码中不显式进行初始化，这些类型的对象会被初始化为默认值。因此，上述代码执行到循环之前，v 是空的（它没有元素）并且 s 是空字符串（""）。保证默认初始化的机制称为默认构造函数（default constructor），参见 9.7.3 节。

然而，C++ 不允许我们为内置类型设置初始化功能。尽管全局变量（参见 8.4 节）默认初始化为 0，但你应该尽量少用全局变量。除非你提供初始化程序（或默认构造函数），否则最常用的变量、局部变量和类成员是未初始化的。此时，编译器会报出警告！

8.3　头文件

那么我们应该如何管理声明和定义呢？毕竟，在实际的程序中可能有成千上万个声明，甚至数十万个声明的程序也不少见，而且声明和定义要一致。通常，当我们编写程序时，我们使用的大多数定义都不是我们自己编写的。例如，cout 和 sqrt() 的实现是其他人在很多年前编写的，我们只是使用它们。

在 C++ 中，对于"在其他地方"定义的功能声明，管理它们的关键是"头"。本质上，头（header）是声明的集合，通常定义在文件中，因此也称为头文件（header file）。这样的头文件用 #include 包含在我们的源文件中。例如，我们可能决定通过分离单词管理部分来改进计算器源代码的组织（参见第 6 章和第 7 章）。我们可以定义一个头文件 token.h，其中包含使用 Token 类和 Token_stream 类所需的声明，如图 8-2 所示。

Token 和 Token_stream 的声明在头文件 token .h 中，而它们的定义在 token.cpp 中。后缀 .h 通常用于 C++ 头文件，而后缀 .cpp 通常用于 C++ 源文件。实际上，C++ 语言并不关心文件后缀，但一些编译器和很多程序开发环境坚持这种命名习惯，因此请在源代码中也遵循这个约定。

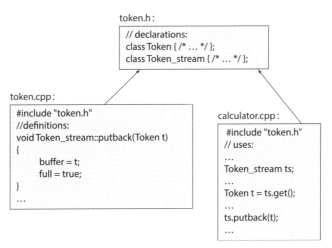

图 8-2　程序头文件依赖关系

原则上，#include "file.h" 只是简单地将 file.h 中的声明复制到你的文件中 #include 指令处。例如，我们可以写一个头文件 f.h：

```
// f.h
int f(int);
```

并将它包含于我们的源文件 user.cpp 中：

```
// user.cpp
#include "f.h"
int g(int i)
{
    return f(i);
}
```

当编译 user.cpp 时，编译器会执行 #include，然后编译得到的如下程序：

```
int f(int);
int g(int i)
{
    return f(i);
}
```

由于 #include 的处理逻辑上在编译器执行任何其他操作之前进行，因此称为预处理（preprocessing）（参见 A.17 节）。

为了方便一致性检查，我们在使用其声明的源文件和为这些声明提供定义的源文件中都包含了头文件。这样，编译器就能尽快地捕获错误。例如，假设 Token_stream::putback() 的实现者犯了如下错误：

```
Token Token_stream::putback(Token t)
{
    buffer.push_back(t);
    return t;
}
```

这段代码看起来没有问题（虽然它存在错误），幸运的是，编译器可以发现这个错误，因为它看到了 Token_stream::putback() 的（#include）声明然后编译器将该声明与我们的定义进行了比较，发现 putback() 不应该返回一个 Token，另外 buffer 是一个 Token，而不是一个 vector<Token>，因此我们不能在其上使用 push_back()。这个错误产生的原因是，我们对原有代码进行改进时，没有保证整个程序的一致性。

同样，考虑下面代码中的错误：

```
Token t = ts.gett();              // 错误：没有 gett 成员
// . . .
ts.putback();                     // 错误：缺少参数
```

编译器会立即报告错误，因为头文件 token.h 给出了一致性检查所需的所有信息。

头文件 std_lib_facilities.h 包含了我们所使用的标准库中的功能的生命，如 cout、vector 和 sqrt() 等，以及一些不在标准库中的简单工具函数的声明，如 error()。在 12.8 节我们会说明如何使用标准库头文件。

一个头文件通常会被包含在多个源文件中，这意味着头文件只能包含那些可以在多个文件中重复多次的声明（如函数声明、类定义和数值常量的定义等）。

8.4　作用域

作用域（scope）是一个程序文本区域。每个名字都定义在一个作用域中，从声明点到作用域结束的区间内有效。例如：

```
void f()
{
    g();// 错误：g() 尚未在作用域内
}
void g()
{
    f();// 正确：f() 在作用域内
}
void h() {
    int x = y;        // 错误：y 尚未在作用域内
    int y = x;        // 正确：x 在作用域内
    g();              // 正确：g() 在作用域内
}
```

作用域中的名字也可以在其他嵌套的作用域中有效。例如，f() 的调用在 g() 的作用域内，而 g() 是嵌套在全局作用域中的。全局作用域不在任何其他作用域内。在使用名字之前必须声明的规则仍然成立，因此 f() 不能调用 g()。

C++ 提供了如下几种类型作用域，可以帮助我们控制变量的使用：

● 全局作用域（global scope）：在任何作用域之外的程序区域。
● 命名空间作用域（namespace scope）：一个命名空间作用域嵌套在全局作用域中或另一个命名空间作用域中，参见 8.7 节。
● 类范围（class scope）：一个类内的程序区域，参见 9.2 节。
● 局部作用域（local scope）：在 {…} 大括号之间或函数参数列表中的程序区域。
● 语句作用域（statement scope）：例如，for 语句内的程序区域。

作用域的主要目的是保持名字的局部性，使之不影响声明于其他地方的名字。例如：

```
void f(int x)            // f 是全局的；x 是 f 的局部变量
{
    int z = x + 7;    // z 是局部变量
}

int g(int x)             // g 是全局的；x 是 g 的局部变量
{
    int f = x + 2;    // f 是局部变量
    return 2 * f;
}
```

接下来，我们以图形化方式展示这段代码的作用域信息，如图 8-3 所示。

这里 f() 的 x 不同于 g() 的 x。它们不会冲突，因为它们不在同一作用域内：f() 的 x 是 f 的局部变量，g() 的 x 是 g 的局部变量。同一作用域内的两个不兼容的声明通常称为冲突（clash）。同样，在 g() 中定义和使用的 f（显然）不是全局函数 f()。

图 8-3　全局作用与局部作用域

下面代码示例与上述逻辑类似，但这段代码更加接近实际例子：

```
int max(int a, int b)  // max 是全局的；a 和 b 是局部变量
{
    return (a >= b) ? a : b;
}

int abs(int a)           // 不是 max() 的 a
{
    return (a < 0) ? -a : a;
}
```

在标准库你会发现 max() 和 abs()，因此你不必自己编写这两个函数。?：构造称为算术 if（arithmetic if）或条件表达式（conditional expression）。如果 a>=b，则（a>=b）? a:b 的值为 a，否则为 b。条件表达式可以帮助我们避免编写如下冗长的代码：

```
int max(int a, int b)  // max 是全局的；a 和 b 是局部变量
{
    int m;                 // m 是局部变量
    if (a >= b)
        m = a;
    else
        m = b;
    return m;
}
```

因此，除了最明显的全局作用域之外，其他作用域都使名字保持局部性。在大多数情况下，局部性是很好的性质，因此你应该尽量保持名字的局部性。当你在函数、类、命名空间等中声明变量、函数等时，它们不会影响你的变量和函数。记住，实际程序有成千上万个命名实体，为了使此类程序易于管理，大多数名字都应该是局部性的。

下面是一个较大的实例，说明了名字是如何在语句和语句块（包括函数体）末尾离开作用域的：

```
// 这里没有 r、i 或 v
class My_vector {
    vector<int> v;                    // v 在类的作用域内
public:
    int largest()
    {
        int r = 0;                    // r 是局部变量（最小非负整数）
        for (int i = 0; i < v.size(); ++i)
            r = max(r, abs(v[i]));    // i 在 for 循环的语句作用域内
        // 这里没有 i
        return r;
    }
    // 这里没有 r
};

// 这里没有 v
int x;                    // 全局变量（尽量避免使用全局变量）
int y;

int f()
{
    int x;                // 局部变量，隐藏了全局变量 x
    x = 7;                // 局部变量 x
    {
        int x = y;        // 局部变量 x 通过全局变量 y 初始化，隐藏了前一个局部变量 x
        ++x;              // 来自前一行的 x
    }
    ++x;                  // f() 的第一行的 x
    return x;
}
```

尽可能避免这种复杂的嵌套和隐藏。记住："保持简单性！"

一个名字的作用域越大，名字就应该越长、越有描述性：将全局变量命名为 x、y 和 f 是灾难性的。你在程序中应该尽量少用全局变量，其主要原因是很难知道哪些函数修改了它们。在大型程序中，基本上不可能知道哪些函数修改了一个全局变量。假如，你正在尝试调试一个程序，你发现一个全局变量的值与预期不符。那么是谁赋予它的值？为什么这样赋值？是哪些函数写入了该值？你又是怎么知道的？向该变量写入错误值的函数可能位于你从未见过的源文件中！一个好的程序将只有非常少（如一两个）全局变量。例如，第 6 章和第 7 章中的计算器程序只有两个全局变量：单词流 ts 和符号表 names。

注意，大多数 C++ 语法结构定义了嵌入的作用域：

● 类内的函数：成员函数（参见 9.4.2 节）

```
class C {
public:
    void f();
    void g()    // 成员函数可以在类内部定义
    {
```

```
              // ...
      }
      // ...
};

void C::f()      // 成员定义可以在类外部
{
      // ...
}
```

这是一种最常见和最有用的情况。

● 类中的类：成员类（也称嵌入类）

```
class C {
public:
      class M {
              // ...
      };
      // ...
};
```

这只在复杂类中才有用，记住理想情况是保持类简短、简单。

● 函数中的类：局部类

```
void f()
{
  class L {
              // ...
  };
  // ...
}
```

应避免这种代码，如果你觉得需要一个局部类，那么你的函数可能太长了。

● 函数中的函数：局部函数（也称嵌套函数）

```
void f()
{
  void g()       // illegal
  {
              // ...
  }
  // ...
}
```

这在 C++ 中是不合法的，请不要写这种代码，编译器将拒绝它。

● 函数或块中的块：嵌套块

```
void f(int x, int y)
{
  if (x>y) {
              // ...
  }
```

```
    else {
        // ...
        {
            // ...
        }
        // ...
    }
}
```

嵌套块是避免不了的，但要对复杂的嵌套保持警惕：它非常容易隐藏错误。

C++ 还提供了一种语言特性：命名空间，专门用于表达作用域，参见 8.7 节。

注意，我们尽量使用一致的缩进格式来表明嵌套。如果不这样，嵌套的结构就会很难阅读。例如：

```
// dangerously ugly code
struct X {
void f(int x) {
struct Y {
int f() { return 1; } int m; };
int m;
m=x; Y m2;
return f(m2.f()); }
int m; void g(int m) {
if (m) f(m+2); else {
g(m+2); }}
X() { } void m3() {
}

void main() {
X a; a.f(2);}
};
```

难以阅读的代码通常会隐藏错误。当你使用 IDE 时，它会尽力自动地（根据某种"恰当"的规则）将你的代码整理成恰当的缩进格式。也有一种"代码美化器"，可以重新格式化源代码文件（通常可以允许你自己选择格式）。但是，确保代码可读性的最终责任还是在于你自己。

8.5　函数调用和返回

函数为我们提供了表示操作和计算的途径，当我们想要做一些工作时，我们就写一个函数。C++ 语言为我们提供了运算符（如 + 和 *），使得我们可以在表达式中用这些运算符产生新值。此外，C++ 还提供了控制程序执行顺序的语句（如 for 和 if），为了组织由这些原语构成的代码，我们需要使用函数。

为了完成自身的工作，一个函数通常需要参数，而且大多数函数都会返回一个结果。本节将重点介绍如何指定和传递参数。

8.5.1　声明参数和返回类型

函数是我们在 C++ 中用来命名和表示计算和操作的语法结构。一个函数声明包含一个返回类型后跟函数名，以及形式参数列表（简称形参）。例如：

```
double fct(int a, double d);                    // fct 的声明（无函数体）
double fct(int a, double d) { return a * d; }  // fct 的定义
```

一个函数定义包含函数体（调用此函数应执行的语句），而一个非定义的声明只接一个分号。形参通常也称为参数（parameter）。如果你不希望函数接受参数，只需省略形参即可。例如：

```
int current_power();                            // current_power 不接受参数
```

如果你不希望从函数返回一个结果，可将 void 作为其返回类型。例如：

```
void increase_power_to(int level);             // increase_power 不返回值
```

这里，void 的意思是"不反悔一个值"或"什么也不返回"。

```
// 在 vs 中搜索 s;
// vs[hint] 可能是一个好的搜索起点
// 返回匹配项的索引; -1 表示 " 未找到 "
int my_find(vector<string> vs, string s, int hint);   // 命名参数
int my_find(vector<string>, string, int);    // 未命名参数
```

在函数声明中，形参的名字在逻辑上不是必须的，只是对于编写好的注释很有益。从编译器的角度来看，第二个 my_find() 的声明与第一个一样：它包含所有调用 my_find() 所需的信息。

通常，我们会命名函数定义中的所有参数，例如：

```
int my_find(vector<string> vs, string s, int hint)
    // 从 hint 开始在 vs 中搜索 s
{
    if (hint < 0 || vs.size() <= hint) hint = 0;
    for (int i = hint; i < vs.size(); ++i) // 从 hint 开始搜索
        if (vs[i] == s) return i;
    if (0 < hint) {                         // 如果没有找到 s, 在 hint 之前搜索
        for (int i = 0; i < hint; ++i)
            if (vs[i] == s) return i;
    }
    return -1;
}
```

参数提示（hint）使代码复杂了许多，但它的使用是基于这样一个前提：my_find() 的使用者粗略知道如何在一个向量中找到一个字符串，所以使用提示可以产生很好的效果。但是，假设我们使用了 my_find() 一段时间，然后发现很少调用者能用好提示，因此它实际上降低了性能。现在我们不再需要提示了，但是"外部"仍然有很多代码调用带有提示的 my_find()。我们不计划重写这些代码（或者因为它是别人所写的代码无法修改），所以我们不想更改 my_find() 的声明。相反，我们只是不使用最后一个参数。因为我们不再使用它，所以可以不为其命名：

```
int my_find(vector<string> vs, string s, int) { // 第三个参数未使用
    for (int i = 0; i<vs.size(); ++i)
        if (vs[i]==s) return i;
    return -1;
}
```

你可以在 ISO C++ 标准中找到完整语法。

8.5.2　返回一个值

我们可以用 return 语句从函数返回一个值：

```
T f() {  // f() 返回一个 T
    V v;
    // . . . return v;
}
```

```
T x = f();
```

这段代码中的返回值恰好是我们通过使用类型 V 的值初始化类型 T 的变量而获得的值：

```
V v;
// . . .
T t(v); // 使用 v 初始化 t
```

也就是说，返回值可以看作初始化的另一种形式。

如果函数声明中指定返回值，则函数体内必须通过 return 返回一个值。否则，就会导致错误"直至函数末尾未返回值"：

```
double my_abs(int x)   // 警告：有错误的代码
{
    if (x < 0)
        return -x;
    else if (x > 0)
        return x;
    // 错误：如果 x 是 0，则没有返回值
}
```

实际上，编译器可能不会注意到我们"忘记"了 x==0 的情况。原则上它应该注意到，但很少有编译器如此"聪明"。对于复杂的函数，编译器可能完全无法知道你是否返回了一个值，因此程序设计要小心。这里，"小心"意味着要保证对于函数的每种执行路径都有一条 return 语句或一个 error()。

由于历史原因，main() 是一个特例。执行到 main() 的末尾而未返回值，等价于返回 0，表示程序"成功完成"程序。

在一个不返回值的函数中，我们可以使用无值的 return 从函数返回调用者。例如：

```
void print_until_s(vector<string> v, string quit)
{
    for(string s : v) {
        if (s==quit) return;
        cout << s << '\n';
    }
}
```

如你所见，在一个 void 函数中直至末尾未返回值是合法的，这等价于无值的返回 return。

8.5.3　传值参数

向函数传递参数最简单的方式是将参数的值拷贝一份传递给函数。函数 f() 的参数实际是 f() 中的局部变量，每次 f() 被调用时都会初始化。例如：

```
// 值传递（将值的副本传递给函数）
int f(int x)
{
    x = x + 1;                    // 给局部变量 x 一个新值
    return x;
}


int main()
{
    int xx = 0;
    cout << f(xx) << '\n';    // 输出：1
    cout << xx << '\n';       // 输出：0；f() 不会改变 xx
    int yy = 7;
    cout << f(yy) << '\n';    // 输出：8
    cout << yy << '\n';       // 输出：7；f() 不会改变 yy
}
```

由于传递的是拷贝，因此 f() 中的 x=x+1 不会改变两次调用时传递的变量 xx 和 yy 的值。图 8-4 可以说明传值参数的机制：

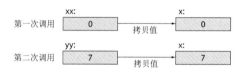

图 8-4　变量拷贝

传值方式非常直接，其代价就是拷贝值的开销。

8.5.4　传常量（const）引用参数

当传递占用存储空间较小的值，如一个 int（整数）、一个 double（双精度浮点数）或一个 Token（单词）（参见 6.3.2 节）时，传值方式比较简单、直接且高效。但是，如果对于占用存储空间较大的值，如图像（通常是几百万位）、一个大表（如数千个整数）或一个长字符串（如数百个字符），又如何呢？在这种情况下，拷贝的代价就会非常高。尽管我们不必为拷贝代价所困扰，但是做不必要的工作可能会很麻烦，因为这表明我们不能直接表达我们想要什么。例如，我们可以编写下面这个函数来打印出一个双精度浮点数向量容器，如下所示：

```
void print(vector<double> v) // 值传递；合适吗?
{
    cout << "{ ";
    for (int i = 0; i < v.size(); ++i) {
        cout << v[i];
        if (i != v.size() - 1) cout << ", ";
    }
    cout << " }\n";
}
```

这个 print() 函数适用于所有规模的向量容器，例如：

```
void f(int x) {
```

```
    vector<double> vd1(10);    // 小向量
    vector<double> vd2(1000000);     // 大向量
    vector<double> vd3(x);          // 一些未知大小的向量
    // . . . 填充 vd1、vd2、vd3 的值 ...
    print(vd1);
    print(vd2);
    print(vd3);
}
```

这段代码可以得到我们想要的结果，但是 print() 的第一次调用需要拷贝 10 个双精度浮点数（可能是 80 字节），第二次调用需要复制 100 万个双精度浮点数（可能是 8 兆字节），而我们并不知道第三次调用需要拷贝多少字节。我们必须在这里问自己的问题是："我们为什么要拷贝全部数据？"我们只是想打印 vectors，而不是拷贝它们的元素。因此我们必须要有一种方法可以在不拷贝变量的情况下将变量传递给函数。类似的例子是，如果你的任务是列出图书馆的图书清单，图书管理员不会把你送去图书馆大楼并将其所有内容的一份拷贝给你，而是把图书馆的地址发给你，这样你就能到图书馆去浏览藏书了。因此，我们需要一种方法提供 vector 的"地址"给 print() 函数而不是 vector 的副本。这样的"地址"称为引用（reference），使用方式如下：

```
void print(const vector<double>& v) // 常量引用传递
{
    cout << "{ ";
    for (int i = 0; i < v.size(); ++i) {
        cout << v[i];
        if (i != v.size() - 1) cout << ", ";
    }
    cout << " }\n";
}


void f(int x)
{
    vector<double> vd1(10);          // 小向量
    vector<double> vd2(1000000);     // 大向量
    vector<double> vd3(x);           // 一些未知大小的向量
    // . . . 填充 vd1、vd2、vd3 的值 ...
    print(vd1);
    print(vd2);
    print(vd3);
}
```

传常量引用方式如图 8-5 所示：

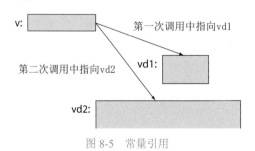

图 8-5　常量引用

常量引用（const reference）的一个非常有用的特性是，我们不会意外地修改传来的对象。例如，如果我们犯了一个愚蠢的错误，试图在 print() 中修改向量容器的元素，编译器就会捕获这个错误：

```
void print(const vector<double>& v)          // 常量引用传递
{
    // ...
    v[i] = 7;                                 // 错误: v 是一个常量（不可修改）
    // ...
}
```

传常量引用是一种有用且常用的机制。请再次考虑使用 my_find() 函数（参见 8.5.1 节），在一个字符串向量容器中搜索一个字符串，传值参数会带来不必要的拷贝代价：

```
int my_find(vector<string> vs, string s);    // 值传递: 复制
```

如果向量包含数千个字符串，即使是一台非常快的计算机，拷贝也会花费非常长的时间。因此，我们可以改进 my_find() 函数的参数，使其接受 const 引用的参数：

```
// 常量引用传递: 无需复制，只读访问
int my_find(const vector<string>& vs, const string& s);
```

8.5.5　传引用参数

但如果我们确实想让一个函数修改它的参数呢？有时候，这是一个非常合理的需求。例如，我们可能需要 init() 函数为向量容器元素赋值：

```
void init(vector<double>& v) // 引用传递
{
    for (int i = 0; i < v.size(); ++i)
        v[i] = i;
}

void g(int x) {
    vector<double> vd1(10);                   // 小向量
    vector<double> vd2(1000000);              // 大向量
    vector<double> vd3(x);                    // 一些未知大小的向量
    init(vd1); init(vd2); init(vd3);
}
```

这里，我们希望 init() 函数修改参数向量，所以我们没有拷贝参数值（没有传值参数）或声明常量引用（没有使用传常量引用参数），而是简单地传递了一个"对向量容器的引用"。

我们可以从更技术的角度探讨一下引用。引用是一种允许用户为对象声明新名称的语法结构。例如，int& 是对 int 的引用，所以我们可以这样写：

```
int i = 7;
int& r = i;        // r 引用 i，如图 8-6 所示。
```

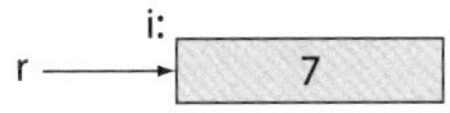

图 8-6　r 引用 i

```
r = 9;             // 改变 i 为 9
```

```
i = 10;
cout << r << ' ' << i << '\n';        // 输出：10 10
```

也就是说，任何对 r 的使用实际上使用的是 i。

引用的一个用途是作为简写形式。例如，我们可能会用到如下向量：

```
vector<vector<double> > v;            // 元素为 vector<double> 的 vector
```

如果我们需要多次引用某个元素 v[f(x)][g(y)]。然而，v[f(x)] [g(y)] 是一个很复杂的表达式，我们不想重复太多次。如果我们只需要这个元素的值，我们可以写：

```
double val = v[f(x)][g(y)];           // val 是 v[f(x)][g(y)] 的值
```

然后多次使用 val 即可。但如果我们既要从 v[f(x)][g(y)] 读取值，又要向它写入值呢？这时，引用就派上用场了：

```
double& var = v[f(x)][g(y)];          // var 是对 v[f(x)][g(y)] 的引用
```

现在，通过 var，我们既可以从 v[f(x)][g(y)] 中读取值，还可以写入值。例如：

```
var = var/2+sqrt(var);
```

引用的这个关键属性，就是可以方便地作为某些对象的简写，使得它们可以用作参数传递的重要原因。例如：

```
int f(int& x)
{
    x = x + 1;
    return x;
}

int main()
{
    int xx = 0;
    cout << f(xx) << '\n';        // 输出：1
    cout << xx << '\n';           // 输出：1；f() 改变了 xx 的值

    int yy = 7;
    cout << f(yy) << '\n';        // 输出：8
    cout << yy << '\n';           // 输出：8；f() 改变了 yy 的值
}
```

图 8-7 说明了上例中引用参数传递的原理。

请将此例与 8.5.3 节中的类似示例进行比较。

引用传递显然是一种非常强大的机制：我们可以让函数直接对传递引用的任何对象进行操作。例如，交换两个值是很多算法（如排序）中是非常重要的操作。使用引用，我们可以编写下面这样一个交换两个双精度浮点数的函数：

```
void swap(double& d1, double& d2)
{
    double temp = d1;  // 将 d1 的值复制到 temp
    d1 = d2;           // 将 d2 的值复制到 d1
    d2 = temp;         // 将 d1 的旧值复制到 d2
```

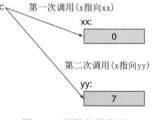

图 8-7　引用参数传递

```
    }

    int main()
    {
        double x = 1;
        double y = 2;
        cout << "x == " << x << " y == " << y << '\n'; // 输出：x == 1 y == 2
        swap(x, y);
        cout << "x == " << x << " y == " << y << '\n'; // 输出：x == 2 y == 1
    }
```

标准库为可以拷贝的每种类型提供了一个 swap() 函数，因此不必为每种类型编写自己的 swap() 函数。

8.5.6　传值与传引用对比

如何在传值方式、传引用方式和常量引用方式间进行选择呢？我们先来看第一个例子：

```
    void f(int a, int& r, const int& cr)
    {
        ++a;                    // 改变局部变量 a
        ++r;                    // 改变 r 引用的对象
        ++cr;                   // 错误：cr 是常量，不可改变
    }
```

如果你想改变被传递对象的值，你必须使用一个非常量引用：传值方式传来的是对象的拷贝，而常量引用方式不允许你修改对象的值。所以我们可以试试下面的程序：

```
    void g(int a, int& r, const int& cr)
    {
        ++a;                    // 改变局部变量 a
        ++r;                    // 改变 r 引用的对象
        int x = cr;             // 读取 cr 引用的对象
    }

    int main() {
        int x = 0;
        int y = 0;
        int z = 0;

        g(x, y, z);             // x==0; y==1; z==0
        // g(1, 2, 3);          // 错误：引用参数 r 需要一个变量作为引用对象
        g(1, y, 3);             // 正确：因为 cr 是常量引用，可以传递字面值
    }
```

如果你想改变一个通过引用方式传递过来的对象的值，你必须传递一个对象，而不能是一个常量。从技术上讲，整型字面常量 2 只是一个值（右值，rralue），而不是一个能保存值的对象。而这里函数 g() 的参数 r 需要的是一个左值（lvalue），即可以出现在赋值操作的左侧。

注意，常量引用不需要左值。它可以像初始化和传值方式一样进行转换。在上面的代码中，当进行最后一次调用 g(1,y,3) 时发生了什么呢？情况是这样的，编译器为函数 g() 的参数 cr 分配了一

个整型变量，并允许 cr 指向它：

```
g(1,y,3); // means: int __compiler_generated = 3; g(1,y,__compiler_generated)
```

这样一个编译器生成的对象称为临时对象（temporary object）。

我们的原则是：

- 使用传值方式传递非常小的对象。
- 使用传常量引用方式传递不需要修改的大对象。
- 让函数返回一个值，而不是修改引用参数传递来的对象。
- 只有在必要时才使用传引用方式。

这些原则会帮我们写出最简单、最不易出错且最高效的代码。"非常小"的意思是一个或两个整型数、一个或两个双精度浮点数等。如果我们发现一个参数是以非常量引用方式传递的，我们必须假设被调用函数会修改这个参数。

第三条规则表达的是，当你想要使用函数更改变量值时，可以考虑返回一个值而不是修改引用参数传递的对象。如下列代码所示：

```
int incr1(int a) { return a+1; }      // 将新值作为结果返回
void incr2(int& a) { ++a; }           // 修改传递的对象的引用
int x = 7;
x = incr1(x);                         // 相当明显
incr2(x);                             // 相当隐晦
```

那么为什么我们还需要使用非常量引用参数呢？因为有时候这种参数传递方式是必不可少的。

- 用于操作容器（如 vector）和其他大型对象。
- 用于改变多个对象的函数（只能有一个返回值）。

例如：

```
void larger(vector<int>& v1, vector<int>& v2)
    // 将 v1 中的每个元素设为 v1 和 v2 对应元素中较大的值；
    // 同样地，将 v2 中的每个元素设为较小的值
{
    if (v1.size()!=v2.size()) error("larger(): different sizes");
    for (int i=0; i<v1.size(); ++i)
        if (v1[i]<v2[i])
            swap(v1[i],v2[i]);
}
void f()
{
    vector<int> vx;
    vector<int> vy;
    // 从输入中读取 vx 和 vy
    larger(vx,vy);
    // . . .
}
```

对于 larger() 这样的函数来说，使用传引用参数是唯一合理的选择。

一般来讲，最好避免让函数修改多个对象。理论上，总会有替代方法，比如返回一个包含多个值的类对象。但是，已经有大量程序使用了修改一个或多个参数的函数，因此你可能会遇到过这类程序。例如，在 Fortran（50 年来用于数值计算的主要程序设计语言）中，所有参数传统上都是

通过引用方式传递的。很多数值计算程序直接借鉴了已有的 Fortran 设计，调用了 Fortran 编写的函数。这样的代码通常使用引用方式传递或常量引用方式传递。

　　如果使用引用只是为了避免拷贝，则可以使用常量引用。因此，当我们看到一个非常量引用参数时，我们就可以假设函数改变了参数的值；也就是说，当我们看到一个非常量引用的参数传递时，我们假设这个函数不仅可以修改传递的参数，而且确实这么做了，因此我们必须小心检查对函数的调用，以确保它执行了我们期望的操作。

8.5.7　参数检查和转换

　　参数传递过程就是用函数调用中指定的实际参数初始化函数的形式实参。如下列代码所示：

```
void f(T x);
f(y);
T x = y;    // 使用 y 初始化 x（参见 8.2.2 节）
```

当初始化 T x=y 时，函数调用 f(y) 是合法的，此时，两个 x 得到相同的值。例如：

```
void f(double x);
void g(int y)
{
    f(y);
    double x = y;                  // 使用 y 初始化 x（参见 8.2.2 节）
}
```

　　注意，要用 y 初始化 x 时，我们必须将一个整数转换为一个双精度浮点数。函数 f() 的调用也是如此。f() 接收到的双精度值与变量 x 中保存的值是一样的。

　　类型转换通常很有用，但有时它们会产生令人奇怪的结果（参见 3.9.2 节）。因此，我们必须小心对待类型转换。例如，将双精度浮点数作为参数传递给需要整型的函数就不是一个好主意：

```
void ff(int x);

void gg(double y)
{
    ff(y);                         // 如何确定这是否合理?
    int x = y;                     // 如何确定这是否合理?
}
```

　　如果你确实是想将一个双精度值截取为一个整数，请使用显式类型转换：

```
void ggg(double x)
{
    int x1 = x;                    // 截断 x
    int x2 = int(x);
    int x3 = static_cast<int>(x);  // 非常明确的类型转换（参见 17.8 节）

    ff(x1);
    ff(x2);
    ff(x3);

    ff(x);                         // 截断 x
    ff(int(x));
```

```
    ff(static_cast<int>(x));            // 非常明确的类型转换（参见 17.8 节）
}
```

其他程序员很容易从以上代码中看出你考虑过参数截断与类型转换问题。

8.5.8 实现函数调用

计算机是如何进行函数调用的呢？第 6 章和第 7 章中的 expression()、term() 和 primary() 函数非常适合说明这一点，除了一个细节：它们不带任何参数，所以我们不能用它们来解释参数是如何传递的。但是，这些函数必然需要接受输入，如果不这样做，它们不可能做任何有用的事情。实际上这些函数接收了一个隐含的参数：它们使用一个名为 ts 的 Token_stream 对象来获得输入，而 ts 是一个全局变量，这显得有些隐晦。我们可以通过让它们采用 Token_stream& 参数来改进这些函数。因此，本节为这几个函数都添加了 Token_stream& 参数，并删除了与函数调用实现无关的所有内容。

首先，函数 expression() 非常简单，它有一个参数（ts）和两个局部变量（left 和 t）：

```
double expression(Token_stream& ts)
{
    double left = term(ts);
    Token t = ts.get();
    // . . .
}
```

其次，函数 term() 与 expression() 非常类似，只是多了一个额外的局部变量（d），用来保存除法运算（'/'）的结果：

```
double term(Token_stream& ts)
{
    double left = primary(ts);
    Token t = ts.get();
    // . . .
        case '/':
        {
            double d = primary(ts);
            // . . .
        }
    // . . .
}
```

第三，函数 primary() 与 term() 类似，只是没有局部变量 left：

```
double primary(Token_stream& ts) {
    Token t = ts.get();
    switch (t.kind) {
        case '(':
        { double d = expression(ts);
            // . . .
        }
        // . . .
    }
```

```
}
```

现在它们不再使用任何"隐晦的全局变量"，这说明函数调用机制已经非常完美了：它们都有一个参数，都有局部变量，并且它们相互调用。你可能想借此机会回顾一下完整的 expression()、term() 和 primary() 是什么样子的，但这里已经介绍了函数调用方面的显著特征。

当一个函数被调用时，编译器会分配一个数据结构，其中包含其所有参数和局部变量的拷贝。例如，当第一次调用 expression() 时，编译器会创建一个数据结构，如图 8-8 所示。

"编译器填充"部分，不同编译器填入内容不同，但基本上是函数需要返回给它的调用者和返回一个值给调用者所需的信息。这样的数据结构称为函数活动记录（function activation record），每个函数都有自己的活动记录详细布局。请注意，从编译器的角度来看，一个参数只是另一个局部变量。

到目前为止，一切都正常，当 expression() 调用了 term()，此时编译器会为这次 term() 调用生成一个活动记录，如图 8-9 所示。

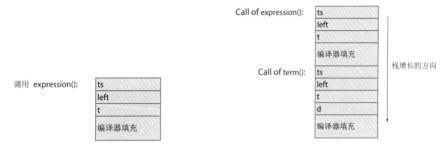

图 8-8　调用 expression() 时堆栈信息　　　　图 8-9　调用 term() 时堆栈信息

我们注意到 term() 需要保存一个额外的变量 d，所以我们在调用中为它留出空间，即使代码可能永远不会使用它。这没有问题，对于合理的函数（例如我们在本书中直接或间接使用的每个函数），创建一个函数活动记录的运行时成本不取决于它有多大。只有当我们执行它的 case '/' 时，局部变量 d 才会被初始化。

现在 term() 调用 primary()，编译器会创建如图 8-10 所示的活动记录布局信息：

这些内容开始重复了，就不再赘述了，接下来 primary() 调用 expression()，如图 8-11 所示：

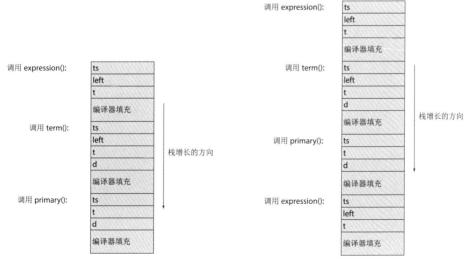

图 8-10　调用 primary() 时堆栈信息　　　　图 8-11　继续调用 expression() 时堆栈信息

　　编译器为这次调用 expression() 创建了它自己的活动记录，与第一次调用 expression() 的活动记录不同。这样 left 和 t 在两次调用中是不同的，否则我们将陷入混乱的境地。直接或间接（在本例中）调用自身的函数称为递归（recursive）。如你所见，正是因为有了上述函数调用和返回的实现技术，递归函数才可以自然地成立（反之亦然）。

　　因此，每当我们调用一个函数时，活动记录栈（stack of activation record）都会增加一条记录。相反，当函数返回时，它的记录不再被使用。例如，当最后一次调用 expression() 返回到 primary()时，堆栈将恢复为如图 8-12 所示：

　　当 primary() 返回 term() 时，栈将回到如图 8-13 所示：

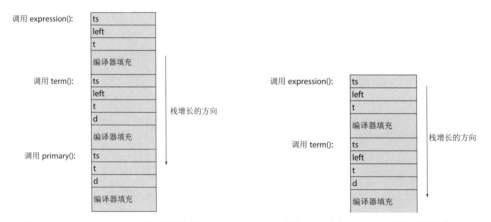

图 8-12　返回 primary() 调用时堆栈信息　　　　图 8-13　返回 term() 调用时堆栈信息

　　依此类推。这里使用的栈，也称为调用栈（call stack），是一种按照"后进先出"的规则在一端增长和收缩的数据结构。

　　请记住不同 C++ 编译器实现和使用栈的细节可能是不同的，但基本原理如上文所述。为了使用函数，你需要知道函数调用是如何实现的吗？当然不需要，你在前面学习的使用函数的知识已经足够了，但是很多程序员想知道，并且很多人使用诸如"活动记录"和"调用堆栈"这样的术语，所以最好知道它们的意思。

8.5.9　constexpr 函数

　　一个函数代表一个计算，有时我们想在编译时做一个计算。希望编译器评估计算的原因通常是为了避免在运行时进行数百万次相同的计算。我们使用函数来使计算更容易理解，因此有时我们自然希望在常量表达式中使用函数。我们通过声明函数 constexpr 来传达让编译器对函数求值的意图。如果给 constexpr 函数以常量表达式作为参数，则它可以由编译器求值。例如：

```
constexpr double xscale = 10;// 缩放因子
constexpr double yscale = 0.8;
constexpr Point scale(Point p) { return {xscale*p.x,yscale*p.y}; };
```

　　假设 Point 是一个简单的结构体，成员 x 和 y 表示二维坐标。现在，当我们给 scale() 一个 Point参数时，它会返回一个 Point，其坐标根据缩放因子 xscale 和 yscale 进行缩放。例如：

```
void user(Point p1)
{
    constexpr Point p2 {10, 10};
    Point p3 = scale(p1);      // 正常:p3 == {100, 8};运行时计算没有问题
```

```
    constexpr Point p4 = scale(p2);        // p4 == {100, 8}
    constexpr Point p5 = scale(p1);        // 错误: scale(p1) 不是常量表达式
    constexpr Point p6 = scale(p2);        // p6 == {100, 8}
    // ...
}
```

constexpr 函数的行为就像普通函数一样，但在需要常量的地方使用它时，如果它的参数是常量表达式（如 p2），则在编译时计算它；如果不是常量表达式（如 p1）则给出错误。为了实现这一点，constexpr 函数必须非常简单，允许编译器（任何符合标准的编译器）都可以计算它。在 C++ 11 中，这意味着 constexpr 函数必须有一个由单个 return 语句组成的函数体（如 scale()）；在 C++ 14 中，我们也可以编写简单的循环。constexpr 函数可能没有副作用，也就是说，除了被赋值或用于初始化的变量外，它不能改变自身主体之外的变量的值。

下面是一个函数的例子，它违反了这些简单的规则：

```
int glob = 9;
constexpr void bad(int& arg)           // 错误: 没有返回值
{
    ++arg;                             // 错误: 通过参数修改调用者
    glob = 7;                          // 错误: 修改非局部变量
}
```

如果编译器不能确定 constexpr 函数"足够简单"（根据标准中的详细规则），则认为该函数是错误的。

8.6 求值顺序

程序的求值，也称为程序的执行——根据语言规则执行语句。当这个"执行线程"到达一个变量的定义时，变量就被创建；也就是说，编译器会为它预留内存并对其进行初始化。当变量超出作用域时，变量将被销毁，即它所引用的对象原则上会被删除，编译器可以将其内存用作他用。例如：

```
string program_name = "silly";
vector<string> v;                      // v 是全局变量
void f()
{
    string s;                          // s 是 f 函数内的局部变量
    while (cin >> s && s != "quit") {
        string stripped;               // stripped 是循环内的局部变量
        string not_letters;

        for (int i = 0; i < s.size(); ++i) { // i 的作用范围是语句块
            if (isalpha(s[i]))
                stripped += s[i];
            else
                not_letters += s[i];
        }
        v.push_back(stripped);
```

```
            // ...
        }
        // ...
    }
```

全局变量，如 program_name 和 v，在 main() 的第一个语句执行之前就会被初始化，其生命周期直至程序结束，然后才会被销毁。全局变量按照定义的顺序（即 program_name 在 v 之前）创建，并以相反的顺序（即 v 在 program_name 之前）销毁。

当有代码调用 f() 时，首先会创建 s，将其初始化为空字符串，s 的生命周期会持续到从 f() 返回为止。

每次进入 while 循环体时，stripped 和 no_letters 两个变量会被创建。由于 stripped 的定义在 no_letters 之前，所以它先被创建。这两个变量的生命周期一直到循环结束，在循环条件重新计算之前被销毁，销毁顺序与创建顺序相反（即 no_letters 先于 stripped 被销毁）。因此，如果我们在遇到字符串 quit 之前读入 10 个字符串，那么 stripped 和 not_letters 将分别被创建和销毁 10 次。

每次到达 for 循环时，i 都被创建。每次退出 for 循环时，到达语句 v.push_back(stripped); 前，i 会被摧毁。

请注意，编译器和链接器是聪明的，只要得到的结果与我们在这里描述的相同，它们就可以优化代码。特别是，编译器在分配和释放内存方面很聪明，不会执行不必要的频繁分配/释放内存的操作。

8.6.1　表达式求值

表达式中子表达式的求值顺序受规则的控制，这些规则是按照优化编译器设计的，而不是简化程序员的工作。因此无论如何你都应该避免复杂的表达式，有一个简单的规则可以帮你远离麻烦：如果你在表达式中改变了一个变量的值，就不要在同一个表达式中再次读写这个变量。例如：

```
v[i] = ++i;                          // 不要这样做：求值顺序未定义
v[++i] = i;                          // 不要这样做：求值顺序未定义
int x = ++i + ++i;                   // 不要这样做：求值顺序未定义
cout << ++i << ' ' << i << '\n';     // 不要这样做：求值顺序未定义
f(++i, ++i);                         // 不要这样做：求值顺序未定义
```

然而，当你写出这样有问题的代码时，并不是所有的编译器都会给出警告。这段代码的问题在于，如果你将代码转移到另一台计算机上，使用不同的编译器或使用不同的编译器优化设置，运行结果并不能保证一致。不同的编译器确实会对这段代码得到不同的结果，所以不要这么编写程序。

特别要注意的是 =（赋值）被认为是表达式中的另一个运算符，因此不能保证赋值的左边在右边之前求值。这就是为什么 v[++i] = i 结果不确定。

8.6.2　全局初始化

在同一个编译单元中的全局变量，以及命名空间变量（参见 8.7 节），按它们出现的顺序被初始化。例如：

```
// 文件 f1.cpp
int x1 = 1;
int y1 = x1+2;                       // y1 变为 3
```

逻辑上，这几个变量的初始化在 main() 中的代码执行之前发生。

除非是一些非常特殊的情况下，否则一般来说使用全局变量不是一个好主意。我们之前提到过，程序员没有有效的方法获取大型程序的哪些部分读取或写入了全局变量（参见 8.4 节）。另一个问题是不同编译单元中全局变量的初始化顺序不确定。例如：

```
// 文件 f2.cpp
extern int y1;
int y2 = y1+2; // y2 变为 2 或 5
```

这样的代码有几个问题：使用了全局变量；为全局变量取了简短的名字；对全局变量使用了复杂的初始化。如果文件 f1.cpp 中的全局变量先于文件 f2.cpp 中的全局变量被初始化，那么 y2 的初值为 5（这可能是程序员本身所期望的，也是合理的）。但是，如果文件 f2.cpp 中的全局变量先于文件 f1.cpp 中的全局变量被初始化，y2 的初值将为 2（因为在尝试复杂的初始化之前，用于全局变量的内存已初始化为 0）。请避免使用这样的代码，并且要对复杂的初始化保持足够的警惕，任何不是常量表达式的初始化式都很复杂。

但是，如果你确实需要一个具有复杂初始化式的全局变量或常量，该怎么办呢？一个合理的例子是，我们想为商务事务的库提供一个 Date 类型的默认值，此时可将其初始化为：

```
const Date default_date(1970,1,1);  // 默认日期为 1970 年 1 月 1 日
```

如何知道 default_date 在初始化之前从未使用过？原则上我们不可能知道，所以我们不应该写出这样的代码。一种常用的技术是编写返回值的函数，在使用处进行调用。例如：

```
const Date default_date()            // 返回默认日期
{
    return Date(1970,1,1);
}
```

当我们每次调用 default_date() 函数时它都会构造一个 Date 对象，但如果经常调用 default_date()，而且构造 Date 的代价也很大的话，那么我们希望只构造一次 Date 对象。所以，我们可以这样做：

```
const Date& default_date()
{
    static const Date dd(1970,1,1); // 在第一次进入此处时初始化 dd
    return dd;
}
```

静态局部变量只有在函数首次调用时才被初始化（构造）。注意，我们返回了一个引用，以消除不必要的拷贝，特别是，我们返回了一个常量引用，以防止调用函数意外地更改值。本书前面关于如何传递参数的讨论（参见 8.5.6 节）也同样适用于返回值。

8.7 命名空间

我们使用程序块来组织函数中的代码（参见 8.4 节）。我们使用类将函数、数据和类型组织到一个类型中（参见第 9 章）。函数和类都为我们做了如下工作：

- 它们允许我们定义大量实体，而无须担心它们的名字与程序中的其他实体的名字有冲突。
- 为我们提供了一个名字，用来访问我们所定义的内容。

至此，我们还缺少一种技术，即在不定义类型的情况下，将类、函数、数据和类型组织成一

个可识别的命名实体。实现这种声明分组功能的 C++ 机制是命名空间（namespace）。例如，我们可能想要一个图形库，其中包含名为 Color、Shape、Line、Function 和 Text 的类（参见第 13 章）：

```
namespace Graph_lib {
    struct Color { /* . . . */ };
    struct Shape { /* . . . */ };
    struct Line : Shape { /* . . . */ };
    struct Function : Shape { /* . . . */ };
    struct Text : Shape { /* . . . */ };
    // . . .
    int gui_main() { /* . . . */ }
}
```

很可能其他人也用过这些名字，但现在这已经不重要了。你可以定义一个叫作 Text 的实体，但与我们的 Text 没有在冲突。Graph_lib::Text 是我们定义的类，而你的 Text 与之不同。只有当你有一个名为 Graph_lib 的类或名称空间，并将 Text 作为其成员时，才会出现问题。Graph_lib 这个名字有点冗长；我们选择它是因为"漂亮且清晰"的名字"Graphics"有很大可能已经被别人使用过了，容易冲突。

假设你的 Text 是文字操作库的一部分。同样的逻辑，把绘图功能组织到命名空间 Graph_lib 中的思想，也可用来将你的文字处理功能组织到一个其他名字（如 TextLib）的命名空间：

```
namespace TextLib {
    class Text { /* . . . */ };
    class Glyph { /* . . . */ };
    class Line { /* . . . */ };
    // . . .
}
```

如果我们定义的这两个命名空间都是全局的，我们可能会遇到真正的麻烦。如果有人试图同时使用我们的两个库，就会对 Text 和 Line 产生非常糟糕的名字冲突。更糟糕的是，如果我们的库都有用户在使用，我们将无法更改我们的名称以避免冲突，如 Line 和 Text。我们通过使用命名空间避免了这个问题；也就是说，我们的文本是 Graph_lib::Text，你的文本是 TextLib::Text。由命名空间的名字（或类名）和一个成员名用::组合成的名字称为完全限定名（fully qualified name）。

8.7.1 using 声明和 using 指令

编写完全限定名可能很乏味。例如，C++ 标准库的功能是在命名空间 std 中定义的，可以这样使用：

```
#include <string>          // 引入字符串库
#include <iostream>        // 引入输入输出流库

int main()
{
    std::string name;
    std::cout << " 请输入您的名字: \n";
    std::cin >> name;
    std::cout << " 你好, " << name << '\n';
```

```
    }
```

在看过无数次标准库中的 string 和 cout 之后，我们真不希望必须用"正确的"全限定名 std::string 和 std::cout 才能访问它们。一个解决方案是说"当我说 string，我指的是 std::string"，"当我说 cout，我指的是 std::cout"，等，例如：

```
    using std::string;              // string 表示 std::string
    using std::cout;                // cout 表示 std::cout
    // ...
```

这个结构被称为 using 声明，它与我们常用的人名简称类似：你可以简单地用"Greg"来代表"Greg Hansen"，只要屋子里面没有其他叫 Greg 的人就没问题。

有时，我们希望可以有一种更强的"简称"用来引用名字空间中的名字："如果你在这个作用域中没有发现某个名字的声明，那么就在 std 中寻找它"。使用 using 指令可以达到这个目的：

```
    using namespace std;            // 直接使用 std 命名空间中的成员
```

于是我们得到下面这种常用的程序风格：

```
    #include<string>                // 引入字符串库
    #include<iostream>              // 引入输入输出流库
    using namespace std;            // 使 std 命名空间中的名称直接可访问
    int main()
    {
        string name;
        cout << "Please enter your first name\n";
          cin >> name;
          cout << "Hello, " << name << '\n';
    }
```

其中 cin 是 std::cin, string 是 std::string，依此类推。只要使用 std_lib_facilities.h，就不需要担心标准标头文件和 std 命名空间了。

除了在应用程序领域非常有名的命名空间（如 std）之外，避免对任何命名空间使用指令通常是一个好主意。过度使用 using 指令带来的问题是，你已经记不清每个名字来自哪里，结果就是你又陷入名字冲突之中。显式使用全限定名，或者使用 using 声明就不存在这个问题。因此，将 using 指令放在头文件中（这样用户就无法避免它）是一个非常坏的习惯。然而，为了简化初学者编写程序，我们确实在 std_lib_facilities.h 中为 std 放置了一个 using 指令，因此我们可以直接写出下面代码：

```
    #include "std_lib_facilities.h"
    int main()
    {
        string name;
        cout << "Please enter your first name\n"; cin >> name;
        cout << "Hello, " << name << '\n';
    }
```

我们保证除了 std 以外的任何命名空间都不会这样做。

操作题

1. 创建三个文件：my.h、my.cpp 和 user.cpp。头文件 my.h 包含：

```
extern int foo;
void print_foo();
void print(int);
```

源代码文件 my.cpp 包含了 my.h 和 std_lib_facilities.h，定义 print_foo() 函数以使用 cout 打印 foo 的值，以及定义 print (int i) 函数以使用 cout 打印 i 的值。

源代码文件 use.cpp 包含了 my.h，定义 main() 函数将 foo 的值设置为 7，并使用 print_foo() 打印它，使用 print() 打印整型值 99。注意，use.cpp 并不包含 std_lib_facilities.h，因为它不直接使用标准库中的功能。

编译并运行这些文件。在 Windows 平台上，你需要将 use.cpp 和 my.cpp 放在同一个项目中，并在 user.cpp 中使用 { char cc; cin>>cc; } 来看到输出结果。提示：您需要 #include <iostream> 才能使用 cin。

2. 编写三个函数 swap_v(int,int)、swap_r(int&,int&) 和 swap_cr(const int&, const int&)。每个函数都有如下函数体：

```
{ int temp; temp = a, a=b; b=temp; }
```

其中 a 和 b 都是参数名。

尝试用如下代码调用这三个函数，如下所示：

```
int x = 7;
int y =9;
swap_?(x,y);                  // replace ? by v, r, or cr
swap_?(7,9);
const int cx = 7;
const int cy = 9;
swap_?(cx,cy);
swap_?(7.7,9.9);
double dx = 7.7;
double dy = 9.9;
swap_?(dx,dy);
swap_?(7.7,9.9);
```

哪个函数和调用能编译通过？为什么？对每个编译通过的 swap 调用，在调用过后打印参数的值，检查参数值是否真正被交换了。如果你不理解得到的结果，查阅 8.6 节。

3. 编写一个程序，由一个文件组成，其中包含三个命名空间 X、Y 和 Z，使得如下 main() 函数能正常运行：

```
int main()
{
    X::var = 7;
    X::print();           // print X's var
    using namespace Y;
    var = 9;
    print();              // print Y's var
```

```
{ using Z::var;
    using Z::print;
    var = 11;
    print();                 // print Z's var
}
print();                     // print Y's var
X::print();                  // print X's var
}
```

　　每个命名空间都需要定义一个名为 var 的变量和一个名为 print() 的函数,该函数使用 cout 输出适当的 var 值。

回顾

1. 声明和定义有什么区别?

2. 我们如何从语法上区分函数声明和函数定义?

3. 我们如何从语法上区分变量声明和变量定义?

4. 对于第 6 章的计算器程序中的函数,为什么不先声明就无法使用呢?

5. int a; 是一个定义,还是只是一个声明?

6. 为什么在声明变量时,初始化变量是个好主意?

7. 函数声明可以包含哪些内容?

8. 缩进有什么好处?

9. 头文件的用处是什么?

10. 什么是声明的作用域?

11. 作用域有哪几种? 请各举一例。

12. 类作用域和局部作用域有什么区别?

13. 为什么程序员应该尽量减少使用全局变量?

14. 传值和传引用有什么区别?

15. 传引用和传常量引用有什么区别?

16. 什么是 swap()?

17. 定义一个函数,入参为 vector<double> 类型(传值参数),这样做有什么好处?

18. 举一个未定义求值顺序的例子。为什么未定义求值顺序会有问题?

19. x&&y 和 x||y 分别是什么意思?

20. 以下哪个符合 C++ 标准:函数中的函数、类中的函数、类中的类、函数中的类。

21. 活动记录包含什么内容?

22. 什么是调用栈,我们为什么需要调用栈?

23. 命名空间的用途是什么?

24. 命名空间与类有何不同?

25. using 声明是什么?

26. 为什么要避免在头文件中使用 using 指令?

27. 命名空间 std 是什么?

术语

activation record（活动记录）	function（函数）
pass-by-reference（传值引用）	argument（实参）
function definition（函数定义）	pass-by-value（传值）
argument passing（参数传递）	global scope（全局作用域）
recursion（递归）	call stack（调用栈）
header file（头文件）	return
class scope（类作用域）	initializer（初始化）
return value（返回值）	const
local scope（局部作用域）	scope（作用域）
constexpr	namespace
statement scope（语句作用域）	declaration（声明）
namespace scope（命名空间作用域）	technicalities（技术细节）
definition（定义）	nested block（嵌套语句块）
undeclared identifier（未定义标识符）	extern
parameter（形参）	using declaration（using 声明）
forward declaration（前置声明）	pass-by-const-reference（传常量引用）
using directive（using 指令）	

练习题

1. 修改第 7 章的计算器程序，将输入流作为一个显式参数（如 8.5.8 节所示），而不是简单地使用 cin。然后给 Token_stream 设计一个 istream& 参数的构造函数（参见 7.8.2 节），这样当我们解决了如何使用自己的 istream（例如，附加到文件）时，就可以将之用于计算器程序。提示：不要试图拷贝一个 istream。

2. 编写一个函数 print()，使其输出一个整数向量容器到 cout。给它两个参数：一个用于"标记"输出的字符串和一个向量容器。

3. 创建一个斐波那契数数的向量容器，并使用练习题 2 中的函数输出它们。请编写函数 fibonacci(x,y,v,n) 来创建向量容器，其中整数 x 和 y 为整数，v 为空 vector<int>，n 是要放入 v 中的元素个数；v[0] 将是 x，v[1] 将是 y。斐波那契数列是一个序列的一部分，其中每个元素都是前两个元素的总和。例如，从 1 和 2 开始，可以到 1, 2, 3, 5, 8, 13, 21, . . . 。你设计 fibonacci() 函数应该从以 x 和 y 参数开始生成这样的序列。

4. int 只能容纳最大数量的整数。使用 fibonacci() 求出该最大数的近似值。

5. 编写两个函数来反转 vector<int> 中元素的顺序。例如，1, 3, 5, 7, 9 变为 9, 7, 5, 3, 1。第一个反向函数应生成一个具有反向序列的新向量容器，同时保持其原始向量容器不变。另一个反向函数应该在不使用任何其他向量容器的情况下反转其向量容器的元素（提示：用 swap）。

6. 使用 vector<string> 类型向量，重做练习题 5。

7. 将 5 个名字读入一个 vector<string> name 向量容器中，然后提示用户输入被命名的人的年龄，并将年龄存储在一个 vector<double> age 中。然后输出五个（name[i],age[i]）对。对名称进行排序（sort(name .begin(),name.end())）并输出（name[i],age[i]）对。这里的难点是如何使 age 向量容器中的次序与已排序的 name 向量中的元素匹配。提示：在排序 name 之前，将它复制一份，在排序之后，利用此副本生成顺序正确的 age 副本。

8. 再次进行上述练习题，但允许任意数量的名称。

9. 编写一个函数，给定两个 vector<double> 向量容器，分别是 price、wighet。计算一个值（"索引"），该值是所有 price[i]*weight[i] 的总和，必须确保 weight.size()==price.size()。

10. 编写函数 maxv() 返回 vector 参数中的最大元素。

11. 编写一个函数，查找 vector 参数中的最小和最大元素，并计算均值和中位数。不要使用全局变量。要么返回包含多个结果的结构，要么通过引用参数将它们传回。你更喜欢这两种返回多个结果值的方式中的哪一种，为什么？

12. 改进 8.5.2 节中的 print_until_s()，并测试它。什么是好的测试用例集？请说明原因。然后，编写一个 print_until_ss() 函数，它会一直打印，直到第二次看到它的 quit 参数。

13. 编写一个函数，接受一个 vector<string> 参数并返回一个包含每个字符串中字符数的 vector<int>。还要找到最长和最短的字符串以及字典顺序的第一个和最后一个字符串。你会为完成这些任务使用多少个单独的函数？为什么？

14. 我们可以将非引用函数参数声明为常量参数（如 void f(const int);）吗？这可能意味着什么？我们为什么要这样做？为什么人们不经常这样做？尝试写几个小程序看看效果如何。

附言

我们本可以将本章的大部分内容以及下一章的大部分内容放入附录中。但是，你需要了解本章介绍的大部分 C++ 功能，以便学习本书的第二部分。用这些 C++ 功能旨在帮助你快速解决大部分问题。你可能承担的大多数简单程序设计项目都需要你解决此类问题。因此，为了节省时间并尽量减少混淆，本章系统地介绍了这些内容，而不是让读者去"随机"访问手册和附录。

第 9 章

类相关的技术细节

"记住，做事情要花费时间。"

——Piet Hein

在本章中，我们继续将重点放在我们的程序设计工具——C++ 程序设计语言。本章主要介绍与用户定义类型相关的语言技术细节，即类和枚举相关的内容。对于一些语言特性，大部分采用逐步改进一个 Date 类型的方式来介绍，基于这种方式，我们还可以展示一些实用的类设计技术。

9.1　用户自定义类型

C++ 语言提供了一些内置类型，如 char、int 和 double（参见附录 A.8）。如果编译器无须程序员在源代码中提供声明，就知道如何表示该类型的对象以及可以对其执行哪些操作（如 + 和 *），则该类型称为内置类型。

非内置类型称为用户定义类型（user-defined types, UDT），它们可以是标准库类型——作为每个 ISO 标准 C++ 实现的一部分，可供所有 C++ 程序员使用，如 string、vector 和 ostream（参见第 10 章），或者我们为自己构建的类型，如 Token 和 Token_stream（参见 6.5 节和 6.6 节）。一旦我们掌握了必要的技术知识，我们就可以构建图形类型，如 Shape、Line 和 Text（第 13 章）。标准库类型与内置类型一样，都是语言的一部分，但我们仍然认为它们是用户自定义类型，因为它们是从相同基础构建的，使用与我们自己构建的类型相同的技术，标准库开发者并没有什么特权或语言工具。与内置类型一样，大多数用户自定义类型都提供相关操作，例如，vector 有 [ ] 和 size()（参见 4.6.1 节和附录 B.4.8）；ostream 有 <<；Token_stream 有 get()（参见 6.8 节）；Shape 有 add(Point) 和 set_color()（参见 14.2 节）。

我们为什么要创建类型？编译器可能不知道我们想在程序中使用的所有类型，它也不可能知道，因为有用的类型太多了，没有语言设计者或编译器实现者可以预先知道所有类型。我们每天都会创建新的类型。为什么？类型有什么用？类型有利于我们直接在代码中表达我们的思想。当我们编写代码时，最理想的是直接在我们的代码中表达我们的想法，以便我们、我们的同事和编译器能够理解我们所写的内容；当我们要做整数运算时，int 会起到很大作用；当我们要对文本进行操作时，我们可以使用 string 类；当我们要处理计算器输入时，Token 和 Token_stream 会起到很大作用。这些类型带来的帮助体现在以下两个方面：

- 表示：类型"知道"如何表示对象中所需的数据。
- 运算：类型"知道"可以对对象应用什么运算。

许多程序设计想法都表现为这种模式："某些东西"有数据来表示它的当前值（有时称为当前状态），以及一组可以应用的运算。如计算机文件、网页、烤面包机、音乐播放器、咖啡杯、汽车发动机、手机、电话簿，每个对象都可以用一些数据来描述，并且都支持一组固定的、或多或少的标准操作。在每个例子下，运算的结果都取决于对象的数据——"当前状态"。

因此，我们希望在代码中将这样的"想法"或"概念"表示为数据结构加上一组函数。问题是：“究竟如何准确表示”。本章将会介绍在 C++ 中表达概念的基本方法及其相关技术细节。

　　C++ 提供了两种用户自定义类型：类和枚举。到目前为止，类是最通用和最重要的，因此我们首先重点介绍类。类直接表示程序中的一个概念，类是一种（用户自定义）类型，它指定其类型的对象如何表示、如何创建、如何使用以及如何销毁（参见 17.5 节）。如果你将某些东西视为一个单独的实体来考虑，那么你很可能应该定义一个类来表示程序中的那个“东西”。示例有向量、矩阵、输入流、字符串、FFT（快速傅里叶变换）、阀门控制器、机器人手臂、设备驱动程序、屏幕上的图片、对话框、图形、窗口、温度读数和时钟等。

　　在 C++ 中（就像在大多数现代语言中一样），类是大型程序的关键基本组成部分——对于小型程序也非常有用，正如我们在计算器程序中看到的那样（参见第 6 章和第 7 章）。

9.2　类和成员

　　类是用户定义的类型，它由内置类型或其他用户定义类型和成员函数组成。用于定义类的组成部分称为成员（member）。一个类有零个或多个成员，例如：

```
class X {
public:
  int m;                                        // 数据成员
  int mf(int v) { int old = m; m=v; return old; }// 函数成员
};
```

　　成员可以有多种类型。大多数是定义类对象表示的数据成员，或者是提供对此类对象操作的函数成员。我们使用 object.member 表示法访问成员。例如：

```
X var;                 // var 是 X 类型的变量
var.m = 7;             // 给 var 的 m 成员赋值
int x = var.mf(9);     // 调用 var 的成员函数 mf()
```

　　你可以将 var.m 读作“var 的 m”。大多数人将其发音为“var 点 m”或“var 的 m”。成员的类型决定了我们可以对其进行哪些运算。我们可以读取和写入一个 int 成员，调用一个函数成员等。

　　成员函数，例如 X 的 mf()，不需要使用 var.m 表示法。它可以使用普通成员名称（本例中为 m）。在成员函数中，成员名称是指调用该成员函数的对象中具有该名称的成员。因此，在调用 var.mf(9) 时，mf() 定义中的 m 指向了 var.m。

9.3　接口和实现

　　通常，我们把一个类看作是一个接口加上一个实现。接口是类声明中用户可以直接访问的部分。实现是类声明的另一部分，用户只能通过接口间接访问它。公共接口由标签 public: 标识，实现由标签 private: 标识。你可以像这样理解类声明：

```
class X {        // 这个类名是 X
public:
    // 公共成员：
    // - 对用户公开的接口（可由所有人访问）
    // 函数
    // 类型
    // 数据（通常最好保持私有）
```

```
private:
    // 私有成员：
    // - 实现细节（仅供该类的成员使用）
    // 函数
    // 类型
    // 数据
};
```

类成员默认是私有的，即如下代码所示：

```
class X {
    int mf(int);
    // ...
};
```

等价于：

```
class X {
private:
    int mf(int);
    // ...
};
```

因此，下面的代码调用时是错误的：

```
X x;                    // 类型为 X 的变量 x
int y = x.mf();         // 错误：mf 是私有的（即不可访问）
```

用户不能直接访问一个私有成员，必须通过使用它的公有函数来访问。例如：

```
class X {
    int m;
    int mf(int);
public:
    int f(int i) { m=i; return mf(i); }
};

X x;
int y = x.f(2);
```

我们使用 private 和 public 来表示接口（类的用户视图）和实现细节（类的实现者视角）之间的重要区别。下面我们会逐步给出解释和大量实例。这里只是简单地提及一下，因为对于只是包含数据的类，这种区分没有意义。因此，对于没有私有实现细节的类，C++ 提供了一种有用的简化语法：结构体是成员默认为公有的类：

```
struct X {
    int m;
    // ...
};
```

意味着：

```
class X {
    public:
    int m;
```

```
        // ...
    };
```

结构体主要用于成员可以取任何值的数据结构，即我们无法定义任何有意义的不变式（参见
9.4.3 节）。

9.4   演化一个类

下面让我们展示如何，以及为什么，将一个简单的数据结构逐步演变成一个具有私有实现细节
和支持运算的类，通过这些内容来说明支持类的语言工具和使用类的基本技术。这里使用了一个看
似微不足道的问题：如何在程序中表示日期（例如 1954 年 8 月 14 日）许多程序都需要日期（如商
业交易程序、天气数据程序、日历程序、工作记录、库存管理等）。唯一的问题是，我们如何表示
它们。

9.4.1   结构和函数

我们如何才能表示一个 date（日期）呢？当被问到时，大多数人会回答，"年、月、日，这样
表示如何？"这不是唯一的答案，也不是最好的答案，但对我们的使用来说已经够用了，所以这也
就是我们要采用的做法。我们的第一个方法是一个简单的结构：

```
// simple Date (too simple?)
struct Date {
    int y;      // 年
    int m;      // 月
    int d;      // 日
}
  Date today;   // 一个 Date 变量（一个命名对象）
```

一个 Date 对象，如 today，由三个简单的整型组成，如图 9-1 所示：

这个 Date 结构不存在任何依赖隐藏数据结构的"魔法"，本章中 Date 的每个
版本都是如此。

图 9-1   Date 对象

既然我们已经有了表示日期的 Date，我们能用它做什么？实际上，我们可以
做任何事情，因为我们可以访问 today（以及任何其他 Date 对象）的成员并任意读写它们。问题是
并没有那么方便。我们想用 Date 做的任何事情都必须根据这些成员的读写方式来进行。例如：

```
// 设置 today 为 December 24, 2005
today.y = 2005;
today.m = 24;
today.d = 12;
```

这样编写程序冗长且容易出错。你能从上述代码中看出错误吗？一切冗长的事情都容易出错！
例如，下面代码有意义吗？

```
Date x;
x.y = -3;
x.m = 13;
x.d = 32;
```

有可能是没有意义的，而且没有人会这么写程序。再考虑下面代码：

```
Date y;
```

```
y.y = 2000;
y.m = 2;
y.d = 29;
```

这段代码看起来比上段代码有意义，但是 2000 年是闰年吗？你确定吗？

因此，我们要做的是提供一些辅助函数来为我们做最常见的操作。这样，我们就不必一遍又一遍地重复相同的代码，也不会一遍又一遍地犯同样的错误，然后再发现和修复这些错误。几乎对于每种类型，初始化和赋值都是最常见的操作。对于 Date 来说，增加 Date 的值是另一个常见的操作，所以我们写出如下代码：

```
// 辅助函数:
void init_day(Date& dd, int y, int m, int d)
{
    // check(y,m,d)  是否是一个有效的日期
    // 如果是, 使用它来初始化 dd
}

void add_day(Date& dd, int n) {
    // 将 dd 的日期增加 n 天
}
```

现在我们可以试着使用 Date 了：

```
void f() {
Date today;
init_day(today, 12, 24, 2005);        // 糟糕! (12 年没有 2005 天)
add_day(today,1);
}
```

首先，我们注意到此类"操作"是很有用的，这里实现为辅助函数。如果我们不写一个一劳永逸的检查函数，检查日期是否有效是非常困难和乏味的，有时我们会忘记检查并得到错误的程序。每当我们定义一个类型时，我们都会需要针对该类型对象的一些操作。我们需要多少操作，需要哪种类型操作，问题的答案根据不同的类型会有所不同，我们如何来实现这些操作（这里实现为辅助函数而不是成员函数）也会有所不同，但每当我们决定定义一种类型时，我们都要问自己，"我们想要为这种类型设计什么样的操作？"

9.4.2　成员函数和构造函数

我们为 Date 提供了一个初始化函数，该函数对日期的有效性提供了合法性检查功能。但是，如果我们使用不当的话，检查功能就没有多大用处。例如，假设我们已经为日期定义了输出运算符 <<（参见 9.8 节）：

```
void f()
{
    Date today;
    // ...
    cout << today << '\n';          // 使用 today
    // ...
    init_day(today, 2008, 3, 30);  // ...
    Date tomorrow;
```

```
        tomorrow.y = today.y;
        tomorrow.m = today.m;
        tomorrow.d = today.d + 1;        // 在 today 的基础上加 1
        cout << tomorrow << '\n';        // 使用 tomorrow
    }
```

在这段代码中，我们定义 today 之后，"忘记"立即对它进行初始化，并且在我们开始调用 init_day() 之前就"有人"使用了它。而"其他人"认为调用 add_day() 浪费时间，或者可能没有听说过这个函数，因此手动构造了 tomorrow，而不是调用 add_day()。由于这些情况都是碰巧发生的，这个程序变成了一段问题严重的代码。有时，可能大多数时候，它是有效的，但微小的变化会导致严重的错误，例如，写出一个未初始化的 Date 将产生垃圾输出，而通过简单地向其成员 d 加 1 来递增一天，可能会成为定时炸弹：当 today 是该月的最后一天时，加 1 会产生一个非法日期。这段"非常严重的代码"最大的问题是，它看起来似乎没什么问题。

上述思考产生了我们对不会被遗忘的初始化函数和不太可能被忽视的操作的需求。实现这些目标的基本技术是成员函数（member function），即在类主体中声明为类成员的函数。例如：

```
// 简单的日期结构体
// 通过构造函数保证初始化
// 提供一些简便的表示方式
struct Date {
  int y, m, d;                          // 年、月、日

  Date(int y, int m, int d);            // 检查有效日期并进行初始化
  void add_day(int n);                  // 增加 n 天的日期
};
```

与类同名的成员函数是特殊的，它被称为构造函数（constructor），将用于类对象的初始化（构造）。如果一个类具有参数的构造函数，而程序员忘记利用它初始化类对象，则编译器会捕获这个错误。C++ 提供了一种专用的，而且非常方便的初始化语法，例如：

```
Date my_birthday;                       // 错误：my_birthday 未初始化
Date today {12,24,2007};                // 错误：运行时错误
Date last {2000,12,31};                 // 正确（口语风格）
Date next = {2014,2,14};                // 也正确（稍微冗长）
Date christmas = Date{1976,12,24};      // 也正确（冗长风格）
```

试图声明 my_birthday 的定义是错误的，因为我们没有指定所需的初始值。声明 today 的定义会编译通过，但构造函数中的检查代码将在运行时捕获非法的日期（{12,24,2007} – 不存在日期第 12 年 24 月 2007 日）。

last 的定义提供了初值——Date 的构造函数所需的参数，位置是紧跟在变量名称之后的 {} 列表。对于带有参数的构造函数的类，这是最常见的类变量初始化方式。我们还可以使用更冗长的方式，我们显式创建一个对象（这里是 Date{1976,12,24}），然后通过赋值方式用此初值初始化变量。除非你确实喜欢打字，否则你很快就会厌倦这种方式。

我们现在可以尝试使用我们新定义的变量：

```
last.add_day(1);
today.add_day(2);                       // 错误：什么日期?
```

注意，成员函数 add_day() 为特定 Date 对象进行调用。我们将在 9.4.4 节中展示如何定义成员函数。

在 C++98 中，人们使用圆括号来分隔初始化列表，所以你会看到很多这样的代码：

```
Date last(2000,12,31);          // 正确（旧的初始化风格）
```

我们更喜欢将 { } 作为初始化列表，因为它不仅清楚地指示了初始化（构造）何时完成，而且该表示法用途更广，该表示法也可用于内置类型。例如：

```
int x {7}; // 正确（新的初始化列表风格）
```

或者，我们可以在 { } 列表之前使用 =：

```
Date next = {2014,2,14};        // 也正确（稍微冗长）
```

有些人发现这种新旧风格的组合更具可读性。

9.4.3　保持细节私有

现在我们还有一个问题：如果有人忘记使用成员函数 add_day() 怎么办？如果有人决定直接更改月份怎么办？毕竟，我们"忘记"提供这些功能：

```
Date birthday {1960,12,31};    // 1960 年 12 月 31 日
++birthday.d;                  // 错误! 无效的日期
                               // (birthday.d==32 使得 birthday 成为无效日期)
Date today {1970,2,3};
today.m = 14;                  // 错误! 无效的日期
                               // (today.m==14 使得 today 成为无效日期)
```

只要我们将 Date 的描述暴露给所有人，那么就会有人无意或故意地把它搞砸，即制造出非法的日期值。如果在这种情况下，我们创建了一个日期，其值与日历上的某一天不对应。则此类无效对象会成为定时炸弹，迟早会有人无意中使用无效值并发生运行时错误，或者通常更糟——程序生成错误的结果。

这种担忧使我们得出如下结论：除非是通过我们提供的公共成员函数来访问的，否则用户不应该访问 Date 的私有描述。这是基于此想法的第一个版本：

```
// 简单的日期类（控制访问）
class Date {
    int y, m, d;                    // 年、月、日
public:
    Date(int y, int m, int d);      // 检查有效日期并进行初始化
    void add_day(int n);            // 增加 n 天到日期
    int month() { return m; }       // 返回月份
    int day() { return d; }         // 返回日期
    int year() { return y; }        // 返回年份
};
```

使用新版 Date 的示例如下：

```
Date birthday {1970, 12, 30};      // 正确
birthday.m = 14;                   // 错误：Date::m 是私有的
cout << birthday.month() << '\n';  // 我们提供了一种方式读取 m
```

"有效日期"的概念是有效值概念的一个重要特例。我们尝试设计类型时，应设法保证值都是有效的，即我们隐藏类描述，提供一个仅创建有效对象的构造函数，并将所有成员函数设计为期望的那样，接收有效值并仅返回有效值。对象的值通常称为状态，因此有效值的概念通常称为对象的有效状态（valid state）。

另一种方法是我们不在每次使用一个对象时都检查其有效性，而只是期望没有人留下无效的值。经验表明，"期望"可以产生"相当不错"的程序。然而，"相当不错"的程序偶尔会产生错误的结果或者崩溃。因此，作为一名专业人员，编写这样的程序不会赢得朋友和尊重。我们更倾向于编写可以被证明是正确的代码。

判定有效值的规则称为不变式（invariant）。Date 的不变式（一个 Date 对象必须代表过去、现在或未来的一天）难以准确表述：我们需要考虑闰年、公历、时区等。但是，对于日期的简单实际用途，我们可以做到这一点。例如，如果我们正在分析互联网日志，我们就不必为公历、儒略历或玛雅历而烦恼。如果我们想不出一个好的不变式，那我们可能需要处理普通数据。如果是这样，请使用 struct。

9.4.4　定义成员函数

到目前为止，我们已经从接口设计者和用户的角度来看 Date 类了。但是我们迟早要实现那些成员函数。首先，这里是 Date 类声明的一个重新组织过的子集，它展示了适合于描述公共接口的常见风格：

```
// 简单日期类（某些人更喜欢将实现细节放在最后）
class Date {
public:
    Date(int y, int m, int d);      // 构造函数：检查有效日期并初始化
    void add_day(int n);            // 增加日期 n 天
    int month();
    // . . .
private:
    int y, m, d;                    // 年份、月份、日期
};
```

我们总是把公共接口放在类的开始，因为接口是大多数人感兴趣的东西。原则上，用户不需要了解类的实现细节，只需知道接口即可。实际上，我们通常很好奇，并会快速查看类的实现是否合理，以及实现者是否使用了我们可以从中学习的某些技术。然而，除非我们是实现者，否则我们往往会花更多的时间在公共接口上。编译器不关心类函数和数据成员的顺序；它以你想要呈现的任何顺序接受声明。

当我们在其类之外定义一个成员时，我们需要说明它是哪个类的成员。我们使用 class_name::member_name 表示法来做到这一点：

```
Date::Date(int yy, int mm, int dd)  // 构造函数
    :y{yy}, m{mm}, d{dd}            // 注意：成员初始化器
{
}


void Date::add_day(int n)
{
    // . . .
}


int month()                         // 糟糕：我们忘记了 Date::
{
```

```
    return m;                          // 不是成员函数，无法访问 m
}
```

在构造函数的定义中，:y{yy}, m{mm}, d{dd} 是我们初始化成员的语法，它被称为成员初始化列表。构造函数也可以写出下面风格：

```
Date::Date(int yy, int mm, int dd)   // 构造
{
    y = yy;
    m = mm;
    d = dd;
}
```

这种写法原则上来讲，先用默认值对成员进行了初始化，然后又对它们进行了赋值。但是这种写法存在在初始化之前意外使用成员的问题。:y{yy}, m{mm}, d{dd} 符号更直接地表达了我们的意图。两种写法之间的区别与下面两段代码的区别一样：

```
int x;                   // 首先定义变量 x
x = 2;                   // 后来给 x 赋值为 2
```

和

```
int x = 2;               // 定义并立即初始化为 2
```

我们还可以在类定义中定义成员函数：

```
// 简单的日期类（有些人更喜欢将实现细节放在最后）
class Date {
public:
    Date(int yy, int mm, int dd) :y{yy}, m{mm}, d{dd}
    {
        // . . .
    }
    void add_day(int n)
    {
        // . . .
    }
    int month() { return m; }
        // . . .
  private:
    int y, m, d;        // year, month, day
};
```

我们需要注意到的一点是，将成员函数定义放在类定义中会使类声明变得长而更"混乱"。在此示例中，构造函数和 add_day() 的代码可能各有十几行甚至更多行。这使得类声明比原来增大了几倍，并且更难在实现细节中找到接口。因此，我们不会在类声明中定义大的函数。

但是，看一下 month() 的定义，它比将 Date::month() 放在类声明之外的版本更直接、更短。对于这样简短的函数，我们可以考虑将其定义写在类声明中。

请注意，即使 m 是在 month() 之后（下方）定义的，month() 也可以引用 m。类成员对其他成员的引用，与其他成员在类中的声明位置无关。本书前文介绍的"名称必须在使用前声明"的规则在类的有限范围内可以放宽。

将成员函数的定义放在类定义内有三个作用：

- 该函数将成为内联的（inline）；即编译器为此函数的调用生成代码时，不会生成真正的函数调用，而是将代码嵌入到调用点。这对于诸如 month() 这种做的工作很少，又被频繁使用的函数来说可能是一个非常显著的性能优势。
- 每当我们对内联函数的主体进行更改时，所有使用这个类的程序都不得不重新编译。如果函数体在类声明之外，只有在类声明本身改变时才需要用户重新编译。在函数体更改时无需重新编译，在大型程序中可能是一个巨大的优势。
- 类定义会变得更大。因此，很难在成员函数定义中找到成员和接口。

显然，我们应该遵循如下基本原则：不要将成员函数体放在类声明中，除非需要通过内联小函数来提高性能。大型函数，比如五行或更多代码，不会从内联中获益，并且会使类声明更难阅读。对于超过一两个表达式组成的函数，很少采用内联方式。

9.4.5　引用当前对象

考虑如下使用 Date 类的简单代码：

```
class Date
{
    // ...
    int month() { return m; }
    // ...
private:
    int y, m, d; // year, month, day
};
void f(Date d1, Date d2)
{
    cout << d1.month() << ' ' << d2.month() << '\n';
}
```

Date::month() 是如何知道在第一次调用中返回 d1.m 的值，在第二次调用中返回 d2.m 的值？再看看 Date::month()；它的声明没有指定函数参数！那么 Date::month() 如何知道它是为哪个对象调用的？答案是类成员函数（如 Date::month）都有一个隐式参数，用于标识调用它的对象。因此，在第一次调用中，m 正确地引用了 d1.m，而在第二次调用中，它引用了 d2.m。有关此隐式参数的更多用法，请参见 17.10 节。

9.4.6　报告错误

当我们发现无效日期时我们该怎么办？检查无效日期的代码应该放在程序中什么位置吗？从5.6 节中，我们得到第一个问题的答案是"抛出异常"，并且放置检查代码的位置显然应该是我们最初构造 Date 对象的地方。如果我们没有创建无效 Date 对象，而且成员函数也编写正确，我们将永远不会得到无效值的 Date 对象。因此，我们将阻止用户创建具有无效状态的 Date 对象：

```
// 简单的日期类（防止无效日期）
class Date {
public:
    class Invalid { };              // 用作异常情况
    Date(int y, int m, int d);      // 检查有效日期并初始化
    // ...
```

```
private:
    int y, m, d;                    // 年、月、日
    bool is_valid();                // 如果日期有效则返回 true
};
```

我们将有效性检查代码放在一个独立的 is_valid() 函数中，因为有效性检查在逻辑上与初始化不同，而且我们可能希望有多个构造函数。如你所见，我们可以拥有私有函数和私有数据：

```
Date::Date(int yy, int mm, int dd)
    : y{yy}, m{mm}, d{dd}              // 初始化数据成员
{
    if (!is_valid()) throw Invalid{}; // 检查日期的有效性
}

bool Date::is_valid()                 // 如果日期有效则返回 true
{
    if (m<1 || 12<m) return false;
    // . . .
}
```

给出这样的 Date 定义后，我们可以写出如下代码：

```
void f(int x, int y)
{
    try {
        Date dxy {2004, x, y};
        cout << dxy << '\n';          // 见 9.8 节中 << 的声明
        dxy.add_day(2);
    } catch(Date::Invalid) {
        error(" 无效日期 ");           // 在 5.6.3 节中定义了 error()
    }
}
```

我们现在知道 << 和 add_day() 会获得一个有效的日期作为它们的操作对象。

在完成 9.7 节中 Date 类的演变之前，我们先介绍几个常用的语言功能：枚举和运算符重载。

9.5　枚举类型

枚举（enumeration，简写为 enum）是一种非常简单的用户自定义类型，它指定一个值的集合，这些值用符号常量表示，称为枚举量（enumerator）。例如：

```
enum class Month {
    jan=1, feb, mar, apr, may, jun, jul, aug, sep, oct, nov, dec
};
```

一个枚举定义的 "体" 就是一个简单的枚举量列表。枚举类中的类表示枚举量在枚举范围内。也就是如果使用 jan，就要使用 Month::jan 表示。

你可以为枚举量指定一个特定值，就像我们在这里为 jan 所指定的一样；也可以不指定，由编译器来选择合适的值。如果你让编译器来选择值，它赋予枚举量的值将为上一个枚举量的值加上 1。

因此，我们对 Month 的定义给出了从 1 开始的连续月份值。等价地写成：

```
enum class Month {
    jan=1, feb=2, mar=3, apr=4, may=5, jun=6,
    jul=7, aug=8, sep=9, oct=10, nov=11, dec=12
};
```

但是，上面这种方式很冗长且容易出错。实际上，我们犯了两个错误，经过修改才得到上述正确版本；因此最好让编译器做这种简单、重复的、"机械的"事情。编译器比我们更擅长这些任务，而且它不会感到厌烦。

如果我们不初始化第一个枚举量，则编译器的计数将从 0 开始。例如：

```
enum class Day {
    monday, tuesday, wednesday, thursday, friday, saturday, sunday
};
```

这里 manday 表示为 0，sunday 表示为 6。在实践中，从 0 开始通常是一个不错的选择。

我们可以这样使用 Month：

```
Month m = Month::feb;
Month m2 = Month::feb;                  // 错误：feb 不在作用域内
m = Month::jul;                         // 错误：无法将 int 赋值给 Month
int n = static_cast<int>(m);            // 错误：无法将 Month 赋值给 int
Month mm = static_cast<Month>(7);       // 将 int 转换为 Month（未检查）
```

Month 是与其"底层类型"int 不同的类型。每个 Month 都有一个等效的整数值，但大多数整数没有一个等效的 Month 值。例如，我们肯定希望下面的代码初始化失败：

```
Month bad = 9999; // 错误：不能转换 int 为 Month
```

如果你始终持使用 Month(9999) 表示法，那么一切结果需要自己负责！在许多情况下，当程序员明确坚持时，C++ 不会试图阻止程序员做一些可能很愚蠢的事情；毕竟，程序员实际上可能知道自己在做什么。请注意，你不能使用 Month{9999} 表示法，因为这是只允许在 Month 的初始化中使用的值使用该表示法，而 int 则不能。

不幸的是，我们不能为枚举定义一个构造函数来检查初始化值，但是编写一个简单的检查函数还是很容易的：

```
Month int_to_month(int x)
{
    if (x<int(Month::jan) || int(Month::dec)<x) error("bad month");
    return Month(x);
}
```

我们使用 int（Month::jan）符号来获得 Month::jan 的 int 表示形式。已知这些，我们可以写出如下代码：

```
void f(int m)
{
    Month mm = int_to_month(m);
    // ...
}
```

我们用枚举做什么？基本上，当我们需要一组相关的命名整型常量时，枚举就很有用。例如：表示一组选项（up, down; yes, no, maybe; on, off; n, ne, e, se, s, sw, w, nw）或颜色（red, blue, green, yellow, maroon, crimson, black），就可以使用枚举类型。

9.5.1　"普通"枚举

除了枚举类（enum class，也称为作用域枚举）之外，还有一些"普通"枚举与作用域枚举不同，它们将其枚举值隐式"导出"到枚举所在的作用域，并允许隐式转换为 int 型。例如：

```
enum Month { // 注意：没有 "class"
    jan=1, feb, mar, apr, may, jun, jul, aug, sep, oct, nov, dec
};
```

```
Month m = feb;                            // 正确：feb 在作用域内
Month m2 = Month::feb;                     // 也是正确的
m = static_cast<Month>(7);                 // 错误：无法将 int 赋值给 Month
int n = static_cast<int>(m);               // 正确：可以将 Month 赋值给 int
Month mm = static_cast<Month>(7);  // 将 int 转换为 Month（未检查）
```

显然，"普通"枚举不如枚举类严格。虽然"普通"枚举使用起来非常方便，但在枚举量定义的范围内，不同枚举值可能会产生冲突。例如，如果尝试将 Month 与 iostream 格式化机制（参见11.2.1 节）一起使用，你会发现十二月的 dec 与十进制的 dec 冲突。

类似地，将枚举值转换为 int 型可能很方便（当我们想要转换为 int 型时，不需要显示转换），但有时它会导致意外发生。例如：

```
void my_code(Month m)
{
  if (m==17) do_something();             // 嗯？第 17 个月？
  if (m==monday) do_something_else(); // 嗯？将月份与星期一比较？
                                        // 月 ？
}
```

如果 Month 是一个枚举类，则这两个语句都不会编译通过。如果 monday 是"普通"枚举的枚举量，而不是枚举类，则 Mondy 的某个 month 与 monday 的比较将会成功，但很可能会产生不符合预期的结果。

与"普通"枚举相比，人们会优先使用更简单、更安全的枚举类，但可能在旧代码中也能找到"普通"枚举：枚举类是 C++11 中的新内容。

9.6　运算符重载

你可以为类或枚举对象上定义几乎所有的 C++ 运算符。这通常被称为运算符重载（operator overloading）。这种机制用于为我们为用户自定义类型提供常规的符号表示方法。例如：

```
enum class Month {
    Jan = 1, Feb, Mar, Apr, May, Jun, Jul, Aug, Sep, Oct, Nov, Dec
};
```

```
Month operator++(Month& m)              // 前置递增运算符
{
    m = (m == Month::Dec) ? Month::Jan : Month(static_cast<int>(m) + 1);
                            // "循环"
```

```
        return m;
    }
```

其中?：构造是一个"算术 if"：如果（m==Month::Dec）则 m 的值为 Jan，否则等于 Month(int(m)+1)。这是十二个月后"绕回"一月这一事实的一种非常方便的描述方法。我们可以像如下代码一样使用 Month 类型：

```
Month m = Month::Sep;
++m; // m becomes Oct
++m; // m becomes Nov
++m; // m becomes Dec
++m; // m becomes Jan ("wrap around")
```

你可能认为递增 Month 并不常见，不需要设计一个特殊的运算符。可能确实是这样，那么输出运算符又如何设计呢？我们可以这样定义：

```
vector<string> month_tbl;
ostream& operator<<(ostream& os, Month m)
{
    return os << month_tbl[int(m)];
}
```

这里假设 month_tbl 已在某处进行初始化，向量容器中保存了对应月份的名字，例如 month_tbl[int(Month::mar)] 是"March"或该月的其他合适名称；参见 10.11.3 节。

你可以为自己的类型重新定义了几乎所有的 C++ 运算符，但只能是现有的运算符，例如 +、-、*、/、%、[]、()、^、!、&、<、<=、> 和 >=。你不能定义新的运算符；你可能想在程序中使用 ** 或 $= 作为运算符，但 C++ 不允许。你只能用与原来相同数量的操作对象来重新定义运算符；例如，可以定义一元运算符 -，但不能定义一元的 <=（小于或等于），可以定义二元运算符 +，但不能定义二元的 !。原则上，C++ 语言允许你对自定义类型使用已有语法，但不允许扩展语法。

重载运算符必须至少有一个用户自定义类型作为操作对象：

```
int operator+(int, int);                    // 错误：无法重载内置的加号运算符
Vector operator+(const Vector&, const Vector&);   // 正确
Vector operator+=(const Vector&, int);            // 正确
```

除非你真正确定重载运算符能大大改善代码，否则不要为你的类型定义运算符。同样，重载运算符应该保持其原有意义：+ 应该是加法，二进制 * 应该表示乘法，[] 表示元素访问，() 表示调用，等等。这只是建议，并不是 C++ 语言规则，但它是一个很好的建议：按习惯使用运算符，例如 + 只用于加法，可以显著地帮助我们理解程序。毕竟，这样的使用是数百年数学符号经验的结果。相反，晦涩的运算符和非常规的运算符的使用可能是混乱和错误之源。这一点我们就不详细说明了。相反，在接下来的章节中，我们将简单地在一些我们认为合适的地方使用运算符重载。

注意，要重载的最多运算符不是人们通常认为的 +、-、* 和 /，而是 =、==、!=、<、[]（下标）和 ()（调用）。

9.7 类接口

我们已经讨论过应该将类的公共接口和实现部分分离。只要我们对"平凡旧数据（plain old data, 简称 pod）"类型保留 struct 功能，反对接口与实现分离原则的专业人士就会很少。但是，我们如何设计一个好的接口呢？好的公共接口与乱糟糟的接口之间的区别是什么？答案的一部分只能通

过示例给出，但我们可以列出一些通用原则，它们在 C++ 中都有支持：

- 保持接口完整。
- 保持接口最小化。
- 提供构造函数。
- 支持拷贝（或禁止拷贝）（参见 14.2.4 节）。
- 使用类型来提供完善的参数检查。
- 识别不可修改的成员函数（参见 9.7.4 节）。
- 在析构函数中释放所有资源（参见 17.5 节）。

参见 5.5 节（如何检测和报告运行时错误）。

前两个原则可以概括为"保持接口尽可能小，但不要更小了"。我们希望接口尽量小，因为小接口易于学习和记忆，并且实现者也不会为不必要的和很少使用的功能浪费大量时间。一个小的接口也意味着当出现问题时，我们只需检查很少的函数来定位错误。平均而言，公共成员函数越多，发现错误就越难——调试带有公共数据的类是非常复杂的，不要陷入其中。当然，我们想要一个完整的接口，否则，接口就没有用处了。如果一个接口无法完成我们真正需要做的全部工作，我们是不会使用它的。

下面我们将讨论一些不那么抽象，更加具体的话题。

9.7.1　参数类型

当我们在 9.4.3 节中定义 Date 类的构造函数时，我们使用了三个整型作为参数。这会带来一些问题：

```
Date d1 {4, 5, 2005}; // 错误：年份为 4，日期为 2005
Date d2 {2005, 4, 5}; // 是 4 月 5 日还是 5 月 4 日？
```

第一个问题（一个月中的非法日期）很容易通过构造函数中的测试来解决。但是，第二个（一个月与一个月中的某一天的混淆）不能被用户编写的代码检测出来。第二个问题是由于月份和日期的书写约定不同造成的；例如，4/5 在美国表示 4 月 5 日，在英国表示 5 月 4 日。由于我们无法绕过这个问题，因此我们必须采用一些方法来解决它。一种显而易见的解决方案是使用 Month 类型：

```
enum class Month {
    jan = 1, feb, mar, apr, may, jun, jul, aug, sep, oct, nov, dec
};


// 简单的日期类（使用 Month 类型）
class Date {
public:
    Date(int y, Month m, int d);    // 检查有效日期并初始化
    // ...
private:
    int y;                          // 年份
    Month m;
    int d;                          // 日
};
```

当我们使用 Month 类型时，如果我们颠倒月份和日期，编译器就会捕获这个问题，并且使用一个枚举作为 Month 类型，其会为我们提供一个符号名称来表示月份。读写符号名通常比直接使用数

字更易读，因此也更不容易出错：

```
Date dx1 {1998, 4, 3};               // 错误：第二个参数不是一个 Month 类型
Date dx2 {1998, 4, Month::mar};      // 错误：第二个参数不是一个 Month 类型
Date dx3 {4, Month::mar, 1998};      // 错误：运行时错误：日期为 1998
Date dx4 {Month::mar, 4, 1998};      // 错误：第二个参数不是一个 Month 类型
Date dx5 {1998, Month::mar, 30};     // 正确
```

在这段代码中，编译器解决了大多数"事故"。请注意枚举量 **mar** 的限定与枚举名称的使用：Month::mar。我们不用 Month.mar，因为 Month 不是一个对象（它是一个类型），并且 mar 不也是一个数据成员（它是一个枚举量——一个符号常量）。在类、枚举或命名空间（参见 8.7 节）后使用::，而在对象名称之后使用 . （点）。

如果我们可以选择，我们希望能在编译时捕获错误，而不是在运行时。我们更希望让编译器找到错误，而不是让我们试图找出代码中发生问题的确切位置。此外，在编译时捕获的错误不需要编写和执行检查代码。

回到这个例子上，在编译时，我们是否也能捕获月份和年份的颠倒？当然是可以的，但解决方案并不像 Month 那样简单或优雅；毕竟，像公元 4 年这样的年份也是有效的，我们的方案必须能表示这样的年份。即使我们将日期限制为近代，需要表示的年份也实在太多了，无法定义一个枚举全部列出来。

可能我们能做的最好程度（在不太了解 Date 的预期用途的情况下）是像下面代码这样的：

```
class Year {                              // 年份在 [min:max) 范围内
public:
    static const int min = 1800;
    static const int max = 2200;
public:
    class Invalid { };
    Year(int x) : y{x} { if (x < min || max <= x) throw Invalid{}; }
    int year() { return y; }
private:
    int y;
};

class Date {
public:
    Date(Year y, Month m, int d);    // 检查有效日期并初始化
    // ...
private:
    Year y;
    Month m;
    int d;                                // 日
};
```

现在，我们可以在编译时捕获年份颠倒的错误了：

```
Date dx1 {Year{1998}, 4, 3};              // 错误：第二个参数不是一个 Month 类型
Date dx2 {Year{1998}, 4, Month::mar};     // 错误：第二个参数不是一个 Month 类型
Date dx3 {4, Month::mar, Year{1998}};     // 错误：第一个参数不是一个 Year 类型
Date dx4 {Month::mar, 4, Year{1998}};     // 错误：第二个参数不是一个 Month 类型
```

```
Date dx5 {Year{1998}, Month::mar, 30};// 正确
```

当然，下面这个例子有点奇怪，不太可能出现的错误，在运行时仍然不会被捕获：

```
Date dx2 {Year{4}, Month::mar, 1998};        // 运行时错误：Year::Invalid
```

检查年份的额外工作和引入新符号是否值得？这取决于你使用 Date 解决的问题。

但在本书中，我们认为没有必要这么做，因为后面我们不会使用 Year 类。

当我们程序设计时，我们总是要问自己，什么解决方案对给定的应用程序来说足够好。通常不会奢侈到，在我们已经找到一个足够好的解决方案之后，我们不会继续寻找完美解决方案。如果再进一步寻找下去的话，我们甚至可能想出一些非常复杂的方案，可能比简单的早期解决方案更糟糕。人们常说的"至善者善之敌"就是这个意思。

注意在 min 和 max 的定义中使用了 static const。这是我们在类中定义整数类型符号常量的方式。对于类成员，我们使用 static 来确保程序中只有一份拷贝，而不是每个类对象都有一份。在这种情况下，因为初始化是一个常量表达式，所以我们可以使用 constexpr 代替 const。

9.7.2　拷贝

程序设计中总是需要创建对象，也就是说，我们必须始终考虑初始化和构造函数。可以说，它们是类中最重要的成员：为了编写构造函数，必须决定初始化对象所需的内容，以及什么样的值是有效值（什么是不变式）？只要考虑初始化就能帮助你避免错误。

接下来要考虑的问题是：我们可以拷贝对象吗？如果可以，我们如何拷贝它们？

对于 Date 或 Month，答案是我们显然想拷贝该类型的对象，而拷贝的意义并不重要：只是复制所有成员即可。实际上，这正是默认情况。所以只要你不特别声明，编译器就会这样做。例如，如果将 Date 拷贝作为初始化式或赋值函数的右侧，则编译器会复制其所有成员：

```
Date holiday {1978, Month::jul, 4};          // 初始化
Date d2 = holiday;
Date d3 = Date{1978, Month::jul, 4};
holiday = Date{1978, Month::dec, 24};        // 赋值
d3 = holiday;
```

这段代码都将按预期工作。用 Date{1978, Month::dec, 24} 可以创建一个正确的未命名 Date 对象，然后你可以适当地使用它。例如：

```
cout << Date{1978, Month::dec, 24};
```

这里是对构造函数的一种使用，从字面上来看，与一个类的作用非常相近。当我们需要定义一个变量或常量时，这是一种很方便的方法。

如果我们需要拷贝操作的含义与默认情况不同，应该怎么做呢？我们既可以定义自己的拷贝构造函数（参见 18.3 节），也可以删除（delete）拷贝构造函数和拷贝赋值运算符（参见 14.2.4 节）。

9.7.3　默认构造函数

未初始化的变量可能会成为错误之源。为了解决这个问题，我们可以用构造函数来保证类的每个对象都被初始化。例如，我们声明了构造函数 Date::Date(int,Month,int)，以确保每个 Date 对象都被正确地初始化。对于 Date 类型，这意味着程序员必须提供三个类型正确的参数。例如：

```
Date d0;                                      // 错误：没有初始化器
Date d1 {};                                   // 错误：空初始化器
Date d2 {1998};                               // 错误：参数过少
```

```
Date d3 {1, 2, 3, 4};                    // 错误：参数过多
Date d4 {1, "jan", 2};                   // 错误：错误的参数类型
Date d5 {1, Month::jan, 2};              // 正确：使用三个参数的构造函数
Date d6 {d5};                            // 正确：使用拷贝构造函数
```

注意，尽管我们为 Date 定义了构造函数，但是我们仍然可以通过赋值运算直接拷贝 Date。

许多类都有一个默认值概念，即它们能解决这个问题："如果我没有为对象提供一个初始值，那么它应该具有什么值？"例如：

```
string s1;                               // 默认值：空字符串 ""
vector<string> v1;                       // 默认值：空向量；没有元素
```

这些代码就像注释描述的一样工作，这看起来非常合理。由于 vector 和 string 提供了默认构造函数，所以这些构造函数可以隐式地提供所需的初始化工作。

对于类型 T，符号 T{} 表示默认值，这是通过定义默认构造函数实现的，因此我们可以写出下面这样的代码：

```
string s1 = string{};                    // 默认值：空字符串 ""
vector<string> v1 = vector<string>{};    // 默认值：空向量；没有元素
```

但是，我们更倾向于采用下面这种等价的和更"口语化"的语法形式：

```
string s1;                               // 默认值：空字符串 ""
vector<string> v1;                       // 默认值：空向量；没有元素
```

对于内置类型，如 int 和 double，默认构造函数的结果为 0，因此 int{} 是表示 0 的一种复杂描述，而 double{} 是表示 0.0 的一种冗长描述。

使用默认构造函数不仅仅是形式上的问题，它有着更深层的重要作用。假设我们有一个未初始化的 string 或 vector：

```
string s;
for (int i=0; i<s.size(); ++i)           // 错误：循环一个未定义的次数
    s[i] = toupper(s[i]);                // 错误：读取和写入随机的内存位置
vector<string> v;
v.push_back("bad");                      // 错误：写入随机地址
```

如果 s 和 v 的值真的是未定义，那么我们就完全不知道它们包含多少个元素或无法（采用一些常用的实现技术，参见 17.5 节）知道这些元素存放在哪里。其结果可能是我们使用了随机地址，这可能会导致最糟糕的一类错误。基本上，如果没有构造函数，我们就无法建立一个不变式，也就无法确保这些变量中的值是有效的（参见 9.4.3 节）。我们必须坚持对这些变量进行初始化，必须坚持使用初始化程序，写出如下代码：

```
string s1 = "";
vector<string> v1 {};
```

但是我们不认为这种方法特别完美。对于字符串，"" 显然是"空字符串"。对于 vector 类型来说，用 0 来表示没有"空向量"没有问题。但是，对于许多类型来说，为默认值找到一个合理的表示并不容易。所以，最好定义一个构造函数，不需要程序员显式提供初始化程序就能创建对象。这样的构造函数不带参数，称为默认构造函数（default constructor）。

日期没有明显的默认值。这就是为什么到目前为止我们还没有为 Date 定义一个默认构造函数，现在我们为它定义一个（只是为了证明我们可以这样做而已）：

```
class Date {
public:
```

```
    // ...
    Date();                          // 默认构造函数
    // ...
private:
    int y;
    Month m;
    int d;
};
```

我们必须选择一个默认日期。21 世纪的第一天可能是一个合理的选择：

```
Date::Date()
  :y{2001}, m{Month::jan}, d{1}
{
}
```

与其将成员的默认值放在构造函数中，不如将它们放在成员本身上：

```
class Date {
public:
  // ...
  Date();                          // 默认构造函数
  Date(int y, Month m, int d);
  Date(int y);                     // 表示 y 年的 1 月 1 日
  // ...
private:
  int y {2001};
  Month m {Month::jan};
  int d {1};
};
```

这样，每个构造函数都可以使用默认值。例如：

```
Date::Date(int yy)               // 表示 yy 年的 1 月 1 日
      :y{yy}
{
  if (!is_valid()) throw Invalid{}; // 检查有效性
}
```

因为 Date(int) 没有显式地初始化月份（m）或日期（d），所以隐式地使用了指定的初始值（Month::jan 和 1）。这种在成员声明中指定的类成员的初始值称为类内初始值（in-class initializer）。

如果不想要在构造函数代码中直接构建默认值，可以使用常量（或变量）。为了避免全局变量及其相关的初始化问题，我们使用 8.6.2 节中介绍的技术：

```
const Date& default_date()
{
  static Date dd {2001,Month::jan,1};
  return dd;
}
```

这里我们使用了 static，这样保证变量（dd）只会被创建一次，而不是每次调用 default_date() 时都被创建并被初始化。有了 default_date()，为 Date 定义一个默认构造函数就很简单了：

```
Date::Date()
   :y{default_date().year()},
   m{default_date().month()},
   d{default_date().day()}
{
}
```

注意，默认构造函数无需检查对象值，因为 default_date 的构造函数已经做过了。给定了这个默认的 Date 构造函数之后，我们现在可以定义 Date 的非空向量容器，而不需要列出元素值：

```
vector<Date> birthdays(10);   // 十个使用默认 Date 值（Date{}）的元素
```

如果没有默认构造函数，我们将不得不这样做：

```
vector<Date> birthdays(10, default_date()); // 十个默认的日期（default_date）
vector<Date> birthdays2 = {                 // 十个默认的日期（default_date）
     default_date(), default_date(), default_date(), default_date(),
default_date(),
     default_date(), default_date(), default_date(), default_date(),
default_date()
   };
```

在指定 vector 的元素计数时，我们使用圆括号 ()，而不是 {} 初始化列表符号，以避免在 vector<int>（参见 18.2 节）的情况下混淆。

9.7.4　const 成员函数

对于有些变量，我们希望它们是可以被改变的——这就是为什么我们称之为"变量"的原因。但对于另外一些变量，我们则不希望改变它们，即我们想用"变量"表示的实际上是不变量。我们通常称为常量（const）。考虑下面代码：

```
void some_function(Date& d, const Date& start_of_term)
{
    int a = d.day();                     // 正确
    int b = start_of_term.day();         // 应该是正确的（为什么？）
    d.add_day(3);                        // 正确
    start_of_term.add_day(3);            // 错误
}
```

在这里我们期望 d 是可变的，start_of_term 是不可变，而 some_function() 将不允许对 start_of_term 进行更改。编译器是如何知道这些的呢？这是因为我们将 start_of_term 定义为常量的，从而使编译器获得了上述信息。好了，我们达到了预期的目的，但为什么使用 day() 读取 start_of_term 的成员 day 是被允许的呢？就 Date 的定义而言，start_of_term.day() 是错误的，因为编译器不知道 day() 是否修改了对象的日期。我们也从未提供过这方面的信息，因此编译器假定 day() 可能会修改日期，它应该是一个报告错误。

我们可以通过将"类操作"分可修改和不可修改来处理这个问题。这两者的区别可以帮助我们理解一个类，同时具有很重要的实践意义：可以在 const 对象上调用不修改对象的操作。例如：

```
class Date {
public:
    // . . .
    int day() const;                     // 常量成员函数：不能修改对象
```

```
        Month month() const;                 // 常量成员函数：不能修改对象
        int year() const;                     // 常量成员函数：不能修改对象

        void add_day(int n);                  // 非常量成员函数：可以修改对象
        void add_month(int n);                // 非常量成员函数：可以修改对象
        void add_year(int n);                 // 非常量成员函数：可以修改对象
    private:
        int y;                                // 年份
        Month m;
        int d;                                // 日
    };
    Date d {2000, Month::jan, 20};
    const Date cd {2001, Month::feb, 21};
    cout << d.day() << " — " << cd.day() << '\n'; // 正常
    d.add_day(1);                             // 正常
    cd.add_day(1);                            // 错误: cd 是一个常量对象，无法修改
```

在成员函数声明中的参数列表之后使用 const，就表示这个成员函数可以在一个 const 对象上调用。一旦我们声明了一个成员函数为 const，编译器就会帮助我们保证不修改该对象的承诺。例如：

```
int Date::day() const
{
    ++d;                                      // 错误：尝试在常量成员函数中修改对象
    return d;
}
```

当然，我们通常不会尝试以这种方式"欺骗"编译器。但我们可能会无意中这么做，特别是当代码非常复杂时，而编译器可以防止此意外发生。

9.7.5　类成员和"辅助函数"

当我们试图最小化类接口时，我们不得不忽略大量有用的操作。如果一个函数可以简单、优雅和高效地实现为一个独立函数时（即实现为非成员函数），我们可以将其他放在类外实现。这样，该函数中的错误就不能直接破坏类对象中的数据。不访问类描述是很重要的，因为常用的调试技术是"首先排查惯犯"，即当类出现问题时，我们首先查看直接访问类描述的函数：几乎可以肯定是这类函数导致的错误。如果有十几个而不是 50 个这样的函数，我们会更快乐。

Date 类有 50 个成员函数！你一定认为我们是在开玩笑。我们没开玩笑：几年前我调查了一些商业上使用的 Date 库，发现它们充满了像 next_Sunday()、next_workday() 等这样的函数。对于设计目标更倾向于方便用户使用，而不是易于理解、实现和维护的类来说，有 50 个成员函数还是很合理的。

另一个值得注意的是，如果类描述改变，则只有直接访问类描述的函数才需要重写。这是保持接口最小化的另一个重要原因。在我们的 Date 示例中，我们可能会觉得用一个整数表示自 1900 年 1 月 1 日以来至今的天数，比（年，月，日）的形式更适合。如果做出这样的改变，只需修改成员函数。

以下是一些辅助函数（helper function）的一些示例：

```
Date next_Sunday(const Date& d) {
    // 通过 d.day()、d.month() 和 d.year() 访问 d
    // 创建一个新的 Date 对象并返回
```

```
    }
    Date next_weekday(const Date& d) { /* . . . */ }
    bool leapyear(int y) { /* . . . */ }
    bool operator==(const Date& a, const Date& b) {
        return a.year()==b.year()
            && a.month()==b.month()
            && a.day()==b.day();
    }
    bool operator!=(const Date& a, const Date& b) {
        return !(a==b);
    }
```

辅助函数也称为便利函数（convenience function）、帮助函数（auxiliary function）。这些函数和其他非成员函数之间在逻辑上是有区别的，即辅助函数是一个设计概念，而不是一个程序设计语言概念。辅助函数通常接收一个类对象作为其参数，它就是为这个类做辅助工作。不过也有例外：请注意 leapyear()。通常，我们使用命名空间来区分一组辅助函数，参见 8.7 节：

```
    namespace Chrono {
        enum class Month { /* ... */ };
        class Date { /* . . . */ };
        bool is_date(int y, Month m, int d); // true for valid date
        Date next_Sunday(const Date& d) { /* . . . */ }
        Date next_weekday(const Date& d) { /* . . . */ }
        bool leapyear(int y) { /* . . . */ } // see exercise 10
        bool operator==(const Date& a, const Date& b) { /* . . . */ }
        // . . .
    }
```

注意 == 和 != 函数。他们是典型的辅助函数。对于许多类，== 和 != 显然有意义，但由于它们并非对所有类都有意义，因此编译器无法像编写拷贝构造函数和拷贝赋值那样为你编写它们。

还请注意，我们引入了一个辅助函数 is_date()，该函数取代了 Date::is_valid()，因为检查日期是否有效在很大程度上与 Date 对象的描述是无关的。例如，我们不需要知道 Date 对象的描述方式就可以知道 "2008 年 1 月 30 日" 是有效日期，而 "2008 年 2 月 30 日" 不是。有些 Date 对象的某些方面可能仍然取决于描述（例如，我们可以表示 "1066 年 1 月 30 日" 吗？），但是，如果需要的话 Date 的构造函数可以处理这个问题。

9.8　Date 类

现在，让我们把这一章介绍的内容放在一起，看看此时 Date 类会是什么样子。下面代码中的函数体只是一个 "..." 注释，具体的实现是复杂的（请不要尝试实现它们）。首先，我们将声明放在头文件 Chrono.h 中：

```
    // 文件 Chrono.h
    namespace Chrono {
    enum class Month {
        jan=1, feb, mar, apr, may, jun, jul, aug, sep, oct, nov, dec
    };
```

```cpp
class Date {
public:
    class Invalid { };                       // 作为异常抛出
    Date(int y, Month m, int d);             // 检查有效日期并初始化
    Date();                                  // 默认构造函数
    // 默认的拷贝操作是可以的

    // 非修改操作:
    int day() const { return d; }
    Month month() const { return m; }
    int year() const { return y; }

    // modifying operations:
    void add_day(int n);
    void add_month(int n);
    void add_year(int n);
private:
    int y;
    Month m;
    int d;
};
bool is_date(int y, Month m, int d);         // 如果是有效日期则返回 true
bool leapyear(int y);                        // 如果 y 是闰年则返回 true

bool operator==(const Date& a, const Date& b); // 比较两个 Date 对象是否相等
bool operator!=(const Date& a, const Date& b); // 比较两个 Date 对象是否不相等

ostream& operator<<(ostream& os, const Date& d); // 将 Date 对象输出到流中
istream& operator>>(istream& is, Date& dd);      // 从流中读取数据到 Date 对象

Day day_of_week(const Date& d);              // 返回 d 的星期几
Date next_Sunday(const Date d);              // 返回 d 后的下一个星期日的日期
Date next_weekday(const Date& d);            // 返回 d 后的下一个工作日的日期

}                                            // Chrono
```

定义放在文件 Chrono.cpp 中:

```cpp
// Chrono.cpp
#include "Chrono.h"

namespace Chrono {
// member function definitions:

Date::Date(int yy, Month mm, int dd)
    : y{yy}, m{mm}, d{dd}
{
```

```
        if (!is_date(yy,mm,dd)) throw Invalid{};
    }
    const Date& default_date()
    {
        static Date dd {2001,Month::jan,1};                    // 从 21 世纪开始
        return dd;
    }
    Date::Date()
        :y{default_date().year()},
        m{default_date().month()},
        d{default_date().day()}
    {
    }
    void Date:: add_day(int n)
    {
        // ...
    }
    void Date::add_month(int n)
    {
        // ...
    }
    void Date::add_year(int n)
    {
        if (m == Month::feb && d == 29 && !leapyear(y + n)) {   // 注意闰年！
            m = Month::mar;                // 使用 3 月 1 日代替 2 月 29 日
            d = 1;
        }
        y += n;
    }
    // 辅助函数:
    bool is_date(int y, Month m, int d)
    {
        // 假设 y 是有效的
        if (d <= 0) return false;// d 必须为正数
        if (m < Month::jan || m > Month::dec) return false; // m 必须介于 1
                                                            // 到 12 之间
        int days_in_month = 31;            // 大多数月份有 31 天
        switch (m) {
            case Month::feb:               // 二月份的天数是变化的
                days_in_month = (leapyear(y))? 29 : 28;
                break;
            case Month::apr: case Month::jun: case Month::sep: case
Month::nov:
                days_in_month = 30;        // 其他月份都有 30 天
                break;
        }
```

```
        if (days_in_month < d) return false; // 月份的天数小于给定的天数，无效日期
        return true;
}
bool leapyear(int y)
{
        // see exercise 10
}


bool operator==(const Date& a, const Date& b)
{
        return a.year()==b.year()
                && a.month()==b.month()
                && a.day()==b.day();
}
bool operator!=(const Date& a, const Date& b)
{
        return !(a==b);
}
ostream& operator<<(ostream& os, const Date& d)
{
        return os << '(' << d.year()
                  << ',' << int(d.month())
                  << ',' << d.day() << ')';
}
istream& operator>>(istream& is, Date& dd)
{
        int y, m, d;
        char ch1, ch2, ch3, ch4;
        is >> ch1 >> y >> ch2 >> m >> ch3 >> d >> ch4;
        if (!is) return is;
        if (ch1!= '(' || ch2!=',' || ch3!=',' || ch4!=')') {// 糟糕：格式化错误
            is.clear(ios_base::failbit);              // 设置失败 bit
        return is;
        }
        dd = Date(y, Month(m),d);                     // 更新 dd
        return is;
}
  enum class Day {
     sunday, monday, tuesday, wednesday, thursday, friday, saturday
};
Day day_of_week(const Date& d)
{
        // ...
  }
Date next_Sunday(const Date& d)
{
```

```
        // ...
    }
    Date next_weekday(const Date& d)
    {
        // ...
    }
}       // Chrono
```

为 Date 实现 >> 和 << 的函数将在 10.8 节和 10.9 节中详细解释。

✔ 操作题

　　本章操作题的目的是使一系列的 Date 版本能正常工作。请为每个版本定义一个名为 today 的 Date 对象，初始值为 1978 年 6 月 25 日。然后，定义一个称为 tomorrow 的 Date 对象，并通过拷贝 today 将其赋值，随后使用 add_day() 将其日期向后推移一天。最后，使用 9.8 节中定义的 << 输出 today 和 tomorrow。

　　有效日期的检查可以简单实现。忽略闰年。但是，不要接受不在 [1，12] 范围内的月份或不在 [1，31] 范围内的日期。使用至少一个无效日期（如 2004 年 13 月 5 日）测试每个版本。

1. 9.4.1 节中的版本。
2. 9.4.2 节中的版本。
3. 9.4.3 节中的版本。
4. 9.7.1 节中的版本。
5. 9.7.4 节中的版本。

回顾

1. 如本章所述，类包含哪两部分？
2. 在一个类中，接口和实现有什么区别？
3. 最初定义的 Date 结构有什么局限和问题？
4. 为什么 Date 类型使用构造函数取代 init_day() 函数？
5. 什么是不变式？举例说明。
6. 函数什么时候应该放在类定义内？什么时候又应该放在类外？为什么？
7. 在程序中什么时候应该使用运算符重载？给出一个你可能想重载的运算符列表（对于每一个请给出一个原因）？
8. 为什么类的公共接口应该尽量小？
9. 给成员函数加上 const 限定符有什么作用？
10. 为什么"辅助函数"最好放在类定义之外？

术语

built-in types（内置类型）　　　　　　　　　　　　enumerator（枚举）

representation（描述）

helper function（辅助函数）

const

structure（结构体）

in-class initializer（类内初始化器）

destructor（析构函数）

validstate（有效状态）

interface（接口）

invariant（不变式）

class

struct

implementation（实现）

constructor（构造函数）

user-defined types（用户自定义类型）

inlining（内联）

enum

enumeration（枚举量）

练习题

1. 列出 9.1 节中真实世界对象（如烤面包机）示例中可能的操作。

2. 设计并实现一个包含（name,age）对的 Name_pairs 类，其中 name 是一个 string，age 是一个 double，将其表示为 vector<string>（称为 name）和 vector<double>（称为 age）成员。提供读取一系列名称的输入操作 read_names() 函数。提供一个 read_ages() 操作，提示用户输入每个名字的年龄。提供一个 print() 操作，按照 name 向量容器的顺序打印出（name[i], age[i]）对（每行一个）。提供一个 sort() 操作，按字典顺序对 name 向量容器进行排序，并重排 age 向量容器使之与 name 向量的新顺序相匹配。将所有"操作"实现为成员函数。测试这个类（当然，在设计过程中尽早测试并多测试）。

3. 将 Name_pair::print() 函数替换为（全局）运算符 <<，并为 Name_pairs 定义 == 和 != 运算符。

4. 查看 8.4 节中最后那个令人头痛的例子。将它适当缩进并解释每个语法结构的含义。请注意，该示例没有做任何有意义的事情，它只是单纯地说明令人混淆的代码风格。

5. 这个练习题和接下来的几个练习题要求你设计和实现一个 Book 类，就像你想象的图书馆软件的一部分一样。Book 类应该有 ISBN 号、书名、作者和版权日期以及表示该书是否被借阅的成员。创建用于返回这些成员的函数，以及用于借书和还书的函数。对输入 Book 对象的数据进行简单的有效性检查，例如，只接受 n-n-n-x 形式的 ISBN 号，其中 n 是一个整数，x 是一个数字或一个字母。将 ISBN 号存储为字符串。

6. 为 Book 类添加运算符。添加 == 运算符，用于检查两本书的 ISBN 号是否相同。定义 != 也比较 ISBN 号是否不等。定义 << 运算符，分行打印出标题、作者和 ISBN 号。

7. 为 Book 类创建一个名为 Genre 的枚举类型。类型是小说（fiction）、非小说（nonfiction）、期刊（periodical）、传记（biography）和儿童读物（children）。给每本书赋予一个 Genre 值，并对 Book 构造函数和成员函数进行适当的更改。

8. 为图书馆创建一个 Patron 类，该类将包含读者姓名、借书证号码和借阅费用（如果欠费的话）。创建访问这些成员的函数和设置借书费的函数。定义一个辅助函数，返回一个布尔值（bool），表示读者是否欠费。

9. 创建一个 Library 类，包括一个 Book 和一个 Patron 的向量容器。定义一个名为 Transaction 的结构，它包括一个 Book 对象、一位 Patron 对象和一个本章中定义的 Date 对象，表示借阅记录。定义向图书馆添加图书、添加读者以及借出书籍的函数。每当读者借出一本书时，保证 Library 对象中有读者和图书的记录，否则报告错误。然后检查读者是否欠费，如果欠费，则报告错误，否则创建一个 Transaction 对象，并将其放入 Transactions 的向量容器中。定义一个返回包含所有欠费读者姓名向量容器的函数。

10. 实现 9.8 节中的 leapyear()。

11. 为 Date 类设计并实现一组有用的辅助函数，例如 next_workday()（假设除星期六或星期日的任何一天都是工作日）和 week_of_year()（假设第 1 周是 1 月 1 日所在那周），每周的第 1 天是星期日）。

12. 将 Date 的描述更改为自 1970 年 1 月 1 日（称为第 0 天）以来的天数，用一个 long int 成员保存此天数，并重新实现 9.8 节中的函数。一定要拒绝超出我们可以表示的范围的日期（拒绝第 0 天之前的天数，即没有负天数）。

13. 设计并实现一个有理数类 Rational。一个有理数由两部分组成：分子和分母，例如 5/6（六分之五，也称为约 0.83333）。如果需要的话，请查找有理数定义。为 Rational 类定义提供赋值、加法、减法、乘法、除法和相等运算符。另外，提供一个转换为 double 的函数。为什么人们想要使用 Rational 类？

14. 设计并实现一个 Money 类，能进行包含美元和美分的计算，其中计算必须使用四舍五入规则（大于等于 0.5 美分向上舍入，任何小于 0.5 美分向下舍入）精确到最后一个美分。

用一个 long int 类型成员以美分值表示货币金额，但输入和输出采用美元和美分的形式，例如 $123.45。不必考虑金额超出 long int 型范围的情况。

15. 改进 Money 类，加入货币功能（货币类型通过构造函数参数给出）。能接受浮点型的初值，只要能用 long int 表示即可。不接受非法操作。例如，Money*Money 这种没有意义的操作，但只有当你提供定义美元（USD）和丹麦克朗（DKK）之间的换算系数的换算表时，USD1.23+DKK5.00 这种才有意义。

16. 定义一个输入运算符（>>），它将带有货币面值的货币金额（例如 USD1.23 和 DKK5.00）读入 Money 变量。同时定义一个相应的输出运算符（<<）。

17. 举一个计算的例子，使用 Rational 进行计算得到的结果比使用 Money 更好。

18. 举一个计算的例子，使用 Rational 进行计算得到的结果比 double 更好。

附言

用户自定义的类型有很多，比我们在这里介绍的要多许多。用户自定义类型，尤其是类，是 C++ 的核心，也是许多有效设计技术的关键。本书其余大部分内容都是关于类的设计和使用。一个类或一组类，是我们在代码中表达思想的机制。本章主要介绍了类的语言技术细节，本书其他部分则关注如何用类优雅地表达有用的思想。

第二部分

输入和输出

第 10 章

输入和输出流

"学习科学可以使我们远离愚昧。"

——Richard P. Feynman

在本章和下一章中，我们将从多个角度来学习 C++ 标准库中有关输入 / 输出的特性。我们将展示如何读取和写入文件，如何处理输入 / 输出错误，如何处理格式化输入，以及如何为用户自定义类型提供输入 / 输出运算符及如何使用这类运算符。本章重点介绍以下基本问题：如何读取和写入单个值，以及如何打开、读取和写入整个文件。最后用一个示例来说明在一个较大规模的程序中应该考虑的各种输入 / 输出问题。第 11 章将会介绍更深入的技术细节。

10.1 输入和输出的简介

如果没有数据，计算就毫无意义。我们需要将数据输入到程序中来进行一些有价值的计算，并将结果从程序中取出。在 4.1 节中，我们提到了各种各样的数据源和输出目标。如果我们不加小心，就会写出只能从特定的源输入数据，只能将结果输出到特定设备的程序。对于特定应用程序，例如数码相机或发动机燃油喷射器的传感器，这可能是可以接受的（有时甚至是必要的），但对于大多数应用，我们需要用一种方法将程序的读写操作与实际进行输入和输出的设备分离开。如果我们必须直接访问每种设备，那么当有新的显示器或磁盘产品面市时，我们就必须修改程序，或者将用户局限于所支持的设备上，这是很荒谬的。

大多数现代操作系统都将 I/O 设备的处理细节放到设备驱动程序中，然后程序通过 I/O 库访问设备驱动程序，这就使来自不同设备源的输入 / 输出看起来尽可能相似。通常，设备驱动程序都位于操作系统比较深的层次中，大多数用户看不到它们。而 I/O 库提供了 I/O 的抽象，因此程序员不必考虑具体的设备和设备驱动程序，如图 10-1 所示。

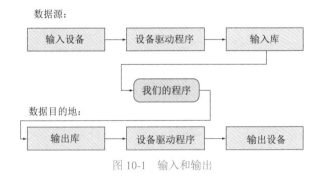

图 10-1 输入和输出

当操作系统使用这样的模型时，输入和输出就可以看作字节（字符）流，由输入 / 输出库处理。于是，我们程序员的工作就变为：

（1）创建指向恰当数据源和数据目的地的 I/O 流；

（2）从这些 I/O 流中读写数据。

那么数据在程序和设备间实际是如何传输的这类细节内容，实际上都是由 I/O 库和设备驱动程序来处理的。在本章和第 11 章中，我们将介绍如何使用 C++ 标准库来格式化 I/O 流中的数据。

从程序员的角度来看，输入和输出可以分为多种不同类型。例如：

● 大量数据项构成的流（文件、网络连接、录音设备或显示设备）

- 通过键盘与用户交互的流
- 通过图形界面与用户交互的流（如输出对象、接收鼠标点击事件等）。

这种分类法并不是唯一可能的分类，而且在这种分类中三类 I/O 流之间的划分并不是那么清晰。例如，如果一个输出字符流恰好是一个以浏览器为目的地的 HTTP 文档，则它的结果看起来更像一个用户交互流，而且它可以包含图形元素。相反，与 GUI（图形用户界面）交互的流也可以作为字符序列呈现给程序。虽然这种分类法并不完美，但它很适合我们的工具：前两类 I/O 可以由 C++ 标准库中的 I/O 流提供，并且其被大多数操作系统直接支持。我们从第 1 章开始就一直在使用 iostream 库，并将在本章和第 11 章重点介绍它。图形化输出和图形化用户交互则由其他库支持，我们将在第 12 章～第 16 章中讨论这部分内容。

10.2　I/O 流模型

C++ 标准库提供了两种数据类型，istream 用来处理输入流，ostream 用来处理输出流。我们已经使用过称为 cin 的标准输入流和称为 cout 的标准输出流，因此我们知道应该如何使用这部分标准库中（通常称为 iostream 库）的基本功能。

一个 ostream 可以实现：

- 将不同类型的值转换为字符序列。
- 将这些字符发送到"某处"（如控制台、文件、内存或另外一台计算机）。

我们可以用图形方式来表示 ostream，如图 10-2 所示。

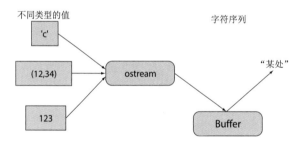

图 10-2　ostream 可视化

缓冲区（buffer）是 ostream 内部用于保存数据并与操作系统通信的数据结构。如果将数据写入 ostream，字符可能在一段"延迟"之后才出现在目的设备，通常是因为字符仍在缓冲区中。缓冲是提高性能的重要技术，当处理大量数据时性能是很重要的。

一个 istream 可以实现：

- 将字符序列转换为不同类型的值。
- 从"某处"（如控制台、文件、内存或另外一台计算机）读取这些字符。

我们可以以图形方式来表示 istream，如图 10-3 所示。

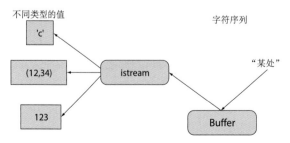

图 10-3　istream 可视化

与 ostream 一样，istream 也使用缓冲区与操作系统通信。istream 的缓冲区很多情况下对用户来说是可见的。例如，当你使用一个与键盘相关联的 istream 时，你所键入的内容将保留在缓冲区中，直至你按下回车键为止（回车／换行），在此之前你可以使用清除（退格）键来"改变你的主意"。

输出的一个主要目的是生成人类可读的数据形式。如电子邮件消息、学术文章、网页、账单记录、业务报告、联系人列表、目录、设备状态信息等。因此，ostream 提供了许多格式化文本的功能以满足不同需求。同样，为了便于人类阅读，很多输入数据也是由人类事先编写或者格式化过的。因此，istream 还有能读取由 ostream 生成的输出内容的功能。我们将在 11.2 节中讨论格式化输入／输出，在 11.3.2 节中介绍如何读取非字符型输入数据。输入的复杂性很大程度在于错误处理。为了能够提供更真实的示例，我们将从数据文件相关的 iostream 模型开始。

10.3　文件

通常，我们需要处理的数据会多到计算机内存都容纳不了，因此我们可以将大部分数据存储在磁盘或其他大容量存储设备上。此类设备还具有另外一个我们需要的特性，即电源关闭时数据不会丢失——数据是持久的。基本上，文件就是一个从 0 开始编号的字节序列，如图 10-4 所示。

图 10-4　字节序列表示的文件

每个文件都有自己的格式，即它有一组规则来确定字节的含义。例如，如果是一个文本文件，前 4 个字节就是文本前 4 个字符。另外，如果是一个使用二进制表示整数的文件，同样的前 4 个字节，表示的就是第一个整数（参见 11.3.2 节）。格式对磁盘上文件的作用与类型对内存中对象的作用相同。只有我们知道了文件的格式（请参阅 11.2.3 节），才能理解文件中字节数据的含义。

对于一个文件，ostream 将内存中的对象转换为字节流，并将它们写入磁盘。 istream 则相反，即它从磁盘读取字节流并将其转换为对象，如图 10-5 所示。

图 10-5　磁盘与内存交互

大多数情况下，我们假设这些"磁盘上的字节"都是我们常用字符集。尽管这个假设并不总是成立，但绝大多数情况我们可以认为它是对的，而且，其他的字符集表示方式也不难处理。我们还可以假定所有文件都在磁盘上（即保存在旋转磁存储设备上）。同样，这个假设并不总是成立（如闪存设备），但在这个层面上，实际采用什么存储设备对程序设计来说没什么区别，这也是文件和流抽象层的优点之一。

为了读取一个文件，我们必须：

（1）知道文件名。

（2）（以读模式）打开文件。

（3）读出字符。

（4）关闭文件（尽管文件通常会被隐式地关闭）。

为了写一个文件，我们必须：

（1）指定文件名。

（2）按照指定的文件名，（以写模式）打开文件或创建一个新文件。

（3）写入我们的对象。

（4）关闭文件（尽管文件通常会被隐式地关闭）

实际上之前我们已经了解了基本文件的读写方法，因为关联到文件的 ostream 对象的使用方式与之前学习的 cout 完全一样，而 istream 对象又与 cin 完全一样。因此我们已经很熟悉了。我们将在 11.3.3 节介绍只用于文件的操作，但现在我们需要先了解如何打开文件，然后关注适用于所有 ostream 和 istream 对象的操作和技术。

10.4　打开文件

如果要读取或写入一个文件，你必须打开一个专门用于该文件的流。 ifstream 是用于读文件的 istream 流，ofstream 是用于写入文件的 ostream 流，**fstream** 是既用于读文件也可写文件的 iostream。文件流必须与某个文件关联，然后才可以使用。例如：

```
cout << "Please enter input file name: ";
string iname;
cin >> iname;
ifstream ist {iname}; // ist 是一个用于名为 iname 的文件的输入流
if (!ist) error("can't open input file ",iname);
```

定义带有一个字符串作为参数的 ifstream 对象时，将以读模式打开以该字符串命名的文件，并将其与 ifstream 对象相关联。"!ist"用来检查文件是否被正常打开。如果已经成功打开，随后我们就可以像读取其他任何 istream 对象一样从文件中读取数据了。例如，假设 Point 定义了输入运算符 >>，我们可以写出如下代码：

```
vector<Point> points;
for (Point p; ist>>p; )
    points.push_back(p);
```

ofstream 可以以类似的方式处理文件输出。例如：

```
cout << "Please enter name of output file: ";
string oname;
cin >> oname;
ofstream ost {oname}; // ost 是一个用于名为 oname 的文件的输出流
if (!ost) error("can't open output file ",oname);
```

定义带有一个字符串参数的 ofstream 对象时，将以写模式打开以该字符串命名的文件，并将其与 ofstream 对象相关联。!ost 用来检查文件是否被正常打开。如果已经成功打开，随后我们可以像写入其他任何 ostream 对象一样向文件写入数据。例如：

```
for (Point p: points)
    ost << '(' << p.x << ',' << p.y << ")\n";
```

当文件流离开了其作用域时，其关联文件将会被关闭，当一个文件关闭时，它的相关缓冲区会被"刷新"，即缓冲区中的字符会被写入文件中。

一般来说，我们最好提前或在任何重要计算未开始之前就打开文件。因为如果我们在完成计算后发现无法保存结果，将会浪费计算资源。

理想的方式是在创建 ostream 或 istream 对象时可隐式打开文件，并依靠流对象的作用域来关闭文件。例如：

```
void fill_from_file(vector<Point>& points, string& name)
```

```
    {
        ifstream ist {name};              // 以读取模式打开文件
        if (!ist) error("can't open input file ", name);
        // ... 使用 ist 进行操作 ...
        // 当函数执行完毕时，文件会被隐式关闭
    }
```

你还可以通过执行显式的 open() 和 close() 操作打开和关闭文件（参见附录 B.7.1）。然而，依赖作用域的方式可以最大限度地降低两类错误出现的概率。在打开文件之前或关闭之后使用文件流对象。例如：

```
    ifstream ifs;
    // ...
    ifs >> foo;                          // 不会成功：ifs 没有打开文件
    // ...
    ifs.open(name, ios_base::in);        // 打开名为 name 的文件以供读取
    // ...
    ifs.close();                         // 关闭文件
    // ...
    ifs >> bar;                          // 不会成功：ifs 的文件已关闭
    // ...
```

在真实的程序中，通常这类问题更难发现。幸运的是，我们不能在尚未关闭一个文件时就第二次打开它，此时 open() 会返回一个错误。例如：

```
    fstream fs;
    fs.open("foo", ios_base::in) ;       // 打开输入文件
    // 缺少 close() 函数
    fs.open("foo", ios_base::out);       // 不会成功：fs 已经打开
    if (!fs) error("impossible");
```

因此，不要忘记在打开文件流后，检测流对象是否成功关联了。

那我们为什么还要使用显式的 open() 或 close() 呢？原因是有时使用文件的范围不能简单包含于任何流对象的作用域中，因此你必须这样做。但这很少见，因此我们不必在这里担心。更重要的是，你会在别人编写的代码中发现这样的用法，这些人使用的语言和标准库的样式没有遵循 iostream（以及 C++ 标准库的其余部分）使用的风格。

我们将在第 11 章中看到，还有很多与文件相关的内容，但现在我们只要了解如何将它们用作数据源（输入）和数据目的地（输出）就足够了。如果我们假设用户必须直接输入所有输入的数据，那么将编写出不现实的程序。因此从程序员的角度来看，文件的一大优点是你可以在调试过程中反复读取输入，直到你的程序正确运行为止。

10.5　读写文件

思考如何从文件中读取一些测量数据，并将其描述为内存数据对象？例如，以下这些可能是从气象站获取的温度数据：

```
    0 60.7
    1 60.6
    2 60.3
```

```
3 59.22
...
```

该数据文件包含一系列（小时，温度）对。小时的值为 0 ～ 23，温度以华氏度为单位，没有任何其他的格式，即该文件不包含任何特殊的头信息（例如温度读数是从何获取的）、值的单位、标点符号（例如在每个值对外加上括号）或终止符。这是最简单的情况。

我们可以用 Reading 类型表示温度读数：

```cpp
struct Reading {              // 一个温度读数
    int hour;                 // 午夜后的小时数 [0:23]
    double temperature;       // 华氏温度
};
```

基于这个类型，我们就可以获取温度数据了：

```cpp
vector<Reading> temps;        // 在这里存储读取的内容
int hour;
double temperature;
while (ist >> hour >> temperature) {
    if (hour < 0 || 23 <hour) error("hour out of range");
    temps.push_back(Reading{hour,temperature});
}
```

这是一个典型的输入循环。称为 ist 的 istream 可以是上一节中所示的输入文件流（ifstream）、也可以是标准输入流（cin）（作为一个别名）或者任何其他类型的 istream。对于这段代码而言，它并不关心这个 istream 到底是从哪里获取的数据。我们的程序所关心的只是 ist 是一个 istream 并且数据具有预期的格式。下一节将讨论一个有趣的问题：如何检测输入数据中的错误以及检测到格式错误后我们应该如何做。

写文件通常比读文件简单。同样，但一旦流对象已经被初始化，我们就不必确切地知道它到底是哪种类型的流。尤其对于上一节介绍的输出文件流（ofstream），我们可以像使用其他任何 ostream 一样来使用它。例如，我们可能希望输出括号中每对值的读数：

```cpp
for (int i=0; i<temps.size(); ++i)
    ost << '(' << temps[i].hour << ',' << temps[i].temperature << ")\n";
```

最终的程序就可以读取原始的温度读数文件，然后利用上述代码创建一个新文件，其中每个数值对的格式为（小时，文件）。

因为文件流在离开其作用域时会自动关闭所关联的文件，所以完整的程序变成了：

```cpp
#include "std_lib_facilities.h"
struct Reading {              // 温度读数
    int hour;                 // 午夜后的小时数 [0:23]
    double temperature;       // 华氏温度
};
int main()
{
    cout << "Please enter input file name: ";
    string iname;
    cin >> iname;
    ifstream ist {iname};     // ist 从名为 iname 的文件中读取
    if (!ist) error("can't open input file ",iname);
```

```
    string oname;
    cout << "Please enter name of output file: ";
    cin >> oname;
    ofstream ost {oname};    // ost 写入名为 oname 的文件中
    if (!ost) error("can't open output file ",oname);

    vector<Reading> temps;   // 在这里存储读数
    int hour;
    double temperature;
    while (ist >> hour >> temperature) {
        if (hour < 0 || 23 <hour) error("hour out of range");
        temps.push_back(Reading{hour,temperature});
    }
    for (int i=0; i<temps.size(); ++i)
        ost << '(' << temps[i].hour << ','
            << temps[i].temperature << ")\n";
}
```

10.6　I/O 错误处理

当处理输入时，我们必须预料到可能发生的错误，并给出相应的处理措施。输入会发生什么类型的错误呢？应该如何处理呢？输入错误可能是人为失误（错误理解了指令、输入错误、让猫在键盘上行走等），文件不符合规范，我们作为程序员错误估计了情况等造成的。发生输入错误的可能性是无限的！但 istream 将所有可能的情况归结为 4 类，称为流状态（stream state），如表 10-1 所示。

表 10-1　流状态

流状态	
good()	操作成功
eof()	到达输入末尾（"文件末尾"）
fail()	发生某些意外情况（如我们要读取数字，却读了 'x' 字符）
bad()	发生严重的意外（如磁盘读取错误）

然而 fail() 和 bad() 之间的区别并未准确定义，因为在为新类型定义 I/O 操作的程序员之间有不同的观点。但基本思想很简单：如果输入操作遇到简单的格式错误，则使流进入 fail() 状态，即假设你（输入操作的用户）可以从错误中恢复。如果发生了比较严重的错误，例如磁盘读取错误，就应该让流进入 bad()，即假设你只能放弃从这个流获取数据。bad() 状态的流也是 fail() 状态。因此有如下逻辑：

```
int i = 0;
cin >> i;
if (!cin) { // 只有在输入操作失败时才会执行这里的代码
    if (cin.bad()) error("cin 出错 ");      // 流已损坏：我们要离开这里！
```

```
    if (cin.eof()) {
        // 没有更多的输入了
        // 这通常是我们希望一系列输入操作结束的方式
    }
    if (cin.fail()) {           // 流遇到了意外的内容
        cin.clear();            // 使其准备好接受更多的输入
        // 以某种方式进行恢复
    }
}
```

"!cin" 可以读作 "cin 不成功" 或 "cin 发生了某些错误" 或 "cin 的状态不是 good()"。它与
"操作成功" 相反。注意处理 fail() 时使用的 cin.clear()：当流失败时，我们也许能够从错误中恢复。
为了从错误中恢复，我们显式地将流从 fail() 状态转移到其他状态，从而可以继续从中读取字符。
clear() 就起到这样的作用——在调用 cin.clear() 之后，cin 的状态就变为 good()。

下面是一个如何使用流状态的示例。假定我们要读取整数到一个 vector 中，字符 * 或 "文件结
尾"（在 Windows 系统上是 Ctrl+Z，在 UNIX 系统上是 Ctrl+D）表示序列结束。例如：

```
1 2 3 4 5 *
```

上述功能可以通过如下函数来实现：

```
void fill_vector(istream& ist, vector<int>& v, char terminator)
    // 从 ist 读取整数，并将其存储在 v 中，直到到达 eof() 或 terminator
{
    for (int i; ist >> i; ) v.push_back(i);
    if (ist.eof()) return;                  // 完美：我们找到了文件末尾

    if (ist.bad()) error("ist is bad");     // 流已损坏：让我们离开这里!
    if (ist.fail()) {                       // 尽力清理错误并报告问题
        ist.clear();                        // 清除流状态
                                            // 这样我们就可以查找 terminator

        char c;
        ist >> c;                           // 读取一个字符，希望是 terminator
        if (c != terminator) {              // 意外的字符
            ist.unget();                    // 把字符放回去
            ist.clear(ios_base::failbit);   // 设置状态为 fail()
        }
    }
}
```

注意，即使没有遇到终结符，函数仍然也会返回。毕竟，我们可能已经读取了一些数据并且
fill_vector() 的调用者也许能够从 fail() 状态中恢复过来。由于我们调用了 clear() 来清除状态，以便
能够检查后续字符，所以，为了让调用者来处理 fail() 状态，必须将流状态重新设置为 fail()。我们
通过调用 ist.clear(ios_base::failbit) 来达到这一目的。注意，使用 clear() 可能会造成混淆：带参数
的 clear() 实际上会将 iostream 状态标志（位）置位，并且（仅）清除未提到的标志位。通过将流状
态设置为 fail()，表明遇到的是格式错误，而不是更严重的错误。我们可以使用 unget() 将字符放回
ist，因为 fill_vector() 的调用者可能会用到它。unget() 函数是 putback()（参见 6.8.2 节、附录 B.7.3）
的简洁版，它依赖于流记住最后产生的字符是什么，从而不需要在参数中明确给出。

如果 fill_vector() 的调用者想知道是什么原因终止了输入，可以通过检测流是处于 fail() 还是 eof() 状态或捕获由 error() 抛出的 runtime_error 异常来知道原因。但据了解，从处于 bad() 状态的 istream 获取更多数据是不太可能的，因此大多数调用者不必为此烦恼。这意味着在几乎所有情况下，如果我们遇到 bad() 状态，我们唯一能做的就是抛出异常。

简单起见，可以让 istream 帮我们来做：

```
// 如果 ist 出现错误，使其抛出异常
ist.exceptions(ist.exceptions()|ios_base::badbit);
```

这个语法可能看起来很奇怪，但结果很简单，当此语句开始执行时，如果 ist 处于 bad() 状态，它将会抛出标准库异常 ios_base::failure。在程序中，我们只能调用一次 exceptions()。这允许我们通过忽略 bad() 的处理来简化 ist 上的所有输入循环过程：

```
void fill_vector(istream& ist, vector<int>& v, char terminator)
    // 从 ist 读取整数，并将其存储在 v 中，直到到达 eof() 或 terminator
{
    for (int i; ist >> i; ) v.push_back(i);
    if (ist.eof()) return;            // 很好：我们找到了文件末尾
    // 不是 good() 也不是 bad() 也不是 eof()，那么 ist 必须是 fail()
    ist.clear();                      // 清除流状态
    char c;
    ist >> c;                         // 读取一个字符，希望是 terminator
    if (c != terminator) {            // 啊：不是 terminator，所以我们必须失败
        ist.unget();                  // 或许我的调用者可以使用那个字符
        ist.clear(ios_base::failbit); // 设置状态为 fail()
    }
}
```

这里使用的 ios_base 是 iostream 的一部分，它包含诸如 badbit 之类的常量、诸如 failure 之类的异常以及其他有用的定义。你可以使用：运算符来使用它们，例如 ios_base::badbit（参见附录 B.7.2）。如果我们不想要学习 iostream 的所有内容，而是想深入地讨论 iostream 库的细节，可能需要一门完整的课程。例如，iostreams 可以处理不同的字符集，实现不同的缓冲策略，还包含能以各种语言的习惯格式化货币金额的输入/输出工具。我们曾经收到过一份关于乌克兰货币格式的错误报告。如果需要，请参考 Stroustrup 的《The C++ Programming Language》和 Langer 的《Standard C++ IOStreams and Locales》来钻研你想知道的 iostream 内容。

与 istream 一样，ostream 也有 4 种状态：good()、fail()、eof() 和 bad()。不过，本书所编写的程序，输出错误比输入错误少得多，所以我们通常不对 ostream 进行状态检测。如果程序运行环境中输出设备不可用、队列满或者损坏，我们就像在每次输入操作后进行测试一样，在每次输出操作后都检测其状态。

10.7　读取单个值

现在，我们已经知道了如何读取以文件尾或终止符结束的值序列。本书我们将列举更多的示例，首先让我们看一个非常常见的示例：重复请求用户输入值，直到输入可符合要求的值为止。你可以从这个例子中学到几种常见的设计策略，我们将通过一系列解决方案来讨论这些设计策略，以解决"如何从用户那里获得符合要求的值"这一简单问题。我们可以从一个令人不那么满意的"初

步尝试"方案开始，逐步提出一系列改进版本。我们的基本假设是：我们正在处理交互式输入，即程序给出提示信息，用户输入数据。假设要求用户输入一个 1 ～ 10（包括 1 和 10）之间的整数：

```
cout << "Please enter an integer in the range 1 to 10 (inclusive):\n";
int n = 0;
while (cin>>n) { // 读取
    if (1<=n && n<=10) break;        // 检查范围
        cout << "Sorry "
            << n << " is not in the [1:10] range; please try again\n";
}
// ... 在这里使用 n ...
```

这段代码非常"丑陋"，但它"在某种程度上可以正常工作"。如果你不喜欢使用 break（参见附录 A.6），可以将读取操作和范围检查合并为一条语句：

```
cout << "Please enter an integer in the range 1 to 10 (inclusive):\n";
int n = 0;
while (cin>>n && !(1<=n && n<=10))  // 读取并检查范围
    cout << "Sorry "
        << n << " is not in the [1:10] range; please try again\n";
// ... 在这里使用 n ...
```

然而，这只是表面上的改变。为什么说这段代码只"在某种程度上正常工作呢"？因为只有在用户小心地输入整数的情况下，它才能正常工作。如果用户打字不熟练，本想输入 6，但却敲了 t（在大多数键盘上，t 恰好在 6 下面），程序会在未改变 n 的值时就退出循环，使 n 的值将超出范围。这样的代码我们不能将其称之为高质量代码。一个爱开玩笑的人（或者勤奋的测试人员）也有可能从键盘键入"文件尾"符号（在 Windows 系统上是 Ctrl+Z，在 UNIX 系统上是 Ctrl+D）。同样，会导致程序退出循环结束后 n 不在要求的范围内。换句话说，为了获得可靠的输入，我们必须处理三个问题：

（1）用户输入超出范围的值；

（2）没有输入任何值（输入"文件尾"符号）；

（3）用户输入的内容类型错误（在本例中，未输入整数）

我们如何应对这些问题呢？这也是在编写程序时经常会遇到这样的问题：我们真正想要什么？在这里，对于这三个错误，我们有三个选择：

（1）在负责输入的代码中处理错误；

（2）抛出异常让其他人来处理这个错误（有可能会终止程序）；

（3）忽略这个错误。

碰巧的是，这恰好是三种最为常用的错误处理策略。因此，本例是我们必须对错误进行思考的一个很好的例子。

人们想当然地认为，第三种选择——忽视错误，是不可接受的。如果我是在编写一个自己用的简单程序，可以做任何我喜欢做的事情，包括忘记可能导致糟糕结果的错误检查。但是，如果是在编写一个将来可能长时间运行的程序，忽略这些错误就很愚蠢了。如果要和他人共享程序，就更加不应该忽略这些错误检查。请注意，这里我有意识地使用"我"；因为"我们"可能会误导人。因为只要有两个人使用程序，第三种选择就是不能接受的。

在第一种和第二种策略之间选择是困难的，也就是说，对于某个给定程序，应该根据具体情况去选择两种选择中的任何一种。首先注意，在大多数程序中，对于用户不通过键盘进行输入的情况，还没有一种简洁的、局部性的方法来处理，因为在输入流关闭后，要求用户输入数字没有多大意义。我们可以重新打开 cin（使用 cin.clear()），但用户不太可能意外地关闭该流（你会意外地按下 Ctrl+Z 键？），如果程序需要一个整数，但却发现"文件尾"，那么试图读取该整数的程序部分最好放弃努力，寄希望于程序的其他部分能够处理；也就是说，读取输入的代码必须抛出异常。这意味着我们要做的选择不是在抛出异常和在就地处理问题之间，而是选择哪些错误应该就地处理。

10.7.1　将程序分解为易管理的模块

下面我们尝试就地处理一个超出范围的输入和一个错误类型的输入：

```
cout << "Please enter an integer in the range 1 to 10 (inclusive):\n";
int n = 0;
while (true) {
  cin >> n;
  if (cin) {      // 我们得到一个整数，现在检查它
      if (1<=n && n<=10) break;
      cout << "Sorry "
          << n << " is not in the [1:10] range; please try again\n";
  }
  else if (cin.fail()) {      // 我们发现输入的内容不是一个整数
      cin.clear();            // 清除 cin 的内容，将流的状态设置为 good()
                              // 我们想看一些字符
      cout << "Sorry, that was not a number; please try again\n";
      for (char ch; cin>>ch && !isdigit(ch); ) // 丢弃非数字字符
          /* nothing */ ;
      if (!cin) error("no input");// 我们没有找到数字，报错
      cin.unget();                // 把数字放回去，这样我们就可以读取该数字
  } else {
      error("no input");         // eof 或 bad: 放弃
  }
}
// 如果我们执行到这里，n 就在 [1:10] 范围内
```

这段代码又乱又冗长，当有人需要编写让用户输入整数的程序时，我们绝不会建议他们这样写。但另一方面，我们确实需要处理潜在的错误，因为用户确实会犯错误，那么我们该怎么办呢？这段代码混乱的原因是它把处理几个不同事情的代码都混合在一起了：

- 读取数值
- 提示用户输入数值
- 编写错误信息
- 跳过"问题字符"
- 测试输入是否在所需范围内

一种常用的使代码更清晰的方法是将逻辑上处理不同的事情的代码划分为独立的函数。例如，对于发现"问题字符"（如意料之外的字符）后进行错误恢复的代码，我们可以将其分离出来：

```
void skip_to_int()
{
    if (cin.fail()) { // 我们发现输入的内容不是一个整数
```

```
            cin.clear();   // 清除 cin 的内容，将流的状态设置为 good()
                for (char ch; cin>>ch; ) { // 丢弃非数字字符
                      if (isdigit(ch) || ch=='-') {
                            cin.unget();      // 把数字放回去，这样我们就可以读取该数字
                            return;
                      }
                }
          }
          error("no input");              // eof 或 bad: 放弃
    }
```

有了上述 skip_to_int() "工具函数"，代码可以写成：

```
cout << "Please enter an integer in the range 1 to 10 (inclusive):\n";
int n = 0;
while (true) {
      if (cin>>n) {                        // 我们得到一个整数，现在检查它
            if (1<=n && n<=10) break;
            cout << "Sorry " << n
                  << " is not in the [1:10] range; please try again\n";
      } else {
            cout << "Sorry, that was not a number; please try again\n";
            skip_to_int();
      }
}
// 如果我们执行到这里，n 就在 [1:10] 范围内
```

这段代码看起来就好多了，但它仍然太长、太乱，很难在一个程序中多次使用。需要经过多次测试，才能保证其正确性。

我们到底需要什么样的操作呢？一个合理的答案是"一个函数读取任意一个整数，另一个函数读取给定范围的整数"：

```
int get_int(); // 从 cin 中读取 int
int get_int(int low, int high);      // 从 cin 读取一个介于 low 和 high 之间的整数
```

如果已有这些函数，我们至少可以简单而正确地使用它们。不难写出如下代码：

```
int get_int() {
      int n = 0;
      while (true) {
        if (cin >> n) return n;
        cout << "Sorry, that was not a number; please try again\n";
        skip_to_int();
      }
}
```

基本上，get_int() 会顽强地持续读取字符，直到找到一些可以解释为整数的数字符号为止。如果要退出 get_int()，必须提供一个整数或文件尾符号（文件结束符将会使 get_int() 抛出一个异常）。

使用普通版本的 get_int()，我们可以编写具有范围检查功能的 get_int()：

```
int get_int(int low, int high)
{
```

```
    cout << "Please enter an integer in the range "
        << low << " to " << high << " (inclusive):\n";
    while (true) {
        int n = get_int();
        if (low<=n && n<=high) return n;
        cout << "Sorry "
            << n << " is not in the [" << low << ':' << high
            << "] range; please try again\n";
    }
}
```

这个版本的 get_int() 同样很顽强。它一直从非范围 get_int() 函数中获取整数，直到它得到的整数在预期的范围内。

我们现在可以像下面这样可靠地读取整数：

```
int n = get_int(1,10);
cout << "n: " << n << '\n';


int m = get_int(2,300);
cout << "m: " << m << '\n';
```

不过，不要忘记在某个地方处理捕获异常，这样，当 get_int() 确实不能读入一个整数时（虽然可能很罕见），我们就可以给出恰当的错误信息。

10.7.2　将人机对话从函数中分离

get_int() 函数仍然混淆着读取输入和输出的提示消息。对于一个简单的程序来说，这可能没有什么问题，但在一个大型程序中，我们可能想要输出不同的提示信息。例如，我们可能要像下面这样调用 get_int()：

```
int strength = get_int(1,10, "enter strength", "Not in range, try again");
cout << "strength: " << strength << '\n';
int altitude = get_int(0,50000,
                        "Please enter altitude in feet",
                        "Not in range, please try again");
cout << "altitude: " << altitude << "f above sea level\n";
```

可能的实现如下：

```
int get_int(int low, int high, const string& greeting, const string& sorry)
{
    cout << greeting << ": [" << low << ':' << high << "]\n";

    while (true) {
        int n = get_int();
        if (low<=n && n<=high) return n;
        cout << sorry << ": [" << low << ':' << high << "]\n";
    }
}
```

这种方式生成任意提示信息是困难的，所以我们采取了"程式化"的方式。这通常是可以接受的，并且可生成灵活可变的信息，例如支持许多自然语言（如阿拉伯语、孟加拉语、中文、丹麦语、英语和法语等）所需要的消息，但这并不是一个初学者能够承担的任务。

注意，我们的解决方案仍然是不完整的：没有范围的 get_int() 函数仍然不可信。进一步讲就是：我们在程序中的许多部分都会使用到"工具函数"，因此不应该将消息"硬编码"到函数中。此外，在许多程序中使用的库函数根本不应该向用户输出任何信息——毕竟，编写库函数的程序员甚至可能不知道运行库的程序是否在有人监视的机器上使用。这就是为什么我们的 error() 函数并不只输出一条错误消息（参见 5.6.3 节）；一般来说，我们无法知道向何处输出。

10.8　用户自定义输出运算符

为一个给定类型定义输出运算符 << 通常很简单。要考虑的主要问题是不同的人可能喜欢不同的输出格式，所以很难就单一的格式达成一致。即使无法提供令所有用户都满意的输出格式，为用户自定义类型定义输出运算符 << 通常也是一个好主意。这样，我们至少可以在调试和早期开发期间简单地写出该类型的对象。后期我们可能会提供更复杂的 <<，允许用户提供格式化信息。而且如果我们希望输出样式与 << 提供的不同，可以简单地绕过 <<，并在应用程序中按照我们喜欢的方式写出用户自定义类型的内容。

下面是为 9.8 节中 Date 类型定义的一个简单的输出运算符，它简单地打印了年、月和日，用逗号分隔，两边加括号：

```
ostream& operator<<(ostream& os, const Date& d)
{
    return os << '(' << d.year()
              << ',' << int(d.month())
              << ',' << d.day() << ')';
}
```

这将打印出 2004 年 8 月 30 日，即（2004,8,30）。除非我们有更好的想法或更具体的需求，否则我们倾向于使用这种简单的元素列表表示法来表示成员数较少的类型。

在 9.6 节中，我们提到用户自定义的运算符是通过调用它的函数来处理的。这里我们可以看到它是如何实现的。给出 Date 的 << 定义，则：

```
cout << d1;
```

等价于（其中 d1 是 Date 类型的对象）：

```
operator<<(cout, d1);
```

注意运算符 <<() 将接受 ostream& 作为第一个参数，并再次将其作为返回值返回。这就是为什么你可以将输出操作"链接"起来，因为这是输出流传递的方式。例如，我们可以像这样输出两个日期：

```
cout << d1 << d2;
```

这实际上是通过首先解析第一个 <<，然后再解析第二个 << 来实现的：

```
cout << d1 << d2;          // 表示 operator<<(cout, d1) << d2;
                           // 表示 operator<<(operator<<(cout, d1), d2);
```

也就是说，首先将 d1 输出到 cout，然后将 d2 输出到第一个输出操作的返回结果中。实际上，我们可以用这三种形式中的任何一种来写出 d1 和 d2。

10.9 用户自定义输入运算符

为一个给定类型和指定的输入格式定义输入运算符 >>，关键在于错误处理。因此，这可能会相当棘手。

下面是一个简单的输入运算符，用于从 9.8 节中读取由上面定义的运算符 << 所写的日期：

```
istream& operator>>(istream& is, Date& dd)
{
    int y, m, d;
    char ch1, ch2, ch3, ch4;
    is >> ch1 >> y >> ch2 >> m >> ch3 >> d >> ch4;
    if (!is) return is;
    if (ch1 != '(' || ch2 != ',' || ch3 != ',' || ch4 != ')') { // 哎呀：格式错误
        is.clear(ios_base::failbit);
        return is;
    }
    dd = Date{y,Month(m),d};                                     // 更新 dd
    return is;
}
```

这个 >> 运算符将读取（2004,8,20）这样的串，并尝试从这三个整数创建一个 Date 对象。同样的，输入比输出更难处理。因为输入比输出更容易出错，而且经常出错。

如果没有找到（整数，整数，整数）格式的输入，它将使流处于一个非正常状态（fail, eof 或 bad），并且不会改变目标 Date 对象的值。成员函数 clear() 用于设置 istream 的状态。显然，ios_base::failbit 将流置于 fail() 状态。在读取失败的情况下，保持目标 Date 对象不变是一个理想的策略，这往往会使代码更简洁。对于 operator>>() 来说，最理想的情况是不读取（丢弃）它未使用的任何字符，但在本例中这太难了：在发现格式错误之前，我们可能已经读取了大量字符。例如，考虑输入（2004,8,30}。只有当我们看到最终的 } 时，我们才发现有一个格式错误，而指望退回这么多字符是不可靠的。唯一可以保证的是用 unget() 退回一个字符。如果 operator>>() 读取了一个不合法的 Date，例如（2004,8,32），Date 的构造函数将抛出异常，这将使我们跳出函数 operator>>()。

10.10 一个标准的输入循环

在 10.5 节的例子中，我们学习了如何读写文件。随后我们就更深入地介绍处理错误相关的内容（参见 10.6 节），在举例中输入循环还是简单地假设我们可以从文件的开头读到文件的结尾。这个假设可能是合理的，因为我们经常单独检查每个文件是否有效。但是，我们通常想要在读取的同时进行检查。下面的代码是一种通用的策略，假设 ist 是一个 istream:

```
for (My_type var; ist>>var; ) { // 读取直到末尾
    // 可能检查 var 是否有效
    // 对 var 进行处理
}
// 很少能从 bad 状态中恢复；除非确实有必要，否则不要尝试：
if (ist.bad()) error("bad input stream");
if (ist.fail()) {
    // 这是一个可接受的终止符吗？
```

```
    }
    // 继续执行：我们找到了文件末尾
```

也就是说，我们读入一组值，将它们保存到变量中，当无法再读入值时，检查流状态，看看是什么原因引起的。如 10.6 节所述，我们可以通过让 istream 抛出一个类型失败的异常来改进这一点。这省去了我们一直检查它的麻烦：

```
    // 在某处：如果 ist 出现错误，使其抛出异常：ist.exceptions(ist.exceptions()|
ios_base::badbit);
```

我们也可以指定一个字符作为终结符，例如：

```
    for (My_type var; ist >> var; ) {
        // 读取直到文件末尾
        // 可能检查 var 是否有效
        // 对 var 进行处理
    }

    if (ist.fail()) { // 使用 '|' 作为终结符和 / 或分隔符
        ist.clear();
        char ch;
        if (!(ist >> ch && ch == '|')) error(" 输入终止错误 ");
    }
    // 继续执行：我们找到了文件末尾或终结符
```

如果我们不想接受一个终结符——也就是说，只接受文件尾作为输入的终结——我们只需在调用 error() 之前删除测试。但是，当读取具有嵌套结构的文件时，终结符非常有用，（如文件由按月读数组成，每月的读数是由每天的读数组成的，而每天的读数由每小时的读数组成的等），因此我们将继续在后面的讨论中都假定使用终结符。

然而这段代码仍然有点混乱。特别是在读取很多文件的情况下，重复终结符测试是很麻烦的。我们可以写一个函数来处理这个问题：

```
    // 某处：如果出现错误，使 ist 抛出异常：
    ist.exceptions(ist.exceptions()|ios_base::badbit);

    void end_of_loop(istream& ist, char term, const string& message)
    {
        if (ist.fail()) {  // 使用 term 作为终结符和 / 或分隔符
            ist.clear();
            char ch;
            if (ist>>ch && ch==term) return;        // 一切正常
            error(message);
        }
    }
```

这将输入循环减少到下面这样：

```
    for (My_type var; ist>>var; ) {                        // 一直读到文件结尾
        // 可能要检查变量 var 是否有效
        // . . . 对 var 进行一些操作 . . .
    }
```

```
        end_of_loop(ist,'|',"bad termination of file");    // 测试是否可以继续
        // 继续进行: 我们找到了文件的结尾或终结符
```

end_of_loop() 函数不执行任何操作,除非流处于 fail() 状态。我们认为这样一个输入循环对于许多应用来说足够简单和通用。

10.11　读取结构化的文件

让我们尝试使用这个"标准输入循环"来解决一个实际例子。通常,我们会利用这个例子来说明广泛适用的设计和程序设计技术。假设你有一个温度读数文件,它的结构如下所示:

● 一个文件包含若干年(包含按月的读数)。

一个年份以 {year 开始,后跟表示年份的整数(例如 1900),并以 } 结尾。

● 一个年份包含若干月份(包含按日的读数)。

一个月份以 {month 开始,后跟一个表示月份的三个字母的名称(例如 jan),并以 } 结尾。

● 一个读数包含时间和温度。

一个读数以(开头,后跟月份中的某一天,小时值和温度值,并以)结尾。

例如:

```
{ year 1990 }
{year 1991 { month jun }}
{ year 1992 { month jan ( 1 0 61.5) } {month feb (1 1 64) (2 2 65.2) } }
{year 2000
    { month feb (1 1 68 ) (2 3 66.66 ) ( 1 0 67.2)}
    {month dec (15 15 -9.2 ) (15 14 -8.8) (14 0 -2) }
}
```

虽然这种格式有点奇怪,但是通常文件格式都是这样特别。尽管行业中有向更加规则和层次化的文件(例如 HTML 和 XML 文件)转变的趋势,但实际情况仍然是我们很少能够控制需要读取的文件提供的输入格式。文件的格式就是这个样子,我们要做的就是正确读取其内容。如果文件格式太糟糕,或者文件包含太多错误,我们可以编写一个格式转换程序,将文件转换为更适合我们程序的格式。另一方面,我们通常可以选择内存中数据的表示方式来适应我们的需求,也可以选择输出格式来满足特定的需要和偏好。

因此,假设给定了上面的温度读数格式,而我们只能接受。幸运的是,它具有自我识别的组件,例如年份和月份(如 HTML 或 XML)。另一方面,每个读数的格式对合法性检测没有什么帮助。例如,如果有人将一个月份中的某一天的值和一天中的小时值交换了位置,或者如果有人生成了一个温度以摄氏度为单位的文件,而程序却期望以华氏度为单位,反之亦然,那么就没有任何信息可以帮助我们。我们只能应对这些情况。

10.11.1　内存表示

我们该如何在内存中表示这些数据?显然,首先是创建三个类: Year、Month 和 Reading,以完全匹配输入数据。当处理数据时,Year 和 Month 显然是有用的;我们想要比较不同年份的温度,计算每月平均温度值,比较同一年的不同月份的温度,比较不同年份的同一月份的温度,将温度读数与日照记录和湿度读数匹配等等。基本上,Year 和 Month 与我们思考温度和天气的一般方式是吻合的: Month 包含一个月的信息,Year 包含一年的信息。但 Reading 呢?它实际上与一些硬件(传感

器）的底层表示形式吻合。Reading 的数据（每月的日期、每天的小时数和温度）很"奇怪"，仅在 Month 对象内有意义，而且它还是非结构化的：我们无法保证读数按照日期或小时顺序给出。因此，每当我们想要对读数进行任何感兴趣的操作时，我们都必须对它们进行排序。

为了在内存中表示温度数据，我们作出以下假设：

- 如果我们获得了某月的任何一个读数，则往往可能会读取该月的其他很多读数。
- 如果我们获得了某天的任何一个读数，则往往可能会读取该日的其他很多读数。

在这种情况下，将 Year 表示为包含 12 个 Month 的向量，Month 表示为包含大约 30 天的向量，Day 表示为包含 24 个温度值（每小时一个）。这对于各种用途来说都简单易用。因此，Day、Month 和 Year 都是简单的数据结构，每个都有一个构造函数。由于我们计划在获取温度读数之前就创建了 Month 和 Day，作为 Year 的一部分，因此我们需要一个"非读数"概念，用于表示我们尚未读取某一天的某一个小时的数据。

```
const int not_a_reading = -7777;    // less than absolute zero
```

类似地，我们引入了"非月份"的概念来直接表示这未读入数据的月份，以免不得不搜索该月所有日期来确定不包含的数据：

```
const int not_a_month = -1;
```

因此，上述描述的三个类可以定义如下：

```
struct Day {
    vector<double> hour {vector<double>(24,not_a_reading)
};
```

也就是说，一天有 24 小时，每个小时都初始化为 not_a_reading。

```
struct Month {                       // 温度读数的一个月份
    int month {not_a_month};         // [0:11] 一月是 0
    vector<Day> day {32};            // [1:31] 每天一个温度读数的向量
};
```

这里使用了 day[0] 空间来使代码编写更加简单：

```
struct Year {                        // 温度读数的一年，按月份组织
    int year;                        // 正数表示公元年份
    vector<Month> month {12};        // [0:11] 一月是 0
};
```

每个类本质上都是一个简单向量，Month 和 Year 分别有一个标识成员 month 和 year，用来表示月份和年份。

这里有几个"魔数"（如 24、32 和 12），我们尽量避免在代码中使用这样的字面量。这里使用的几个常量都是非常基本的（一年有几个月几乎是不会改变的），而且不会在程序其他代码中使用。但是，我们将它们留在代码中主要是为了提醒您"魔数"的问题；符号常量几乎总是更好的选择（参见 7.6.1 节）。使用 32 作为一个月中的天数肯定需要进行合理的解释，32 在这里被使用显然是因为其是"有魔力的"数。

为什么我们不写成：

```
struct Day {
    vector<double> hour {24,not_a_reading};
};
```

写成上述结构体看似更加简单，然而我们会得到一个包含两个元素（24 和 -1）的向量，而不

是 24 个元素，每个都被初始化为 -1。当我们想要指定一个向量的元素数量时，整数（int）可以转换为元素类型（double），这里我们便不得不使用 ( ) 初始化语法（参见 18.2 节）。

10.11.2　读取结构化的值

Reading 类仅用于读取输入，因而很简单：

```
struct Reading {
    int day;
    int hour;
    double temperature;
};

istream& operator>>(istream& is, Reading& r)
// 从输入流 is 中读取一个温度读数到变量 r 中
// 格式: ( 3 4 9.7 )
// 检查格式，但不考虑数据的有效性
{
    char ch1;
    if (is >> ch1 && ch1 != '(') {                    // 可能是一个 Reading 吗?
        is.unget();
        is.clear(ios_base::failbit);
        return is;
    }
    char ch2;
    int d;
    int h;
    double t;
    is >> d >> h >> t >> ch2;
    if (!is || ch2!=')') error("bad reading");        // 读数错误
    r.day = d;
    r.hour = h;
    r.temperature = t;
    return is;
}
```

一般来讲我们应该先检查格式是否合理，如果不合理，我们可以将文件状态设置为 fail() 并返回。这样我们可以尝试以其他方式读取信息。另一方面，如果在读取一些数据后才发现格式错误，就没有了错误恢复的机会，我们只能使用 error() 退出。

Month 的输入操作基本相同，只是它必须读取任意数量的 Reading，而不是读取一个固定的值集合（与 Reading 的 >> 不同）。

```
istream& operator>>(istream& is, Month& m)
// 从输入流 is 中读取一个月份到变量 m 中
// 格式: { month feb . . . }
{
    char ch = 0;
    if (is >> ch && ch!='{') {
```

```
            is.unget();
            is.clear(ios_base::failbit);              // 处理读取月份失败的逻辑
            return is;
    }

    string month_marker;
    string mm;
    is >> month_marker >> mm;
    if (!is || month_marker!="month") error("bad start of month");
    m.month = month_to_int(mm);

    int duplicates = 0;
    int invalids = 0;
    for (Reading r; is >> r; ) {
        if (is_valid(r)) {
            if (m.day[r.day].hour[r.hour] != not_a_reading)
                ++duplicates;
            m.day[r.day].hour[r.hour] = r.temperature;
        } else
            ++invalids;
    }
    if (invalids) error("invalid readings in month",invalids);
    if(duplicates) error("duplicatereadings in month", duplicates);
    end_of_loop(is,'}',"bad end of month");
    return is;
}
```

随后我们会回到 month_to_int() 函数，它将月份的符号表示法（如 "jun"）转换为 [0:11] 范围内的数字。请注意，代码中使用了 10.10 节中的 end_of_loop() 函数来检查读入终结符。我们可以对无效的和重复的 Reading 进行计数，这对某些人可能会有用。

Month 的 >> 函数在存储 Reading 之前会进行快速检查，以确定它是否合理：

```
 constexpr int implausible_min = -200;
constexpr int implausible_max = 200;
bool is_valid(const Reading& r)
// a rough test
{
    if (r.day<1 || 31<r.day) return false;
    if (r.hour<0 || 23<r.hour) return false;
    if (r.temperature<implausible_min|| implausible_max<r.temperature)
        return false;
    return true;
}
```

最后，我们可以读取 Year。Year 的 >> 函数与 Month 的 >> 函数类似：

```
istream& operator>>(istream& is, Year& y)
// 从输入流 is 中读取一个年份到变量 y 中
// 格式：{ year 1972 . . . }
```

```
{
    char ch;
    is >> ch;
    if (ch!='{') {
        is.unget();
        is.clear(ios::failbit);
        return is;
    }

    string year_marker;
    int yy;
    is >> year_marker >> yy;
    if (!is || year_marker!="year") error("bad start of year");
    y.year = yy;

    while(true) {
        Month m;  // 每次循环都获得一个新的干净的 m 对象
        if(!(is >> m)) break;
        y.month[m.month] = m;
    }
    end_of_loop(is,'}',"bad end of year");
    return is;
}
```

我们更希望使用"烦人的相似"而不是"相似"，但两者之间存在重要的区别。请看读取循环。你期望看到像下面这样的内容吗？

```
for (Month m; is >> m; )
    y.month[m.month] = m;
```

你可能会觉得这样做是正确的，因为我们到目前为止所有读取循环都是这样编写的。实际上这是错误的。问题在于 operator>>(istream& is, Month& m) 并没有给 m 分配一个全新的值，它只是简单将数据从 Readings 添加到 m 中。因此，重复的 is>>m 会一直向唯一的 m 中添加数据，这导致每个新的月份都会得到该年所有先前月份的读数。我们需要的是一个全新的、干净的 Month，并且每次进行 is>>m 操作时要读入其中。最简单的方法是将 m 的定义放在循环内部，这样每次循环时都会初始化它。另一种解决方案是在 operator>>(istream& is, Month& m) 读取之前将一个空月份分配给 m，或者让输入循环来做这件事情：

```
for (Month m; is >> m; ) {
    y.month[m.month] = m;
    m = Month{}; // "重新初始化" m
}
```

试试下面的程序：

```
// 打开一个输入文件：
cout << "Please enter input file name\n"; string iname;
cin >> iname;
ifstream ifs {iname};
if (!ifs) error("can't open input file",iname);
```

```
ifs.exceptions(ifs.exceptions()|ios_base::badbit);// 抛出 bad() 错误

// open an output file:
cout << "Please enter output file name\n";
string oname;
cin >> oname;
ofstream ofs {oname};
if (!ofs) error("can't open output file",oname);

// 读取任意数量的年份:
vector<Year> ys;
while(true) {
    Year y; // 每次循环都获得一个新初始化的 Year 对象
    if (!(ifs>>y)) break;
    ys.push_back(y);
}
cout << "read " << ys.size() << " years of readings\n";

for (Year& y : ys) print_year(ofs,y);
```

我们把 print_year() 的实现作为练习。

10.11.3 改变表示方法

为了让 Month 的 >> 正常工作，我们需要提供一种方法，能用读取月份的符号表示并转化为整数。为了对称，我们将提供一个匹配的写操作，使用符号表示。可以先简单编写一个 if 语句转换：

```
if (s=="jan")
        m = 1;
else if (s=="feb")
        m = 2;
...
```

这种方法不仅枯燥乏味，而且会将月份的名称硬编码到程序中。更好的方法将它们放在某个表格中，使主程序即使在我们必须更改符号表示时也能保持不变。我们决定用一个向量 vector<string> 来描述月份的符号表示，另外设计一个初始化函数和一个查找函数：

```
vector<string> month_input_tbl = {
        "jan", "feb", "mar", "apr", "may", "jun", "jul",
        "aug", "sep", "oct", "nov", "dec"
};

int month_to_int(string s)
// 判断 s 是否为一个月份的名称。如果是，则返回对应的索引 [0:11]; 否则返回 -1
{
        for (int i=0; i<12; ++i) if (month_input_tbl[i]==s) return i;
        return -1;
}
```

为了避免有疑惑：C ++ 标准库提供了一个更简单的方法来解决这个问题。请参见 21.6.1 节

map<string. int> 实现此操作的示例。

当我们想要生成输出时，我们将面临一个相反的问题。我们用一个整数表示月份的 int，希望输出时用一个符号表示。我们的解决方案与输入时基本相似，但是我们不是使用表格从 string 转换为 int，而是使用表格从 int 转换为字符串：

```
vector<string> month_print_tbl = {
    "January", "February", "March", "April", "May", "June", "July",
    "August", "September", "October", "November", "December"
};
string int_to_month(int i)
// months [0:11]
{
    if (i<0 || 12<=i) error("bad month index");
    return month_print_tbl[i];
}
```

好了，你是否真正阅读了所有的代码和解释了吗？还是眼睛一眨就跳到了结尾？记住，学习编写高质量代码最简单的方法就是阅读大量的代码。信不信由你，本例中我们使用的方法很简单，但如果没有帮助领悟其精髓是不容易的。读取数据，正确编写输入循环（正确初始化每个变量），以及在不同的表示之间进行转换都是基本的。也就是说，这些你都应该学会。最关键问题在于你是否能够熟练地掌握这些技术，并在不疲倦的情况下学习这些基本技巧。

 操作题

1. 开始一个程序处理平面中的点，运用 10.4 节中所讨论的程序，编写一个程序平面中的点。首先定义一个数据类型 Point，它具有两个坐标成员 x 和 y。

2. 使用 10.4 节中给出的代码和讨论的技术，提示用户输入七个（x,y）对。当用户输入数据时，将其存储在名为 original_points 的向量中。

3. 打印 original_points 中的数据并查看其结果如何。

4. 打开一个 ofstream，并将每个点输出到名为 mydata.txt 的文件中。在 Windows 上，我们建议使用 .txt 后缀，以便更轻松地使用普通文本编辑器（如 WordPad）查看数据。

5. 关闭 ofstream，然后打开一个与 mydata.txt 关联的 ifstream。从 mydata.txt 中读取数据，并将其存储在名为 processed_points 的新向量中。

6. 打印两个向量中的数据元素。

7. 比较两个向量，如果元素数量或元素的值不同，请打印 "Something's wrong"！。

回顾

1. 在处理输入和输出时，现代计算机是如何处理设备的多样性的？

2. 从根本上讲，istream 的基础功能什么？

3. 从根本上讲，ostream 的基础功能什么？

4. 文件指的是什么？

5. 文件格式指的是什么？

6. 列出可能需要进行 I/O 的四种不同类型的程序设备。

7. 读取一个文件的四个步骤是什么？

8. 写入一个文件的四个步骤是什么？

9. 给出 4 种流状态的名称和定义。

10. 讨论如何解决以下输入问题：

a. 用户输入超出范围的值。

b. 无法读取值（文件结尾）。

c. 用户输入了错误类型的值。

11. 输入通常在哪些方面比输出困难？

12. 输出通常在哪些方面比输入困难？

13. 我们为何通常希望将输入和输出与计算分离？

14. istream 成员函数 clear() 的两个最常见用法是什么？

15. 对于用户自定义类型 X，通常 << 和 >> 函数声明形式如何？

术语

bad()	good()	ostream
buffer	ifstream	ouput device（输出设备）
clear()	input device（输入设备）	ouput operator（输出运算符）
close()	input operator（输入运算符）	stream state（流状态）
device driver（设备驱动程序）	iostream	structured file（结构化文件）
eof()	istream	terminator（终结符）
fail()	ofstream	unget()
file（文件）	open()	

练习题

1. 编写一个程序，可以计算一个由空格分隔的整数文件中所有数字的总和。

2. 编写一个程序，创建一个温度读数文件，数据格式为 Reading 类型，Reading 的定义如 10.5 节所述，向文件中填入至少 50 个温度读数。将此程序称为 store_temps.cpp，文件命名为 raw_temps.txt。

3. 编写一个程序，从练习题 2 中创建的 raw_temps.txt 文件中读取数据到一个向量中，然后计算数据集的平均温度和中位数温度。将此程序命名为 temp_stats.cpp。

4. 修改练习 2 中的 store_temps.cpp 程序，使其增加一个温度后缀 c（摄氏度）或 f（华氏度）。然后修改 temp_stats.cpp 程序来测试每个温度读数，在将其放入向量之前将摄氏度读数转换为华氏度读数。

5. 实现 10.11.2 节中提到的 print_year() 函数。

6. 定义一个 Roman_int 类，用于存储罗马数字（作为整数）并提供 << 和 >> 运算符。为 Roman_int 提供一个 as_int() 成员，返回整数值，这样如果 r 是一个 Roman_int，我们可以写出语句 cout << "Roman" << r << " equals " << r.as_int() << '\n'; 。

7. 修改第 7 章中的计算器程序，使其接受罗马数字而不是阿拉伯数字，例如，XXI + CIV == CXXV。

8. 编写一个程序，其功能是接受两个文件名合并生成一个新文件，该文件是两个文件的内容；也就是说，程序将两个文件连接起来。

9. 编写一个程序，其功能是接受两个包含排序的空格分隔单词的文件，然后将它们合并，并保持单词顺序不变。

10. 向第 7 章的计算器中添加"from x"命令，使其从文件 x 获取输入。增加一个"to y"命令，实现输出到文件 y（包括标准输出和错误输出）。编写一组基于 7.3 节的测试用例，并使用它们来测试计算器程序。然后讨论如何使用这些命令进行测试。

11. 编写一个程序，可以计算文本文件中所有空格分隔整数的总和。例如，"bears: 17 elephants 9 end"应输出 26。

附言

计算机领域的大部分工作都涉及将大量数据从一个地方移动到另一个地方，例如将文件中的文本复制到屏幕上，或将音乐从计算机移动到 MP3 播放器。通常，在此过程中需要对数据进行某些转换。iostream 库是处理许多这样的任务的一种方式，其中数据可以被视为值序列（流）。难以预料的是，输入和输出占据了常见程序设计任务中的大部分。一方面是因为我们的程序需要大量数据，另一方面是因为数据进入系统的点是经常发生错误的地方。因此，我们必须尽量简化输入 / 输出，并尝试将有害数据"滑过"进入系统的机会降至最低。

第 11 章

自定义输入与输出

"保持简单：尽可能简单，但不能过于
简单。"

——Albert Einstein

在 本章中，我们着重介绍如何使第 10 章中提出的通用 iostream 框架适
应特定的需求和偏好。这涉及很多杂乱的细节，这些细节是由人类对
于他们所读的内容的敏感性和使用文件的实际应用限制所决定的。本章最后
一个示例会展示一个输入流的设计，它允许指定间隔符集合。

11.1　有规律的和无规律的输入和输出

iostream 库是 ISO C++ 标准库中的输入 / 输出部分，它为文本的输入和输出提供了一个统一和可扩展的框架。这里的"文本"指的是任何可以表示为字符序列的数据。因此，当我们讨论输入和输出时，我们可以将整数 1234 视为文本，即我们可以使用 4 个字符 1、2、3 和 4 来表示它。

到目前为止，我们将所有的输入源视为相同的。但有时候，这还不够。例如，有些文件不同于其他输入源（如通信连接），因为在其中我们可以寻址单个字节。同样地，我们还假定输入 / 输出格式完全由对象类型所决定，这也不完全正确，因为某些情况下这也是不够的。例如，我们经常想要指定浮点数在输出时使用的数字个数（精度）。本章将会提出一些方法，使我们可以按需求自定义输入和输出。

作为程序员，我们更喜欢有规律地输入 / 输出：统一处理所有内存对象，以同样方式处理所有输入源，并对表示进入和离开系统的对象的方式施加一个单一标准，这样的代码最干净、最简单、最可维护，而且通常是最高效的。但是，程序的存在是为了服务于人类的，而人类都有自己强烈的偏好。因此，作为程序员，我们必须努力在程序复杂性和用户个人喜好的适应性之间寻求平衡。

11.2　格式化输出

人们常常会在意输出时的细枝末节。例如，对于一个物理学家来说，将 1.25（保留小数点后两位）四舍五入后与 1.24670477 相差很大；而对于会计师，（1.25）在法律上可能与（1.2467）完全不同，也可能与 1.25 完全不同（在财务文件中，括号有时用于表示亏损，即负值）。作为程序员，我们的目标是使输出尽可能清晰并且尽可能接近我们程序"使用者"的期望。输出流（ostream）提供了多种格式化内置类型输出的方式。对于用户自定义的类型，则需要由程序员定义适合的 << 操作。

似乎有数不清的细节、优化和选项可用于输出，也有一些相似的考虑用于输入。例如，用于小数点的字符（通常是点或逗号），输出货币值的方式，将真表示为单词 true（或 vrai 或 sandt）而不是输出数字 1，处理非 ASCII 字符集的方法（如 Unicode），以及限制读入字符串的字符数的方法。这些功能除非你需要它们否则可能不是很有趣，因此我们将其描述留给手册和专业著作，例如 Langer 的《Standard C++ IOStreams 和 Locales》、Stroustrup 的《The C++ Programming Language》第 38 和第 39 章，以及 ISO C++ 标准的第 22 章和第 27 章。本书只介绍一些最常用的功能和一些通用概念。

11.2.1　整数输出

整数值可以以八进制（即基于 8 的数字系统）、十进制（我们通常使用的是基于 10 的数字系统）和十六进制（即基于 16 的数字系统）的形式输出。如果你不知道这些进制系统，请参考附录 A.2.1.1。大多数输出使用的是十进制。十六进制在输出硬件相关信息时很流行，原因是一个十六进制数字恰好表示 4 位二进制值。因此，两个十六进制数字可以用来表示 8 位字节的值，四个十六进制数字可以给出 2 字节（通常称为半字），八个十六进制数字可以表示 4 字节的值（通常是一个字或寄存器的大小）。当 C++ 的祖先 C 语言首次设计时（在 20 世纪 70 年代），八进制在表示二进制位时很受欢迎，但现在很少使用。

我们可以将输出值 1234 指定为十进制、十六进制（通常称为十六进制）和八进制：

```
cout << 1234 << "\t(decimal)\n"
     << hex << 1234 << "\t(hexadecimal)\n"
     << oct << 1234 << "\t(octal)\n";
```

'\t' 字符是"制表符"（简称"tab"）。这将输出：

```
1234 (decimal)
4d2 (hexadecimal)
2322 (octal)
```

运算符 << hex 和 << oct 不会输出任何值。相反，<< hex 通知输出流任何后续的整数值应以十六进制格式显示，而 << oct 则通知输出流任何后续的整数值应以八进制格式显示。例如：

```
cout << 1234 << '\t' << hex << 1234 << '\t' << oct << 1234 << '\n';
cout << 1234 << '\n'; // 八进制基数仍然有效
```

这段代码会输出：

```
1234 4d2 2322
2322 // 整数将保持八进制显示，直到改变基数
```

请注意，最后的输出是八进制的，也就是说，oct、hex 和 dec（表示十进制）是持久的（"固定"，"不变的"）——它们适用于每个整数值输出，直到我们指定输出流停止为止。用于改变流行为的类似 hex 和 oct 等术语称为运算符，或者说操纵符（manipulators）。

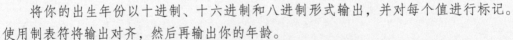

试一试

　　将你的出生年份以十进制、十六进制和八进制形式输出，并对每个值进行标记。使用制表符将输出对齐，然后再输出你的年龄。

看到不同于十进制的值通常会让人感到困惑。例如，除非我们告诉你，否则你会认为 11 表示（十进制）数字 11，而不是 9（八进制中的 11）或 17（十六进制中的 11）。为了避免这样的问题，我们可以要求 ostream 显示每个整数打印的进制。例如：

```
cout << 1234 << '\t' << hex << 1234 << '\t' << oct << 1234 << '\n';
cout << showbase << dec; // show bases
cout << 1234 << '\t' << hex << 1234 << '\t' << oct << 1234 << '\n';
```

会输出：

```
1234 4d2 2322
1234 0x4d2 02322
```

十进制数没有前缀，八进制数具有前缀 0，十六进制值具有前缀 0x（或 0X）。这正是 C++ 源代码中整数字面值的表示法。例如：

```
cout << 1234 << '\t' << 0x4d2 << '\t' << 02322 << '\n';
```

如果是十进制输出格式，这段代码会输出：

```
1234 1234 1234
```

你可能已经注意到，showbase 和 oct、hex 一样是持续的。操纵符 noshowbase 可以将 showbase 的作用反转，恢复到默认状态，即显示每个数字时不显示其进制。

总之，整数输出运算符如表 11-1 所示。

表 11-1　整数输出运算符

整数输出运算符	
oct	使用 8 为基底（八进制）表示
dec	使用 10 为基底（十进制）表示
hex	使用 16 为基底（十六进制）表示
showbase	为八进制加前缀 0，为十六禁止加前缀 0x
nonshowbase	取消前缀

11.2.2　整数输入

默认情况下，>> 假设数字使用十进制表示法，但你可以指定读入十六进制或八进制数：

```
int a;
int b;
int c;
int d;
cin >> a >> hex >> b >> oct >> c >> d;
cout << a << '\t' << b << '\t' << c << '\t' << d << '\n';
```

如果你输入：

```
1234 4d2 2322 2322
```

上面程序会输出：

```
1234 1234 1234 1234
```

注意，这意味着 oct，dec 和 hex 在输入时也会"保持不变"，就像它们在输出时一样。

试一试

请完成上述代码片段，使其成为一个程序。尝试使用建议的输入；然后手动输入十六进制和八进制数字并查看结果。

```
1234 1234 1234 1234
```

解释程序输出的结果，再尝试其他输入，观察输出结果。

你可以让 >> 接受并正确解释 0 和 0x 前缀。为了实现这一效果，你需要"复位"所有默认设置。例如：

```
cin.unsetf(ios::dec);  // 不要假设十进制（这样 0x 可以表示十六进制）
cin.unsetf(ios::oct);  // 不要假设八进制（这样 12 可以表示十二进制）
cin.unsetf(ios::hex);  // 不要假设十六进制（这样 12 可以表示十二进制）
```

流成员函数 unsetf() 将参数中给出的一个或多个标记位复位。现在，对于下面代码：

```
cin >>a >> b >> c >> d
```

如果你输出：

```
1234 0x4d2 02322 02322
```

会输出：

```
1234 1234 1234 1234
```

11.2.3 浮点数输出

如果你直接与硬件打交道，可能需要使用十六进制或八进制表示法。同样地，如果你从事科学计算，就必须处理浮点数的格式。它们使用 iostream 运算符处理，方式与整数值非常相似。例如：

```
cout << 1234.56789 << "\t\t(defaultfloat)\n"      // \t\t 用于对齐列
     << fixed << 1234.56789 << "\t(fixed)\n"
     << scientific << 1234.56789 << "\t(scientific)\n";
```

这将输出：

```
1234.57                 (general)
1234.567890             (fixed)
1.234568e+003           (scientific)
```

操纵符 fixed, scientific 和 defaultfloat 被用来选择浮点数的格式；defaultfloat 是默认的格式（也称为一般格式）。现在，我们可以编写以下代码来输出一些浮点数：

```
cout << 1234.56789 << '\t'
     << fixed << 1234.56789 << '\t'
     << scientific << 1234.56789 << '\n';
cout << 1234.56789 << '\n';                      // 浮点数格式 " 粘在一起 "
cout << defaultfloat << 1234.56789 << '\t'; // 默认的浮点输出格式
     << fixed << 1234.56789 << '\t'
     << scientific << 1234.56789 << '\n';
```

这将输出：

```
1234.57 1234.567890 1.234568e+003
1.234568e+003                                    // 科学计数法格式 " 粘在一起 "
1234.57 1234.567890 1.234568e+003
```

总之，基本的浮点数输出操纵符小结如表 11-2 所示。

表 11-2 浮点数输出运算符格式

浮点数输出运算符格式	
fixed	使用定点表示
scientific	浮点数可以使用尾数和指数表示法，其中尾数始终在 [1:10) 范围内，即小数点前只有一个非零数字
defaultfloat	选择 fixed 或 scientific 以提供数字上最准确的表示，但不能超出 defaultfloat 的精度

11.2.4　精度

默认情况下，使用 defaultfloat 格式输出浮点值时，会使用六位数字。流会选择最合适的格式，并将该数字舍入五入，以便只用六位数字（即 defaultfloat 格式的默认精度）来输出最佳近似值。例如：

1234.567 会输出 1234.57

1.2345678 会输出 1.23457

舍入规则通常遵循四舍五入的规则：0 到 4 向下舍去（朝向零），5 到 9 向上舍入（远离零）。需要注意的是，浮点数格式化仅适用于浮点数，因此：

1234567 输出 1234567（因为这是一个整数）

1234567.0 输出 123457e+006

在第二个例子中，ostream 判断使用仅 6 个数字无法以 fixed 格式输出 1234567.0，因此切换到 scientific 格式以保持最准确的表示。基本上，defaultfloat 格式在 scientic 和 fixed 格式之间进行选择，期望将浮点数最精确的表示形式呈现给用户。

试一试

编写代码输出数字 1234567.89 三次，分别采用 defaultfloat、**fixed**、**scientific**。哪种输出形式向用户呈现最准确的表示？解释为什么。

程序员可以使用操纵符 setprecision() 来设置精度，例如：

```
cout << 1234.56789 << '\t'
    << fixed << 1234.56789 << '\t'
    << scientific << 1234.56789 << '\n';
cout << defaultfloat << setprecision(5)
    << 1234.56789 << '\t'
    << fixed << 1234.56789 << '\t'
    << scientific << 1234.56789 << '\n';
cout << defaultfloat << setprecision(8)
    << 1234.56789 << '\t'
    << fixed << 1234.56789 << '\t'
    << scientific << 1234.56789 << '\n';
```

这将输出（注意舍入）如下结果：

```
1234.57 1234.567890 1.234568e+003
1234.6 1234.56789 1.23457e+003
1234.5679 1234.56789000 1.23456789e+003
```

几种格式的精度如表 11-3 所示。

表 11-3　浮点数精度

	浮点数精度
defaultfloat	精度就是数字的个数
scientific	精度为小数点之后数字的个数
fixed	精度为小数点之后数字的个数

除非有理由不这样做，否则请使用默认值（精度为 6 的 defaultfloat 格式）。通常不这样做的原因是"我们需要更高的输出精度。"

11.2.5　域

使用科学记数法（scientific）和定点（fixed）的格式，程序员可以准确控制一个值输出所占用的宽度。显然这对于打印表格这类应用等很有用。整数输出也有类似的机制，称为域（field）。你可以使用"设置域宽度"操纵符 setw() 准确指定整数或字符串输出占用多少个位置。例如：

```
cout << 123456                              // 未使用域
    << '|' << setw(4) << 123456 << '|'    // 123456 无法适应 4 个字符的域宽度
    << setw(8) << 123456 << '|'           // 将域宽度设置为 8
    << 123456 << "|\n";                   // 域宽度不会保持
```

这将输出如下结果：

```
123456|123456|  123456|123456|
```

首先注意第三次出现 123456 之前的两个空格。这就是我们期望看到的结果——六位数字占用八个字符的域。然而，123456 并不会被截断以适应一个 4 字符的域。为什么不进行截取呢？虽然 |1234| 或 |3456| 可能被认为是 4 字符域的合理输出，但是，这会完全改变输出的值，而且没有给用户输出任何警告信息。ostream 则不会这样做，相反，它会打破输出格式。错误的格式几乎总是比"错误的输出数据"更可取。在使用域最多的应用中（如打印表格），"溢出"问题很容易注意到，因此能得到修正。

域也可用于浮点数和字符串，例如：

```
cout << 12345 <<'|'<< setw(4) << 12345 << '|'
    << setw(8) << 12345 << '|' << 12345 << "|\n";
cout << 1234.5 <<'|'<< setw(4) << 1234.5 << '|'
    << setw(8) << 1234.5 << '|' << 1234.5 << "|\n";
cout << "asdfg" <<'|'<< setw(4) << "asdfg" << '|'
    << setw(8) << "asdfg" << '|' << "asdfg" << "|\n";
```

会输出如下结果：

```
12345|12345|   12345|12345|
1234.5|1234.5|  1234.5|1234.5|
asdfg|asdfg|   asdfg|asdfg|
```

请注意，域宽度是不固定的在所有这三种情况下，第一个和最后一个值都以默认的"尽可能多的字符"格式输出。换句话说，除非你在输出操作之前即时设置域宽度，否则不会有域的限制。

试一试

编写一个程序，制作一个简单的表格，包括你自己和至少五个朋友的姓氏、名字、电话号码和电子邮件地址。尝试不同的域宽度，直至对表格的显示效果满意为止。

11.3　文件打开和定位

从 C++ 的角度来看，文件是操作系统提供的数据存储的一个抽象。正如第 10.3 节所述，文件只是一个从 0 开始编号的字节序列，如图 11-1 所示。

图 11-1　字节序列表示的文件

问题在于我们如何访问这些字节。如果使用 iostreams，当我们打开一个文件并将流与其关联时，访问方式在很大程度上就已经被确定了。流的属性决定了我们在打开文件后可以执行哪些操作以及它们的含义。最简单的例子是，如果我们为一个文件打开了一个 istream，我们可以从文件中读取，而如果我们使用 ostream 打开一个文件，我们可以向文件中写入数据。

11.3.1　文件打开模式

C++ 为用户提供了多种文件打开模式。默认情况下，ifstream 打开的文件用于读取，而 ofstream 打开的文件用于写入，这可以满足大多数一般需求。但是，你还可以选择以下模式，如表 11-4 所示。

表 11-4　文件流打开模式

文件流打开模式	
ios_base::app	追加模式（即添加到文件末尾）
ios_base::ate	"末端"模式（打开文件并定位到文件尾）
ios_base::binary	二进制模式——注意系统特有的行为
ios_base::in	用于读模式
ios_base::out	用于写模式
ios_base::trunk	将文件长度截为 0

文件模式可以在文件名之后指定。例如：

```
ofstream of1 {name1};                  // 默认为 ios_base::out
ifstream if1 {name2};                   // 默认为 ios_base::in
ofstream ofs {name, ios_base::app}; // 默认情况下，ofstream 包括 ios_base::out
fstream fs {"myfile", ios_base::in|ios_base::out}; // 同时支持输入和输出
```

上面的例子中的"|"是"按位或"运算符（参见附录 A.5.5），可以像示例中所示那样用于组合多个模式。app 模式对于只追加写入的日志文件非常有用。

在每种情况下，打开文件的确切效果可能取决于操作系统。如果操作系统无法满足以某种特定方式打开文件的请求，则结果将是处于非 good() 状态的流。例如：

```
if (!fs) // 哎呀：我们无法以那种方式打开该文件
```

打开一个文件用于读取数据时最常见的失败原因是文件不存在（至少不是我们指定的文件名）。例如：

```
ifstream ifs {"readings"};
if (!ifs) // 错误：无法打开 "readings" 用于读取数据
```

在本例中，我们猜测可能是拼写错误导致的问题。

注意，通常情况下，如果尝试以写模式打开一个不存在的文件，操作系统将创建一个新文件，但是（幸运的是）如果您尝试以读模式打开一个不存在的文件，则不会创建新文件。例如：

```
ofstream ofs {"no-such-file"};          // 创建名为 "no-such-file" 的新文件
ifstream ifs {"no-file-of-this-name"};// 错误：ifs 无法打开此文件
```

尽量不要在文件打开模式上过于"聪明"。操作系统不会一致地处理"不寻常"的模式。只要有可能，请尽量使用 istreams 打开文件进行读取操作，并使用 ostreams 打开文件进行写入操作。

11.3.2　二进制文件

在内存中，我们可以将数字 123 表示为整型值或字符串值。例如：

```
int n = 123;
string s = "123";
```

在第一条语句中，123 以二进制数的形式存储在内存中，使用了 4 个字节（32 位）的内存，这与 PC 上的所有其他整型值使用的内存相同。如果我们选择的值是 12345，则仍将使用相同的 4 个字节。在第二条语句中，123 被存储为一个由三个字符组成的字符串。如果我们选择的字符串值是 "12345"，则将使用五个字符和用于管理字符串的固定开销。我们可以不使用常规的十进制和字符表示来说明这一点，而采用计算机实际使用的二进制表示方式，如图 11-2 所示。

当我们使用字符表示方式时，必须使用特定字符来表示内存中数字的结尾，就像在纸上书写数值一样：123456 是一个数字，而 123 456 是两个数字。在纸上，我们使用空格字符来表示数字的结尾。在内存中，我们也可以采用相同的方式，如图 11-3 所示。

图 11-2　十进制与二进制表示

图 11-3　123456 与 123 456 表示

存储固定大小的二进制表示方式（例如 int）和可变大小的字符字符串表示方式（如字符串）之间的区别也体现在文件中。默认情况下，iostreams 处理字符表示；也就是说，一个 istream 读取一系列字符并将其转换为所需类型的对象。一个 ostream 接受一个指定类型的对象并将其转换为一系列字符，然后写入文件。但是，我们可以令 istream 和 ostream 将对象在内存中对应的字节序列简单地复制到文件。这就是所谓的二进制 I/O(binary I/O)，通过在打开文件时指定 ios_base::binary 模式来实现。以下是一个读取和写入整数二进制文件的示例。具体涉及"二进制"的关键代码在下面进行了解释：

```
int main() {
    // 打开一个用于从文件读取二进制输入的 istream:
    cout << " 请输入输入文件名 \n";
    string iname;
    cin >> iname;
    ifstream ifs {iname, ios_base::binary};      // 注意：流模式为二进制
        // binary 指示流不对字节进行任何智能处理
    if (!ifs) error("can't open input file ",iname);

    // 打开一个用于向文件写入二进制输出的 ostream:
    cout << "Please enter output file name\n";
    string oname;
    cin >> oname;
    ofstream ofs {oname, ios_base::binary};      // 注意：流模式为二进制
    // binary 指示流不对字节进行任何智能处理
    if (!ofs) error("can't open output file ",oname);

    vector<int> v;
```

```
    // 从二进制文件读取：
    for (int x; ifs.read(as_bytes(x), sizeof(int)); )  // 注意：读取字节
        v.push_back(x);

    // . . . 对 v 进行一些操作 . . .

    // 写入二进制文件：
    for (int x : v)
        ofs.write(as_bytes(x), sizeof(int));           // 注意：写入字节
    return 0;
}
```

打开二进制文件是通过指定 ios_base::binary 模式来实现的：

```
ifstream ifs {iname, ios_base::binary};

ofstream ofs {oname, ios_base::binary};
```

在这两种情况下，我们选择了更为复杂，但也更为紧凑的二进制表示方式。当我们从面向字符的 I/O 移动到二进制 I/O 时，我们放弃了常用的 >> 和 << 运算符。这些运算符会使用默认约定将值转换为字符序列（例如，字符串 "asdf" 会变成字符 a、s、d、f，整数 123 会变成字符 1、2、3）。如果我们需要的就是这些，那么也就不需要使用二进制了——默认模式就够用了。只有在默认模式不能满足需求时，我们才需要使用二进制文件。我们使用二进制模式来告知流不要在字节上尝试任何"聪明"的操作。

那么，我们对 int 可以做哪些"聪明"的操作呢？显而易见的是，可以将 4 字节的 int 存储在 4 个字节中；也就是说，我们可以查看内存中 int 的表示（一系列 4 字节），并将这些字节传输到文件中。稍后，我们可以以相同的方式读取这些字节并重新组装 int 值。

```
ifs.read(as_bytes(i),sizeof(int))          // 注意：读字节
ofs.write(as_bytes(v[i]),sizeof(int))      // 注意：写字节
```

ostream 的 write() 函数和 istream 的 read() 函数都接受一个地址（由 as_bytes() 提供），以及我们使用 sizeof 运算符获取的字节数（字符数）。该地址应该指向存储我们要读取或写入的值的第一个字节的内存。例如，如果我们有一个值为 1234 的 int，我们将得到 4 个字节（使用十六进制表示为 00、00、04、d2），如图 11-4 所示。

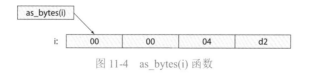

图 11-4　as_bytes(i) 函数

as_bytes() 函数用于获取对象表示中的第一个字节的地址。它的定义是用了尚未解释的语言特性（参见 17.8 节和 19.3 节），其定义如下：

```
template<class T>
char* as_bytes(T& i)  // 将 T 视为字节序列
{
    void* addr = &i;  // 获取存储对象的内存中第一个字节的地址
    return static_cast<char*>(addr); // 将该内存视为字节
}
```

使用 static_cast 进行（不安全的）类型转换是必要的，以便获取变量的"原始字节"。地址的概念将在第 17 和 18 章中详细探讨。在这里，我们只展示如何将内存中的任何对象视为字节序列，以便进行 read() 和 write()。

这种二进制 I/O 方式有点困难，也有些复杂，而且容易出错。但是，作为程序员，我们并不总是有自由选择文件格式的权利，有时候我们必须使用二进制 I/O，因为文件制作者选择了需要读写的文件格式。或者，也有可能使用非字符表示方式是一种更好的选择。典型的例子是图像或声音文件，因为它们没有合理的字符表示方式：一张照片或一段音乐本质上只是一堆比特。

iostream 库默认提供的字符 I/O 是可移植的、人类可读的，并且很好地被类型系统所支持。在有选择的情况下，请尽量使用字符 I/O，除非不得已，否则不要使用二进制 I/O。

11.3.3　在文件中定位

只要有可能，请尽量使用从头至尾的文件读写方式，因为这是最简单且最不容易出错的方式。很多时候，当你觉得必须对文件进行修改时，最好的方法是生成一个包含修改的新文件。

但是，如果你必须使用文件定位功能的话，C++ 也支持在文件中定位到指定位置以进行读写。基本上，每个以读方式打开的文件，都有一个"读 / 获取位置"，每个以写方式打开的文件，都有一个"写 / 放置位置"，如图 11-5 所示。

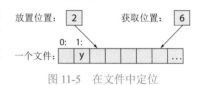

图 11-5　在文件中定位

这可以像这样使用：

```
fstream fs {name}; // 打开用于输入和输出
if (!fs) error("can't open ",name);

fs.seekg(5);          // 将读取位置（g 表示 " 获取 "）移动到第 5 个字符（第 6 个字符）
char ch;
fs>>ch;               // 读取并递增读取位置
cout << "character[5] is " << ch << ' (' << int(ch) << ")\n";

fs.seekp(1);          // 将写入位置（p 表示 " 放置 "）移动到第 1 个字符
fs << 'y';            // 写入并递增写入位置
```

在上述例子中，seekg() 和 seekp() 会增加它们各自的位置，因此该图表示在执行程序之后的状态。

请注意：这是代码在使用位置控制之前进行了运行时错误检查。特别需要注意的是，如果尝试使用 seekg() 或 seekp() 在文件末尾之后寻找，会发生未定义的结果，不同操作系统会表现出不同的行为。

11.4　字符串流

你可以将一个字符串用作 istream 的源或 ostream 的目标。从字符串读取的 istream 称为 istringstream，而将写入字符串中的字符存储在其中的 ostream 称为 ostringstream。例如，istringstream 对于从字符串中提取数值就很有用：

```
double str_to_double(string s)
    // 如果可能的话，将 s 中的字符转换为浮点数值
{
    istringstream is {s}; // 创建一个流，以便从 s 中读取
```

```
        double d;
        is >> d;
        if (!is) error("浮点数格式错误:", s);
        return d;
    }
    double d1 = str_to_double("12.4");              // 测试
    double d2 = str_to_double("1.34e-3");
    double d3 = str_to_double("twelve point three"); // 将调用 error() 函数
```

如果我们试图从 istringstream 的字符串流中读取超出其末尾的内容，istringstream 将进入 eof() 状态。这意味着我们可以将 "标准输入循环" 应用于 istringstream 流，实际上 istringstream 就是一种 istream 类型。

反过来，ostringstream 可以用于需要简单字符串参数的系统格式化输出，例如 GUI 系统（参见 16.5 节）。例如：

```
void my_code(string label, Temperature temp)
{
    // . . .
    ostringstream os;                              // 用于组合消息的流
    os << setw(8) << label << ": "
        << fixed << setprecision(5) << temp.temp << temp.unit;
    someobject.display(Point(100, 100), os.str().c_str());
    // . . .
}
```

ostringstream 的成员函数 str() 返回 ostringstream 输出操作所组成的字符串。而 c_str() 则是 string 的成员函数，它返回一个 C 风格的字符串，其符合许多系统接口的要求。

stringstream 通常用于将实际的输入/输出和数据的处理分离。例如，用作 str_to_double() 的 string 参数通常来自文件（如 Web 日志）或键盘。类似地，我们在 my_code() 中生成的消息最终会被输出到屏幕的某个区域。例如，在 11.7 节中，我们使用 stringstream 过滤掉输入中不希望出现的字符。因此，可以将 stringstream 看作一种定制化 I/O，以适应特殊需要和偏好的机制。

Ostringstream 的一个基本功能是连接字符串。例如：

```
int seq_no = get_next_number();                    // 获取日志文件的序号
ostringstream name;
name << "myfile" << seq_no << ".log";              // 例如，"myfile17.log"
ofstream logfile{name.str()};                      // 例如，打开 "myfile17.log"
```

通常情况下，我们使用一个字符串初始化 istringstream，然后使用输入操作从该字符串读取字符。相反，我们通常使用一个空字符串初始化 ostringstream，然后使用输出操作向其中填入字符。其实还有一种更直接的方法来访问 stringstream 中的字：ss.str() 返回 ss 的字符串的一个拷贝，ss.str(s) 将 ss 的字符串设置为 s 的一个拷贝。11.7 节展示了一个使用 ss.str(s) 的示例，来体现它的用处。

11.5 面向行的输入

一个 >> 运算符可以根据给定类型的标准格式读取对象。例如，当读取一个 int 时，>> 将一直读取直到遇到非数字字符；而当读取一个字符串时，>> 将一直读取直到遇到空格。标准库 istream

库还提供了读取单个字符和整行内容的功能。例如：

```
string name;
cin >> name;                    // 输入：Dennis Ritchie
cout << name << '\n';           // 输出：Dennis
```

如果我们想一次性读取该行的所有内容，随后再决定如何格式化它，我们应该怎么做呢？可以使用 getline() 函数。例如：

```
string name;
getline(cin,name);             // 输入：Dennis Ritchie
cout << name << '\n';          // 输出：Dennis Ritchie
```

现在我们已经获得整行的内容了，那么为什么要这样做呢？一个好的答案是"因为我们想要做一些 >> 无法完成的事情"。然而，通常的答案却是很差的："因为用户输入了一整行。"如果这是你能想到的最好答案，那就坚持使用 >>，因为一旦输入了整行，通常就需要对其进行解析。例如：

```
string first_name;
string second_name;
stringstream ss {name};
ss>>first_name;                // 输入 Dennis
ss>>second_name;               // 输入 Ritchie
```

直接将输入读入 first_name 和 second_name 可能更简单。

读取整行的常见原因是，默认的空格符不符合我们的要求。有时，我们希望将换行符视为与其他空格字符不同的字符。例如，与游戏进行文本通信时，可能将一行视为一句话，而不是依赖传统的标点符号：

go left until you see a picture on the wall to your right

remove the picture and open the door behind it. take the bag from there

在这种情况下，我们首先读取整行，然后从中提取单独的单词。

```
string command;
getline(cin,command);          // 读一行

stringstream ss {command};
vector<string> words;
for (string s; ss>>s; )
    words.push_back(s);        // 提取单词并将其添加到 words 容器中
```

但是如果我们有选择的话，我们很可能更愿意依赖一些适当的标点符号而不是换行符来分隔句子。

11.6　字符分类

通常我们按照格式约定的方式读取整数、浮点数、单词等。但是，有时我们可以（甚至是必须）降低抽象级别，逐个读取字符。这会增加一些工作量，但是当我们读取单个字符时，我们可以完全自己控制这些操作。考虑将表达式（参见 7.8.2 节）分词。例如，我们希望将 1+4*x<=y/z*5 分成 11 个单词：

```
1 + 4 * x <= y / z * 5
```

我们可以使用 >> 读取数字，但是尝试将标识符作为字符串读取会导致 x<=y 被读取为一个字符串（因为 < 和 = 不是空格字符），而 z* 也会被读取为一个字符串（因为 * 也不是空格字符）。相

反，我们可以编写以下正确的代码：

```
for (char ch; cin.get(ch); ) {
    if (isspace(ch)) { // 如果 ch 是空白字符
            // 什么也不做（即跳过空白字符）
    }
    if (isdigit(ch)) {
            // 读取一个数字
    }
    else if (isalpha(ch)) {
            // 读取一个标识符
    }
    else {
            // 处理运算符
    }
}
```

函数 istream::get() 会读取一个字符到它的参数中，使它不会跳过空格。与 ">>" 一样，get() 返回对其 istream 的引用，以便我们可以检测其状态。

当我们读取单个字符时，通常需要对它们进行分类：例如，这个字符是数字吗？这个字符是大写吗？等等。有一组标准库函数可以实现这一点，如表 11-5 所示。

表 11-5　字符操作函数

字符分类	
isspace(c)	c 是否是空格字符（' ', '\t', '\n' 等）？
isalpha(c)	c 是否为字母（'a'.. 'z', 'A'.. 'Z'）（注意：不包括 '_'）？
isdigit(c)	c 是否为十进制数字（'0'.. '9'）？
isxdigit(c)	c 是否为十六进制数字（十进制数字或 'a'.. 'f' 或 'A'.. 'F'）？
isupper(c)	c 是否为大写字母？
islower(c)	c 是否为小写字母？
isalnum(c)	c 是否为字母或十进制数字？
iscntrl(c)	c 是否为控制字符（ASCII 0..31 和 127）？
ispunct(c)	判断字符 c 是否是既非字母、数字、空白字符又非可见控制字符的标点符号？
isprint(c)	判断字符 c 是否为可打印字符（ASCII 码值在 ' ' 到 ' ∼ ' 之间的字符）？
isgraph(c)	判断字符 c 是否为可打印字符，但不包括空格符？等价于 isalnum(c) 或 ispunct(c)

注意，可以使用 "或" 运算符（||）将分类组合起来。例如，isalnum(c) 意味着 isalpha(c)||isdigit(c)，即 "c 是字母或数字吗？"

此外，标准库提供了另外两个有用的函数以消除大小写差异，如表 11-6 所示。

表 11-6　字符大小写函数

字符大小写	
toupper(c)	将字符 c 转换为大写字母或对应的大写字符
tolower(c)	将字符 c 转换为小写字母或对应的小写字符

当你想忽略大小写差异时，这些函数就很有用了。例如，用户输入 Right、right 和 rigHT 中，很可能意思是相同的（rigHT 很可能是意外按下大写锁定键的结果）。将这些字符串中的每个字符都应用 tolower() 函数后，我们得到了三个 right。我们可以对任意字符串执行此操作：

```
void tolower(string& s)  // 把 "s" 转化为小写
{
    for (char& x : s) x = tolower(x);
}
```

我们使用按引用传递（参见 8.5.5 节）来更改字符串。如果想要保留旧字符串，我们可以编写一个函数来创建原字符串的小写拷贝。推荐使用 tolower() 而不是 toupper()，因为对于某些自然语言的文本（如德语），并非每个小写字母都有大写字母的对应字符。

11.7 使用非标准分隔符

本节提供了一个接近现实的例子，来展示如何使用 iostreams 解决实际问题。当我们读取字符串时，默认情况下单词由空格分隔。然而，istream 并没有提供自定义分隔符的功能，也不能直接改变 >> 读取字符串的方式。于是，如果我们需要另一种空格字符的定义，那么应该怎么办？回顾 4.6.3 节中读取和比较"单词"的例子。这些单词是由空格分隔的，因此如果我们输入：

```
As planned, the guests arrived; then,
```

我们将得到以下"单词"：

```
As
planned,
the
guests
arrived;
then,
```

在字典中我们查找不到像 "planned" 和 "arrived" 的字符串，因为这些单词加上了干扰和无关紧要的标点符号。在大多数情况下，我们必须像对待空白字符一样对待标点符号。那么我们如何去掉这样的标点符号呢？我们可以读取字符，去除标点符号或将它们转换为空格，然后再读取"清理后"的输入：

```
string line;
getline(cin, line);                     // 读取到 line 中
for (char& ch : line)                   // 将每个标点字符替换为空格
    switch (ch) {
    case ';': case '.': case ',': case '?': case '!':
        ch = ' ';
    }
stringstream ss(line);                  // 创建一个从 line 中读取的 istream ss
vector<string> vs;
for (string word; ss >> word; )         // 读取没有标点符号的单词
    vs.push_back(word);
```

使用上述方法读取该行，我们得到了期望的结果：

```
As
planned
the
```

```
guests
arrived
then
```

然而上面的代码有些混乱，而且不够通用。如果我们有另一种标点符号的定义，又该怎么办呢？让我们提供一种更通用且有用的方法来从输入流中删除不需要的字符。那会是什么呢？我们希望用户代码看起来像什么呢？如下所示：

```
ps.whitespace(";:,."); // 将分号、冒号、逗号和句点视为空白字符
for (string word; ps >> word; )
    vs.push_back(word);
```

我们将如何定义一个流，让它能够像 ps 一样工作呢？基本思路是从普通输入流中读取单词，然后将用户指定的"空白"字符视为空白；也就是说，我们不会将"空白"字符传递给用户，只是用它们来分隔单词。例如，

```
as.not
```

应该是两个单词：

```
as
not
```

我们可以定义一个类来完成这个任务。它需要从 istream 中获取字符，并且具有与 istream 完全相同的 >> 运算符，只是我们需要告诉它应该将哪些字符视为空格。为了简单起见，我们不支持将现有空格字符（空格、换行等）视为非空格字符的方法，我们只允许用户指定其他"空格"字符；我们也不提供完全从输入流中删除指定字符的功能；与之前一样，我们只将它们转换为空格。让我们将该类称为 Punct_stream：

```
class Punct_stream {    // 类似于 istream，但用户可以添加到空白字符集合中
                        // 成员变量和成员函数的定义
public:
    Punct_stream(istream& is)
        : source{is}, sensitive{true} { }
    void whitespace(const string& s)      // 将字符 s 设置为空白字符集合
        { white = s; }
    void add_white(char c) { white += c; }  // 将字符 c 添加到空白字符集合中
    bool is_whitespace(char c);             // 检查字符 c 是否在空白字符集合中
    void case_sensitive(bool b) { sensitive = b; }
    bool is_case_sensitive() { return sensitive; }

    Punct_stream& operator>>(string& s);
    operator bool();
private:
    istream& source;               // 字符源
    istringstream buffer;          // 使用 buffer 进行格式化
    string white;                  // 被视为 " 空白字符 " 的字符集合
    bool sensitive;                // 流是否区分大小写
};
```

如上面的例子所示，其基本思想是从 istream 一次读取一行，将"空白"字符转换为空格，然后使用 istringstream 进行格式化。除了处理用户定义的空格之外，我们还为 Punct_stream 提供了一

个相关的功能：如果我们要求它使用 case_sensitive()，它可以将区分大小写的输入转换为不区分大小写的输入。例如，如果我们要求 Punct_stream 将：

```
Man bites dog!
```

转换为：

```
man
bites
dog
```

Punct_stream 的构造函数接受一个 istream 参数作为字符输入源，并将其命名为"source"。构造函数还将流默认设置为大小写敏感的行为。我们可以创建一个从 cin 读取输入的 Punct_stream，将分号、冒号和点视为空格，并将所有字符转换为小写：

```
Punct_stream ps {cin};                      // ps 从 cin 读取
ps.whitespace(";:.");                        // 分号、冒号和点也是空白字符
ps.case_sensitive(false);                    // 不区分大小写
```

显然，最有趣的操作是输入运算符 >>。它也是最难定义的。我们的一般策略是从输入流中读取一整行到一个称为 line 字符串中，然后将所有"我们"的空白字符转换为空格字符（' '）。完成这一步骤后，我们将 line 放入名为 buffer 的 istringstream 中。现在我们可以使用识别一般空格分隔的 >> 从 buffer 中读取数据了。实际代码比上述过程要稍微复杂一些，因为从 buffer 中读取数据直接就可以进行，但只有在它为空的情况下，才能向其写入内容：

```
Punct_stream& Punct_stream::operator>>(string& s)
{
    while (!(buffer>>s)) {                    // 尝试从 buffer 中读取
        if (buffer.bad() || !source.good()) return *this;
        buffer.clear();

        string line;
        getline(source,line);                // 从 source 获取一行

        // 根据需要进行字符替换：
        for (char& ch : line)
            if (is_whitespace(ch))
                ch = ' ';                    // 空
            else if (!sensitive)
                ch = tolower(ch);            // 转小写

        buffer.str(line);                    // 把 string 放进 stream
    }
    return *this;
}
```

让我们逐步分析这段代码。首先来看一段不寻常的代码：

```
while (!(buffer>>s)) {
```

如果在 istringstream 中有字符，那么 buffer>>s 就能够工作，s 将获得一个以"空格"分隔的单词，然后就没有其他事情要做了。只要我们要读取的缓冲区中有字符，就会发生这种情况。然而，当 buffer>>s 失败时，也就是 !(buffer>>s) 为真时，我们必须利用 source 中的内容将 buffer 重新填

充。注意，buffer>>s 的读取是在一个循环中进行的；在我们尝试重新填充 buffer 之后，我们需要尝试另一个读取操作，这样我们就会得到：

```
while (!(buffer>>s)) {                    // 尝试从 buffer 中读取
    if (buffer.bad() || !source.good()) return *this;
    buffer.clear();
    // 重新填充缓冲区
}
```

如果 buffer 处于 bad() 状态，或者 source 有问题，我们就要放弃读取操作。否则，我们清空 buffer，再次重试。这里清空 buffer 的原因是，只有在读失败的情况下，通常是 buffer 遇到 eof() 时，我们才进入"重新填充循环"，也就是说，buffer 中没有供我们读取的字符。处理流状态总是很麻烦的，经常是微妙错误的来源，需要费时的调试过程来消除。幸运的是，其余的"重新填充循环"非常简单：

```
string line;
getline(source,line);                     // 从 source 中获取一行

// 根据需要进行字符替换：
for (char& ch : line)
    if (is_whitespace(ch))
        ch = ' ';                         // 空格
    else if (!sensitive)
        ch = tolower(ch);                 // 转小写
buffer.str(line);                         // 把 string 放进 stream
```

我们先读入一整行到 line，然后检查其中的每个字符，看是否需要改变。is_whitespace() 函数是 Punct_stream 的成员函数，我们稍后再定义它。tolower() 函数是标准库函数，可以将字母转换为小写，如将 A 变成 a 等（参见 11.6 节）。

一旦我们正确处理完 line 中的内容，就需要将其放入 istringstream 中，这就是 buffer.str(line) 所做的操作；可以将其理解为"将 istring 流的缓冲区字符串设置为 line 的内容"。

注意，我们"忘记"测试在使用 getline() 从 source 读取后的状态。实际上不必那么做，因为最终会达到循环顶部的 !source.good() 语句，这时就会进行检测了。

如大多数操作一样，我们将流本身的引用——*this 作为 >> 的结果返回；参见 17.10 节。

测试空白符很容易实现；我们只需将一个字符与保存空白集的字符串的每个字符进行比较即可：

```
bool Punct_stream::is_whitespace(char c)
{
    for (char w : white)
        if (c==w) return true;
    return false;
}
```

记住，我们让 istringstream 以默认的方式处理常规空白字符（如换行符和空格），因此我们无需对这类空白符做特殊处理。

这还剩下一个神秘的函数：

```
Punct_stream::operator bool()
{
    return !(source.fail() || source.bad()) && buffer.good();
```

```
}
```

istream 的一种习惯用法是测试 >> 的结果。例如：

```
while (ps>>s) { /* ... */ }
```

这意味着我们需要一种将 ps>>s 的结果作为布尔值来进行检查的方法。但 ps>>s 的结果是一个 Punct_stream，因此我们需要一种将 Punct_stream 隐式转换为 bool 的方法，这就是 Punct_stream 的 operator bool() 功能。一个名为 operator bool() 的成员函数定义了一个流到 bool 类型的转换操作。特别地，如果 Punct_stream 的操作成功，它将返回 true。

现在我们可以编写程序来测试 Punct_stream 类了：

```
int main()
// 给定文本输入，生成该文本中所有单词的按字母顺序排序的列表
// 忽略标点符号和大小写差异
// 从输出中去除重复的单词
{
    Punct_stream ps {cin};
    ps.whitespace(";:,.?!()\"{}<>/&$@#%^*|～");
    ps.case_sensitive(false);
    cout << "please enter words\n";
    vector<string> vs;
    for (string word; ps >> word; )
        vs.push_back(word);                  // 读取单词

    sort(vs.begin(), vs.end());              // 按字母顺序排序
    for (int i = 0; i < vs.size(); ++i)      // 输出字典
        if (i == 0 || vs[i] != vs[i - 1])
                cout << vs[i] << '\n';
}
```

这个程序会将输入中出现的单词排序输出。测试程序：

```
if (i==0 || vs[i]!=vs[i-1])
```

若去除重复单词。试试给这个程序输入下面内容：

```
There are only two kinds of languages: languages that people complain
about, and languages that people don't use.
```

程序会输出：

```
about
and
are
complain
don't
kind
languages
of
only
people
that
there
```

```
two
use
```

为什么我们得到了 don't 而不是 dont 呢？因为我们在 whitespace() 调用中遗漏了单引号。

注意：虽然 Punct_stream 在很多重要的方面与 istream 相似，但它的确不是 istream。例如，我们不能使用 rdstate() 来获取流状态，eof() 也没有定义，我们也没有提供读取整数的 >>。重要的是，我们不能将 Punct_stream 传递给一个期望 istream 参数的函数。我们真的可以使 Punct_istream 成为 istream 吗？当然可以，但现在我们所拥有的程序设计经验、设计思想和语言工具还不足以实现这一目标（如果你希望以后再来完成这个目标——当然是很久以后的事情，你还必须从某些专家水平的指南或手册中深入学习流缓冲区相关的内容）。

你觉得 Punct_stream 易于阅读吗？你觉得注释易于理解吗？你是否认为你自己也能编写这些代码？如果你几天前还是一个真正的初学者，诚实的回答应该是"不，不，不！"甚至是"不，不！不行！！你疯了吗？"我们理解你的想法，但是对于最后一个疑问，回答确实是"不，至少我们认为不可能。"这个例子的目的是：

- 展示一个相对实际的问题和解决方案；
- 展示用相对适中的方法能达到什么样的结果；
- 为看似简单的问题提供易于使用的解决方案；
- 说明接口和实现之间的差别。

为了成为一名程序员，你需要阅读代码，而不仅仅是用于教学的"精致的"解决方案。我们给出这个例子就是出于这个目的。过了几天或几周后，这个程序对你来说就会很容易理解了，你就可以考虑改进它了。

我们可以这样看待这个例子，它就相当于教师在英语初学者课上讲授了一些真正的英语俚语，为课程增加一些色彩，活跃了学习气氛。

11.8　还有很多未讨论的内容

I/O 的细节似乎是无穷无尽的，这可能是因为它们只受限于人类的创造力和想象力，如同我们还没有考虑到自然语言所暗示的复杂性。在英语中 12.35 的写法，在大多数其他欧洲语言中通常表示为 12,35。当然，C++ 标准库提供了处理这些自然语言的特定功能。但是，如何编写中文字符？如何比较使用马拉雅拉姆字符编写的字符串？这些问题都有答案，但它们已经远远超出了本书的范围。如果你想要了解，请参考更专业或高级的书籍（如 Langer 的《标准 C++ IOStreams 和 Locales》和 Stroustrup 的《C++Programming Language》），以及标准库和系统文档。可以搜索"本地化（locale）"一词，这个术语通常用于描述处理自然语言差异的程序设计语言特性。

另一个复杂性的来源是缓冲机制：标准库 iostreams 依赖于一个称为 streambuf 的概念。对于高级的应用（无论是从性能角度还是功能角度），都不可避免会用到这些 streambufs。如果你觉得需要自己定义 iostreams 或调整 iostreams 以适应新的数据源 / 目的，可以参考 Stroustrup 的《C++ Programming Language》的第 38 章或系统文档。

当使用 C++ 时，你还可能会遇到 C 语言标准的 printf()/ scanf() 系列 I/O 函数。如果你希望了解这部分内容，请参考 27.6 节和附录 B.11.2，或者 Kernighan 和 Ritchie 所编写的优秀 C 语言教材（《The C Programming Language》），或者互联网上数不清的资料。每种语言都有自己的 I/O 机制，它们都有所不同，有的有些古怪，但大多数都反映了（以不同的方式）第 10 章和第 11 章中介绍的基本思想。

附录 B 总结了 C++ 标准库的 I/O 机制。

相关的图形用户界面（GUI）话题将在第 12 ~ 16 章中进行介绍。

操作题

1. 开始编写一个名为 Test_output.cpp 的程序。声明一个整数变量 birth_year，并将其赋值为你出生的年份。

2. 以十进制、十六进制和八进制形式输出你的出生年份。

3. 用每种进制的名称标记每个输出值。

4. 你是否使用制表符将输出对齐到适当的列中？如果没有，请这样做。

5. 现在输出你的年龄。

6. 是否出现了问题？发生了什么？将输出修正为十进制。

7. 回到第 2 题，使你的输出显示每个输出值的进制。

8. 尝试使用八进制、十六进制等读取：

```
cin >> a >> oct >> b >> hex >> c >> d;
cout << a << '\t' << b << '\t' << c << '\t' << d << '\n';
```

使用以下输入运行此代码：

```
1234 1234 1234 1234
```

并尝试解释结果。

9. 编写一些代码分别以三种形式输出数字 1234567.89，首先使用 defaultfloat 格式，然后使用 fixed 格式，最后使用 scientifix 格式。哪种输出格式呈现给用户最精确的表示？解释为什么。

10. 创建一个简单的表格，包括你和至少五个朋友的姓氏、名字、电话号码和电子邮件地址。尝试不同的字段宽度，直到表格的输出满足你的需求为止。

回顾

1. 为什么 I/O 对程序员来说很棘手？

2. 符号 << hex 表示什么意思？

3. 计算机科学中十六进制数的用途是什么？为什么会使用它？

4. 列举一些你可能想要实现的整数输出格式化选项。

5. 什么是操纵符？

6. 十进制的前缀是什么？八进制的前缀是什么？十六进制的前缀是什么？

7. 浮点数值的默认输出格式是什么？

8. 什么是域？

9. 解释 setprecision() 和 setw() 的作用。

10. 文件打开模式的目的是什么？

11. 以下哪个操纵符不是持久的：hex、scientific、setprecision()、showbase、setw ？

12. 字符 I/O 和二进制 I/O 之间有什么区别？

13. 请举一个例子，说明二进制文件比使用文本文件更好。

14. 举出两个 stringstream 例子，并说明其用途。

15. 什么是文件定位？

16. 如果将文件位置定位到文件末尾之后会发生什么？

17. 什么情况下，面向行的输入而不是面向类型的输入更好？

18. isalnum(c) 的作用是什么？

术语

binary（二进制）	hexadecimal（十六进制）
octal（八进制）	character classification（字符分类）
irregularity（无规律）	output formatting（输出格式）
decimal（十进制）	line-oriented input（面向行的输入）
regularity（有规律）	defaultfloat
manipulator（操纵符）	scientific
file positioning（文件定位）	nonstandard separator（非标准分隔符）
setprecision()	fixed
noshowbase	showbase

练习题

1. 编写一个程序，读取一个文本文件并将其输入转换为小写，生成一个新文件。

2. 编写一个程序，给定一个文件名和一个单词，输出每一行包含该单词的行以及行号。提示：使用 getline()。

3. 编写一个程序，从文件中删除所有元音字母（"disemvowels" 只写辅音的输入方式）。例如，"Once upon a time!" 变成 "nc pn tm!"。令人惊讶的是，结果仍然可读；请你的朋友也测试这个程序。

4. 编写一个名为 multi_input.cpp 的程序，提示用户以任何组合的八进制、十进制或十六进制输入多个整数，对八进制和十进制分别使用 0 和 0x 前缀进行输入。然后，程序应该以正确的间隔列输出这些值，并将它们转换为十进制格式如下所示：

```
0x43       hexadecimal    converts to        67        decimal
0123       octal          converts to        83        decimal
65         decimal        converts to        65        decimal
```

5. 编写一个程序，读取字符串，并对每个字符串输出每个字符的分类，字符分类方式和分类函数，如 11.6 节中所定义的字符分类函数。请注意，一个字符可以有多个分类（例如，x 既是字母又是字母数字）。

6. 编写一个程序，将标点符号替换为空格。如 .（句号）、;（分号）、,（逗号）、?（问号）、——（破折号）、'（单引号）等标点符号字符。不要修改双引号（"）内的字符。例如，" - don't use the as-if rule." 变成 " don t use the as if rule "。

7. 修改上一个练习题的程序，使其将 don't 替换为 do not，can't 替换为 cannot；保留单词中的连接字符（以便我们得到 "do not use the as-if rule"）；并将所有字符转换为小写。

8. 使用上一个练习题的程序生成一个字典（替代 11.7 节的方法）。在多页文本文件上运行程序，观察结果是否还有改进的空间。

9. 将 11.3.2 节中的二进制 I/O 程序拆分成两个：一个程序将普通文本文件转换为二进制，另一个程序读取二进制文件并将其转换为文本格式。通过比较文本文件与将其转换为二进制后得到的结果来测试这些程序。

10. 编写一个函数 vector<string> split(const string& s)，将参数 s 中以空格分隔的子字符串的向量，作为结果返回。

11. 编写一个函数 vector<string> split(const string& s, const string& w)，该函数返回一个向量，除

了包含参数 s 中由空格分隔的子字符串，还包含空格定义为"普通空格"加上字符串 w 中的字符。

12. 将文本文件中的字符顺序反转。例如，将 asdfghjkl 变成 lkjhgfdsa。注意：没有真正好的、可移植且高效的方法来倒读文件。

13. 颠倒文件中的单词顺序（定义为由空格分隔的字符串）。例如，将 Norwegian Blue parrot 变成 parrot Blue Norwegian。你可以假设内存可以容纳文件中的所有字符串。

14. 编写一个程序，读取文本文件并输出文件中每个字符分类（参见 11.6 节）的字符数。

15. 编写一个程序，读取由空格分隔的数值文件，将这些数值写入到另一个文件。格式采用科学记数法、精度为 8、每行四个 20 个字符的域。

16. 编写一个程序，读取一个由空格分隔的数字文件，并按顺序输出它们（从小到大），每行一个值。每个值只输出一次，如果一个值出现多次，则在它的行上同时输出其出现的次数。例如，7 5 5 7 3 117 5 应该输出为：

```
3
5           3
7           2
117
```

附言

输入和输出变得越来越难处理，因为我们人类的喜好和习惯没有遵循简单明了的规则和直接的数学定律。作为程序员，我们几乎不可能命令用户违背他们的偏好，即使我们有这个机会提供一种更简单的方式，也不要过于自大。因此，我们必须期望、接受并适应一定程度的输入和输出混乱，同时仍然尽可能地使我们的程序更加简洁——但不要过于简单化。

第 12 章

一个显示模型

"直到 20 世纪 30 年代，世界才变成
彩色的。"

——Calvin's dad

本章介绍了一个显示模型（GUI 的输出部分），并举例说明了屏幕坐标、线条和颜
色等基本概念。Line、Lines、Polygons、Axis 和 Text 是 Shape 的示例。Shape 是
内存中的一个对象，我们可以将其显示在屏幕上并进行适当的操作。接下来的两章将
进一步探讨这些类，第 13 章重点介绍它们的实现，第 14 章则关注设计问题。

12.1　为什么要使用图形用户界面

为什么我们要花费 4 个章节讨论图形和 1 个章节讨论 GUI（图形用户界面）呢？毕竟本书是一本关于程序设计而非图形的书籍。有很多有趣的软件设计的主题，我们无法全部讨论，在这里只能简单地介绍与图形有关的内容。那么，"为什么要学习图形呢？"从本质上来讲，图形学是一个学科，我们可以对软件设计、程序设计和语言特性等重要领域进行深入探讨。

- 图形很有用。程序设计远远不止于图形，软件远远不止于通过 GUI 操作的代码。然而，在许多领域，好的图形是必不可少的。例如，如果没有绘制数据的能力，我们就不可能研究科学计算、数据分析或几乎任何量化的学科。第 15 章提供了简单（但通用）的数据图形化工具。

- 图形很有趣。在计算机领域，很少有领域的代码效果像图形代码一样立竿见影，即使最终代码没有漏洞，也无法立刻看出来。这时，即使图形没有用，我们也倾向于使用图形表示结果！

- 图形提供了许多有趣的可读代码。学习程序设计的一部分是阅读大量的代码，以获得能够辨识代码好坏的能力。同样，要想成为一名优秀的英语写作者，需要阅读大量的书籍、文章和高质量的报纸。由于我们在屏幕上看到的直接对应于我们在程序中编写的内容，因此简单的图形代码比相似复杂程度的其他类别的代码更容易阅读。经过本章几分钟的介绍你就能够阅读图形代码，再经过第 13 章的学习就能快速编写图形代码。

- 图形是设计示例的丰富来源。实际上，设计和实现一个良好的图形和 GUI 库是很困难的。图形领域中有非常丰富的、具体的、贴近实际的例子，可供学习设计策略和设计技术。通过相对较少的图形和 GUI 代码，就可以展示包括类的设计、函数的设计、软件分层（抽象）、库的创建等在内的许多技术。

- 图形有利于解释面向对象程序设计的概念及其语言特性。与传言相反，面向对象程序设计最初并不是为了实现图形而发明的（参见第 22 章），但它确实很快就将其应用于图形领域，而且图形应用提供了一些最易于理解的面向对象设计示例。

- 一些关键的图形概念非常重要，而且也不是那么简单直白。因此，我们应该教授这些内容而不是靠读者的主动性和耐心去学习理解和寻找信息。如果我们不展示图形和 GUI 程序的实现方法，你可能会认为它们是不可思议的"魔法"，这显然违反了本书的一个基本目标。

12.2　一个显示模型：GUI 库

iostream 库的定位是读写字符流，就像数字值列表或书籍中的字符流一样。该库仅有换行符和制表符直接支持关于图形位置的概念。你可以在一维字符流中嵌入颜色和二维位置等概念。这就是版面设计语言（排版语言、"标记语言"），如 Troff、TeX、Word、HTML 和 XML（及其关联的图形包）。例如：

```
<hr>
<h2>
Organization
</h2>
This list is organized in three parts:
<ul>
        <li><b>Proposals</b>, numbered EPddd, . . .</li>
        <li><b>Issues</b>, numbered EIddd, . . .</li>
        <li><b>Suggestions</b>, numbered ESddd, . . .</li>
</ul>
<p>We try to . . .
<p>
```

这是一段 HTML 代码，其中包括了一个文档头（<h2> … </h2>）、一个列表（<ul> … </ul>）和列表项（<li> … </li>），以及一个段落（<p>）。我们在这里省略了很多无关的代码。这类语言的关键点是，你可以用普通文本来表达版面概念，但代码与屏幕上的显示内容之间不是直接关联的，而是由一个解释那些"标记"命令的程序来管理。这种技术极为简单，又极为有效（现在你所阅读的所有文档、网页等基本都是这样生成的），但也有其局限性。

在本章和接下来的 4 章中，我们提出一种替代方案：一种直接面向计算机屏幕的图形和图形用户界面概念。基本概念是内在图形的（并且是二维的，适应计算机屏幕的矩形区域），例如，坐标、线条、矩形和圆形。从程序设计角度来看，其目的是建立内存中的对象和屏幕图形的直接对应关系。

基本模型如下：我们用图形系统提供的基本对象（如线条）组合成对象。然后将这些对象"添加"到一个表示物理屏幕的窗口对象中。最后，一个程序将我们添加到窗口上的对象显示在屏幕上，我们可以将这个程序看作屏幕显示本身，或者是一个"显示引擎"，或者是"我们的图形库"，或者是"GUI 库"，甚至（幽默地）视为"在屏幕背后进行画图工作的小矮人"，然后在屏幕上画出我们要添加到窗口的对象，如图 12-1 所示。

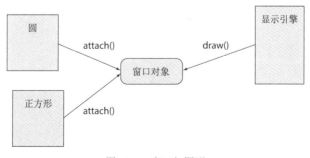

图 12-1　窗口与图形

"显示引擎"负责在屏幕上绘制线条、将文本字符串放置在屏幕上、为屏幕区域着色等。简单起见，我们将使用"我们的 GUI 库"甚至"系统"这一短语来代指显示引擎，尽管我们的 GUI 库不仅仅是绘制对象。就像我们的代码调用 GUI 库实现大部分图形功能一样，GUI 库将其大部分工作委托给操作系统来完成。

12.3　第一个例子

我们的目标是定义一些类，能够用来创建可以在屏幕上显示的对象。例如，我们可能想将一个图形绘制为一系列相连的线。以下是一个小程序，展示了一个非常简单的版本：

```cpp
#include "Simple_window.h"                        // 导入窗口库
#include "Graph.h"                                // 导入图形库

int main()
{
        using namespace Graph_lib;                // 使用图形库命名空间
        Point tl {100,100};                       // 窗口左上角坐标
        Simple_window win {tl, 600, 400, "Canvas"}; // 创建一个简单窗口
        Polygon poly;                             // 创建一个形状（多边形）

        poly.add(Point{300, 200});                // 添加一个点
        poly.add(Point{350, 100});                // 添加另一个点
        poly.add(Point{400, 200});                // 添加第三个点

        poly.set_color(Color::red);               // 设置 poly 的颜色

        win.attach(poly);                         // 将 poly 连接到窗口

        win.wait_for_button();                    // 将控制权交给显示引擎
}
```

当我们运行这个程序时，屏幕显示如图 12-2 所示。

图 12-2　第一个例子：绘制一个三角形

让我们来逐行分析这个程序，看看都做了些什么。首先，它包含了用于图形接口库的头文件：

```cpp
#include "Simple_window.h"                        // 导入窗口库
```

```
#include "Graph.h"                                            // 导入图形库
```

接下来，在 main() 函数中，我们首先告诉编译器图形工具在 Graph_lib 中找到：

```
using namespace Graph_lib;                                   // 使用图形库命名空间
```

然后，我们定义一个点，它将作为窗口的左上角：

```
Point tl {100,100};                                          // 窗口左上角坐标
```

接下来在屏幕上创建一个窗口：

```
Simple_window win {tl, 600, 400, "Canvas"};                 // 创建一个简单窗口
```

我们使用 Graph_lib 接口库中一个名为 Simple_window 的类表示窗口，此处定义了一个名为 win 的 Simple_window 对象，并使用初始化列表中的值将窗口的左上角设置为 tl，宽度和高度分别设置为 600 像素和 400 像素。我们随后会介绍更多细节，但此处关键点就是通过给定宽度和高度来定义一个矩形。字符串 Canvas 用于标记该窗口。你可以在窗口框左上角的位置看到 Canvas 字样。

接下来，我们在窗口中放置一个对象：

```
Polygon poly;                                                // 创建一个形状（多边形）

poly.add(Point{300, 200});                                   // 添加一个点
poly.add(Point{350, 100});                                   // 添加另一个点
poly.add(Point{400, 200});                                   // 添加第三个点
```

我们定义了一个多边形对象 poly，并向其添加顶点。在我们的图形库中，一个 Polygon 对象开始为空，可以向其中添加任意多个顶点。由于我们添加了三个顶点，因此得到了一个三角形。一个点是给出窗口内 x 和 y（水平和垂直）坐标的一对值。

为了炫耀一下图形库的功能，我们接下来将多边形的边染为红色：

```
poly.set_color(Color::red);                                 // 设置 poly 的颜色
```

最后，我们将 poly 添加到窗口 win 上：

```
win.attach(poly);                                           // 将 poly 连接到窗口
```

如果程序执行不是那么快，你会注意到，到目前为止，屏幕上没有任何显示：什么也没有。我们创建了一个窗口（准确来说，是 Simple_window 类的一个对象），创建了一个多边形（称为 poly），将该多边形涂成红色（Color :: red），并将其添加到窗口（称为 win）上，但我们尚未要求在屏幕上显示此窗口。显示操作由程序的最后一行代码来完成：

```
win.wait_for_button();                                      // 将控制权交给显示引擎
```

为了让 GUI 系统在屏幕上显示一个对象，你必须将控制权交给"系统"。wait_for_button() 就可以完成这个功能，另外，它还等待用户按下（"单击"）窗口中的 Next 按钮，以便执行下面的程序。这样，在程序结束和窗口消失之前，你就有机会看到窗口中的内容。当你按下 Next 按钮后，程序终止，关闭窗口。

单独地看这个窗口，效果如图 12-3 所示。

你可能已经注意到我们"作弊"了一点。那个标记为 Next 的按钮从哪里来？实际上，我们将其内置到了 Simple_window 类中。在第 16 章中，我们将从 Simple_window 类过渡到"普通"的 Window 类，它不包含任何可能造成混淆的内置功能。我们还会展示如何编写代码来控制与窗口的交互。

在接下来的 3 章中，当希望逐阶段（一帧一帧）地显示信息时，我们将简单地使用 Next 按钮来实现显示画面的切换。

对于操作系统为每个窗口添加窗口框（frame），你应该非常熟悉了，但可能没有特别留意过。不过，本章和后面章节中的图片是在 Microsoft Windows 系统上生成的，因此你可以在右上角免费

获得常见的三个按钮。这些按钮可能是很有用的：如果你的程序混乱不堪（在调试过程中肯定会有这种情况），你可以通过单击 × 按钮来终止它。当你在其他系统上运行程序时，根据系统惯例的不同，添加的窗口框也可能有所不同。在上面的示例中，我们对窗口框所做的仅仅是设置一个标签"Canvas"。

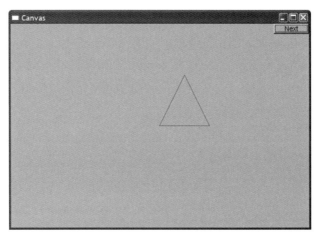

图 12-3   含有 Next 按钮的红色三角形窗口

12.4   使用 GUI 库

本书中，我们不会直接使用操作系统的图形和 GUI（图形用户界面）工具，否则将会限制在一种特定的操作系统上运行，而且需要处理很多复杂的细节问题。与文本 I/O 一样，我们将使用一个函数库来消除操作系统之间的差异、I/O 设备的变化等问题，并简化程序代码。不幸的是，C++ 并没有像提供标准流 I/O 库一样提供标准 GUI 库，因此我们从众多可用的 GUI 库中选择一个。为了不局限于这种 GUI 库，并且避免一开始就接触极其复杂的功能，我们只使用一组简单的接口类，这些类可以在几百行代码中实现，适用于任何 GUI 库。

我们正在使用的 GUI 工具包（目前是间接的）称为 FLTK（Fast Light Tool Kit，发音为"full tick"），具体请参考 www.fltk.org。因此，我们的代码可以移植到任何使用 FLTK 的平台（Windows，UNIX，Mac，Linux 等）。而且我们的接口类也可以使用其他工具包重新实现，因此基于它的代码的移植性实际上还要更好一些。

接口实现的程序设计模型比通常的工具包提供的更简单。例如，我们完整的图形和 GUI 接口库只有大约 600 行的 C++ 代码，而极其简洁的 FLTK 文档大约有 1000 页。你可以从 www.fltk.org 下载，但我们不建议你立即这样做。目前还不需要那些细节。第 12 ～ 16 章给出的概念可用于任何一个流行的 GUI 工具包。当然我们也会解释接口类如何映射到 FLTK，以便（最终）了解必要时如何直接使用它（和类似的工具包）。

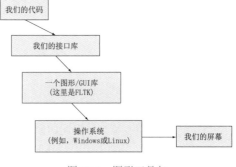

图 12-4   图形工具包

我们实现的"图形世界"如图 12-4 所示。

接口类为二维形状提供了简单、用户可扩展的基本框架，并支持简单的颜色。为了实现这些功能，我们提出了一个简单的 GUI 概念（回调函数），这些函数由用户自定义按钮等组件触发（参见第 16 章）。

12.5　坐标系

计算机屏幕是由像素组成的矩形区域。像素是可以设置为某种颜色的点。在程序中，最常见的方式就是在屏幕建模由像素组成的矩形区域。每个像素由 x（水平）坐标和 y（垂直）坐标确定。x 坐标从 0 开始，表示最左端的像素，并向右递增（直至最右端的像素为止）。y 坐标从 0 开始，表示最顶端的像素，并向下递增（直至最底端的像素为止），如图 12-5 所示。

图 12-5　坐标系

请注意，y 坐标"向下增长"。特别是数学家可能觉得这很奇怪，但是屏幕（和窗口）的大小不尽相同，但是左上角肯定是它们唯一共同之处了，因此将其设为原点。

不同屏幕的像素可能各不相同，常见的尺寸有：1024×768、1280×1024、1400×1050 和 1600×1200。

在使用屏幕与计算机进行交互时，通常从屏幕上划分出特定用途的、由程序控制的矩形区域，一般被称为窗口。基本上，我们将窗口看作一个小屏幕。例如，当我们定义

```
Simple_window win {tl,600,400,"Canvas"};
```

该语句定义一个矩形区域，宽度为 600 像素，高度为 400 像素，我们可以把它作为 0 ～ 599（从左到右的 x 坐标）和 0 ～ 399（从上到下的 y 坐标）。可以绘制的窗口区域通常被称为画布（canvas）。600×400 区域是指窗口内部大小，即系统提供的框架内的区域；它不包括系统用于标题栏、退出按钮等的空间。

12.6　Shape

我们用于在屏幕上绘制的基本工具包含大约十几个类，如图 12-6 所示。

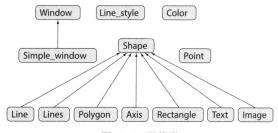

图 12-6　形状类

箭头表示当需要箭头头部的类时，可以使用尾部的类。例如，可以在需要 Shape 的地方使用 Polygon；也就是说，Polygon 是 Shape 的一种。

我们将从以下类开始进行介绍：

- Simple_window, Window；
- Shape, Text, Polygon, Line, Lines, Rectangle, Function, 等；
- Color, Line_style, Point；

- Axis。

稍后在本书的第 16 章，我们将引入 GUI（用户交互）类：

- Button, In_box, Menu, 等。

我们可以很容易地（某种程度上）添加更多的类，例如：

- Spline, Grid, Block_chart, Pie_chart, 等。

然而，定义或描述一个完整的 GUI 框架及其所有功能已经超出了本书的范围。

12.7   使用形状类

本节介绍图形库的一些基本特性：Simple_window，Window，Shape，Text，Polygon，Line，Lines，Rectangle，Color，Line_style，Point，Axis。其目标是让你知道这些特性能够实现什么功能，但不会深入了解每个类的详细设计。在接下来的章节中，我们将深入探讨每个类的设计。

下面我们将通过一个简单的程序，逐行解释代码并展示每行代码在屏幕上的显示效果。在运行程序时，你会看到当我们向窗口添加形状及改变已有形状时，屏幕上图像的变化情况。基本上，我们是通过分析程序的执行情况来"动画演示"代码的流程。

12.7.1   图形头文件和主函数

首先，包含定义了图形和 GUI 功能接口的头文件：

```
#include "Window.h"              // 一个普通的窗口
#include "Graph.h"
```

或者：

```
#include "Simple_window.h"    // 如果我们需要 "Next" 按钮
#include "Graph.h"
```

其中，Window.h 包含与窗口相关的特性，Graph.h 包含与在窗口中绘制形状（包括文本）相关的特性。这些特性都在 Graph_lib 命名空间中定义。为了简化表示法，我们使用命名空间指令，使 Graph_lib 中的名称直接可以在程序中可用。

```
using namespace Graph_lib;
```

通常情况下，main() 包含我们想要执行（直接或间接）的代码，并会处理异常情况：

```
int main()
try
{
    // . . . 这里是我们的代码 . . .
}
catch (exception& e)
{
    // 错误报告
    return 1;
}
catch (...)
{
    // 更多错误报告
    return 2;
}
```

为了使 main() 函数编译通过，我们需要定义 exception。通常我们可以像往常一样包含 std_lib_facilities.h 来获得异常定义，或者我们可以直接处理标准头文件并包含 <stdexcept>。

12.7.2 一个几乎空白的窗口

在这里，我们不会讨论错误处理（请参见第 5 章，特别是 5.6.3 节），而是直接进入 main() 函数中的图形处理部分。

```
Point tl {100,100};                              // 窗口的左上角坐标
Simple_window win {tl, 600, 400, "Canvas"};      // 窗口的屏幕坐标为 tl
                                                 // 大小为 600×400
                                                 // 标题为 "Canvas"
win.wait_for_button();                           // 显示窗口!
```

这段代码创建了一个 Simple_window，也就是一个带有 Next 按钮的窗口，并将它显示在屏幕上。显然，我们需要 #include 头文件 Simple_window.h 而不是 Window.h 来获取 Simple_window。在这里，我们明确指定了窗口在屏幕上的位置：它的左上角位于 Point{100, 100}。这个位置很接近屏幕的左上角，但没有过于靠近。很显然，Point 是一个类，它有一个构造函数，该构造函数接受一对整数并将它们解释为（x，y）坐标对。我们可以将代码写为：

```
Simple_window win {Point{100,100},600,400,"Canvas"};
```

然而，为了便于多次使用点（100，100），我们还是选择给它一个符号名称。600 是窗口的宽度，400 是窗口的高度，Canvas 是在窗口框上显示的标签。

要将窗口绘制在屏幕上，我们必须将控制权交给 GUI 系统。我们通过调用 win.wait_for_button() 来实现这一点，结果如图 12-7 所示。

在窗口的背景中，我们看到了一台笔记本电脑屏幕（为了这个场合略微清理了一下）。如果你对桌面背景这种不相关的事情感到好奇，我们可以告诉你，我拍摄这张桌面背景时正站在安提布的毕加索图书馆附近俯瞰尼斯湾。隐藏在窗口之后的黑色控制台窗口是用来运行我们的程序的。使用控制台窗口不太美观，而且也是不必要的，但当一个尚未调试通过的程序陷入无限循环或无法继续执行时，我们可以通过它来终止程序。如果你仔细看，你会注意到我们使用的是微软 C++ 编译器，当然你也可以使用其他编译器（如 Borland 或 GNU）。

在接下来的演示中，我们将去掉程序窗口周围分散注意力的内容，仅仅给出窗口本身如图 12-8 所示。

图 12-7 显示窗口

图 12-8 只有 Next 按钮的窗口

窗口的实际大小（以英寸为单位）取决于屏幕的分辨率。有些屏幕的像素比其他屏幕大。

12.7.3 Axis

一个几乎空白的窗口并不是很有趣，因此我们最好添加一些信息。我们想要显示什么？仅仅是为了提醒你图形并不总是有趣的游戏，我们将从一些严肃而有些复杂的东西开始：坐标轴。没有坐标轴的图表通常是无意义的。没有坐标轴，你就不知道数据表示什么。也许你在一些相关的文本中解释了所有内容，但是添加坐标轴会更安全；人们通常不会阅读解释，而且好的图形表示往往会与最初的上下文分离。因此，一个图表需要坐标轴：

```
Axis xa {Axis::x, Point{20, 300}, 280, 10, "x axis"};   // 创建一个坐标轴
                                   // 坐标轴是一种形状
                                   // Axis::x 表示水平轴，起点为 (20, 300)
                                   // 长度为 280 像素
                                   // 10 个 " 刻度 "
                                   // 标签为 "x axis"
win.attach(xa);                    // 将 xa 连接到窗口 win
win.set_label("Canvas #2");        // 重新设置窗口标题
win.wait_for_button();             // 显示窗口！
```

操作的顺序是：创建轴对象，将其添加到窗口中，最后进行显示，如图 12-9 所示。

可以看到，Axis::x 是一条水平线。我们看到了所需数量的"刻度线"（10）和标签"x 轴"。通常，标签会解释坐标轴和刻度线表示的内容。自然地，我们选择将 x 轴放在窗口附近的底部。在实际情况中，我们会使用符号常量表示高度和宽度，这样我们就可以将"刚好在底部上方"表示为 y_max-bottom_margin，而不是使用"魔数"，比如 300（参见 4.3.1 节、15.6.2 节）。

为了帮助识别程序的输出，我们使用 Window 的成员函数 set_label() 将屏幕重新标记为 Canvas #2。

现在，让我们添加一个 y 轴：

```
Axis ya {Axis::y, Point{20, 300}, 280, 10, "y axis"};   // 创建一个坐标轴
ya.set_color(Color::cyan);                               // 选择颜色
ya.label.set_color(Color::dark_red);                     // 选择文本的颜色
win.attach(ya);
win.set_label("Canvas #3");
win.wait_for_button();                                   // 显示窗口！
```

只是为了展示一些功能，我们将 y 轴颜色设置为青色，标签颜色设置为深红色，如图 12-10 所示。

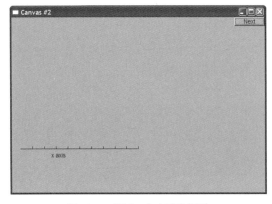

图 12-9　绘制一个水平坐标系

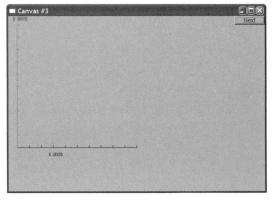

图 12-10　绘制一个垂直坐标系

我们并不认为在 x 轴和 y 轴上使用不同的颜色是一个好主意。我们只是想向你展示如何设置形状及其个别元素的颜色。使用大量颜色不一定是个好主意。特别是初学者更容易热衷于使用很多颜色。

12.7.4 绘制函数图

接下来做什么呢？现在我们有了带有坐标轴的窗口，所以看起来画一个函数是一个好主意。我们可以创建一个表示正弦函数的形状，并将其添加到窗口上：

```
Function sine {sin, 0, 100, Point{20, 150}, 1000, 50, 50}; // 正弦曲线
    // 绘制 sin() 在区间 [0:100] 上，起点 (0,0) 位于坐标 (20,150)
    // 使用 1000 个点绘制；将 x 值缩放为原来的 50 倍，将 y 值缩放为原来的 50 倍
win.attach(sine);
win.set_label("Canvas #4");
win.wait_for_button();
```

在这里，名为 sine 的函数将使用标准库函数 sin() 产生的值来绘制正弦曲线。关于如何绘制函数的详细信息在 15.3 节中有解释。现在，只需要注意，要绘制一个函数，我们必须指定它从哪里开始（一个点），以及我们要查看的输入值集合是什么（一个范围），并且我们需要提供一些关于如何将这些信息压缩到我们的窗口中的信息（比例缩放），如图 12-11 所示。

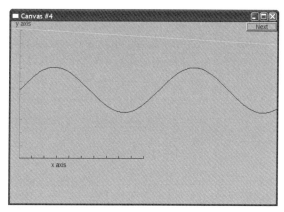

图 12-11　绘制一个函数

请注意，曲线在触碰到窗口边缘时会停止。在我们的窗口矩形之外绘制的点将被 GUI 系统忽略，永远不会真正显示出来。

12.7.5 Polygon

绘制的函数图形是数据呈现的一个例子，在第 15 章中我们将看到更多的数据呈现。但是，我们也可以在窗口中绘制不同类型的对象：几何图形。我们使用几何图形进行图形说明，以指示用户交互元素（如按钮），并且这通常使我们的演示更加有趣。多边形的特征是由一系列点组成，多边形类通过连接这些点的线条进行绘制。第一条线连接第一个点和第二个点，第二条线连接第二个点和第三个点，最后一条线连接最后一个点和第一个点：

```
sine.set_color(Color::blue); // 我们改变了对 sine 曲线的颜色的想法

Polygon poly;                       // 一个多边形；Polygon 是 Shape 的一种
poly.add(Point{300,200});           // 三个点构成一个三角形
```

```
poly.add(Point{350,100});
poly.add(Point{400,200});

poly.set_color(Color::red);
poly.set_style(Line_style::dash);
win.attach(poly);
win.set_label("Canvas #5");
win.wait_for_button();
```

这次我们改变正弦曲线（sine）的颜色，仅仅是为了展示如何改变颜色。然后，就像在 12.3 节中的第一个示例一样，我们添加了一个三角形，作为多边形的一个例子。同样，我们设置了颜色，最后设置了样式。多边形的线条有一个"样式"，默认情况下是实线，但根据需要，我们也可以将这些线条设置为虚线、点线等（参见 13.5 节）。我们得到如图 12-12 所示的结果。

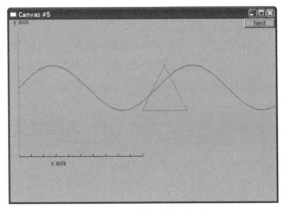

图 12-12 绘制一个三角形

12.7.6 Rectangle

屏幕是一个矩形，窗口是一个矩形，一张纸也是一个矩形。事实上，我们现实世界中的很多形状都是矩形（或至少是带有圆角的矩形）。这是有原因的：矩形是最简单的形状。例如，矩形很容易描述（左上角加上宽度加上高度，或左上角加上右下角等），很容易判断一个点是在矩形内部还是外部，而且很容易让硬件快速绘制一个矩形像素。

因此，大多数高级图形库更善于处理矩形而不是其他封闭形状。因此，我们提供 Rectangle 作为一个与 Polygon 类分开的类。矩形由其左上角加上宽度和高度来描述：

```
Rectangle r {Point{200,200}, 100, 50}; // 左上角坐标，宽度，高度
win.attach(r);
win.set_label("Canvas #6");
win.wait_for_button();
```

从这个描述中，我们可以得到如图 12-13 所示的结果。

请注意，仅仅用 4 个点在正确的位置创建折线并不足以创建一个 Rectangle。很容易制作一个在屏幕上看起来像 Rectangle 的 Closed_polyline（你甚至可以制作一个看起来就像 Rectangle 的 Open_polyline），如图 12-14 所示。

```
Closed_polyline poly_rect;
poly_rect.add(Point{100,50});
poly_rect.add(Point{200,50});
```

```
poly_rect.add(Point{200,100});
poly_rect.add(Point{100,100});
win.attach(poly_rect);
```

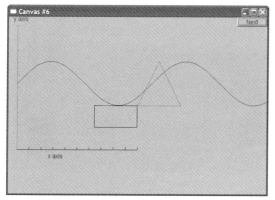

图 12-13　绘制一个矩形

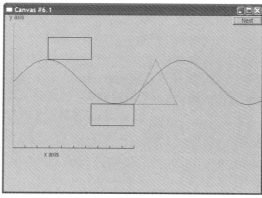

图 12-14　再绘制一个矩形

实际上，这样的 poly_rect 在屏幕上的图像是一个矩形。但是，内存中的 poly_rect 对象并不是一个 Rectangle 对象，它也不"知道"任何关于矩形的信息。证明这一点的最简单方法是添加另一个点：

```
poly_rect.add(Point{50,75});
```

没有矩形由 5 个点组成，如图 12-15 所示。

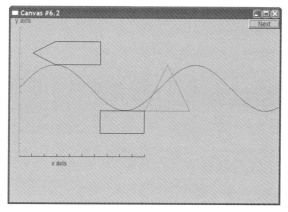

图 12-15　将矩形绘制为多边形

对于我们对代码的推理来说，重要的是一个 Rectangle 不仅仅在屏幕上看起来像一个矩形，它还应该从根本上保证此形状（就像我们从几何学中了解到的那样）。我们编写代码时就可以依赖 Rectangle——真正在屏幕上呈现为一个矩形，而不会改变为其他形状。

12.7.7　填充

前面绘制的形状都是绘制轮廓。我们也可以用颜色"填充"一个矩形：

```
r.set_fill_color(Color::yellow);     // 给矩形内部填充黄色
poly.set_style(Line_style(Line_style::dash, 4));
poly_rect.set_style(Line_style(Line_style::dash, 2));
poly_rect.set_fill_color(Color::green);
win.set_label("Canvas #7");
```

```
win.wait_for_button();
```

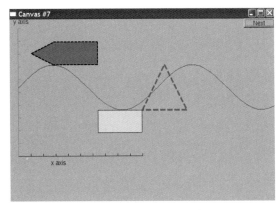

我们还决定修改三角形（poly）的线条样式，因此将其线条样式设置为"粗虚线（厚度为正常线条的 4 倍）"。类似地，我们更改了 poly_rect（现在不再看起来像矩形）的样式，如图 12-16 所示。

如果仔细观察 poly_rect，你会发现轮廓印在填充上面。可以用颜色填充任何封闭形状（请参见第 13.9 节）。矩形之所以特殊，是因为它们非常容易（和快速）填充。

图 12-16　给图形添加颜色

12.7.8　文本

最后，没有绘图系统是完整的，没有一个简单的方法来书写文字，逐个字符地绘制线条并不够好。我们可以给窗口本身和坐标轴加上标签，但是我们还可以使用 Text 对象在任意位置添加文字，结果如图 12-17 所示。

```
Text t {Point{150,150}, "Hello, graphical world!"};
win.attach(t);
win.set_label("Canvas #8");
win.wait_for_button();
```

利用此示例中的基本图形元素，你可以构建任何复杂度和细微差别的显示效果。现在，只需注意本章中代码的特殊性：没有循环、没有选择语句，所有数据都是"硬编码"的。输出仅由最简单的基本图形元素组成。一旦我们开始使用数据和算法组合这些基本图形，事情就会变得更有趣。

我们已经看到如何改变文本的颜色了：坐标轴的标签（参见 12.7.3 节）只是一个 Text 对象。此外，我们还可以选择字体和字号：

```
t.set_font(Font::times_bold);
t.set_font_size(20);
win.set_label("Canvas #9");
win.wait_for_button();
```

这段代码将文本字符串"Hello, graphical world!"的字符放大到 20 磅，并选择粗体的 Times 字体，如图 12-18 所示。

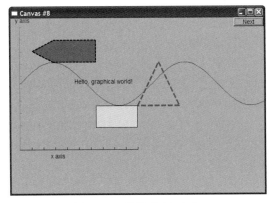

图 12-17　给图形添加文本

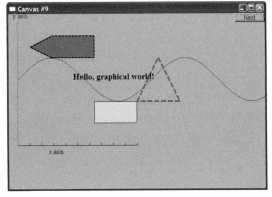

图 12-18　文本加粗

12.7.9　图片

我们也可以从文件中加载图片：

```
Image ii {Point{100,50},"image.jpg"}; // 400×212 像素的 jpg 图片
win.attach(ii);
win.set_label("Canvas #10");
win.wait_for_button();
```

恰好，名为 image.jpg 的文件是两架飞机突破音障的照片，如图 12-19 所示。

这幅照片相对较大，我们将其放置在文本和图形的正上方。因此，为了清理窗口，我们将它稍微移开一点，如图 12-20 所示。

```
ii.move(100,200);
win.set_label("Canvas #11");
win.wait_for_button();
```

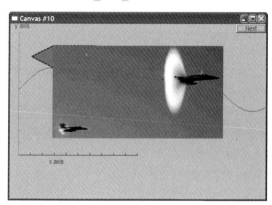 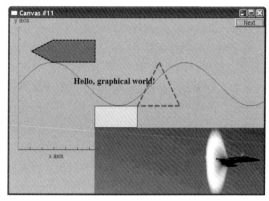

图 12-19　在图形上方绘制一张图片　　　　图 12-20　移动图形到右下角

这里需要注意的是，没有在窗口内的照片部分并没有被显示出来，而是被"裁剪"掉了。

12.7.10　还有很多未讨论的内容

以下是一些代码，我们在这里不再进行详细解释：

```
Circle c {Point{100,200},50};
Ellipse e {Point{100,200}, 75,25};
e.set_color(Color::dark_red);
Mark m {Point{100,200),'x'};

ostringstream oss;
oss << "screen size: " << x_max() << "*" << y_max()
  << "; window size: " << win.x_max() << "*" << win.y_max();
Text sizes {Point{100,20},oss.str()};

Image cal {Point{225,225},"snow_cpp.gif"};  // 320×240 像素的 gif 图片
cal.set_mask(Point{40,40}, 200, 150);           // 显示图像的中心部分
win.attach(c);
win.attach(m);
win.attach(e);
win.attach(sizes);
```

```
win.attach(cal);
win.set_label("Canvas #12");
win.wait_for_button();
```

你能猜测出这段代码的作用吗？是不是很容易猜呢？输出结果如图 12-21 所示。

代码和屏幕上显示的内容之间的联系是直接的。如果你还没有看到这个代码如何产生这个输出，很快就会变得清楚。注意我们如何使用 ostringstream（参见 11.4 节）来格式化显示尺寸的文本对象的。

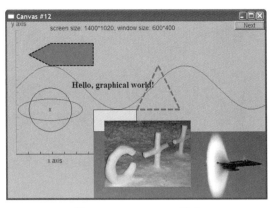

图 12-21　Canvas #12 图形

12.8　让图形运行起来

我们已经学习了如何创建窗口，以及如何在窗口中绘制各种形状。在接下来的章节中，我们将了解这些形状类是如何定义的，并展示使用它们的更多方法。

要使这个程序运行起来需要比我们之前呈现的程序做更多的工作。除了我们在 main() 函数中的代码，我们还需要将接口库的代码编译并链接到我们的代码中，最后，除非 FLTK 库（或我们使用的任何 GUI 系统）已安装并正确链接到我们的程序，否则程序将无法运行。

从另一个角度来看，这个程序由 4 不同的部分构成：

- 我们编写的程序代码（main() 等）；
- 接口库（Window，Shape，Polygon 等）；
- FLTK 库；
- C++ 标准库。

另外，程序还间接使用了操作系统。如果省略操作系统和标准库，我们的图形代码的组织结构可描述为如图 12-22 所示。

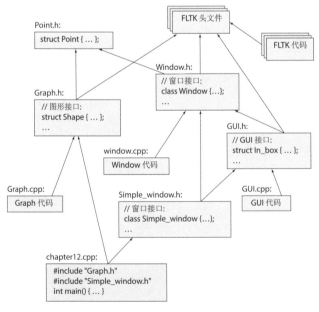

图 12-22　图形代码组织结构

附录 D 解释了如何将上图所有的组成部分组合在一起运转。

我们的图形和 GUI 接口库只由 5 个头文件和 3 个代码文件组成：

头文件：

- Point.h
- Window.h
- Simple_window.h
- Graph.h
- GUI.h

代码文件：

- Window.cpp
- Graph.cpp
- GUI.cpp

在学习第 16 章之前，你可以忽略 GUI 源文件。

操作题

这个操作题类似于"Hello, World!"程序的图形版。其目的是让你熟悉最简单的图形输出工具。

1. 获取一个尺寸为 600×400 像素、标签为"My window"的空窗口 Simple_window，编译、链接并运行。注意，必须像附录 D 中所述链接 FLTK；在代码中包含 #include Graph.h 和 Simple_window.h；并将 Graph.cpp 和 Window.cpp 加入你的项目中。

2. 逐个添加第 12.7 节的示例，每添加一个就测试一下。

3. 浏览每个小节示例并进行简单更改（例如，更改颜色、位置或点数）。

回顾

1. 为什么我们使用图形？

2. 什么时候不使用图形？

3. 图形对程序员来说有什么意义？

4. 什么是窗口？

5. 图形界面类（图形库）放在哪个命名空间中？

6. 使用图形库实现基本图形功能需要哪些头文件？

7. 最简单的窗口由哪几部分组成？

8. 什么是最小化窗口？

9. 什么是窗口标签？

10. 如何为窗口添加标签？

11. 屏幕坐标系是如何工作的？窗口坐标系呢？数学中的坐标系呢？

12. 你能显示的简单"形状"有哪些？

13. 哪个命令可以将形状添加到窗口？

14. 哪种基本形状适合绘制六边形？

15. 如何在窗口中某个位置显示文本？

16. 如何使用自己编写的程序将朋友的照片放入窗口中？

17. 创建了一个窗口对象，但屏幕上没有任何内容。可能的原因是什么？

18. 创建了一个形状，但它没有出现在窗口中。可能的原因是什么？

术语

color（颜色）	graphics（图形）	JPEG
coordinates（坐标）	GUI（图形用户界面）	line style（线条风格）
display（显示）	GUI library（GUI 库）	software layer（软件层）
fill color（填充颜色）	HTML	window（窗口）
FLTK	image（图像）	XML

练习题

我们建议你使用 Simple_window 进行这些练习。

1. 用矩形和多边形分别画一个矩形。将多边形的线条设为红色，矩形的线条设为蓝色。

2. 绘制一个 100×30 的矩形，将文本 "Howdy!" 放在矩形内部。

3. 用粗线画出高度为 150 像素的首字母缩写。用不同的颜色分别画出每个字母。

4. 画一个 3×3 的井字棋盘，由白色和红色方块交替组成。

5. 在矩形周围画一个 1/4in[①] 的红色框，矩形的高度为屏幕高度的 3/4，宽度为屏幕宽度的 2/3。

6. 当绘制一个不适合窗口大小的 Shape 时会发生什么？当绘制一个不适合屏幕大小的 Window 时会发生什么？编写两个程序来说明这两个现象。

7. 绘制一个二维的房屋正视图，包括一扇门、两个窗户和一个带有烟囱的屋顶。可以添加细节，如从烟囱冒出"烟雾"。

8. 绘制奥林匹克五环图案。如果记不得颜色，请查找相关资料。

9. 在屏幕上显示一张图片，如你朋友的照片。在窗口上标注图片的标题和说明文字。

10. 画出 12.8 节中的文件结构图。

11. 画一系列正多边形，一个在另一个内部。最内部的应该是一个等边三角形，被一个正方形包围，再被一个五边形包围，依此类推。只限于数学专业人士：让每个 N 边形的所有顶点都接触到（N+1）边形的边缘。提示：三角函数可以在 <cmath>（参见 24.8 节、附录 B.9.2）中找到。

12. 一个超椭圆是由以下方程定义的二维形状：

$$\left|\frac{x}{a}\right|^{m} + \left|\frac{y}{b}\right|^{n} = 1; \qquad m,n > 0$$

请利用互联网查找超椭圆以更好地了解这些形状的外观。编写一个程序，通过连接超椭圆上的点来绘制"星形"图案。以 a, b, m, n 和 N 为参数。在由 a, b, m 和 n 定义的超椭圆上选择 N 个点，使这些点等间隔（可以使用"相等"的某些定义）。将这 N 个点中的每一个连接到一个或多个其他点（可以将要连接点的数量作为另一个参数或直接使用 N-1，即连接其他所有点）。

13. 设计一种方法为上一练习中的线条添加颜色。使一些线条为一种颜色，另一些线条为另一种或其他颜色。

---

① /in（英寸）=25.4mm（毫米）

附言

　　程序设计的理想状态是将概念直接表示为程序中的实体。因此，我们经常用类来表示思想，用类的对象来表示现实世界的实体，用函数来表示动作和计算。这种思路显然可以用于图形学领域。我们有诸如圆和多边形之类的概念，将它们表示为类 Circle 和类 Polygon 的对象。图形学的不寻常之处在于，编写图形程序时，我们也有机会在屏幕上看到这些类的对象；也就是说，我们的程序状态直接表示为我们观察的内容——在大多数应用程序中，我们并没有这么幸运。这种思想、代码和输出之间的直接对应关系是使图形程序设计如此有吸引力的重要原因。不过，请记住，图形只是体现了在代码中使用类直接表达概念的想法而已。这个思想更加普遍和有用：我们想到的任何东西都可以在代码中用类、类对象或者一组类来描述。

第 13 章

图形类

"不能改变你的思考方式的语言是不值得学习的。"

——习语

第 12 章介绍了如何利用一组简单的接口类创建图形以及如何实现。本章将介绍单个的接口类。这里的重点是设计、使用和实现各个接口类，如 Point、Color、Polygon 和 Open_polyline。下一章将介绍设计一组相关的类的方法及其更多的实现技术。

13.1 图形类概览

图形和 GUI 库提供了大量的特性。"大量"的意思是指数百个类，通常每个类都有几十个函数。阅读它的说明书、手册或文档有点像阅读一本老式的植物学教材，其中列出了数千种植物的详细信息，而这些植物的分类模糊不清。真是令人沮丧！但也有令人兴奋的一面，浏览最新的图形 /GUI 库特性会使你感觉像是一个孩子进入糖果店，但搞清楚应该从哪里开始，哪些是真正对你有用的，仍旧十分困难。

我们设计这个接口库的目标之一就是减少成熟的图形 /GUI 库的复杂性带来的学习难度。我们只提出了 24 个几乎没有任何操作的类，但它们仍能够产生有用的图形输出。另一个紧密相关的目标是通过这些类引入关键的图形和 GUI 概念。现在，你已经能编写出简单图形结果的程序。经过本章的学习，你的图形程序设计能力将会超出大多数人最初的期待。再经过第 14 章节的学习，你将会了解大多数设计技术及其思想，从而能够加深理解，并能够根据需要扩展图形表达能力。为了实现扩展，你既可以向我们的图形 /GUI 库中添加新的特性，也可以采用其他 C++ 图形 /GUI 库。

重要接口类如表 13-1 所示。

表 13-1　图形重要接口表

GUI 接口类	
Color	用于设置线条、文本及填充形状的颜色
Line_style	用于设置线条的样式
Point	点，用于表示屏幕上和 Windows 内的位置
Line	线段，如我们在屏幕上看到的，由其两个端点定义
Open_polyline	由一系列点定义的连续线段序列
Closed_polyline	与 Open_polyline 类似，不同之处在于线段将最后一个点连接到第一个点
Polygon	所有线段不相交的 Closed_polyline
Text	字符串文本
Lines	由 Pont 集合定义的线段集合
Rectangle	经过优化，显示快速、便捷的矩形

GUI 接口类	
Circle	由中心和半径定义的圆
Ellipse	由中心和两个轴定义的椭圆
Function	函数，画出其一段值域的图形
Axis	带标签的坐标轴
Mark	用一个字符（如 x 或 o）标记的点
Marks	带标记（如 x 或 o）的点的序列
Marked_polyline	点被标记的 Open_polyline
Image	图像文件的内容

第 15 章介绍 Function 和 Axis，第 16 章介绍主要的 GUI 接口类，如表 13-2 所示。

表 13-2　GUI 接口类

GUI 接口类	
Window	屏幕上用于显示图形对象的区域
Simple_window	一个带有 Next 按钮的窗口
Button	一个矩形，通常带有标签，可以通过单击它来执行对应函数
In_box	一个框，通常带有标签，用户可在其中输入文本字符串
Out_box	一个框，通常带有标签，用户程序可在其中输出字符串
Menu	一个按钮向量

源文件组织如表 13-3 所示。

表 13-3　图形接口源文件描述

图形接口源文件	
Point.h	Point 类
Graph.h	所有其他的图形接口类
Window.h	Window 类
Simple_window.h	Simple_window 类
GUI.h	Button 和其他 GUI 类
Graph.cpp	给出 Graph.h 的函数定义
Window.cpp	给出 Window.h 的函数定义
GUI.cpp	给出 GUI.h 的函数定义

除图形类外，我们还设计了一个用于保存 Shape 或者 Wight 的容器类如表 13-4 所示。

表 13-4　容器类

Shape 或 Widget	
Vector_ref	向量，其接口便于保存未命名的元素

当你阅读下面几节时，请不要太快。虽然并没有什么困难的内容，但本章的目的不仅仅是向你展示一些漂亮的图片——你每天都可以在自己的计算机屏幕上或电视上看到更漂亮的图片，本章的重点在于：

- 展示代码和它生成的图片之间的对应关系。
- 让你习惯于阅读代码并思考它的工作原理。
- 让你思考代码设计——特别是如何在代码中用类来表示各种概念。为什么这样设计那些类？还能怎样设计？在设计中我们做出了很多决定，其中大部分都可以在某些情况下以完全不同的方式进行。

因此，请不要着急，否则你将会漏掉一些重要的内容，然后可能会发现练习题很难。

13.2　Point 和 Line

任何图形系统中最基本的部分是点。定义点（point）就是定义我们如何来组织几何空间。在这里，使用人们习惯的面向计算机的二维布局的点的定义：整数坐标（x, y）。如 12.5 节的描述，x 坐标从 0（屏幕的左边界）到 x_max()（屏幕的右边界），y 坐标从 0（屏幕的上边界）到 y_max()（屏幕的下边界）。

如头文件 Point.h 中定义，Point 只是一对 int 型数据（即坐标）。

```
struct Point {
    int x, y;
};
bool operator==(Point a, Point b) { return a.x==b.x && a.y==b.y; }
bool operator!=(Point a, Point b) { return !(a==b); }
```

Graph.h 还定义了 Shape（将在第 14 章详细介绍）和 Line：

```
struct Line : Shape {              // 一条直线是由两个点定义的形状
    Line(Point p1, Point p2);      // 从两个点构建一条直线
};
```

一条线是形状的一种。这就是"：Shape"的含义。Shape 称为 Line 的基类（base class），或者简称 Line 的基（base）。基本上，Shape 提供了一些能使 Lined 的定义更为简单的特性。当我们觉得需要特殊形状，如 Line 和 Open_polyline 时，我们将会对此进行解释（参见 14 章）。

Line 由两个 Point 定义。下面代码创建了 Line 对象，并将其绘制出来，我们省略了"基本框架"（如 12.3 节中所述的 #include 等）：

```
// 绘制两条线

constexpr Point x {100,100};

Simple_window win1 {x,600,400,"two lines"};

Line horizontal {x,Point{200,100}};         // 创建一条水平线
Line vertical {Point{150,50},Point{150,150}}; // 创建一条垂直线

win1.attach(horizontal);                     // 将直线附加到窗口上
win1.attach(vertical);

win1.wait_for_button();                      // 显示！
```

执行结果如图 13-1 所示。

图 13-1   绘制两条线

作为一个设计简单的用户界面，Line 的效果还不错。你不需要是爱因斯坦就能猜出来。

```
Line vertical {Point{150,50},Point{150,150}};
```

该语句创建了一条从（150, 50）到（150, 150）的垂直线。当然，还有实现细节，但创建 Line 不需要了解这些细节。Line 的构造函数的实现也非常简单：

```
Line::Line(Point p1, Point p2)         // 从两个点绘制一条线
  {
    add(p1);                           // 把点 p1 添加到图形上
    add(p2);                           // 把点 p2 添加到图形上
  }
```

也就是说，构造函数只是简单地"添加"了两个点。但是，添加到哪里？ Line 又是如何在窗口中绘制出来的？答案就在 Shape 类中。我们将在第 14 章对此进行介绍，现在你只需要了解，Shape 能够保存定义线的点，知道如何绘制 Point 集合构成的线，而且提供了函数 add() 实现将对象添加到 Shape 中。此处的关键点是，Line 的定义非常简单。大多数实现细节都已由"系统"完成了，因此我们可以集中精力编写易于使用的简单类。

从现在开始，我们将省略 Simple_window 的定义和 attach() 的调用。虽然它们对于完整的程序来说是必不可少的框架，但对具体 Shape 的讨论却没有什么意义。

13.3   Lines

事实证明，我们很少只画一条线。我们倾向于以许多线条组成的对象为基础进行思考，例如，三角形、多边形、路径、迷宫、网格、条形图、数学函数、数据图等。其中最简单的"复合图形对象类"之一是 Lines 类。

```
struct Lines : Shape {                  // 相关的线条
    Lines() {}                          // 空的构造函数
    Lines(initializer_list<pair<Point,Point>> lst);   // 从列表初始化

    void draw_lines() const;
    void add(Point p1, Point p2);                    // 添加由两个点定义的线条
};
```

一个 Lines 对象就是一组由 Point 集合定义的线。例如，如果我们将 13.2 节中 Line 示例中的两条线视为单个图形对象的一部分，我们可以像这样定义它们：

```
Lines x;
    x.add(Point{100,100}, Point{200,100});            // 第一条线：水平线
x.add(Point{150,50}, Point{150,150});                 // 第二条线：垂直线
```

其输出结果很难与 Line 的例子区分开来，如图 13-2 所示。

能辨别出来这个窗口与 13.2 节中的窗口不同之处在于两者的标签不同。

一组 Line 对象和 Lines 对象中的一组线的区别完全是我们看问题视角的不同。使用 Lines，我们是想表达两条线归属于同一个对象，应该一起操作。例如，我们可以通过单个命令更改所有作为 Lines 对象一部分的线的颜色。另一方面，我们却可以为不同的 Line 对象设置不同的颜色。一个更实际的例子是如何定义网格。网格由一些均匀分布的水平和垂直线组成。但是，我们将网格视为一个"整体"，于是我们将这些水平线和垂直线定义为一个名为 grid 的 Line 对象的组成部分：

```
int x_size = win3.x_max();                       // 获取窗口的宽度
int y_size = win3.y_max();
int x_grid = 80;
int y_grid = 40;

Lines grid;
for (int x=x_grid; x<x_size; x+=x_grid)
    grid.add(Point{x,0},Point{x,y_size});        // 垂直线
for (int y = y_grid; y<y_size; y+=y_grid)
    grid.add(Point{0,y},Point{x_size,y});        // 水平线
```

注意我们如何使用 x_max() 和 y_max() 来获取窗口的尺寸。这也是我们第一个计算显示对象的代码。对于本例，使用一组 Line 对象的方式，为每条网格线定义一个命名变量，显然是无法忍受的，使用一个 Lines 对象是更适合的方式。这段代码执行结果如图 13-3 所示。

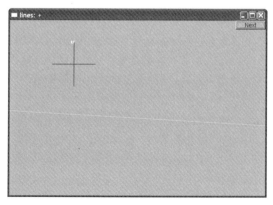
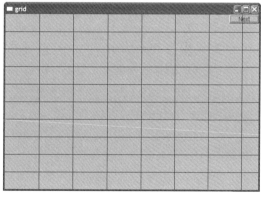

图 13-2 水平线与垂直线   图 13-3 绘制网格

让我们回到 Lines 类的设计。Lines 类的成员函数是如何实现的呢？Lines 提供了两个构造函数和两个操作。

add() 函数仅仅是将由一对点定义的线段添加到要显示的线段集合中：

```
void Lines::add(Point p1, Point p2)
{
    Shape::add(p1);
    Shape::add(p2);
```

```
        }
```

是的，需要 Shape:: 限定，否则编译器会将 add(p1) 视为（非法）尝试调用 Lines 的 add() 而不是 Shape 的 add()。

draw_lines() 函数绘制使用 add() 定义的线：

```
void Lines::draw_lines() const
{
    if (color().visibility())
        for (int i=1; i<number_of_points(); i+=2)
            fl_line(point(i- 1).x,point(i- 1).y,point(i).x,point(i).y);
}
```

也就是说，Lines::draw_lines() 每次会取两个点（从第 0 个和第 1 个点开始），并使用底层库的线绘制函数（fl_line()）在这两个点之间绘制一条线段。线段的可见性是由 Lines 的颜色对象（参见 13.4 节）的属性控制的，所以我们必须在绘制线段之前检查这些线段是否应该可见。

正如第 14 章所述，draw_lines() 是被"系统"调用的。我们不需要检查点的数量是否为偶数 ——Lines 的 add() 函数只能添加成对的点。函数 number_of_points() 和 point() 在类 Shape（参见 14.2 节）中定义，并且具有其明显的含义。它们以只读的方式访问 Shape 的点。因为成员函数 draw_lines() 不修改形状，所以将其定义为 const 类型（参见 9.7.4 节）。

Lines 的默认构造函数只是创建一个空对象（不包含任何线）：从没有点开始，然后根据需要添加点比任何构造函数都更灵活。但是，我们还添加了一个接受一对 Point 对（即定义一条线）的 initializer_list 构造函数（参见 18.2 节）。有了这个初始化列表构造函数，我们可以简单地定义从 0，1，2，3，…，开始的 Lines。例如，第一个 Lines 示例可以写成：

```
Lines x = {
    {Point{100,100}, Point{200,100}},    // 第一条线：水平
    {Point{150,50}, Point{150,150}}      // 第二条线：垂直
};
```

甚至像这样：

```
Lines x = {
    { {100,100}, {200,100}},             // 第一条线：水平
    { {150,50}, {150,150}}               // 第二条线：垂直
};
```

初始化列表构造函数很容易定义：

```
void Lines::Lines(initializer_list<pair<Point,Point>> lst)
{
    for (auto p : lst) add(p.first,p.second);
}
```

auto 是 pair<Point,Point> 类型的占位符，first 和 second 是点对中的第一个和第二个成员的名称。类型 initializer_list 和 pair 也在标准库中定义（参见附录 B.6.4、附录 B.6.3）。

13.4　Color

Color 是我们用来表示颜色的类型，其使用方法为

```
grid.set_color(Color::red);
```

这会将网格中定义的线着色为红色，以便我们得到如图 13-4 所示的结果。

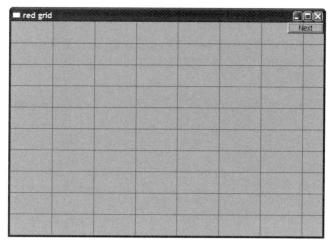

图 13-4 给网格添加颜色

Color 定义了颜色的概念，并为一些更常见的颜色赋予了符号名称：

```
struct Color {
    enum Color_type {
        red=FL_RED,
        blue=FL_BLUE,
        green=FL_GREEN,
        yellow=FL_YELLOW,
        white=FL_WHITE,
        black=FL_BLACK,
        magenta=FL_MAGENTA,
        cyan=FL_CYAN,
        dark_red=FL_DARK_RED,
        dark_green=FL_DARK_GREEN,
        dark_yellow=FL_DARK_YELLOW,
        dark_blue=FL_DARK_BLUE,
        dark_magenta=FL_DARK_MAGENTA,
        dark_cyan=FL_DARK_CYAN
    };

    enum Transparency { invisible = 0, visible=255 };

    Color(Color_type cc) :c{Fl_Color(cc)}, v{visible} { }
    Color(Color_type cc, Transparency vv) :c{Fl_Color(cc)}, v{vv} { }
    Color(int cc) :c{Fl_Color(cc)}, v{visible} { }
    Color(Transparency vv) :c{Fl_Color()}, v{vv} { }   // 默认颜色

    int as_int() const { return c; }

    char visibility() const { return v; }
```

```
        void set_visibility(Transparency vv) { v=vv; }
private:
        char v;  // 目前不可见或可见
        Fl_Color c;
};
```

Color 的目的是：

- 隐藏颜色的实现方式：FLTK 的 Fl_Color 类型。
- 在 Fl_Color 和 Color_type 值之间进行映射。
- 给定颜色常量的范围。
- 提供简单版本的透明机制（可见和不可见）。

你可以按照以下方式选择颜色：

- 从命名颜色列表中选择，如 Color::dark_blue。
- 通过选择大多数屏幕都能显示的一小组颜色来指定 0 ～ 255 范围内的值；例如，Color(99) 是深绿色。有关代码示例，请参见 13.9 节。
- 通过在 RGB（红、绿、蓝）系统中选择一个值，我们将不在此处解释。如果需要，可以查阅相关资料。特别是在互联网中搜索 "RGB 颜色"，可以得到许多来源，例如，http://en.wikipedia.org/wiki/RGB_color_model 和 www.rapidtables.com/web/color/RGB_Color.htm。另请参见练习题 13 和练习题 14。

注意，使用构造函数允许从 Color_type 或普通 int 创建颜色。每个构造函数都会初始化成员 c。你可以争论 c 名称过短和过难以理解，但由于它仅在 Color 的小范围内使用，而不是用于普遍用途，所以这可能是可以接受的。我们将成员 c 设置为私有，以保护它不被我们的用户直接使用。我们的数据成员 c 的表示形式使用了 FLTK 类型 Fl_Color，我们真的不想向用户公开它。但是，将颜色视为表示其 RGB（或其他）值的 int 非常常见，因此我们为此提供了 as_int() 函数。注意，因为它实际上不会真正改变 Color 对象，所以将其定义为 const 成员函数。

透明机制由成员 v 表示，其可以容纳 Color::visible 和 Color::invisible 的值，表示颜色的透明性（可见的或不可见的）。你可能觉得 "不可见颜色" 很奇怪，但是需要将复合形状的某一部分设置为不可见时，这种方式很有效。

13.5 Line_style

在一个窗口中绘制多条线时，可以通过颜色、样式或两者结合将它们区分开来。线条样式是用来描述线的外形的一种模式。我们可以像如下方式使用 Line_style：

```
grid.set_style(Line_style::dot);
```

这将网格线显示为一系列点，而不是实线，如图 13-5 所示。

这使得网格看起来变 "稀疏" 了，更离散了。我们还可以调整线条的宽度（粗细），以使网格线达到我们的喜好和要求。

Line_style 类型的定义如下所示：

```
struct Line_style {
    enum Line_style_type {
        solid=FL_SOLID,                          // -------
        dash=FL_DASH,                            // - - - -
        dot=FL_DOT,                              // .......
```

```
            dashdot=FL_DASHDOT,                 // - . - .
            dashdotdot=FL_DASHDOTDOT,           // -..-..
        };
        Line_style(Line_style_type ss) :s{ss}, w{0}
        Line_style(Line_style_type lst, int ww) :s{lst}, w{ww} { }
        Line_style(int ss) :s{ss}, w{0} { }

        int width() const { return w; }
        int style() const { return s; }
    private:
        int s;
        int w;
    };
```

定义 Line_style 的程序设计技术与 Color 的定义完全一样。在这里，我们隐藏了 FLTK 使用普通 int 来表示线条样式的事实。为什么像这样的细节值得隐藏呢？因为这些实现细节很可能随着库的升级而发生变化。下一个 FLTK 版本可能会有 Fl_linestyle 类型，或者我们可能会将我们的接口类重新定位到其他 GUI 库。无论哪种情况，我们都不希望我们的代码或者用户的代码充斥着使用普通 int 值表示线条样式的片段，否则就需要随着库的变化进行大幅度修改。

大多数情况下，我们根本不关心样式，我们只依赖默认值（默认宽度和实线）。如果我们没有显式指定线宽，构造函数会设定默认线宽。设置默认值是构造函数擅长的事情之一，而恰当的默认值对用户会有很大帮助。

注意，Line_style 有两个"组件"：样式本身（例如，使用虚线或实线）和宽度（使用的线条粗细）。宽度以整数形式表示。默认宽度为 1。我们可以这样请求一个粗虚线：

```
grid.set_style(Line_style{Line_style::dash,2});
```

运行结果如图 13-6 所示。

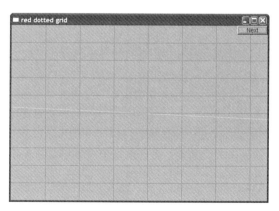

图 13-5　给网格线条设置 dot 风格

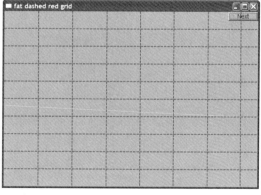

图 13-6　给网格线条设置 dash 风格

注意，颜色和样式适用于形状中的所有线条。这是将许多线条组合成一个图形对象（如 Lines、Open_polyline 或 Polygon）的优点之一。如果我们想单独控制线条的颜色或样式，我们必须将它们定义为单独的 Lines 对象。例如：

```
horizontal.set_color(Color::red);
vertical.set_color(Color::green);
```

这将产生如图 13-7 所示的结果。

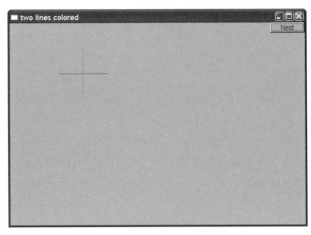

图 13-7   绘制红色水平线与绿色垂直线

13.6   Open_polyline

Open_polyline 是由一系列点定义的连接线段组成的形状。**Poly** 是希腊词，意为"许多"，而 **polyline** 是表示由许多线组成的形状的常用术语。例如：

```
Open_polyline opl = {
    {100,100}, {150,200}, {250,250}, {300,200}
};
```

这绘制了由连接这四个点得到的图形，如图 13-8 所示。

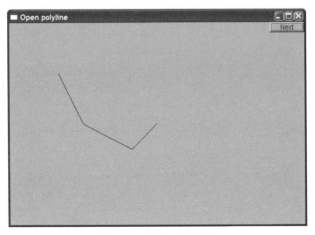

图 13-8   绘制开放图像

基本上，Open_polyline 不过是我们在幼儿园时的"连接点"游戏的好听一点的说法罢了。Open_polyline 类定义如下：

```
struct Open_polyline : Shape {          // 开放的线段序列
    using Shape::Shape;                 // 使用 Shape 的构造函数（参见附录 A.16）
    void add(Point p) { Shape::add(p); }
};
```

Open_polyline 继承自 Shape。Open_polyline 的 add() 函数是为了让 Open_polyline 的用户可

以访问 Shape 的 **add()**（即 **Shape** :: **add()**）。我们甚至不需要定义 draw_lines()，因为默认情况下，Shape 将添加的 Point 解释为一系列连接的线。

using Shape :: Shape 声明是使用声明。它表示 Open_polyline 可以使用为 Shape 定义的构造函数。Shape 具有默认构造函数（参见 9.7.3 节）和初始化列表构造函数（参见 18.2 节），因此使用声明只是 Open_polyline 为这两个构造函数定义的一种简写。至于 Lines，初始化器列表构造函数是作为一系列 add() 的简写。

13.7　Closed_polyline

Closed_polyline 和 Open_polyline 很相似，只是在最后一个点和第一个点之间也画了一条线。例如，我们可以使用 13.6 节中的 Open_polyline 相同的点来构造一个 Closed_polyline：

```
Closed_polyline cpl = {
    {100,100}, {150,200}, {250,250}, {300,200}
};
```

除了最后的闭合线，结果与 13.6 节的例子完全相同，如图 13-9 所示。

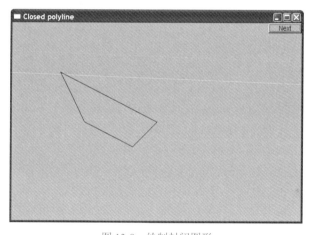

图 13-9　绘制封闭图形

Closed_polyline 的定义如下：

```
struct Closed_polyline : Open_polyline {    // 封闭的线段序列
    using Open_polyline::Open_polyline;   // 使用 Open_polyline 的构造函数
（参见附录 A.16）

    void draw_lines() const;               // 绘制线段的方法
};

void Closed_polyline::draw_lines() const
{
    Open_polyline::draw_lines();          // 首先绘制"开放线段序列部分"的线段
    // 然后画封闭的线段：
    if (2<number_of_points() && color().visibility())
        fl_line(point(number_of_points()- 1).x,
                point(number_of_
```

```
                              points()-1).y,
                              point(0).x,
                              point(0).y);
        }
```

using 声明（参见附录 A.16）表示 Closed_polyline 具有与 Open_polyline 相同的构造函数。Closed_polyline 需要自己的 draw_line() 函数来绘制连接最后一个点和第一个点的封闭线。

我们只需要处理 Closed_polyline 与 Open_polyline 不同的小细节。这很重要，有时被称为"通过差异进行程序设计"。我们只需为派生类（本例中的 Closed_polyline）与基类（本例中的 Open_polyline）的差异编写代码。

那么我们如何绘制那条封闭线呢？我们使用 FLTK 线绘制函数 fl_line()。它接受 4 个整型参数，表示 2 个点。因此，这里再次使用底层图形库。但是，请注意，与其他例子一样，我们只是在类的实现中使用了 FLTK，并没有将它暴露给用户。任何用户代码都无须引用 fl_line() 函数，或是了解用整数隐式表示点这类细节。这样，当我们需要时，就可以用其他 GUI 库替代 FLTK，而对用户代码几乎不会有任何影响。

13.8　Polygon

Polygon 与 Closed_polyline 非常相似。唯一的区别是 Polygon 不允许出现交叉的线。例如，上面的 Closed_polyline 是一个多边形，但我们可以添加另一个点：

```
 cpl.add(Point{100,250});
```

运行结果如图 13-10 所示。

根据经典几何定义，上面的 Closed_polyline 不是一个多边形。那么我们如何定义多边形，以便正确地捕捉到与 Closed_polyline 的关系，同时不违反几何规则呢？上面的表述已经给出了一个强烈的提示：Polygon 是不存在交叉线的 Closed_polyline。换句话说，我们可以强调形状是由点构成的，如果新添加的 Point 定义的线段不与 Polygon 任何现有的线相交时，这样的 Closed_polyline 就是 Ploygon。

根据这个思路，我们可以这样定义 Polygon：

```
struct Polygon : Closed_polyline {          // 闭合的非相交线段序列
    using Closed_polyline::Closed_polyline;// 使用 Closed_polyline 的构造函数
    void add(Point p);                      // 添加一个点
    void draw_lines() const;
};


void Polygon::add(Point p)
{
    // 检查新线段与现有线段是否相交（代码未显示）
    Closed_polyline::add(p);
}
```

这里我们继承了 Closed_polyline 中 draw_lines() 函数的定义，因此节省了大量的工作并避免了代码的重复。不幸的是，我们必须检查每个 add() 函数。这导致了一种低效的算法（N 平方阶）——定义一个具有 N 个点的 Polygon，需要调用 $N \times (N-1)/2$ 次 intersect() 函数。实际上，我们假设 Polygon 类将用于较少点数的多边形。例如，创建具有 24 个点的多边形需要 $24 \times (24-1)/2 == 276$ 次

intersect() 调用。这可能是可以接受的，但如果我们想要一个具有 2 000 个点的多边形，它将花费我们大约 2 000 000 次调用，因此我们可能需要一个更好的算法，接口可能也需要相应的修改。

使用初始化列表构造函数，我们可以像这样创建一个多边形：

```
Polygon poly = {
    {100,100}, {150,200}, {250,250}, {300,200}
};
```

显然，这创建了一个与我们原始的 Closed_polyline 相同（到最后一个像素）的 Polygon，如图 13-11 所示。

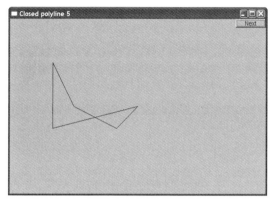

图 13-10　绘制交叉点图形

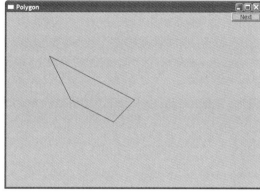

图 13-11　绘制多边形

确保一个 Polygon 真的代表一个多边形被证明是非常混乱的。我们在 Polygon::add() 中遗漏的交集检查可以说是整个图形库中最复杂的。如果你对复杂的几何坐标操作感兴趣，请查看代码。

麻烦的是 Polygon 的不变式"点代表一个多边形"只有在所有的点都被定义后才能验证；也就是说，我们没有——强烈建议——在其构造函数中建立多边形的不变式。我们考虑删除 add() 并要求 Polygon 完全由具有至少三个点的初始化列表指定，但是在程序生成一系列点的情况下使用起来会很复杂。

13.9　Rectangle

屏幕上最常见的形状是矩形。部分是文化因素（大多数门、窗户、图片、墙壁、书架、页面等也是矩形），部分是技术原因（在矩形空间内保持坐标比其他形状更简单）。无论如何，矩形非常常见，GUI 系统直接支持它们，而不仅仅将它们视为拥有 4 个角和直角的多边形。

```
struct Rectangle : Shape {
    Rectangle(Point xy, int ww, int hh);
    Rectangle(Point x, Point y);
    void draw_lines() const;

    int height() const { return h; }
    int width() const { return w; }
private:
    int h;      // 高度
    int w;      // 宽度
};
```

我们可以通过两个点（左上角和右下角）或一个点（左上角），以及宽度和高度来定义矩形。构造函数可以定义如下：

```
Rectangle::Rectangle(Point xy, int ww, int hh)
    : w{ww}, h{hh}
{
    if (h<=0 || w<=0)
        error("Bad rectangle: non-positive side"); add(xy);
}
Rectangle::Rectangle(Point x, Point y)
    :w{y.x-x.x}, h{y.y-x.y}
{
    if (h<=0 || w<=0)
        error("Bad rectangle: first point is not top left");
    add(x);
}
```

每个构造函数都会适当地初始化成员 h 和 w（使用成员初始化语法，参见 9.4.4 节），并将左上角点保存在 Rectangle 的基类 Shape 中（使用 add() 方法）。此外，它还进行了简单的检查：我们不希望 Rectangle 的宽度或高度是负数。

一些图形 /GUI 系统之所以将矩形视为特殊情况之一，是因为确定哪些像素在矩形内部的算法比其他形状如多边形和圆形要简单得多，因此速度更快。因此，"填充颜色"这一概念——即矩形内部空间的颜色——比其他形状更常用于矩形。我们可以通过构造函数或 set_fill_color() 操作（Shape 类提供的颜色相关操作）来设置填充颜色：

```
Rectangle rect00 {Point{150,100},200,100};
Rectangle rect11 {Point{50,50},Point{250,150}};
Rectangle rect12 {Point{50,150},Point{250,250}}; // 在 rect11 下方
Rectangle rect21 {Point{250,50},200,100};        // 在 rect11 右侧
Rectangle rect22 {Point{250,150},200,100};       // 在 rect21 下方

rect00.set_fill_color(Color::yellow);
rect11.set_fill_color(Color::blue);
rect12.set_fill_color(Color::red);
rect21.set_fill_color(Color::green);
```

运行结果如图 13-12 所示。

当你没有填充颜色时，矩形是透明的；这就是你可以看到黄色矩形 rect00 的一角的原因。

我们可以在窗口中移动形状（参见 14.2.3 节）。例如：

```
rect11.move(400,0); // 在 rect21 的右侧
rect11.set_fill_color(Color::white);
win12.set_label("rectangles 2");
```

运行结果如图 13-13 所示。

请注意，白色矩形 rect11 只有一部分适合窗口。未适合的部分被"裁剪"；也就是说，它不会出现在屏幕上任何地方。

还要注意，形状是相互叠加放置的。这就像你把一堆纸放在桌子上一样。你放的第一张会在最底下。我们的窗口（参见附录 E.3）提供了一种简单的方式来重新排列形状。你可以告诉窗口将形状置于顶部（使用 Window::put_on_top()）。例如：

```
win12.put_on_top(rect00);
win12.set_label("rectangles 3");
```

运行结果如图 13-14 所示。

注意，即使我们已经填充了矩形（除了上图中的白色矩形），我们仍然可以看到组成矩形的线
条。如果我们不喜欢这些轮廓，我们可以将它们删除：

```
rect00.set_color(Color::invisible);
rect11.set_color(Color::invisible);
rect12.set_color(Color::invisible);
rect21.set_color(Color::invisible);
rect22.set_color(Color::invisible);
```

运行结果如图 13-15 所示。

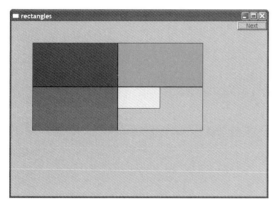

图 13-12　矩形内部填充颜色

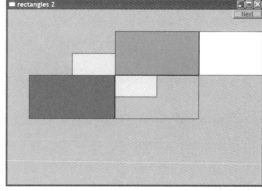

图 13-13　添加白色矩形

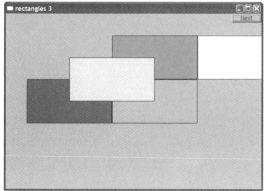

图 13-14　重新排列矩形

图 13-15　移除矩形轮廓

请注意，由于填充颜色和线条颜色都设置为不可见，所以现在无法看到矩形 rect22。

由于需要处理线条颜色和填充颜色，因此 Rectangle 的 draw_lines() 有点复杂：

```
void Rectangle::draw_lines() const
{
    if (fill_color().visibility()) {          // 填充物
        fl_color(fill_color().as_int());
        fl_rectf(point(0).x,point(0).y,w,h);
    }
    if (color().visibility()) {               // 填充物顶部的线
```

```
                fl_color(color().as_int());
                fl_rect(point(0).x,point(0).y,w,h);
        }
    }
```

如你所见，FLTK 提供了用于绘制矩形填充（fl_rectf()）和矩形轮廓线（fl_rect()）的函数。默认情况下，我们同时绘制两者（其中线条 / 轮廓在顶部）。

13.10   管理未命名对象

到目前为止，我们已经对所有图形对象进行了命名。当我们处理大量对象时，这种方法不再可行。例如，绘制一个简单的颜色图表，其中包含 FLTK 调色板中的 256 种颜色；也就是说，让我们创建 256 个有颜色的格子，并将它们绘制在一个 16×16 的矩阵中，以显示具有相似颜色值的颜色的关系。首先，输出结果如图 13-16 所示。

对这 256 个格子进行命名不仅烦琐，而且很不明智。左上角格子的一个显然的"命名"是它在矩阵中的位置（0, 0），任何其他正方形都可以通过坐标对（i, j）进行类似的识别（"命名"）。我们需要的是一个对象矩阵的等效物。我们考虑使用 vector<Rectangle>，但事实证明这不够灵活。例如，拥有一些未命名的、不全是相同类型的元素的集合应该是有用的。我们将在 14.3 节中讨论了这种灵活性问题。这里只给出本例的解决方案：一个可以容纳命名和未命名对象的向量类型。

```
template<class T> class Vector_ref {
public:
    // . . .
    void push_back(T&);        // 添加一个命名对象
    void push_back(T*);        // 添加一个未命名对象

    T& operator[](int i);       // 下标运算符：读取和写入访问
    const T& operator[](int i) const;

    int size() const;
};
```

与标准库的 vector 使用方法非常类似：

```
Vector_ref<Rectangle> rect;

Rectangle x {Point{100,200},Point{200,300}};
rect.push_back(x);                                          // 添加命名的矩形

rect.push_back(new Rectangle{Point{50,60},Point{80,90}});// 添加未命名的矩形

for (int i=0; i<rect.size(); ++i) rect[i].move(10,10); // 使用 rect
```

我们在第 17 章中解释了 new 运算符，并在附录 E 中介绍了 Vector_ref 的实现。现在，只需要知道我们可以使用它来保存未命名的对象即可。new 运算符后面跟着一个类型名称（这里是 Rectangle），可选地跟着一个初始化列表（这里是 {Point{50,60}, Point{80,90}}）。有经验的程序员会放心，我们在这个示例中没有引入内存泄漏问题。

有了 Rectangle 和 Vector_ref 我们就可以处理颜色了。例如，我们可以绘制上面所示的具有 256

种颜色的简单颜色图表：

```
Vector_ref<Rectangle> vr;
for (int i = 0; i<16; ++i)
    for (int j = 0; j<16; ++j) {
        vr.push_back(new Rectangle{Point{i*20,j*20},20,20});
        vr[vr.size()-1].set_fill_color(Color{i*16+j});
        win20.attach(vr[vr.size()-1]);
    }
```

这段代码创建一个包含 256 个 Rectangles 的 Vector_ref，并按照 16×16 的矩阵图形化整个窗口。我们为每个矩形赋予颜色 0、1、2、3、4 等。创建每个矩形后，我们将其附加到窗口上，显示结果如图 13-17 所示。

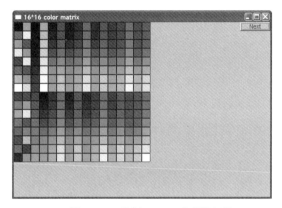

图 13-16 绘制 16×16 的颜色矩阵

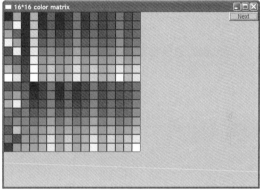

图 13-17 使用 Vector_ref 管理 16×16 的颜色矩阵

13.11 Text

当然，我们希望能够向我们的图形显示中添加文本。例如，我们可能希望为第 13.8 节中的"奇怪的" Closed_polyline 添加标签：

```
Text t {Point{200,200},"A closed polyline that isn't a polygon"};
t.set_color(Color::blue);
```

运行结果如图 13-18 所示。

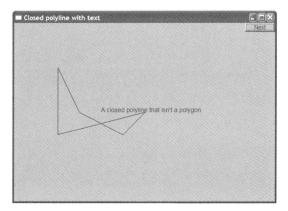

图 13-18 给开放多边形添加文本

　　基本上，一个 Text 对象会定义以某个 Point 为起点的一行文本。该 Point 将作为文本的左下角位置。将字符串限制为单行是为了确保在不同的系统中可以具有良好的移植性。不要试图插入换行字符；它不一定会被解释为窗口中的换行符。字符串流（参见 11.4 节）对于组成要在 Text 对象中显示的字符串非常有用（例如，参见 12.7.7 节和 12.7.8 节中的示例）。Text 的定义如下：

```
struct Text : Shape {
    // 点是第一个字母的左下角
    Text(Point x, const string& s)
        : lab{s}
        { add(x); }
    void draw_lines() const;

    void set_label(const string& s) { lab = s; }
    string label() const { return lab; }

    void set_font(Font f) { fnt = f; }
    Font font() const { return fnt; }

    void set_font_size(int s) { fnt_sz = s; }
    int font_size() const { return fnt_sz; }
private:
    string lab; // 标签
    Font fnt {fl_font()};
    int fnt_sz {(fl_size()<14)?14:fl_size()} ;
};
```

　　如果你希望字体字符大小小于 14 或大于 FLTK 默认值，则必须显式设置它。这是一种保护用户免受底层库行为变化可能带来的影响的测试示例。在这种情况下，FLTK 的更新以一种破坏现有程序的方式改变了其默认值，导致字符非常小，我们决定要解决这个问题。

　　我们将初始化器作为成员初始化程序提供，而不是作为构造函数初始化程序列表的一部分，因为初始化器不依赖于构造函数参数。

　　Text 具有自己的 draw_lines() 方法，因为只有 Text 类知道其字符串的存储方式：

```
void Text::draw_lines() const {
    fl_draw(lab.c_str(),point(0).x,point(0).y);
}
```

　　字符的颜色的设置类似于形状（如 Open_polyline 和 Circle）中的线的颜色的设置方法，因此你可以使用 set_color() 设置颜色，并使用 color() 查看当前使用的颜色。字符大小和字体的处理方式类似。预定义的字体很少，如下所示：

```
class Font { // character font
public:
    enum Font_type {
        helvetica=FL_HELVETICA,
        helvetica_bold=FL_HELVETICA_BOLD,
        helvetica_italic=FL_HELVETICA_ITALIC, helvetica_bold_italic=FL_
HELVETICA_BOLD_ITALIC,
        courier=FL_COURIER,
```

```
            courier_bold=FL_COURIER_BOLD,
            courier_italic=FL_COURIER_ITALIC, courier_bold_italic=FL_COURIER_
BOLD_ITALIC,
            times=FL_TIMES,
            times_bold=FL_TIMES_BOLD,
            times_italic=FL_TIMES_ITALIC,
            times_bold_italic=FL_TIMES_BOLD_ITALIC, symbol=FL_SYMBOL,
            screen=FL_SCREEN,
            screen_bold=FL_SCREEN_BOLD,
            zapf_dingbats=FL_ZAPF_DINGBATS
        };
        Font(Font_type ff) :f{ff} { }
        Font(int ff) :f{ff} { }

        int as_int() const { return f; }
    private:
        int f;
    };
```

用于定义 Font 的类定义风格与我们用于定义 Color（参见 13.4 节）和 Line_style（参见 13.5 节）的风格相同。

13.12 Circle

为了展示世界不完全是矩形构成的，我们提供了 Circle 类和 Ellipse 类。一个 Circle 由中心点和半径定义：

```
struct Circle : Shape {
    Circle(Point p, int rr);                              // 圆心和半径

    void draw_lines() const;
    Point center() const ;
    int radius() const { return r; }
    void set_radius(int rr)
    {
        set_point(0,Point{center().x-rr,center().y-rr});// 保持圆心位置
        r = rr;
    }
private:
    int r;
};
```

Circle 类的使用方法为：

```
Circle c1 {Point{100,200},50};
Circle c2 {Point{150,200},100};
Circle c3 {Point{200,200},150};
```

这将产生三个不同大小的圆，它们的中心在水平线上对齐，如图 13-19 所示。

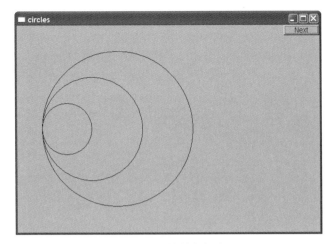

图 13-19　绘制多个圆

Circle 实现的主要特点是存储的点不是中心，而是包围圆形的正方形左上角。我们可以存储其中一个，但选择了 FLTK 用于最优化画圆函数所使用的那个。Circle 提供了另一个示例，说明一个类如何用于呈现与其实现不同（并且应该更好）的视角：

```
Circle::Circle(Point p, int rr)        // 圆心和半径
    :r{rr}
{
    add(Point{p.x-r,p.y-r});
}
Point Circle::center() const          // 存储左上角的坐标
{
    return {point(0).x+r, point(0).y+r};
}
void Circle::draw_lines() const
{
    if (color().visibility())
        fl_arc(point(0).x,point(0).y,r+r,r+r,0,360);
}
```

注意，使用 fl_arc() 绘制圆形。初始的两个参数表示左上角，接下来的两个参数表示包含圆形的最小矩形的宽度和高度，最后两个参数指定要绘制的起始和结束角度。环绕 360°才可以绘制一个圆圈，但我们也可以使用 fl_arc() 来绘制圆的一部分（和椭圆的一部分）；请参见练习 1。

13.13　Ellipse

椭圆类似于圆，但它是由长轴和短轴定义的，而不是半径；也就是说，要定义一个椭圆，我们需要给出中心的坐标，从中心到 x 轴上一点的距离，以及从中心到 y 轴上一点的距离：

```
struct Ellipse : Shape {
    Ellipse(Point p, int w, int h);// 中心点，最大距离和最小距离是相对于中心点的
    void draw_lines() const;
    Point center() const;
    Point focus1() const;
```

```
        Point focus2() const;
        void set_major(int ww) {
            set_point(0,Point{center().x-ww,center().y-h}; // 保持中心
            w = ww;
        }
        int major() const { return w; }
        void set_minor(int hh) {
            set_point(0,Point{center().x-w,center().y-hh}); // 保持中心
            h = hh;
        }
        int minor() const { return h; }
private:
    int w;
    int h;
};
```

我们可以这样使用椭圆形：

```
Ellipse e1 {Point{200,200},50,50};
Ellipse e2 {Point{200,200},100,50};
Ellipse e3 {Point{200,200},100,150};
```

这样我们就得到了三个具有共同中心但轴大小不同的椭圆形，如图 13-20 所示。

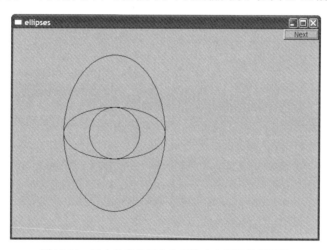

图 13-20　三个具有共同中心但轴大小不同的椭圆形

请注意，当 major() == minor() 时，椭圆形看起来与圆形完全相同。

另一种流行的椭圆形观点是指定两个焦点以及从一个点到焦点的距离之和。给定一个椭圆形，我们可以计算一个焦点。例如：

```
Point focus1() const
{
    if (h<=w)  // 焦点在 x 轴上：
        return {center().x+int(sqrt(double(w*w-h*h))),center().y};
    else        // 焦点在 y 轴上：
        return {center().x,center().y+int(sqrt(double(h*h-w*w)))};
}
```

为什么 Circle 不是 Ellipse？从几何上讲，每个圆都是一个椭圆，但不是每个椭圆都是一个圆。特别地，一个圆是两个焦点相等的椭圆。想象一下，如果我们将 Circle 定义为 Ellipse，就需要在其定义中额外使用一个值（一个圆由一个点和一个半径定义；一个椭圆需要一个中心和一对轴）。我们不希望有不必要的空间开销，但是 Circle 不是 Ellipse 的主要原因是，如果不禁用 set_major() 和 set_minor()，则无法定义为 Circle。毕竟，如果我们可以使用 set_major() 来获得 major()!=minor()，它将不再是圆形（如数学家所理解的）——至少在我们这样做后它不再是一个圆形了。我们不能拥有一个对象有时是一种类型（即当 major()!=minor() 时），而另一些时候是另一种类型（即当 major()==minor() 时）。我们可以拥有的是一个对象（Ellipse），有时看起来像一个圆。另一方面，Circle 永远不会变成两个不等轴的椭圆。

在设计类时，我们必须小心，不要自作聪明地被我们的"直觉"欺骗，以至于设计出一些毫无意义的"类"来。反之，我们必须注意，我们的类代表某个连贯的概念，并不仅仅是一组数据和函数成员。

只是随意编写代码而不考虑要表达的思想 / 概念是"黑客代码"，会导致我们无法解释并且其他人无法维护的代码。如果你不是利他主义者，请记住"其他程序员"可能在几个月后就是你自己。另外，这样的代码也很难调试。

13.14　Marked_polyline

我们经常想要在图表上"标记"点。一种显示图表的方法是将其作为开放式折线，因此我们需要一个带有点"标记"的开放式折线。Marked_polyline 可以实现这一点。例如：

```
Marked_polyline mpl {"1234"};
mpl.add(Point{100,100});
mpl.add(Point{150,200});
mpl.add(Point{250,250});
mpl.add(Point{300,200});
```

运行结果如图 13-21 所示。

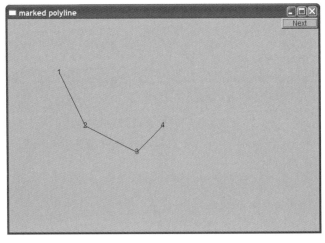

图 13-21　绘制开放式折线

Marked_polyline 的定义为：

```
struct Marked_polyline : Open_polyline {
```

```
        Marked_polyline(const string& m) :mark{m} { if (m=="") mark = "*"; }
        Marked_polyline(const string& m, initializer_list<Point> lst);
        void draw_lines() const;
    private:
        string mark;
    };
```

它继承了 Open_polyline，因此可以"免费"处理 Points；我们只需添加处理标记的代码。特别是 draw_lines() 应修改为：

```
    void Marked_polyline::draw_lines() const
    {
        Open_polyline::draw_lines();
        for (int i=0; i<number_of_points(); ++i) \
            draw_mark(point(i),mark[i%mark.size()]);
    }
```

调用 Open_polyline::draw_lines() 函数负责处理线条，因此我们只需要处理"标记"即可。我们将标记存储为一个字符串，并按顺序选取其中的字符：在循环创建 Marked_polyline 时，使用 mark[i% mark.size()] 选择下一个显示的标记字符。% 是取模（余数）运算符。这里的 draw_lines() 函数使用一个小的辅助函数 draw_mark()，完成在给定的点上实际输出一个字符：

```
    void draw_mark(Point xy, char c)
    {
        constexpr int dx = 4;
        constexpr int dy = 4;
        string m(1,c);    // 以字符 c 构造的字符串，只包含一个字符
        fl_draw(m.c_str(),xy.x- dx,xy.y+dy);
    }
```

常量 dx 和 dy 用于将字符居中在点上方，字符串 m 被初始化为单个字符 c。

带有初始化列表的构造函数只是简单地将列表转发给 Open_polyline 的初始化列表构造函数：

```
    Marked_polyline(const string& m, initializer_list<Point> lst)
        :Open_polyline{lst},
        mark{m}
    {
        if (m=="") mark = "*";
    }
```

需要对空字符串进行测试，以避免 draw_lines() 尝试访问不存在的字符。基于具有初始化列表的构造函数，我们可以将示例缩写为：

```
    Marked_polyline mpl {"1234",{{100,100}, {150,200}, {250,250}, {300,200}}}
```

13.15　Marks

有时，我们想要显示没有相互关联的标记。为此，我们提供了 Marks 类。例如，我们可以在不使用连接线的情况下标记上个示例中的 4 个点：

```
    Marks pp {"x",{{100,100}, {150,200}, {250,250}, {300,200}}};
```

运行结果如图 13-22 所示。

图 13-22　绘制 4 个点

Marks 的一个明显用途是显示表示离散事件的数据，这样绘制连接线就不合适了。例如，一组人的（身高、体重）数据。Marks 只是一个将线条设置为不可见的 Marked_polyline：

```
struct Marks : Marked_polyline {
    Marks(const string& m)
        :Marked_polyline{m}
    {
        set_color(Color{Color::invisible});
    }
Marks(const string& m, initializer_list<Point> lst)
        : Marked_polyline{m,lst}
    {
        set_color(Color{Color::invisible});
    }
};
```

使用：Marked_polyline {m} 符号来初始化 Marks 对象的 Marked_polyline 部分。这种符号是初始化成员（参见 9.4.4 节）所使用语法的一种变体。

13.16　Mark

Point 只是 Window 中的一个位置。它不是我们绘制的东西，也不是我们能看到的东西。如果我们想要标记一个单独的 Point 以便我们能够看到它，我们可以像 13.2 节那样用一对线条来表示，或者使用 Marks。但这有点烦琐，因此我们有一个简单版本的 Marks，它通过一个点和一个字符进行初始化。例如，我们可以这样标记 13.12 节中圆的圆心：

```
Mark m1 {Point{100,200},'x'};
Mark m2 {Point{150,200},'y'};
Mark m3 {Point{200,200},'z'};
c1.set_color(Color::blue);
```

```
    c2.set_color(Color::red);
    c3.set_color(Color::green);
```

运行结果如图 13-23 所示。

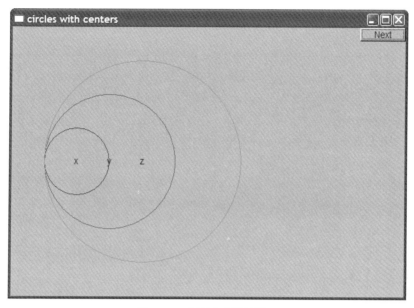

图 13-23　标记多个圆的圆心

Mark 不过是一个初始化时立即给定起始（通常是唯一的）点的 Marks：

```
struct Mark : Marks {
    Mark(Point xy, char c) : Marks{string(1,c)}
    {
        add(xy);
    }
};
```

string {1, c} 是字符串 string 类的一个构造函数，初始化一个仅包含单个字符串 c 的 string 对象。

Mark 提供的仅仅是一个方便的符号，用于创建一个单个点的 Marks 对象。Mark 类值得我们定义吗？还是只是增加了"虚假的复杂性和混乱"？这个问题没有明确的、逻辑上的答案。我们反复权衡这个问题，但最终还是认为它对用户是有用的，而实现它的代价很小。

我们为什么要使用字符作为"标记"？我们本可以使用任何小形状，但字符提供了一组有用且简单的标记。能够使用多种"标记"来区分不同的点集通常是很有用的。像 x、o、+ 和 * 这样的字符都具有中心对称性。

13.17　Images

平均每台个人计算机保存着数千个图像文件，并且可以在网络上访问数百万个图像文件。当然，我们希望在即使是非常简单的程序中显示其中的一些图像。例如，图 13-24（rita_path.gif）是飓风丽塔（Hurricane Rita）到达得克萨斯州墨西哥湾海岸的路线图。

我们可以选择这张图片的一部分，并在上面添加一张从太空中看到的 Rita 的照片（rita.jpg），如图 13-25 所示。

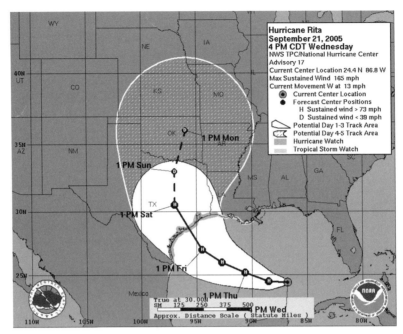

图 13-24   路线图

```
Image rita {Point{0,0},"rita.jpg"};
Image path {Point{0,0},"rita_path.gif"};
path.set_mask(Point{50,250},600,400);                  // 选择可能的登陆点
win.attach(path);
win.attach(rita);
```

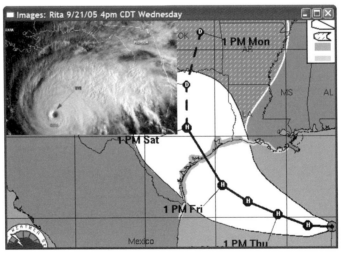

图 13-25   添加 Rita 图片到左上角

set_mask() 函数选择要显示的图像的某个子图片。在本例中，它从 rita_path.gif 中选择了一个 (600，400) 像素的图像（作为 path 加载），并将其左上角置于 path 中的坐标（50，250）。这种操作十分常见，因此我们选择 set_mask() 来直接支持它。

形状按被添加的顺序放置，就像放在桌子上的纸一样。由于 path 先于 rita 添加到窗口，所以它在 rita "下层"。

图像可以以各种令人眼花缭乱的格式进行编码。在这里，我们只涉及两种最常见的格式，即 JPEG 和 GIF：

```
enum class Suffix { none, jpg, gif };
```

在我们的图形界面库中，我们将内存中的图像表示为 Image 类的对象：

```
struct Image : Shape {
    Image(Point xy, string file_name, Suffix e = Suffix::none);
    ~Image() { delete p; }
    void draw_lines() const;
    void set_mask(Point xy, int ww, int hh)
    { w=ww; h=hh; cx=xy.x; cy=xy.y; }
private:
    int w, h; // 相对于位置 (cx, cy) 定义图像中的 " 遮罩框 "
    int cx,cy;
    Fl_Image* p;
    Text fn;
};
```

Image 构造函数尝试打开给定名称的文件，然后按参数或文件后缀名指定的编码格式创建图像。如果图像无法显示（例如，因为找不到文件），则 Image 显示 Bad_image。Bad_image 的定义如下：

```
struct Bad_image : Fl_Image {
    Bad_image(int h, int w) : Fl_Image{h,w,0} { }
    void draw(int x,int y, int, int, int, int) { draw_empty(x,y); }
};
```

在图形库中，图像内部处理的过程相当复杂，但我们的图形接口类 Image 的主要复杂性在于构造函数中的文件处理：

```
// 稍微复杂的构造函数
// 因为与图像文件相关的错误可能很难调试
Image::Image(Point xy, string s, Suffix e)
    :w{0}, h{0}, fn{xy,""}
{
    add(xy);

    if (!can_open(s)) {               // 能否打开 s？
        fn.set_label("cannot open \""+s+'"');
        p = new Bad_image(30,20); // " 错误图像 "
        return;
    }
    if (e == Suffix::none) e = get_encoding(s);

    switch(e) {                       // 检查是否为已知的编码
    case Suffix::jpg:
        p = new Fl_JPEG_Image{s.c_str()};
        break;
    case Suffix::gif:
        p = new Fl_GIF_Image{s.c_str()};
```

```
            break;
        default:                               // 不支持的图像编码
            fn.set_label("unsupported file type \""+s+'"');
            p = new Bad_image{30,20}; // "错误图像"
        }
    }
```

我们通过文件名后缀来选择图像对象类型（Fl_JPEG_Image 或 Fl_GIF_Image）。使用 new 创建对象，并将地址赋予一个指针。这是与 FLTK 的组织相关的实现细节（请参见第 17 章中有关 operator new 和指针的讨论），这里不详细讨论。FLTK 使用 C 风格字符串，因此我们必须使用 s.c_str() 而不是简单的 s。

现在，我们只需要实现 can_open() 函数，来测试是否可以打开一个指定的文件进行读取操作：

```
bool can_open(const string& s)
    // 检查名为 s 的文件是否存在并可以读取打开
{
    ifstream ff(s);
    return ff.is_open();
}
```

打开一个文件，然后再关闭它是一种相当笨拙的方式，可以将与"无法打开文件"相关的错误与文件中数据格式相关的错误分开。

如果需要，你可以查找 get_encoding() 函数，其功能是提取给定文件名的后缀，并在已知后缀的表格中查找该后缀。该查找表是由一个标准库 map 实现的（参见 21.6 节）。

✓ 操作题

1. 创建一个 800×1000 的 Simple_window。

2. 在窗口最左侧的 800×800 部分上放置一个 8×8 网格（每个格子大小为 100×100）。

3. 将主对角线上的 8 个格子涂成红色（使用 Rectangle）。

4. 找一个 200×200 像素的图像（JPEG 或 GIF），并在网格上放置 3 份拷贝（每个图像占 4 个正方形）。如果找不到恰好是 200×200 像素的图像，请使用 set_mask() 选择一个 200×200 的图像部分。不要遮挡红色格子。

5. 添加一个 100×100 像素的图像。当你单击 Next 按钮时，使其在格子之间移动。将 wait_for_button() 放在循环中，并编写代码为图像选择下一个格子。

回顾

1. 为什么我们不能直接使用商业或开源的图形库呢？

2. 使用我们的图形接口库来进行简单的图形输出，大约需要多少个类？

3. 使用图形接口库需要哪些头文件？

4. 哪些类定义了封闭形状？

5. 为什么我们不能对每个形状都使用 Line 类？

6. Point 的参数是什么？

7. Line_style 有哪些成员？

8. Color 有哪些成员？

9. RGB 是什么？

10. 两条线和包含两条线的 Lines 之间有什么区别？

11. 每个 Shape 都有的属性有哪些？

12. 由 5 个顶点定义的 Closed_polyline 有多少条边？

13. 如果你定义了 Shape 但没有添加到 Window 中，你会看到什么？

14. Rectangle 与包含 4 个 Point（4 个顶点）的 Polygon 有什么区别？

15. Polygon 与 Colsed_polygon 有什么区别？

16. 填充和轮廓哪个在更上层？

17. 为什么我们没有定义一个 Triangle 类（毕竟我们定义了 Rectangle）？

18. 在 Window 中怎样移动 Shape？

19. 怎样为 Shape 设置一行文本的标签？

20. 能够为 Text 对象中的文本串设置哪些属性？

21. 什么是字体？为什么要关心字体？

22. Vector_ref 的作用是什么？如何使用？

23. Circle 和 Ellipse 的区别是什么？

24. 如果指定的文本不包含图像，当用该文件显示一个 Image 时会发生什么现象？

25. 如何显示图像的一个子图像？

术语

closed shape（闭合形状）	image（图像）	point（点）
color（颜色）	image encoding（图像编码）	polygon（多边形）
ellipse（椭圆）	invisible（不可见的）	polyline（多段线）
fill（填充）	JPEG	unnamed object（未命名对象）
font（字体）	line（线条）	Vector_ref
font size（字体大小）	line style（线条样式）	visible（可见的）
GIF	open shape（开放形状）	

练习题

对于每个"定义类"的练习，展示几个对象来验证其正确性。

1. 定义一个 Arc 类，绘制部分椭圆。提示：fl_arc() 函数。

2. 绘制一个带有圆角的框。定义一个 Box 类，由 4 条线和 4 个圆弧组成。

3. 定义一个 Arrow 类，它绘制一条带箭头的直线。

4. 定义函数 n()、s()、e()、w()、center()、ne()、se()、sw() 和 nw()。每个函数都接受一个 Rectangle 参数，并返回一个 Point。这些函数在矩形上定义"连接点"。例如，nw(r) 是一个名为 r 的 Rectangle 的左上角（西北角）。

5. 为 Circle 和 Ellipse 定义练习题 4 的函数，使"连接点"位于图形轮廓上或外部，但不要超出外接矩形。

6. 编写一个程序，绘制类结构图，类似于 12.6 节中的图。如果你首先定义一个 Box 类，它是带有文本标签的矩形，那么它将简化这个问题。

7. 创建一个 RGB 颜色表（例如，在网上搜索"RGB 颜色表"）。

8. 定义一个 Regular_hexagon 类（正六边形是一个有 6 条边，且所有边长相等的多边形）。使用中心点和中心点到每个角的距离作为构造函数参数。

9. 用 Regular_hexagons 平铺窗口的一部分（至少使用 8 个正六边形）。

10. 定义一个 Regular_polygon 类。使用中心、边数（>2）和从中心到每个角的距离作为构造函数参数。

11. 绘制一个 300×200 像素的椭圆。通过椭圆的中心绘制一个 400 像素长的 x 轴和一个 300 像素长的 y 轴。标记焦点。标记一个不在轴上的椭圆上的点。绘制从焦点到该点的两条线。

12. 绘制一个圆。让一个标记在圆上移动（每次单击 Next 按钮时让其移动一点）。

13. 绘制 13.10 节中的颜色矩阵，但不要在每个颜色周围画线。

14. 定义一个直角三角形类。使用不同颜色的 8 个直角三角形绘制一个八边形。

15. 使用一些小的直角三角形铺贴窗口。

16. 用六边形重做练习题 15。

17. 用一些不同颜色的六边形重做练习题 16。

18. 定义一个表示多边形的 Poly 类，但在其构造函数中检查其点是否真的组成了一个多边形。提示：你需要向构造函数提供点。

19. 定义一个 Star 类。其中一个参数应该是点数。用不同的点数、线条颜色和填充颜色绘制几颗星星。

附言

第 12 章介绍了如何使用图形库的类。本章使我们上升到程序员"食物链"的更上一层：除了使用工具以外，还能设计工具。

第 14 章

设计图形类

"实用的，持久的，优美的。"

——Vitruvius

图形相关的这些章节有两个目的：我们希望提供有用的工具来显示信息，同时也希望使用一系列图形界面类来说明通用的设计和实现技术。特别是，本章提出了一些接口设计的思想和继承的概念。为此，我们不得不先介绍一些和面向对象程序设计直接相关的语言特性：类派生、虚函数和访问控制。我们不认为能孤立于使用和实现来讨论设计，因此我们对设计的讨论是相当具体化的。或许你应该把本章看作是"图形类的设计和实现"。

14.1　设计原则

我们的图形界面类有哪些设计原则？首先，这是一个什么类别的问题？"设计原则"是什么？为什么我们需要关注它们，而不是继续考虑如何生成图形这类重要的问题呢？

14.1.1　类别

图形是一个很好的应用领域的例子。因此，我们所关注的是如何为（像我们一样的人）程序员提供一组基本的应用程序概念和工具，本章就给出这样一个例子。如果我们的代码以混乱、不一致的方式呈现这些概念，生成的图形输出的难度就会增大。希望我们的图形类能够降低程序员学习和使用的难度。

我们希望代码中直接呈现应用领域概念。这样，如果你理解应用领域，就可以理解代码，反之亦然。例如：

- Window ——操作系统呈现的窗口。
- Line ——屏幕上的线条。
- Ponit ——坐标点。
- Color ——屏幕上看到的颜色。
- Shape ——以我们图形 / GUI 视角看待世界时所有形状共有的属性。

最后一个示例 Shape 与其他示例不同，它是一种一般性、纯抽象的概念。我们从未在屏幕上看到只有一个形状，我们只能看到特定的形状，如线或六边形。你会发现这反映在我们类型的定义中：尝试创建 Shape 变量，编译器将阻止你这样做。

我们的图形接口类集合是一个库；这些类经常被组合在一起使用。它们给出了一个示例，当你定义类来描述其他图形形状时，它们可以作为基本组件使用。我们并不是仅仅定义了一组不相关的类，所以不能孤立地为每个类进行设计。这些类一起呈现了如何生成图形的视图，我们必须确保这种视图相对优雅和连贯。考虑到我们的库的规模，以及图形应用领域的庞大，我们显然不能对它的完整性有什么期望。相反，我们的目标是简单性和可扩展性。

实际上，没有任何类库直接模拟其应用领域的所有方面。这不仅是不可能的，而且也是毫无意义的。考虑编写一个用于显示地理信息的库。你希望显示植被吗？国家、州和其他政治边界呢？道路系统呢？铁路呢？河流呢？强调社会和经济数据吗？温度和湿度的季节性变化呢？大气层中风的模式呢？航空公司航线呢？标记学校的位置呢？标记快餐"餐厅"的位置呢？当地景点呢？当然，将这些都包括在内可能是一个全面的地理应用程序的好答案，但对于简单的图形显示程序，显然不是。这样的库也不可能涵盖其他图形应用程序，例如，手绘绘图、编辑照片图像、科学可视化和飞机控制显示。

所有像以往一样，我们得判断到底哪些方面是重要的，在这个例子里，我们需要决定做哪种图形/GUI。试图把所有方面都做好也会导致失败。从特定的角度，一个好的库会直接且清晰地对它的应用领域进行建模，对应用的某些方面进行强调，而忽略其他方面。

我们提供的这些类是为简单图形和简单图形用户界面设计的。它们主要面向需要从数字/科学/工程应用程序中呈现数据和图形输出的用户。你可以在我们的基础上创建自己的类。如果这还不够，我们已经在实现中公开了足够多的 FLTK 细节，以便你了解如何直接使用它（或类似的"完整"图形/GUI 库）。但是，如果你决定了这样一条路线，请首先掌握第 17 章和第 18 章的内容。这些章节包含了有关指针和内存管理的信息，这都是直接使用大多数图形/GUI 库所必须的。

其中一个关键决策是提供许多具有少量操作的"小"类。例如，我们提供了 Open_polyline、Closed_polyline、Polygon、Rectangle、Marked_polyline、Marks 和 Mark，而我们本可以提供一个单一的类（可能称为"polyline"），其中包含许多参数和操作，允许我们指定一个对象是哪种类型的折线，并可能将折线从一种类型变为另一种类型。这种思维方式的极端是将每种形状都作为单个类 Shape 的一部分提供。我们认为，使用许多小类能更加直接、更加有效地模拟了我们的图形领域。一个提供"所有东西"的单一类会让用户在没有框架的帮助下处理数据和选项，难以理解、调试和提高性能。

14.1.2　操作

我们在每个类中提供最少的操作。我们的设计理念是用最小的接口来实现我们想做的事情。当我们需要更大的便利性时，可以通过添加非成员函数或新类来实现。

我们希望所有类的接口都有一致的风格。例如，在不同的类中，执行相似操作的所有函数有相同的函数名，接受相同类型的参数，还可能要求这些参数的顺序也相同。考虑设计这样一个构造函数：形状需要一个位置，则构造函数接受一个 Point 作为第一个参数：

```
Line ln {Point{100,200},Point{300,400}};
Mark m {Point{100,200},'x'};                    // 将单个点显示为 'x'
Circle c {Point{200,200},250};
```

所有处理点的函数使用 Point 类来表示它们，这看起来是很显然的方式，但许多库都采用了多种风格的混合。例如，想象一个简单的画线函数，就可以有两种不同的风格：

```
void draw_line(Point p1, Point p2);            // 从 p1 到 p2（我们的样式）
void draw_line(int x1, int y1, int x2, int y2);// 从 (x1,y1) 到 (x2,y2)
```

我们甚至可以允许这两种风格，但是出于一致性及改进类型检查和提高可读性的考虑，我们选择第一种方式。始终使用 Point 类也可以避免将坐标对和其他一般整数对（宽度和高度）混淆。例如，考虑下面代码：

```
draw_rectangle(Point{100,200}, 300, 400);  // 我们的样式
draw_rectangle(100,200,300,400);           // 另一种方式的调用
```

第一次调用绘制一个由点、宽度和高度定义的矩形。这个比较容易猜到，但是第二次调用是什么意思呢？是由点（100,200）和（300,400）定义的矩形吗？是由一个点（100,200）、宽度为 300 和高度为 400 定义的矩形吗？还是完全不同的东西（对某些人来说也许是合理的）？使用 Point 类型可以避免这种混淆。

顺便说一下，如果一个函数需要宽度和高度，它们总是按照宽度在前、高度在后的顺序呈现（就像我们总是在 x 坐标之前给出 y 坐标一样）。在这种微小细节上保持一致性，会极大地方便使用，减少运行时错误。

在逻辑上相同的操作应该具有相同的名称。例如，对任何类型的形状，所有添加点、线等的函数都称为 add()，所有画线函数都称为 draw_lines()。这种一致性有助于我们记住（只需要记住更少的细节），并在设计新类时帮助我们（"只需按照惯例操作即可"）。有时，它甚至允许我们编写适用于许多不同类型的代码，因为这些类型的操作具有相同的模式。这样的代码被称为泛型程序（generic），请参见第 19 ～ 21 章。

14.1.3　命名

逻辑上不同的操作有不同的名字。这看起来似乎是很显然的，但请考虑：为什么我们要将形状（Shape）"添加"到窗口（Window）上，但却将一条线（Line）"添加"到 Shape 中？这两个操作都是"将某物放入某物之中"，那么这种相似性是否应该反映在共同的名字上呢？不是。这种相似性隐藏了一个根本性的差异。考虑如下代码：

```
Open_polyline opl;
opl.add(Point{100,100});
opl.add(Point{150,200});
opl.add(Point{250,250});
```

这里，我们将 3 个点复制到 opl 中。在调用 add() 后，形状 opl 不会关心"我们"的点；它会保留自己的副本。实际上，我们很少保留点的副本——我们把这个任务留给形状去完成。另一方面，请考虑下面代码：

```
win.attach(opl);
```

这里，我们在窗口 win 和形状 opl 之间创建一个连接；win 不会拷贝 opl——它会保留对 opl 的引用。因此，我们有责任在 win 使用 opl 期间保持 opl 有效。也就是说，我们不能在 win 使用 opl 时退出 opl 的作用域。我们可以更新 opl，下次 win 绘制 opl 时，我们的更改将显示在屏幕上。下面以图形的方式说明 attach() 和 add() 之间的区别，如图 14-1 所示。

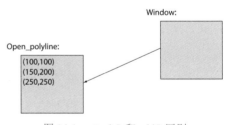

图 14-1　attach() 和 add() 区别

基本上，add() 使用按值传递（拷贝副本），而 attach() 使用按引用传递（共享单个对象）。我们可以选择将图形对象拷贝到 Window 中。但是，这将会产生不同的程序设计模型，我们将使用 add() 而不是 attac() 来表示这一点。现在，我们只需将图形对象"添加"到窗口即可。这有重要的影响。例如，我们不能创建一个对象，将其添加到窗口中，允许对象被销毁，然后还期望程序能够正常工作：

```
void f(Simple_window& w)
{
    Rectangle r {Point{100,200},50,30};
    w.attach(r);
    // 噢，r 的生命周期在这里结束了
}
int main() {
    Simple_window win {Point{100,100},600,400,"My window"};
```

```
    // ...
    f(win); // 可能会引发问题
    // ...
    win.wait_for_button();
}
```

当我们退出 f() 并运行到 wait_for_butto() 时，win 所引用和显示的对象 r 已经不存在了。在第 17 章中，我们将展示如何在函数内部创建对象，并使它们在函数返回后还继续存在。在此之前，我们必须避免将那些生命周期在 wait_for_butto() 之前就结束的对象添加到窗口。Vector_ref（参见 13.10 节，附录 E.4）可以帮助我们解决这个问题。

注意，如果我们将 f() 声明的 Window 参数声明为 const 引用类型（如 8.5.6 节中推荐的那样），编译器将阻止我们犯这类错误：我们不能利用 attach(r) 将 r 添加到 const Window 上，因为 attach() 需要对 Window 进行更改，以便记录 r。

14.1.4　可变性

当我们设计一个类时，"谁可以修改数据（描述）？"及"如何修改？"是我们必须回答的关键问题。我们尽力确保只有该类本身可以修改对象状态。public/private 区别是实现这一效果的关键，但我们将展示使用更灵活 / 微妙机制（protected）的示例。这意味着我们不能只为一个类提供一个数据成员，比如一个名为 label 的字符串；我们还必须考虑在构造之后是否应该能够修改它，如果允许的话，如何修改。我们还必须决定除了我们类的成员函数之外的代码是否需要读取 label 的值，如果需要，如何读取。例如：

```
struct Circle {
    // ...
private:
    int r;      // radius
};
Circle c {Point{100,200},50};
c.r = -9;       // 可以吗? 不可以 —— 编译时错误：Circle::r 是私有的
```

正如你在第 13 章中可能已经注意到的那样，我们决定阻止直接访问大多数数据成员。不直接暴露数据成员，使我们有机会检查那些"愚蠢"的值，比如半径为负的 Circle 对象。出于实现简单的考虑，我们只是进行了有限的检查，因此在使用值时要小心。我们决定不进行一致的、全面的检查，一方面是希望保持代码简洁，另一方面是因为当用户（你、我们）提供"愚蠢"的值时，结果只是屏幕上出现混乱的图像，而不会破坏珍贵的数据。

我们将屏幕（视为一组 Window）纯粹作为输出设备。我们可以显示新对象并删除旧对象，但我们从不向"系统"请求我们无法（或不能）从我们建立的代表图像的数据结构中自行获取的信息。

14.2　Shape 类

Shape 类是一个一般概念，表示可以显示在屏幕上 Window 中的对象：

- 它是将我们的图形对象与 Window 抽象联系起来的概念，后者又提供与操作系统和物理屏幕的连接。
- 它是处理颜色和用于绘制线条样式的类。为此，它具有 Line_style、用于线条的 Color 和用于填充的 Color。

● 它可以保存一系列 Point，并具有绘制这些点的基本方法。

有经验的设计者会意识到，一个处理这三方面的类可能存在通用性问题。然而，我们在这需要比一般解决方案更简单的方式。

我们首先给出完整的类，然后再讨论其实现细节：

```cpp
class Shape {                                    // 处理颜色和样式，并保存线段序列
public:
    void draw() const;                           // 处理颜色并绘制线段
    virtual void move(int dx, int dy);           // 移动形状 +=dx 和 +=dy

    void set_color(Color col); Color color() const;
    void set_style(Line_style sty); Line_style style() const;

    void set_fill_color(Color col);
    Color fill_color() const;

    Point point(int i) const;                    // 对点的只读访问
    int number_of_points() const;

    Shape(const Shape&) = delete;                // 禁止复制
    Shape& operator=(const Shape&) = delete;

    virtual ~Shape() { }
protected:
    Shape() { }
    Shape(initializer_list<Point> lst);          // 将点添加到该形状中

    virtual void draw_lines() const;             // 绘制相应的线段
    void add(Point p);                           // 将 p 添加到点集合
    void set_point(int i, Point p);              // points[i] = p;

private:
    vector<Point> points;                        // 并非所有形状都使用
    Color lcolor {fl_color()};                   // 线段和字符的颜色（默认值）
    Line_style ls {0};
    Color fcolor {Color::invisible};             // 填充颜色
};
```

这是一个相对复杂的类，旨在支持各种图形类，并表示屏幕上形状的一般概念。然而，它仍然只有 4 个数据成员和 15 个成员函数。此外，这些函数都较为简单，因此我们可以将注意力集中在设计方面。在本节的剩余部分中，我们将逐个介绍这些类成员，并解释它们在设计中的作用。

14.2.1　一个抽象类

考虑 Shape 类的第一个构造函数：

```cpp
protected:
    Shape() { }
    Shape(initializer_list<Point> lst);// add() 操作将 Points 加入 Shape 中
```

　　构造函数是受保护的。这意味着只有 Shape 类的派生类可以直接使用它（使用：Shape 符号）。换句话说，Shape 只能用作诸如 Line 和 Open_polyline 等类的基类。protected：的目的是确保我们不直接创建 Shape 对象。例如：

```
Shape ss; // 错误：不能创建 Shape 对象
```

　　Shape 类被设计成仅作为基类使用。在这种情况下，如果我们允许直接创建 Shape 对象，不会发生什么特别不好的事情，但由于可以限制使用，我们保留了对 Shape 对象进行修改的权限，使其不适合直接使用。此外，通过禁止直接创建 Shape 对象，我们直接实现了这样一种思想：不能创建 / 显示一般性的形状，只能创建 / 显示特定的形状，比如 Circle 或者 Closed_polyline。仔细思考一下！形状是什么样子？唯一合理的回答是反问"是哪种形状？"我们用 Shape 表示的形状概念是一个抽象概念。这是一个重要的、很常用的设计思想，所以我们不希望在程序中实践这一思想时妥协。允许用户直接创建 Shape 对象将违反前面设计思想。

　　默认构造函数将成员设置为它们的默认值。这里再次提到了用于实现的底层库 FLTK。然而，FLTK 的颜色和样式观念并未被直接使用，它们只是作为 Shape、Color 和 Line_style 类实现的一部分。vector<Points> 默认值为一个空向量。

　　初始化列表构造函数也使用默认初始化器，然后将其参数列表的元素添加到 Shape 中。

```
Shape::Shape(initializer_list<Point> lst)
{
    for (Point p : lst) add(p);
}
```

　　如果一个类只能用作基类，那么它是抽象类（abstract）。另一种实现方式更为常见，被称为纯虚函数（pure virtual function）；请参见 14.3.5 节。可以用来创建对象的类（即与抽象类相反）称为具体类（concrete）。注意，抽象和具体只是日常区分的技术词语。我们可能去商店买相机。然而，我们不能只是要求是一台相机就带回家。哪个品牌的相机？哪个特定型号的相机？相机是一种概括，它指的是一个抽象概念。Olympus E-M5 指的是一种特定类型的相机，我们（交换一大笔现金）可能会获得其中的一个特定实例：具有唯一序列号的特定相机。因此，"相机"很像一个抽象（基）类；"Olympus E-M5"很像具体（派生）类，而我手中的实际相机（如果我买了它）则很像一个对象。

　　声明如下：

```
virtual ~Shape() { }
```

　　这个声明定义了一个虚析构函数。我们现在不会使用它，因此将在 17.5.2 节进行介绍，在那里我们将介绍如何使用它。

14.2.2　访问控制

　　类 Shape 声明所有数据成员为私有：

```
private:
    vector<Point> points;
    Color lcolor {fl_color()};              // 线段和字符的颜色（默认值）
    Line_style ls {0};
    Color fcolor {Color::invisible};        // 填充颜色
```

　　数据成员的初始化程序不依赖于构造函数参数，因此我们在数据成员声明中指定了它们的值。一如既往，向量的默认值为"empty"，因此不必明确说明。构造函数将应用这些默认值。

由于 Shape 的数据成员被声明为私有，因此我们需要提供对外的访问函数。访问函数的设计有多种风格，我们选择了一种较为简单、方便和易读的方式。如果有一个成员代表一个属性 X，我们可以提供一对函数 X() 和 set_X() 分别用于该成员（属性）的读写。例如：

```
void Shape::set_color(Color col)
{
    lcolor = col;
}
Color Shape::color() const
{
    return lcolor;
}
```

这种方式的主要不便之处在于不能将成员变量和读取函数设定为相同的名字。像以往一样，我们选择了最方便的函数名称，因为它们是公共接口的一部分，而私有变量的名称则并不是那么重要。注意我们如何使用 const 来表示读取函数不会修改 Shape 对象（参见 9.7.4 节）。

Shape 类保留了一个名为 points 的 Points 向量，用于支持其派生类。我们提供了函数 add() 来向 points 添加 Points：

```
void Shape::add(Point p) // 保护
{
    points.push_back(p);
}
```

自然地，points 一开始是空的。我们决定为 Shape 提供一个完整的功能接口，而不是让用户或从 Shape 派生的类的成员函数直接访问数据成员。对于有些人来说，提供一个功能接口是非常正常的，因为他们认为将类的任何数据成员设置为 public 都是不良设计。对于其他人来说，我们的设计似乎过于严格了，因为我们甚至不允许派生类的成员函数直接对数据成员进行访问。

从 Shape 派生的形状（如 Circle 和 Polygon）知道它们的点是什么含义。而基类 Shape 并不"理解"这些点，它只是存储这些点。因此，派生类需要控制如何添加点。例如：

- Circle 和 Rectangle 不允许用户添加点，因为这没有任何意义。带有额外点的矩形是什么意思？（参见 12.7.6 节）
- Lines 只允许添加点对（而不是单个点；参见 13.3 节）。
- Open_polyline 和 Marks 允许添加任意数量的点。
- Polygon 只允许通过检查交点来添加点（参见 13.8 节）。

我们将 add() 设计为 protected(即只能从派生类进行访问)，以确保派生类控制如何添加这些点。如果 add() 函数是 public（每个人都可以添加点）或 private（仅 Shape 可以添加点），就会使得实际功能无法符合我们对形状的设想。

同样地，我们将 set_point() 函数设为了 protected。通常情况下，只有派生类知道一个点的含义，以及在不违反不变式的前提下修改它。例如，如果我们有一个名为 Regular_hexagon 的类，该类被定义为 6 个点的集合，则仅更改一个点就会使结果"不是正六边形"。另一方面，如果我们更改矩形的其中一个点，结果仍然是矩形。实际上，在我们的示例类和代码中，我们没有发现使用 set_point() 的必要性，因此提供 set_point() 仅是为了确保我们可以读取和设置 Shape 的每个属性的规则。例如，如果我们想要一个 Mutable_rectangle，我们可以从 Rectangle 派生它，并提供更改这些点的操作。

我们将存放点的向量 points 设计为私有，以防止它被意外修改。为了使它有用，我们还需要提供成员函数对它的访问：

```
void Shape::set_point(int i, Point p)        // 未使用；目前不必要
{
    points[i] = p;
}
Point Shape::point(int i) const
{
    return points[i];
}
int Shape::number_of_points() const
{
    return points.size();
}
```

你可能会担心这些微不足道的访问函数。它们不会效率低下吗？它们会减慢程序的速度吗？它们会增加生成的代码的大小吗？不会，它们都将被编译器编译成"内联"函数。调用 number_of_points() 跟直接调用 points.size() 相比占用的字节数相同，并且执行相同数量的指令。

这些访问控制的考虑和决策是非常重要的。接近于最小版本的 Shape 类可以定义如下：

```
struct Shape {  // 极简定义 — 过于简单 — 未使用
    Shape();
    Shape(initializer_list<Point>);
    void draw() const;                    // 处理颜色并调用 draw_lines
    virtual void draw_lines() const;      // 绘制适当的线条
    virtual void move(int dx, int dy);    // 将图形移动 += dx 和 += dy
    virtual ~Shape();

    vector<Point> points;                 // 并非所有形状都使用
    Color lcolor;
    Line_style ls;
    Color fcolor;
};
```

Shape 类中额外的 12 个成员函数和两行访问规范（private：和 protected:）有何价值呢？基本的答案是，保护类的描述不会被设计者以不可预见的方式更改，从而使我们能用更少的精力编写出更好的类。这就是所谓的关于"不变式"的论点（参见 9.4.3 节）。在这里，我们将通过定义 Shape 类的派生类来说明这一优点。一个简单的例子是，早期版本的 Shape 使用了下面两个成员：

```
Fl_Color lcolor;
int line_style;
```

最初将线的颜色和样式定义为 Shape 的私有成员变量被证明局限性太大（一个 int 类型的 line style 不够优雅地支持线宽，而 Fl_Color 类型不支持透明度），这导致了一些混乱的代码。如果这两个变量是公有（public）的，并被用户代码所使用，那么我们改进接口库的代价就只能伴随着重写这些代码（因为它们使用了 lcolor 和 line_style 这些名称）。

此外，访问函数通常提供符号上的便利。例如，s.add(p) 比 s.points.push_back(p) 更易读写。

14.2.3　绘制形状

我们现在已经介绍了除 Shape 类核心之外的所有内容：

```
void draw() const;                          // 处理颜色并调用 draw_lines
virtual void draw_lines() const;            // 适当地绘制线条
```

Shape 的最基本任务是绘制形状。我们可以从 Shape 中删除所有其他功能，或者让它不保留任何自己的数据从而不会造成重大概念上的错误（参见 14.4 节），但是绘图是 Shape 的核心功能。它使用 FLTK 和操作系统的基本机制来完成绘图，但从用户的角度来看，它仅提供了两个函数：

- draw() 应用样式和颜色，然后调用 draw_lines()。
- draw_lines() 在屏幕上放置像素。

draw() 函数不使用任何新颖的技术。它只是简单地调用 FLTK 函数来设置颜色和样式以符合 Shape 中指定的内容，调用 draw_lines() 函数在屏幕上进行实际的绘制，并尝试将颜色和样式恢复到调用之前的状态：

```
void Shape::draw() const
{
    Fl_Color oldc = fl_color();
    // 没有一个好方法来获取当前的样式
    fl_color(lcolor.as_int());              // 设置颜色
    fl_line_style(ls.style(), ls.width());  // 设置样式
    draw_lines();
    fl_color(oldc);                         // 恢复颜色（到之前的颜色）
    fl_line_style(0);                       // 恢复线条样式为默认值
}
```

不幸的是，FLTK 没有提供获取当前样式的方法，因此样式只能设置为默认值。这就是我们有时不得不接受的妥协，作为简单性和可移植性的代价。我们认为，试图在接口库中实现这个功能是不值得的。

注意，Shape::draw() 并不处理填充颜色或线条的可见性。这些都由单独的 draw_lines() 函数处理，它们对于如何解释这些有更好的了解。原则上，所有颜色和样式处理都可以委托给各个 draw_lines() 函数，但是重复性会相当高。

现在考虑如何处理 draw_lines() 函数。如果你仔细思考一下，你会意识到让 Shape 类为每种形状绘制需要绘制的所有形状是非常困难的。这将要求每个形状的每个像素都以某种方式存储在 Shape 对象中。如果我们继续使用 vector<Point> 模型，我们将不得不存储非常多的点。更糟糕的是，"屏幕"（即图形硬件）已经这样做了这些——而且做得更好。

为了避免这种额外的工作和存储空间，Shape 类采用了另一种方法：它为每个 Shape（即每个派生自 Shape 的类）提供了定义自己如何绘制的机会。Text、Rectangle 或 Circle 类都可能有适合自己的更好的绘制方法。事实上，大部分形状类都是这样。毕竟，这些类"知道"它们所要绘制的内容。例如，一个圆是由一个点和一个半径定义的，而不是由很多线段定义的。在需要的时候，根据点和半径生成要绘制的像素实际上不像想象的那么困难。因此，Circle 类定义了自己的 draw_lines()，我们更希望调用这个函数而不是 Shape 类的 draw_lines() 函数。这就是将 Shape::draw_lines() 声明为 **virtual** 的意义所在：

```
struct Shape {
    // ...
    virtual void draw_lines() const; // 如果派生类选择，则让每个派生类定义
                                     // 自己的 draw_lines()
    // ...
```

```
    };
    struct Circle : Shape {
        // ...
        void draw_lines() const;          // "覆盖" Shape::draw_lines()
        // ...
    };
```

因此，如果 Shape 是一个 Circle，则 Shape 的 draw_lines() 必须以某种方式调用 Circle 的函数，如果 Shape 是一个 Rectangle，则必须调用 Rectangle 的函数。这就是在 draw_lines() 声明中使用 **virtual** 关键字的含义：如果从 Shape 派生的类定义了自己的 draw_lines()（与 Shape 的 draw_lines() 类型相同），则调用该类的 draw_lines() 而不是 Shape 的 draw_lines()。第 13 章展示了如何为 Text、Circle、Closed_polyline 等类完成这项工作。在派生类中定义一个函数，以便可以通过基类提供的接口使用该函数，称为覆盖（overriding）。

注意，尽管 draw_lines() 在 Shape 中处于核心地位，但它被定义成 protected，这意味着它不能被"一般用户"调用——这就是 draw() 的作用——而只是作为一个"实现细节"被 draw() 函数及 Shape 的派生类使用。

这样就完成了 12.2 节中的显示模型。驱动屏幕的系统了解 Window 类。Window 类了解 Shape 类，并且可以调用 Shape 类的 draw() 函数。最后，draw() 函数调用特定类型形状类的 draw_lines() 函数。在用户代码中调用 gui_main() 函数会启动这个显示引擎，如图 14-2 所示。

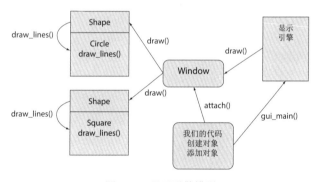

图 14-2　显示引擎模型

什么是 gui_main() 函数？到目前为止，我们还没有在代码中实际看到过它。相反，我们使用 wait_for_button()，以一种更简单的方式调用显示引擎。

Shape 类的 move() 函数只是简单地将保存的每个点相对于当前位置移动一个偏移量：

```
void Shape::move(int dx, int dy)          // 移动图形的坐标 +=dx 和 +=dy
{
    for (int i = 0; i<points.size(); ++i) {
        points[i].x+=dx;
        points[i].y+=dy;
    }
}
```

move() 和 draw_lines() 函数一样都是虚函数，因为派生类可能具有需要移动的数据，而 Shape 类并不知道这些数据。例如，参见 Axis（参见 12.7.3 和 15.4 节）。

逻辑上，move() 函数在 Shape 类中并不是必须的，提供它只是为了方便，同时也是为了提供另一个虚函数的示例。每种 Shape 类如果具有在其 Shape 类中没有存储的点，则必须定义自己的

move() 函数。

14.2.4 拷贝和可变性

Shape 类声明的拷贝构造函数和拷贝赋值运算符被删除：

```
Shape(const Shape&) =delete;              // 防止拷贝
Shape& operator=(const Shape&) =delete;
```

其效果是消除了默认的拷贝操作。例如：

```
void my_fct(Open_polyline& op, const Circle& c) {
    Open_polyline op2 = op;              // 错误：Shape 的复制构造函数已删除
    vector<Shape> v;
    v.push_back(c);                      // 错误：Shape 的复制构造函数已删除
    // ...
    op = op2;                            // 错误：Shape 的赋值操作已删除
}
```

但是拷贝在很多地方都很有用！只看看那个 push_back() 就知道了；如果没有拷贝，甚至使用 vector 都很困难（push_back() 将其参数的副本放入其 vector 中）。为什么会有人通过禁止拷贝来给程序员带来麻烦呢？如果默认的拷贝操作可能会引起麻烦，你就会禁止该类型的默认拷贝操作。作为"麻烦"的主要例子，请看 my_fct()。我们

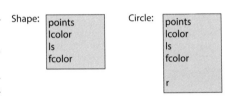

图 14-3　Circle 拷贝到 Shape

不能将一个 Circle 拷贝到一个 Shape 大小的"插槽"中，因为 Circle 有一个半径，但 Shape 没有，所以 sizeof(Shape)<sizeof(Circle)。如果允许 v.push_back(c)，则 Circle 将被"切片"，任何对生成的 Shape 元素的未来使用很可能会导致崩溃；Circle 操作将假定已拷贝（但实际上没有拷贝）半径成员（r），如图 14-3 所示。

op2 的拷贝构造和对 op 的赋值也面临着完全一样的问题。考虑如下情况：

```
Marked_polyline mp {"x"};
Circle c(p,10);
my_fct(mp, c); // Open_polyline 参数引用了一个 Marked_polyline
```

现在 Open_polyline 拷贝操作将"切片" mp 的字符串成员 mark。

基本上，类层次结构结合参数按引用传递和默认拷贝是不兼容的。当你设计一个将要作为基类的类时，使用 =delete 禁用其拷贝构造函数和拷贝赋值函数，就像对 Shape 所做的那样。

"切片"（是的，这确实是一个技术术语）不是防止拷贝的唯一原因。有许多概念最好不要使用拷贝操作来表示。请记住，图形系统必须记住 Shape 存储在哪里，以便将其显示到屏幕上。这就是为什么我们将 Shape "附加"到 Window 而不是拷贝到 Window。例如，如果 Window 仅持有 Shape 的副本而不是引用，那么对原始 Shape 的更改将不会影响副本。因此，如果我们更改了 Shape 的颜色，Window 将不会注意到这个变化，并将显示其副本，其颜色未变。拷贝一个副本在实际中并不如使用原始版本好。

如果我们希望拷贝已禁用默认拷贝操作类型的对象，我们可以编写一个显式函数来完成这项工作。这样的拷贝函数通常称为 clone()。显然，只有当读取成员的函数足以表达所需的内容以构造一个副本时，才能编写一个 clone()，但这对于所有的 Shape 来说都是适用的。

14.3　基类和派生类

让我们从一个更加技术化地角度来看待基类和派生类，也就是说，让我们在本节中（仅限本节）将讨论的焦点从程序设计、应用设计和图形设计转移到程序设计语言特性上来。当设计一个图形接口库时，我们依赖以下 3 个关键的语言机制：

- 派生：一种一个类构造另一个类的方法，使新类可以替代原始类。例如，Circle 派生自 Shape 类，也就是说，"Circle 是一种 Shape"或"Shape 是 Circle 的基类"。派生类（在这里是 Circle）除了自己的成员之外，还获得其基类（在这里是 Shape）的所有成员。这通常称为继承（inheritance），因为派生类"继承"了其基类的所有成员。在某些上下文中，派生类称为子类（subclass），基类称为超类（superclass）。

- 虚函数：在基类中定义一个函数，并在派生类中定义同名同类型的函数，在用户调用基类函数时，实际上调用的是派生类的函数。例如，当 Window 调用 Shape 的 draw_lines() 时，如果 Shape 是 Circle，则执行的是 Circle 的 draw_lines()，而不是 Shape 自己的 draw_lines()。这通常称为运行时多态性（run-time polymorphism）、动态分派（dynamic dispatch）或运行时分派（run-time dispatch），因为调用的函数是根据使用的对象类型在运行时确定的。

- 私有和保护成员（private and protected members）：我们将类的实现细节保持为私有的，以保护它们免受直接使用的影响，因为这可能会使维护复杂化。这通常称为封装（encapsulation）。

继承、运行时多态和封装的使用是面向对象程序设计（object-oriented programming）最常见的定义。因此，C++ 直接支持面向对象程序设计及其他程序设计风格。例如，在第 20、21 章中，我们将看到 C++ 如何支持泛型程序设计。C++ 从 Simula67 借鉴了核心机制，并进行了明确的确认，Simula67 是第一种直接支持面向对象程序设计的语言（请参见第 22 章）。

这里有许多技术术语！但它们都代表什么意思？它们在我们的计算机中实际是如何工作的？让我们首先绘制一个简单的图表，显示图形界面类的继承关系，如图 14-4 所示。

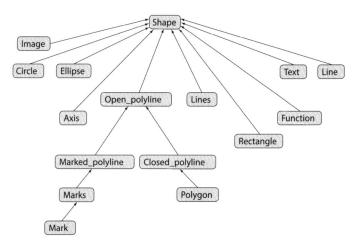

图 14-4　Shape 类继承关系

这些箭头从派生类指向其基类。这样的图表有助于可视化类之间的关系，通常被程序员挂在黑板上。与商业框架相比，这是一个非常小的"类层次结构"，只有 16 个类，在 Open_polyline 的许多子类中，层次结构才超过一层。显然，这里最重要的类是公共基类（Shape），由于它代表的是一个抽象概念，因此我们永远不会直接创建一个形状（Shape）类。

14.3.1 对象布局

对象在内存中的布局是如何实现的？正如我们在 9.4.1 节中所看到的那样，类的成员定义了对象的布局：数据成员在内存中依次存储。当使用继承时，派生类的数据成员只是添加在基类的数据成员之后，如图 14-5 所示。

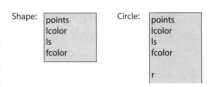

图 14-5 派生类 Circle 内部布局

一个 Circle 对象具有 Shape 类的数据成员（毕竟，它也是 Shape 类的一种）并且可以用作 Shape。此外，Circle 还具有"自己"的数据成员 r，该数据成员位于继承的数据成员之后。

为了处理虚函数调用，我们需要（并且必须）在 Shape 对象中添加一个数据：用于告诉我们调用 Shape 的 draw_lines() 函数时真正调用的是哪个函数。通常的做法是添加一个函数表的地址。这个表通常被称为 vtbl（"虚表"或"虚函数表"），它的地址通常被称为 vptr（"虚指针"）。我们将在第 17、8 章中讨论指针；在这里，它们的作用类似于引用。给定的实现可能会使用不同的名称来表示 vtbl 和 vptr。将 vptr 和 vtbl 加入布局图中可得到图 14-6。

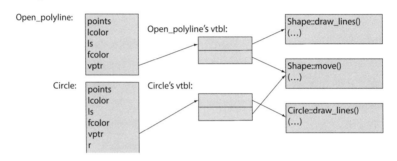

图 14-6 Open_polyline 与 Circle 的 vtbl

由于 draw_lines() 是第一个虚函数，因此它在 vtbl 中获得第一个槽，其后是 move() 的虚函数。一个类可以拥有任意数量的虚函数，它的 vtbl 将根据需要变大（每个虚函数一个槽）。现在，当我们调用 x.draw_lines() 时，编译器将生成一个调用该函数的代码，该函数在 x 的 vtbl 的 draw_lines() 槽中找到。基本上，代码只是按照图表上的箭头进行操作。因此，如果 x 是 Circle，将调用 Circle::draw_lines()。如果 x 是 Open_polyline 类型，它会像 Shape 定义的那样使用 vtbl，然后将调用 Shape::draw_lines()。同样，因为 Circle 没有定义它自己的 move()，所以如果 x 是 Circle，则 x.move() 将调用 Shape::move()。基本上，为了虚函数调用而生成的代码只需找到 vptr，使用它找到正确的 vtbl，并在那里调用适当的函数。其代价大约是两个内存访问的成本加上一个普通函数调用的成本。这既简单又快速。

Shape 是一个抽象类，所以你不能实际上拥有一个 Shape 对象，但是 Open_polyline 对象将恰好具有与"普通形状"完全相同的布局，因为它不添加数据成员或定义虚函数。每个类只有一个 vtbl，而不是每个对象都有一个，因此 vtbl 通常不会显著增加程序目标代码的大小。

注意，我们在这个布局图中没有画任何非虚函数。我们不需要这样做，因为这些函数的调用方式并没有特殊之处，它们不会增加其类型的对象的大小。

如果定义一个与基类（如 Circle::draw_lines()）具有相同名称和类型的函数，以便将派生类的函数放入 vtbl 而不是基类的版本，则称其为覆盖（overriding）。例如，Circle::draw_lines() 覆盖了 Shape::draw_lines()。

我们为什么要向你介绍 vtbl 和内存布局呢？你需要知道这些才能使用面向对象程序设计吗？实际不需要。然而，许多人强烈希望了解事物的实现方式（我们就是其中之一），当人们不理解某些事情时，就会产生荒诞的说法。我们遇见过一些讨厌虚函数的人"因为它们代价很高"。为什么呢？代价有多高？与什么相比？代价会在哪里产生影响？我们解释了虚函数的实现模型后，你就不会有这样的恐惧了。如果需要虚函数调用（在运行时选择被调用函数），你不可能使用其他语言特性编写出速度更快或使用更少内存的代码。这一点很容易理解。

14.3.2 类的派生和虚函数定义

我们可以通过在类名后面指明基类的方式来确定一个类是派生类。例如：

```
struct Circle : Shape { /* . . . */ };
```

默认情况下，结构体的成员是公共的（参见 9.3 节），其中包括基类的公共成员。我们也可以等价地讲：

```
class Circle : public Shape { public: /* . . . */ };
```

这两个 Circle 类的声明完全等价，但是你可能会与他人讨论哪个类更好，这其实是没有意义的。我们认为把时间花在其他问题上，可能更有价值。

需要注意的是，不要忘记使用 public 关键字。例如：

```
class Circle : Shape { public: /* . . . */ };                // 很可能有错误
```

这将使得 Shape 成为 Circle 的私有基类，Circle 将不可访问 Shape 的共有函数。这显然不是你的本意。一个好的编译器可能会给出警告信息。尽管私有基类有它的用处，不过那不在本书讨论范围之内。

虚函数必须在其类声明中声明为 virtual，但如果将函数定义放在类外部，则关键字 virtual 就不必也不能出现在那里了。例如：

```
struct Shape {
    // ...
    virtual void draw_lines() const;
    virtual void move();
    // ...
};

virtual void Shape::draw_lines() const { /* . . . */ }  // 错误
void Shape::move() { /* . . . */ }                       // 正确
```

14.3.3 覆盖

当你想要覆盖一个虚函数时，必须要使用与基类中完全相同的函数名称和类型。例如：

```
struct Circle : Shape {
    void draw_lines(int) const;     // 可能是个错误（存在 int 参数？）
    void drawlines() const;         // 可能是个错误（拼写错误的名称？）
    void draw_lines();              // 可能是个错误（缺少 const 修饰符？）
    // ...
};
```

在上述示例中，编译器将会看到三个与 Shape::draw_lines() 无关的函数（因为它们具有不同的名称或不同的类型），并且不会对它们进行覆盖。一个好的编译器将会给出警告信息。你不能也不必在覆盖函数中加入一些其他语法来保证它确实覆盖了基类的函数。

draw_lines() 的例子实际上非常真实，因此可能很难从所有细节中理解，所以这里给出一个纯技术的例子来说明覆盖：

```cpp
struct B {
    virtual void f() const { cout << "B::f "; }
    void g() const { cout << "B::g "; }    // 非虚函数
};

struct D : B {
    void f() const { cout << "D::f "; }    // 覆盖了 B::f
    void g() { cout << "D::g "; }          // 非虚函数
};

struct DD : D {
    void f() { cout << "DD::f "; }              // 没有覆盖 D::f（没有 const 修饰符）
    void g() const { cout << "DD::g "; }
};
```

在这个例子中给出了一个小的类继承体系，其中只包含一个虚函数 f()。我们可以尝试使用它。特别地，我们可以尝试调用 f() 和非虚函数 g()。除非要处理的对象类型是一个 B（或者是从 B 派生出来的东西），否则 g() 函数并不知道类型是什么：

```cpp
void call(const B& b)
    // D 是 B 的一种，所以 call() 可以接受一个 D
    // DD 是 D 的一种，D 是 B 的一种，所以 call() 可以接受一个 DD
{
    b.f();
    b.g();
}
int main() {
    B b;
    D d;
    DD dd;
    call(b);
    call(d);
    call(dd);

    b.f();
    b.g();

    d.f();
    d.g();

    dd.f();
    dd.g();
}
```

你将得到：

```
B::f B::g D::f B::g D::f B::g B::f B::g D::f D::g DD::f DD::g
```

当你理解了为什么会有这样的输出结果后，你就清楚了继承和虚函数的机制。

很明显，很难追踪哪个派生类函数应该去覆盖哪个基类函数。幸运的是，我们可以使用编译器来帮忙检查，我们可以显式地声明一个覆盖函数。假设派生类函数都是用来覆盖的，我们可以通过添加 override 关键字来进行表示，例子就变成了：

```
struct B {
    virtual void f() const { cout << "B::f "; }
    void g() const { cout << "B::g "; }    // 不是虚函数
};
struct D : B {
    void f() const override { cout << "D::f "; }// 覆盖了 B::f
    void g() override { cout << "D::g "; }  // 错误: 没有虚函数 B::g 可以覆盖
};

struct DD : D {
    void f() override { cout << "DD::f "; }   // 错误: 没有覆盖  D::f（没有
const 修饰符）
    void g() const override { cout << "DD::g "; }// 错误: 没有虚函数 D::g
                                            // 可以覆盖
};
```

在大型、复杂的类继承体系中，显式使用 override 特别有用。

14.3.4 访问

C++ 提供了一个简单的类成员访问模型。一个类的成员可以是：
- 私有的（private）。如果一个成员是私有的，它的名称只能被其所属类的成员使用。
- 保护的（protected）。如果一个成员是保护的，它的名称只能被其所属类及其派生类的成员使用。
- 公共的（public）。如果一个成员是公共的，它的名称可以被所有函数使用。

这一模型以图形化方式表示如图 14-7 所示。

一个基类也可以是私有的、保护的或公共的：
- 如果 D 类的一个基类是私有的，它的公共和保护成员名称只能被 D 类的成员使用。
- 如果 D 类的一个基类是保护的，它的公共和保护成员名称只能被 D 类及其派生类的成员使用。
- 如果一个基类是公共的，它的公共成员名称可以被所有函数使用。

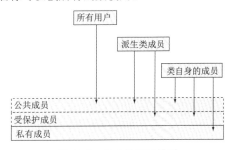

图 14-7 类成员访问模型

这些定义忽略了"友元"概念和一些小细节，这超出了本书的范围。如果你想成为一名语言专家，需要学习 Stroustrup 的 *The Designand Evolution of C++* 和 *The C++ Programming Language*，以及 ISO C++ 标准。我们不推荐你成为一名语言专家（即知道语言定义的每一个细节的人）；作为一名程序员（一名软件开发者、工程师、用户等）更有趣，而且通常对社会更有价值。

14.3.5 纯虚函数

抽象类是只能用作基类的类。我们使用抽象类来表示抽象概念。也就是说，我们使用抽象类来表示与相关实体共同特征的概括性概念。厚重的哲学著作试图精确地定义抽象概念（或抽象或概括或……）。无论怎么在哲学上定义它，抽象概念的思想是极其有用的。例如，"动物"（相对于任何特定种类的动物）、"设备驱动程序"（相对于任何特定设备的驱动程序），以及"出版物"（相对于任何特定种类的书或杂志）。在程序中，抽象类通常定义与一组相关类（类继承体系）的接口。

在 14.2.1 节中，我们看到了如何通过声明其构造函数为 protected 使一个类成为抽象类。还有另一种更常见的方法可以使一个类成为抽象类：声明其中一个或多个虚函数需要在某个派生类中被覆盖。例如：

```cpp
class B {                              // 抽象基类
public:
    virtual void f() =0;          // 纯虚函数
    virtual void g() =0;
};
B b;                                   // 错误：B 是抽象类
```

这个奇怪的"=0"表示虚函数 B::f() 和 B::g() 是"纯虚函数"。也就是说，它们必须在某个派生类中被覆盖。由于 B 有纯虚函数，我们不能创建一个类 B 的对象。覆盖这些纯虚函数可以解决这个"问题"：

```cpp
class D1 : public B {
public:
    void f() override;
    void g() override;
};
D1 d1;                                 // 正确
```

注意，除非覆盖了所有纯虚函数，否则产生的类仍然是抽象的。

```cpp
class D2 : public B {
public:
    void f() override;
    // 没有 g()
};
D2 d2;                                 // 错误：D2 仍然是抽象类
class D3 : public D2 {
public:
    void g() override;
};
D3 d3; // 正确
```

具有纯虚函数的类往往是纯接口。也就是说，它们往往没有数据成员（数据成员将在派生类中），因此也没有构造函数（如果没有数据成员需要初始化，则不太可能需要构造函数）。

14.4　面向对象程序设计的好处

当我们说 Circle 派生自 Shape，或者说 Circle 是一种 Shape 时，我们这样做是为了获得以下一个或多个方面的好处：

● 接口继承（interface inheritance）。一个期望 Shape 的函数（通常作为引用参数）可以接受 Circle（并可以通过 Shape 提供的接口使用 Circle）。

- 实现继承（implementation inheritance）。当我们定义 Circle 及其成员函数时，我们可以利用 Shape 提供的功能（如数据和成员函数）。

没有提供接口继承的设计（也就是一个派生类的对象不能被用作其公共基类的对象的设计）是一个拙劣且容易出错的设计。例如，我们可以定义一个名为 Never_do_this 的类，将 Shape 作为它的公共基类。然后，我们可以覆盖 Shape::draw_lines() 方法，使其不绘制形状，而是将其中心向左移动 100 个像素。这个"设计"是致命的缺陷，因为即使 Never_do_this 提供了 Shape 的接口，其实现也没有保持 Shape 所要求的语义（意义和行为）。永远不要那样做！

接口继承之所以得名是因为其优点来自于代码使用基类提供的接口（这里是 Shape），无须知道派生类（这里是从 Shape 派生出的类）的细节。

实现继承之所以得名是因为其优点来自于通过基类提供的功能（这里是 Shape）简化了派生类（如 Circle）的实现。

注意，我们的图形设计严重依赖接口继承："图形引擎"调用 Shape::draw() 方法，该方法又调用 Shape 的虚函数 draw_lines() 来完成实际的图形显示工作。"图形引擎"甚至 Shape 类都不知道存在哪些形状。特别是，我们的"图形引擎"（FLTK 加上操作系统的图形特性）是几年前编写和编译的！我们只需定义特定的形状并将其作为 Shape 附加到窗口上（Window::attach() 接受 Shape& 参数；参见附录 E.3）。此外，由于 Shape 类不知道你的图形类，因此你无须每次定义新的图形接口类时都重新编译 Shape。

换句话说，我们可以在不修改现有代码的情况下向程序中添加新的形状。这是软件设计 / 开发 / 维护的最高成就之一：在不修改系统的情况下扩展系统。我们可以对现有类进行修改的范围是有限的（例如，Shape 提供了相当有限的服务），并且该技术并不适用于所有程序设计问题（请参见第 17 ～ 19 章，在那里我们定义了 vector；继承对这方面的问题没有多少帮助）。然而，接口继承是设计和实现能够应对变化的系统最强大的技术之一。

类似地，实现继承也具有很多优点，但它并不是万能的。通过将有用的服务放在 Shape 中，我们可以避免在派生类中反复重复工作。在实际应用中，这可能是最重要的。然而，它的代价是，无论是对 Shape 的接口进行哪些更改，还是对 Shape 的数据成员布局进行哪些更改，都需要重新编译所有派生类及其用户代码。对于一个广泛使用的库，这样的重新编译可能根本行不通。当然，有一些方法可以在得到大多数好处的同时避免大部分问题，参见 14.3.5 节。

操作题

不幸的是，我们无法构建用于理解常规设计原则的练习，因此在本章的操作题中我们把注意力集中在支持面向对象程序设计的语言特性上。

1. 定义一个具有虚函数 vf() 和非虚函数 f() 的类 B1。在类 B1 中定义这两个函数。将每个函数实现为输出其名称（如 B1::vf()）。将这些函数设为公共函数。创建一个 B1 对象并调用每个函数。

2. 从 B1 派生出一个类 D1 并覆盖 vf()。创建一个 D1 对象并为其调用 vf() 和 f()。

3. 定义对 B1 的引用（B1&），并将其初始化为刚刚定义的 D1 对象。为该引用调用 vf() 和 f()。

4. 现在为 D1 定义一个名为 f() 的函数，并重复执行 1 ～ 3 步骤，解释结果。

5. 向 B1 添加一个纯虚函数 pvf()，并尝试重复执行 1 ～ 4 步骤，解释结果。

6. 定义一个从 D1 派生的类 D2，并在 D2 中重写 pvf()。创建一个 D2 类的对象并调用它的 f()、vf() 和 pvf()。

7. 定义一个具有纯虚函数 pvf() 的类 B2。定义一个具有字符串数据成员和一个重写 pvf() 的成员函数的类 D21；D21::pvf() 应输出字符串的值。定义一个与 D21 相似但其数据成员是一个整数的 D22 类。定义一个函数 f()，接受一个 B2& 参数，并对此参数调用 pvf() 函数。使用 D21 和 D22 来调用 f()。

回顾

1. 什么是应用程序域？
2. 什么是理想的命名？
3. 我们可以给什么命名？
4. Shape 提供了哪些功能？
5. 抽象类与非抽象类有何不同？
6. 如何将一个类变成抽象类？
7. 访问控制能够控制什么？
8. 将数据成员设为私有的好处是什么？
9. 什么是虚函数，它与非虚函数有何不同？
10. 什么是基类？
11. 如何定义一个派生类？
12. 我们所说的对象布局是什么？
13. 如何使一个类更容易测试？
14. 什么是继承关系图？
15. 受保护成员与私有成员有何区别？
16. 在派生类中可以访问一个类的哪些成员？
17. 纯虚函数与其他虚函数有何不同？
18. 为什么要将成员函数声明为虚函数？
19. 为什么要将虚成员函数设为纯虚函数？
20. 什么是覆盖？
21. 接口继承与实现继承有何区别？
22. 什么是面向对象程序设计？

术语

abstract class（抽象类）	mutability（可变性）	public（公共的）
access control（访问控制）	object layout（对象布局）	pure virtual function（纯虚函数）
base class（基类）	object-oriented（面向对象）	subclass（子类）
derived class（派生类）	override（覆盖）	superclass（超类）
dispatch（分派）	polymorphism（多态）	virtual function（虚函数）
encapsulation（封装）	private（私有的）	virtual function call（虚函数调用）
inheritance（继承）	protected（保护的）	virtual function table（虚函数表）

练习题

1. 定义两个类 Smiley 和 Frowny，它们都继承自 Circle 类，并拥有两只眼睛和一个嘴巴。接下来，从 Smiley 和 Frowny 中派生出相应的帽子类。

2. 尝试拷贝一个 Shape 对象，会发生什么？

3. 定义一个抽象类并尝试定义该类型的对象。会发生什么？

4. 定义一个名为 Immobile_Circle 的类，除了不能移动之外，其他特性与 Circle 类相同。

5. 定义一个 Striped_rectangle 类，其中矩形被一像素宽的横向线条"填充"（例如，每隔一行这样绘制）。你可能需要调整线的宽度和间距来得到所需的图案。

6. 使用 Striped_rectangle 中的技术定义一个 Striped_circle 类。

7. 使用 Striped_rectangle 中的技术定义一个 Striped_closed_polyline 类。这需要某些算法上的创新。

8. 定义一个 Octagon 类，它是一个正八边形。编写一个测试函数，对其所有函数进行测试（包括你自己定义的或从 Shape 继承的）。

9. 定义一个 Group 类，它是一个 Shape 的容器，拥有适用于 Group 的各个成员的操作。提示：使用 Vector_ref。使用 Group 定义可以通过程序控制移动的跳棋（draughts）棋盘。

10. 定义一个 Pseudo_window 类，使其看起来尽可能像一个 Window，而无须付出太大精力。它应该有圆角、标签和控件图标。也许你可以添加一些虚假的"内容"，如图像。它不需要实际执行任何操作。在 Simple_window 中显示它是可以接受的（事实上也是推荐的）。

11. 定义一个 Binary_tree 类，继承自 Shape 类。将层数作为参数（levels==0 表示没有节点，levels==1 表示一个节点，levels==2 表示一个顶部节点有两个子节点，levels==3 表示一个顶部节点有两个子分点，每个子节点都有两个子节点等）。将节点表示为小圆圈。使用线连接节点（与传统的方法相同）。提示：在计算机科学中，树从顶节点向下生长（有趣的是，逻辑上常常被称为根节点）。

12. 修改 Binary_tree，使用虚函数绘制其节点。然后，从 Binary_tree 派生一个新类，覆盖该虚函数使用不同的节点表示方式（如三角形）。

13. 修改 Binary_tree，使用参数指出用什么类型的线连接这些节点（例如，指向下的箭头或指向上的红色箭头）。注意，这个练习题和上一个练习题使用了两种不同的方式，使类层次结构更灵活和有用。

14. 为 Binary_tree 添加一个操作，向节点添加文本。你可能需要修改 Binary_tree 的设计以优雅地实现此操作。选择一种方法来标识节点。例如，你可以用字符串"lrrlr"表示沿二叉树向左、向右、向右、向左和向右移动（根节点将匹配初始的 l 和初始的 r）。

15. 大多数类层次结构与图形无关。定义一个迭代器类 Iterator，具有纯虚函数 next()，返回 double* 类型的指针（参见第 17 章）。现在，从 Iterator 派生 Vector_iterator 和 List_iterator，以便对于 Vector_iterator 的 next() 返回一个指向 vector<double> 的下一个元素的指针，而对于 List_iterator 则返回一个指向 list<double> 的下一个元素的指针。使用 vector<double> 和 list<double> 初始化 Vector_iterator，第一次调用 next() 会返回指向其第一个元素的指针（如果有）。如果没有下一个元素，则返回 0。通过使用函数 void print(Iterator&) 来测试这个类，打印出 vector<double> 和 list<double> 的元素。

16. 定义一个名为 Controller 的类，它有四个虚函数 on()、off()、set_level(int) 和 show()。从 Controller 派生至少两个类。其中一个应该是一个简单的测试类，其中 show() 打印出类是否设置为开启或关闭以及当前级别是什么。第二个派生类应该以某种方式控制 Shape 的线条颜色，"级别"的确切含义取决于你的选择。尝试找到一个第三个"东西"，可以使用此 Controller 类进行控制。

17. C++ 标准库中定义的异常（如 exception、runtime_error 和 out_of_range）被组织成一个类层次结构（具有一个有用的虚函数 what()，返回一个字符串来解释发生了什么错误）。查找 C++ 标准异常类层次结构，并绘制其类层次结构图。

附言

软件设计的理想并不是构造一个能够完成所有任务的单一程序。理想的情况是构造许多类，这些类密切反映我们的思想，并且彼此协作，允许我们以优雅的方式构建应用程序，相对于任务的复杂性而言使用最少的努力，具有足够的性能，并且有信心所产生的结果是正确的。这样的程序是易理解和易维护的，而简单地拼凑代码只是为了尽可能快地完成特定的任务则不可能具有这样的优点。类、封装（由 private 和 protected 支持）、继承（由类派生支持）和运行时多态性（由虚函数支持）是我们用于构建系统的最有力的工具。

第 15 章

绘制函数图和数据图

"至善者善之敌。"

——Voltaire

如果你从事任何实验领域的工作，都需要绘制数据图表；如果你从事将数学用于对现实建模的任何领域，都需要绘制函数图表。本章将讨论这些图表的基本机制。像往常一样，我们将会展示这些机制的用途，并讨论它们的设计。同时给出一个重点例子，绘制单参数函数图表并显示从文件中读取的值。

15.1 　介绍

与专业领域的软件系统相比，这里介绍的绘图工具是比较基础的。我们的主要目标不在于输出的美观性，而在于让读者了解如何生成这样的图形输出，并掌握所使用到的程序设计技巧。在这里，你将会发现更加重要的是设计技巧、程序设计技巧和基本的数学工具，而非工具所提供的绘图功能。因此，请不要快速地掠过代码片段——它们包含的不仅仅是计算和绘制形状，还有更多有意思的内容。

15.2 　绘制简单函数图

让我们开始吧。先来看一个例子，这个例子展示了我们可以绘制什么图形，以及需要编写哪些代码来绘制图形。特别是，要注意使用的图形接口类。图 15-1 是一个抛物线、一条水平线和一条斜线的例子。

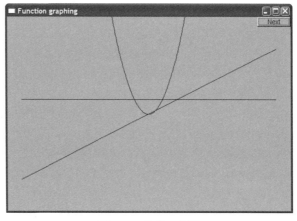

图 15-1 　简单函数图

实际上，由于本章是关于绘制函数图形的，那条水平线不只是一条水平线，它是我们从以下函数得到的图形结果。

```
double one(double) { return 1; }
```

这大概是我们可以想到的最简单的函数：它是一个具有一个参数的函数，对于任何参数都返回 1。由于我们不需要该参数来计算结果，因此不必给它命名。对于传递给 one() 函数的每个参数 x，我们都会得到 y 值为 1；也就是说，对于所有 x，该直线由点（x,y）==（x,1）定义。

像所有初级的数学论证一样，这个例子有些过于简单以至于不实用。让我们看一个稍微复杂一些的函数：

```
double slope(double x) { return x/2; }
```

这是生成斜线的函数。对于每个 x，我们得到的 y 值为 x/2。换句话说，（x,y）==（x,x/2）。两条直线相交的点为（2,1）。

现在我们可以尝试一些更有趣的内容，即在本书中似乎经常出现的平方函数：

```
double square(double x) { return x*x; }
```

如果你还记得高中的几何知识（即使你不记得），这将定义一个最低点在（0,0）处并且以 y 轴为对称轴的抛物线。换句话说，（x,y）==（x,x*x）。因此，抛物线与斜线相交的最低点为（0,0）。

下面是绘制这三个函数的代码：

```
constexpr int xmax = 600;              // 窗口大小
constexpr int ymax = 400;

constexpr int x_orig = xmax/2;         // (0,0) 是窗口的位置中心
constexpr int y_orig = ymax/2;
constexpr Point orig {x_orig,y_orig};

constexpr int r_min = -10;             // 范围区间 [-10:11]
constexpr int r_max = 11;

constexpr int n_points = 400;          // 在此范围内使用的点数

constexpr int x_scale = 30;            // 缩放因子
constexpr int y_scale = 30;
Simple_window win {Point{100,100},xmax,ymax,"Function graphing"};
Function s {one,r_min,r_max,orig,n_points,x_scale,y_scale};
Function s2 {slope,r_min,r_max,orig,n_points,x_scale,y_scale};
Function s3 {square,r_min,r_max,orig,n_points,x_scale,y_scale};

win.attach(s);
win.attach(s2);
win.attach(s3);
win.wait_for_button();
```

首先，我们定义一系列常量，这样就不必在代码中使用"神奇魔数"。然后，我们创建一个窗口，定义函数并将它们添加到窗口上，最后将控制权交给图形系统进行实际绘制。

除了三个 Function s、s2 和 s3 的定义之外，所有这些都是重复性的和"样板代码"。

```
Function s {one,r_min,r_max,orig,n_points,x_scale,y_scale};
Function s2 {slope,r_min,r_max,orig,n_points,x_scale,y_scale};
Function s3 {square,r_min,r_max,orig,n_points,x_scale,y_scale};
```

每个 Function 都指出了如何在窗口中绘制其第一个参数（接受一个 double 类型参数并返回 double 类型值的函数）。第二个和第三个参数给出 x 的范围（要绘制的函数的参数）。第四个参数（在这里是 orig）告诉函数在窗口内原点（0,0）的位置。

如果你认为参数过多，容易混淆，我们同意这一观点。我们的理想情况是尽可能少地使用参

数，因为参数很多会造成混淆并且容易出错。然而，在本例中确实需要这么多参数。我们将在后面解释后三个参数（参见 15.3 节）。无论如何，我们先给图形加上标签，如图 15-2 所示。

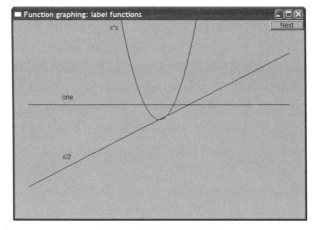

图 15-2　带有标签的函数图

我们总是试图使图形自我解释。人们并不总是阅读周围的解释文字，好的图表会被搬来搬去，以至于周围的文本被"丢失"。我们放入图片本身的任何内容都最有可能被注意到，并且——如果合理——最有可能帮助读者理解我们正在展示的内容。在这里，我们只是在每个图上放了一个标签。用于"添加标签"的代码是三个 Text 对象（参见 13.11 节）：

```
Text ts {Point{100,y_orig-40},"one"};
Text ts2 {Point{100,y_orig+y_orig/2-20},"x/2"};
Text ts3 {Point{x_orig-100,20},"x*x"};
win.set_label("Function graphing: label functions");
win.wait_for_button();
```

本章从现在开始，我们将省略将形状添加到窗口、为窗口添加标签和等待用户单击 Next 按钮的重复代码。

然而，这样的图片仍然不够好。我们注意到 x/2 在（0,0）处与 x*x 相切，而且它和 x/2 在（2,1）处相交，但这太不容易被发现了；我们需要坐标轴来让这些细节变得明显，如图 15-3 所示。

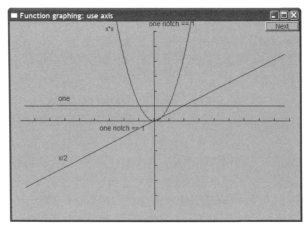

图 15-3　带有坐标轴的函数图

该代码中坐标轴的部分使用了两个 Axis 对象（参见 15.4 节）：

```
constexpr int xlength = xmax - 40; // 使坐标轴的长度比窗口略小一些
constexpr int ylength = ymax-40;

Axis x {Axis::x,Point{20,y_orig},
    xlength, xlength/x_scale, "one notch == 1"};
Axis y {Axis::y,Point{x_orig, ylength+20},
    ylength, ylength/y_scale, "one notch == 1"};
```

使用 xlength/x_scale 作为刻度数量，可以确保刻度代表 1、2、3 等数值。(0,0) 是坐标轴原点，这是传统的做法。如果你更喜欢将原点放在左侧和底部边缘也是没有问题的，就像在展示数据时常用的方式一样（参见 15.6 节）。另一种区分坐标轴和数据的方法是使用不同的颜色：

```
x.set_color(Color::red);
y.set_color(Color::red);
```

于是我们得到如图 15-4 所示的结果。

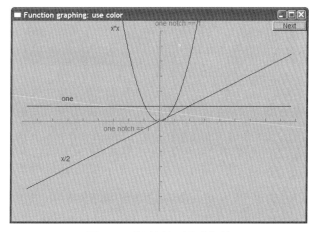

图 15-4 使用颜色区分坐标轴

这个图形作为代码的输出结果已经是可以接受的了，不过基于美学原因，我们可能希望在上面留出一些空白以匹配底部和侧面的空白。将 x 轴标签向左推进可能也是个更好的主意。我们留下这些瑕疵以便我们可以时常提及它们——总有更多的审美细节我们可以改进。程序员艺术的一部分就是知道何时停止并将节省下来的时间用于更重要的事情（如学习新技术或睡觉）。记住："至善者善之敌。"

15.3 Function 类

Function 图形接口类的定义如下：

```
struct Function : Shape {
    // 函数参数不会被存储
    Function(Fct f, double r1, double r2, Point orig,
        int count = 100, double xscale = 25, double yscale = 25);
};
```

Function 是一个 Shape，它有一个构造函数，生成许多线段并将它们存储在它的 Shape 中。这些线段近似于函数 f 的值。在 [r1:r2）范围内，f 的值将被等间隔地计算 count 次：

```
Function::Function(Fct f, double r1, double r2, Point xy,
                        int count, double xscale, double yscale)
// 在区间 [r1:r2] 上以线段方式绘制函数 f(x)，其中 (0,0) 在坐标 (xy) 处显示
// x 坐标按照 xscale 缩放，y 坐标按照 yscale 缩放
{
    if (r2-r1<=0) error("bad graphing range");
    if (count <=0) error("non-positive graphing count");
    double dist = (r2-r1)/count;
    double r = r1;
    for (int i = 0; i<count; ++i) {
        add(Point{xy.x+int(r*xscale),xy.y- int(f(r)*yscale)});
        r += dist;
    }
}
```

xscale 和 yscale 值分别用于缩放 x 坐标和 y 坐标。我们通常需要缩放我们的值，以使它们适合于窗口的绘图区域。

注意，Function 对象不会存储传递给它的构造函数的值，因此我们不能在之后询问函数其原点在哪里，以及在不同比例尺下重新绘制它，等。它所做的就是存储点（在其 Shape 中）并在屏幕上画出自己。如果我们想在构造后灵活更改 Function，我们必须存储我们想要更改的值（参见练习题 2）。

我们用来表示函数参数的类型 Fct 是一种标准库类型 std::function 的变种，这个标准库可以记住一会要调用的函数。Fct 要求其参数为 double 类型，其返回值类型也为 double。

15.3.1　默认参数

注意 Function 构造函数参数 xscale 和 yscale 是如何在声明中给定初始值的。这种初始值称为默认参数（default arguments），如果调用者没有提供值，则使用该默认参数。例如：

```
Function s {one, r_min, r_max,orig, n_points, x_scale, y_scale};
Function s2 {slope, r_min, r_max, orig, n_points, x_scale}; // 没有 yscale
Function s3 {square, r_min, r_max, orig, n_points}; // 没有 xscale, 没有 yscale
Function s4 {sqrt, r_min, r_max, orig};// 没有 count, 没有 xscale, 没有 yscale
```

上面的代码等价于：

```
Function s {one, r_min, r_max, orig, n_points, x_scale, y_scale};
Function s2 {slope, r_min, r_max,orig, n_points, x_scale, 25};
Function s3 {square, r_min, r_max, orig, n_points, 25, 25};
Function s4 {sqrt, r_min, r_max, orig, 100, 25, 25};
```

另一种替代方案是提供几个重载函数。我们可以定义 4 个构造函数来代替一个带有 3 个默认参数的构造函数：

```
struct Function : Shape { // 另一种方式，不使用默认参数
    Function(Fct f, double r1, double r2, Point orig, int count, double
xscale, double yscale);
    // y 的默认缩放比例：
    Function(Fct f, double r1, double r2, Point orig, int count, double xscale);
```

```
    // x 和 y 的默认缩放比例:
    Function(Fct f, double r1, double r2, Point orig, int count);
    // 默认的 count 和 x 或 y 的缩放比例:
    Function(Fct f, double r1, double r2, Point orig);
};
```

定义 4 个构造函数需要更多的工作,而且在这里使用 4 个构造函数版本,它们的默认参数的本质在构造函数定义中是隐藏的,而不是在声明中显而易见。默认参数经常用于构造函数,但对于各种类型的函数都很有用。注意,你只能将末尾参数定义成默认参数。例如:

```
struct Function : Shape {
    Function(Fct f, double r1, double r2, Point orig,
        int count = 100, double xscale, double yscale);// 错误
};
```

如果一个参数有一个默认参数值,那么所有后续的参数也必须有一个默认参数:

```
struct Function : Shape {
    Function(Fct f, double r1, double r2, Point orig,
        int count = 100, double xscale=25, double yscale=25);
};
```

有时,选择好的默认参数值比较容易。例如,字符串的默认值是空字符串,向量容器的默认值是空向量。在其他情况下,比如 Function,选择默认值就不那么容易了。我们经过一些实验和失败的尝试找到了现在使用的默认值。记住,你不必提供默认参数,如果你发现很难给出一个默认值,请让用户指定该参数。

15.3.2　更多的例子

我们添加了几个函数,一个简单的余弦函数(cos)来自标准库,以及为了展示如何组合函数而添加的一个斜率为 x/2 的余弦函数:

```
double sloping_cos(double x) { return cos(x)+slope(x); }
```

结果如图 15-5 所示。

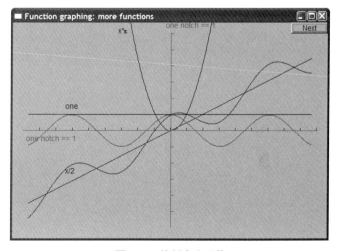

图 15-5　绘制余弦函数

对应的代码为:

```
Function s4 {cos,r_min,r_max,orig,400,30,30};
s4.set_color(Color::blue);
Function s5 {sloping_cos, r_min,r_max,orig,400,30,30};
s5.set_color(Color::green);
x.label.move(- 160,0);
x.notches.set_color(Color::dark_red);
```

除了添加这两个函数之外，我们还移动了 x 轴的标签，并（仅为展示如何实现）略微更改了其刻度线的颜色。

最后，我们绘制了一个对数函数、指数函数、正弦函数和余弦函数的图形：

```
Function f1 {log,0.000001,r_max,orig,200,30,30}; // log() 算法，以 e 为底
Function f2 {sin,r_min,r_max,orig,200,30,30};    // sin() 函数
f2.set_color(Color::blue);
Function f3 {cos,r_min,r_max,orig,200,30,30};    // cos() 函数
Function f4 {exp, r_min, r_max, orig, 200, 30, 30}; // exp() 指数函数 e^x
```

由于 log(0) 在数学上为未定义（负无穷大），所以我们从一个很小的正数开始对 log 的范围进行调整。结果如图 15-6 所示。

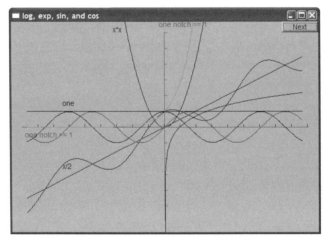

图 15-6　绘制不同数学函数

本例中我们使用颜色来区分这些函数，而不是为它们添加标签。

标准的数学函数，如 cos()、sin() 和 sqrt()，在标准库头文件 <cmath> 中声明。请参见 24.8 节和附录 B.9.2 以获取标准数学函数列表。

15.3.3　Lambda 表达式

定义一个函数只是为了将其作为参数传递给 Function 可能会很烦琐。因此，C++ 提供了一种符号表示法定义为类似函数的东西，用于在需要参数的位置。例如，我们可以像这样定义 sloping_cos：

```
Function s5 {[](double x) { return cos(x)+slope(x); },
             r_min,r_max,orig,400,30,30};
```

[](double x) { return cos(x)+slope(x); } 是一个 lambda 表达式。也就是说，它是一个无名函数，在需要时作为参数进行定义。[] 被称为 lambda 引入符号（lambda introducer）。在 lambda 引入符号之后，lambda 表达式指定了需要哪些参数（参数列表）及要执行的操作（函数体）。返回类型可以从 lambda 体中推断出来。在这里，返回类型为 double，因为 cos(x)+slope(x) 的类型为 double。如果我

们愿意，也可以明确指定返回类型：

```
Function s5 {[](double x) -> double { return cos(x)+slope(x); },
    r_min,r_max,orig,400,30,30};
```

指定 lambda 表达式的返回类型并非必要。这主要是为了避免 lambda 表达式变得复杂，从而成为错误和混乱的源泉。如果一段代码有重要的作用，那它应该被赋予一个名称，并且可能需要注释才能让除编写该代码的程序员以外的人理解。我们建议对任何不适合一两行代码表示的内容使用命名函数。

lambda 引入符号可以用于使 lambda 表达式访问局部变量，参见 15.5 节。另请参见 21.4.3 节。

15.4　Axis 类

我们在展示数据时（如 15.6.4 节），无论何时都需要使用 Axis，因为一张没有比例尺信息的图表往往是令人疑惑的。Axis 由一条线、线上的若干个"刻度"和文本标签组成。Axis 构造函数计算坐标轴线和（可选的）这条线上作为刻度的一些线：

```
struct Axis : Shape {
    enum Orientation { x, y, z };
    Axis(Orientation d, Point xy, int length,
        int number_of_notches=0, string label = "");

    void draw_lines() const override;
    void move(int dx, int dy) override;
    void set_color(Color c);

    Text label;
    Lines notches;
};
```

label 和 notches 对象被设置为公共的，以便用户可以对它们进行操作。例如，你可以设置刻度线的颜色或使用 move() 函数将 label 对象移动到更方便的位置。Axis 给出由几个半独立对象组成的对象的示例。

如果 number_of_notches 大于 0，则 Axis 构造函数会放置线条并添加"刻度线"：

```
Axis::Axis(Orientation d, Point xy, int length, int n, string lab)
    :label(Point{0,0},lab)
{
    if (length<0) error("bad axis length");
    switch (d){
    case Axis::x:
    { Shape::add(xy);            // 绘制轴线
        Shape::add(Point{xy.x+length,xy.y});

        if (0<n) {               // 添加刻度线
            int dist = length/n;
            int x = xy.x+dist;
            for (int i = 0; i<n; ++i) {
                notches.add(Point{x,xy.y},Point{x,xy.y- 5});
                x += dist;
```

```
            }
        }
        label.move(length/3, xy.y+20);        // 将标签放置在线的下方
        break;
    }
    case Axis::y:                             // y 轴向上绘制
    { Shape::add(Point{xy.x, xy.y-length});
        Shape::add(Point{xy.x,xy.y- length});

        if (0<n) { // 添加刻度线
            int dist = length/n;
            int y = xy.y-dist;
            for (int i = 0; i<n; ++i) {
                notches.add(Point{xy.x,y},Point{xy.x+5,y});
                y -= dist; }
            }
        }
        label.move(xy.x-10, xy.y-length-10); // 将标签放置在顶部
        break;
    }
    case Axis::z:
        error("z axis not implemented");
    }
}
```

与许多实际代码相比，这个构造函数非常简单，但请仔细查看它，因为它并不是很简单，并且还阐述了一些有用的技术。注意，我们将线条存储在 Axis 的 Shape 部分中（使用 Shape::add()），但刻度线存储在一个单独的对象中（notches）。这样，我们就可以独立地操作线条和刻度线。例如，我们可以给它们设置为不同的颜色。类似地，标签放置在相对于坐标轴的固定位置上，但因为它也是一个独立的对象，我们总是可以将其移动到一个更好的位置。我们使用枚举类型 Orientation 来为用户提供一个方便且不易出错的符号。

因为 Axis 有三个部分，因此当我们想要将 Axis 作为一个整体进行操作时，我们必须提供相应的函数。例如：

```
void Axis::draw_lines() const {
    Shape::draw_lines();
    notches.draw();          // 刻度线可能与轴线颜色不同
    label.draw();            // 标签可能与轴线颜色不同
}
```

我们使用 draw() 而不是 draw_lines() 来绘制刻度线和标签，以便能够使用它们各自存储的颜色。线条存储在 Axis::Shape 中，并且使用存储在相同位置的颜色。

我们可以分别为线条、刻度线和标签设置颜色，但从风格上来说，最好不要这样做，因此我们提供了一个将这三个部分设置为相同颜色的函数：

```
void Axis::set_color(Color c) {
    Shape::set_color(c);
    notches.set_color(c);
```

```
        label.set_color(c);
    }
```

类似地，Axis::move() 将 Axis 的所有部分一起移动：

```
void Axis::move(int dx, int dy)
{
    Shape::move(dx,dy);
    notches.move(dx,dy);
    label.move(dx,dy);
}
```

15.5　近似

这里我们提供另一个例子来描述如何图形化一个函数："动态展示"计算指数函数的过程。其目的是帮助你感受数学函数（如果你还没有），说明使用图形来显示计算的方式，提供一些供你阅读的代码，最后对计算中的常见问题给出警告。

计算指数函数的一种方法是计算如下序列：

$$e^x == 1 + x + \frac{x^2}{2!} + \frac{x^3}{3!} + \frac{x^4}{4!} + \cdots$$

这个序列的项越多，计算得到的值就越精确。也就是说，我们计算的项数越多，得到的结果就会有更多的正确位数。我们将计算这个序列并在每个项之后绘制结果。这里感叹号代表其通常的数学意义——阶乘，也就是我们按照下列顺序绘制这些函数：

```
exp0(x) = 0                // 没有项
exp1(x) = 1                // 一项
exp2(x) = 1+x              // 两项；pow(x, 1)/fac(1)==x
exp3(x) = 1+x+pow(x,2)/fac(2)
exp4(x) = 1+x+pow(x,2)/fac(2)+pow(x,3)/fac(3)
exp5(x) = 1+x+pow(x,2)/fac(2)+pow(x,3)/fac(3)+pow(x,4)/fac(4)
. . .
```

每个函数都比前一个更接近于 e^x。这里，pow(x,n) 是返回 x^n 值的标准库函数。标准库中没有阶乘函数，因此我们必须定义自己的阶乘函数：

```
int fac(int n)             // factorial(n); n!
{
    int r = 1;
    while (n>1) {
        r*=n;
        --n;
    }
    return r;
}
```

有一个 fac() 的另一种实现，可以参见练习题 1。给定 fac()，我们可以按如下方式计算第 n 项：

```
double term(double x, int n) { return pow(x,n)/fac(n); } // 级数的第 n 项
```

给定 term() 函数，就可以很容易地计算级数的前 n 项：

```
double expe(double x, int n)  // 对 x 进行 n 项的求和
{
    double sum = 0;
    for (int i=0; i<n; ++i) sum+=term(x,i);
    return sum;
}
```

现在，我们可以使用这个函数来生成一些图形。首先，我们提供一些坐标轴和"真实"的指数函数，即标准库中的 exp() 函数，以便我们可以看到使用 expe() 的近似值与真实值有多么接近：

```
Function real_exp {exp,r_min,r_max,orig,200,x_scale,y_scale};
real_exp.set_color(Color::blue);
```

但是我们怎么使用 expe() 呢？从程序设计的角度来看，难点在于我们的图形类 Function 需要带有一个参数的函数，而 expe() 需要两个参数。在 C++ 中，按照目前的知识，这个问题没有真正完美的解决方案。然而，lambda 表达式提供了一种方式（参见 15.3.3）。可以考虑以下代码：

```
for (int n = 0; n<50; ++n) {
    ostringstream ss;
    ss << "exp approximation; n==" << n ;
    win.set_label(ss.str());
    // 获取下一个近似值:
    Function e {[n](double x) { return expe(x,n); },
        r_min,r_max,orig,200,x_scale,y_scale};
    win.attach(e);
    win.wait_for_button();
    win.detach(e);
}
```

lambda 表达式的引入符 [n] 表示 lambda 表达式可以访问局部变量 n。这样，在创建 Function 时调用 expe(x, n) 会获取它的 n 值，而每次从 Function 内部调用时则获取它的 x 值。

注意循环中的最后一个 detach(e)。Function 对象 e 的作用域是 for 循环语句块。每次进入该循环语句时，我们都会得到一个新的名为 e 的 Function 对象，每次退出该循环语句时，该 e 就会被销毁，以便下一个 Function 取而代之。窗口不能记住旧的 Function，因为它已经被销毁了。因此，detach(e) 确保窗口不会尝试绘制已销毁的对象。

首先，这段代码将生成一个只有坐标轴和用蓝色渲染的"真实"指数函数的窗口，如图 15-7 所示。

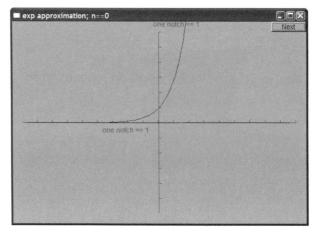

图 15-7   n=0 的 exp 函数

我们可以看到，exp(0) 是 1，因此我们用蓝色渲染的"真实指数函数"在（0,1）处穿过 y 轴。

如果你仔细观察，你会发现我们实际上将零次级数（exp0(x)==0）作为一条黑线画在 x 轴上。接着单击 Next，我们得到了只使用一项的近似值。注意，我们在窗口标签中显示了近似中使用的项数，如图 15-8 所示。

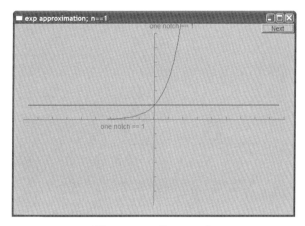

图 15-8　n=1 的 exp 函数

这是函数 exp1(x)==1，它是使用级数中的一项近似值。在（0,1）处与指数函数相交，但我们可以做得更好，如图 15-9 所示。

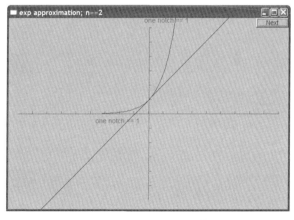

图 15-9　n=2 的 exp 函数

当我们使用两项级数（1+x）时，我们得到了在（0,1）处穿过 y 轴的对角线。使用三项级数（1+x+pow(x,2)/fac(2)）时，我们可以看到两条曲线开始汇聚，如图 15-10 所示。

使用 10 项级数近似的结果已经相当不错，特别是对于大于 −3 的值来说，如图 15-11 所示。

如果你不仔细思考这个问题的话，可能会认为只要使用更多的项，近似就会变得越来越好。然而，这是有极限的，在使用 13 项之后，某些奇怪的事情开始发生。首先，近似值开始略微变差，到达 18 项后出现了垂直线，如图 15-12 所示。

记住，计算机的算术不是纯粹的数学。浮点数只是我们在固定位数下能获得的实数的最好近似值。如果你试图在 int 中放置一个过大的整数，它将溢出，而 double 则存储一个近似值。当我看到更多项数的奇怪输出时，我首先怀疑我们的计算开始产生无法表示为 double 的值，导致结果开始偏离数学上正确的结果。后来，我意识到 fac() 产生的值无法存储在 int 类型中。修改 fac() 以生成 double 解决了这个问题。有关更多信息，请参见第 5 章练习 11 和 24.2 节。

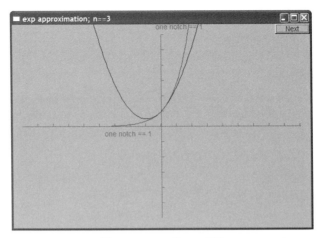

图 15-10   n=3 的 exp 函数

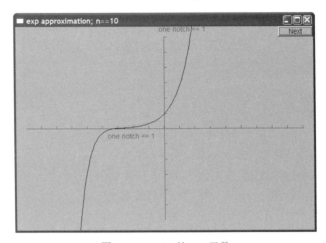

图 15-11   n=10 的 exp 函数

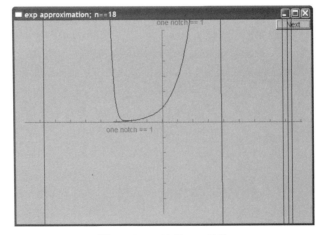

图 15-12   n=18 的 exp 函数

最后这张图片也很好地说明了"看起来不错"并不等于"经过测试"这一原则。在给别人使用程序之前，首先要对超出看似合理的范围的数据进行测试。除非你知道更好的方法，稍微延长程序的运行时间或使用稍微不同的数据可能会导致真正的混乱——就像本例一样。

15.6　绘制数据图

　　显示数据是一项技术和艺术结合的高技能、高价值的工作。如果能做得很好，通常是结合了技术和艺术两个方面的知识，可以大大增强我们理解复杂现象的能力。然而，这也使绘图成为一个庞大的领域，大多数情况下与程序设计技术无关。在这里，我们将展示一个简单的从文件读取并显示数据的例子。本例所显示的数据代表了日本人的年龄组成在近一个世纪中的变化。2008 年以后的数据是预测结果，如图 15-13 所示。

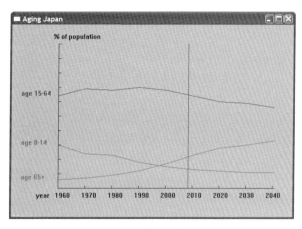

图 15-13　日本人年龄预测图

我们将使用这个例子来讨论涉及显示这种数据的程序设计问题：
- 读取文件。
- 缩放数据以适应窗口的大小。
- 显示数据。
- 给图表添加标签。

我们不会涉及艺术上的细节。这基本上属于"实用的图表"，而不是"图形艺术"。当然，如果需要，你可以做得更有艺术性。

　　给定一组数据，我们必须考虑如何能最好地显示它。为了简化，我们将只处理那些方便用二维显示的数据，不过这也正是大部分人主要需要处理的数据。注意，条形图、饼图和类似的流行显示方式实际上只是以一种有趣的二维方式显示。三维数据的处理通常可以通过产生一系列二维图像、将多个二维图形叠加到单个窗口中（如"日本年龄"示例中所做的那样）或对单个点添加信息标签等。除了这些方法，我们就必须编写新的图形类或采用其他图形库。

　　因此，我们的数据基本上是数值对，如（year、number of children）。如果我们有更多的数据，如（year,number of children, number of adults,number of elderly），我们只需决定要绘制哪对值或哪几对值。在我们的例子中，我们只是画了（year,number of children）、（year,number of adults）和（year,number of elderly）。

　　我们有很多方法来看待一组（x，y）数值对。在考虑如何绘制这样的一组数据时，重要的是要考虑一个数值是否以某种方式是另一个值的函数值。例如，对于（year,steel production）对，将钢铁产量视为年份的函数值并将数据显示为连续线是完全合理的。Open_polyline（参见 13.6 节）是绘制这种数据的优先选择。如果 y 不应被视为 x 的函数，如（gross domestic product per person,population of country），则可以使用 Marks（参见 13.15 节）来绘制未连接的点。

　　现在，回到日本年龄分布的例子中。

15.6.1 读取文件

该年龄分布文件的行格式如下：

```
( 1960 : 30 64 6 )
(1970 : 24 69 7 )
(1980 : 23 68 9 )
```

冒号后面的第一个数字是人口中儿童（0 ～ 14 岁）的百分比，第二个数字是成年人（15 ～ 64岁）的百分比，第三个数字是老年人（65 岁以上）的百分比。我们的任务是读取这些数据。请注意，数据的格式有些不规则。通常，我们需要处理这些细节。

为了简化这项任务，我们首先定义了一个名为 Distribution 的类型来保存数据项，并定义了一个输入运算符来读取这样的数据项：

```cpp
struct Distribution {
    int year, young, middle, old;
};
istream& operator>>(istream& is, Distribution& d)
    // 假设格式为:(年份: 年轻 中年 老年 )
{
    char ch1 = 0;
    char ch2 = 0;
    char ch3 = 0;
    Distribution dd;
    if (is >> ch1 >> dd.year
            >> ch2 >> dd.young >> dd.middle >> dd.old
            >> ch3) {
        if (ch1!= '(' || ch2!=':' || ch3!=')') {
            is.clear(ios_base::failbit);
            return is;
        }
    }
    else
        return is;
    d = dd;
    return is;
}
```

这是基于第 10 章的概念的一个直接应用。如果你不熟悉这段代码，请复习第 10 章。我们不需要定义 Distribution 类型和 >> 运算符。然而，与"只读取数字并绘制它们"的蛮力方法相比，它简化了代码。我们使用 Distribution 将代码分解成几个逻辑部分来帮助你理解和调试。不要觉得介绍类型"只是为了让代码更清晰"。类的定义和使用能使代码更加直接地对应我们对概念的思考。即使对那些仅仅在代码局部区域中使用的"小"概念（如表示年龄分布的数据行），这样做也可能非常有帮助。

给定 Distribution，读取循环变成了：

```cpp
string file_name = "japanese-age-data.txt";
ifstream ifs {file_name};
if (!ifs) error("can't open ",file_name);
```

```
// ...
for (Distribution d; ifs>>d; ) {
    if (d.year<base_year || end_year<d.year)
        error("year out of range");
    if (d.young+d.middle+d.old != 100)
        error("percentages don't add up");
    // ...
}
```

也就是说，我们尝试打开名为 japanese-age-data.txt 的文件，并在找不到该文件时退出程序。通常最好不要像这里一样"硬编码"文件名，而应该使用更为通用的方法来处理文件名。但是考虑到这个程序是一个小的"一次性"尝试，因此我们不会为其增加更适用于长期运行应用程序的功能。另一方面，我们确实将 japanese-age-data.txt 放入了一个命名字符串变量中，以便在需要时轻松修改程序——或者将其代码用于其他用途。

读循环检查所读年份是否在预期范围内，并且百分比总和是否为 100。这是一个基本的数据检查。由于 >> 检查每个单独数据项的格式，因此我们在主循环中并没有进一步地检查。

15.6.2　通用布局

那么我们想在屏幕上显示什么？你可以在第 15.6 节开头看到我们的答案。数据似乎需要三个 Open_polylines——每个年龄组一个。这些图表需要标记，我们决定在窗口左侧编写每条线的"标题"。在这种情况下，这似乎比通常的替代方案更加清晰：在线条本身的某个地方放置标签。此外，我们使用颜色来区分图表并关联它们的标签。

我们希望使用年份来标记 x 轴。2008 年处的那条竖直线表明后面的图像是根据预测数据绘制的。

我们决定只使用窗口的标签作为我们的图表标题。

获得正确且好看的绘图代码可能会非常棘手。主要原因是我们必须进行许多烦琐的大小和偏移量的计算。为了简化这一过程，我们首先定义了一组符号常量，定义了我们如何使用屏幕空间的方式。

```
constexpr int xmax = 600;     // 窗口大小
constexpr int ymax = 400;

constexpr int xoffset = 100; // 窗口左侧到 y 轴的距离
constexpr int yoffset = 60;   // 窗口底部到 x 轴的距离

constexpr int xspace = 40;     // 轴线之外的间隔
constexpr int yspace = 40;

constexpr int xlength = xmax-xoffset-xspace;
constexpr int ylength = ymax-yoffset-yspace;
```

基本上这定义了一个矩形空间（窗口），其中包含另一个矩形（由坐标轴定义），如图 15-14 所示。

我们发现，如果没有这样一个"示意图"，显示在屏幕上的内容不符合我们的期望时，我们会感到迷失和沮丧。可以通过定义符号常量来为窗口和坐标轴创建抽象的"蓝图"，以便更清楚地控制绘图过程。

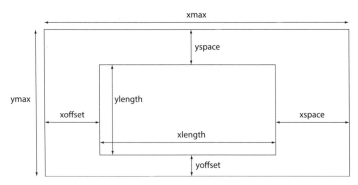

图 15-14   矩形空间示意图

15.6.3 数据比例

接下来，我们需要定义如何才能让数据适合这个空间。我们通过缩放数据使其适合坐标轴定义的空间。为此，我们需要缩放因子，即数据范围和坐标轴范围之间的比率：

```
constexpr int base_year = 1960;
constexpr int end_year = 2040;


constexpr double xscale = double(xlength)/(end_year-base_year);
constexpr double yscale = double(ylength)/100;
```

我们希望缩放因子（xscale 和 yscale）是浮点数——否则我们的计算可能会产生严重的舍入误差。为了避免整数除法，在除法之前把长度转换为 double 类型（参见 4.3.3 节）。

现在，我们可以通过减去其基值（1960），使用 xscale 进行缩放，并添加 xoffset 来将数据点放置在 x 轴上。y 轴处理方式类似。当我们尝试重复执行它时，我们发现很难记得非常清楚。这可能是一个微不足道的运算，但它很棘手且冗长。为了简化代码并最小化错误的可能性（并最小化令人沮丧的调试），我们定义了一个很小的类来完成这个运算：

```
class Scale {            // 数据值到坐标的转换
    int cbase;           // 坐标基准
    int vbase;           // 值的基准
    double scale;
public:
    Scale(int b, int vb, double s) :cbase{b}, vbase{vb}, scale{s} { }
    int operator()(int v) const { return cbase + (v- vbase)*scale; } //
参见 21.4 节
};
```

我们需要一个类，因为计算依赖于 3 个常量值，我们不想不必要地重复它们。有了这个基础，我们可以定义：

```
Scale xs {xoffset,base_year,xscale};
Scale ys {ymax-yoffset,0,-yscale};
```

注意，我们是如何使 ys 的缩放因子为负数，以反映 y 坐标向下增长的事实，而我们通常更喜欢较高的点表示更大的数值。现在，我们可以使用 xs 将年份转换为 x 坐标。同样，我们可以使用 ys 将百分比转换为 y 坐标。

15.6.4　构建数据图

最后，我们已经具备了以合理方式编写绘图代码所需的所有先决条件。我们开始创建一个窗口并放置坐标轴：

```
Window win {Point{100,100},xmax,ymax,"Aging Japan"};
Axis x {Axis::x, Point{xoffset,ymax-yoffset}, xlength,
    (end_year- base_year)/10,
    "year 1960 1970 1980 1990 "
    "2000 2010 2020 2030 2040"};
x.label.move(- 100,0);

Axis y {Axis::y, Point{xoffset,ymax-yoffset}, ylength, 10,"% of population"};

Line current_year {Point{xs(2008),ys(0)},Point{xs(2008),ys(100)}};
current_year.set_style(Line_style::dash);
```

坐标轴在点 Point{xoffset，ymax-yoffset} 处交汇，表示（1960,0）。注意，这里是如何放置刻度来反映数据的。在 y 轴上，有 10 个刻度线，每个刻度线表示 10% 的人口。在 x 轴上，每个刻度线表示 10 年，刻度线的确切数量是从 base_year 和 end_year 计算出来的，因此如果更改该范围，轴将自动重新计算。这是避免代码中"魔数"的好处之一。x 轴上的标签违反了这个规则：它仅仅是通过调整标签字符串使数字在刻度线下正确位置的结果。为了更好地显示，我们需要为单个"刻度线"使用一组单独的标签。

请注意标签字符串的格式，我们使用了两个相邻的字符串字面量（string literals）：

```
"year 1960 1970 1980 1990     "
"2000 2010 2020 2030 2040"
```

相邻的字符串字面量会被编译器连接起来，相当于：

```
"year 1960 1970 1980 1990 2000 2010 2020 2030 2040"
```

这可以是一个有用的"技巧"，用于布局长字符串字面量，从而使我们的代码更易读。

current_year 是一条垂直线，将硬数据与预测数据分开。请注意，xs 和 ys 用于正确放置和缩放线。

有了坐标轴，我们可以继续进行数据处理。我们定义了 3 个 Open_polyline 并在读取循环中填充它们：

```
Open_polyline children;
Open_polyline adults;
Open_polyline aged;

for (Distribution d; ifs>>d; ) {
    if (d.year<base_year || end_year<d.year) error("year out of range");
    if (d.young+d.middle+d.old != 100)
        error("percentages don't add up");
    const int x = xs(d.year);
    children.add(Point{x,ys(d.young)});
    adults.add(Point{x,ys(d.middle)});
    aged.add(Point{x,ys(d.old)});
}
```

使用 xs 和 ys 可以使数据的缩放和放置变得容易。例如，Scale 这样的"很小的类"可以极大地简化符号并避免不必要的重复——从而提高程序的可读性和正确性。

为了使图表更易读，我们对每个图表都进行了标记并设置颜色：

```
Text children_label {Point{20,children.point(0).y},"age 0-14"};
children.set_color(Color::red);
    children_label.set_color(Color::red);

    Text adults_label {Point{20,adults.point(0).y},"age 15-64"};
    adults.set_color(Color::blue);
    adults_label.set_color(Color::blue);

    Text aged_label {Point{20,aged.point(0).y},"age 65+"};
    aged.set_color(Color::dark_green);
    aged_label.set_color(Color::dark_green);
```

最后，我们需要将各种形状添加到窗口上并启动 GUI 系统（参见 14.2.3 节）：

```
    win.attach(children);
    win.attach(adults);
    win.attach(aged);

    win.attach(children_label);
    win.attach(adults_label);
    win.attach(aged_label);

    win.attach(x);
    win.attach(y);
    win.attach(current_year);

    gui_main();
```

所有代码都可以放在 main() 内，但我们更喜欢将辅助类 Scale 和 Distribution 以及 Distribution 的输入运算符放在外部。

如果你忘记了我们正在生成什么图像，图 15-15 就是输出结果。

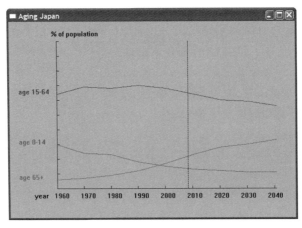

图 15-15   日本年龄预测图

函数图形化显示操作题目：

1. 创建一个标签为 "Function graphs" 的 600×600 像素的空窗口。

2. 注意，你需要根据课程网站上的 "FLTK 安装" 提示指定的属性创建项目。

3. 将 Graph.cpp 和 Window.cpp 移动到你的项目中。

4. 添加一个长度为 400 的 x 轴和 y 轴，标签为 "1 = 20 pixels"，并且每 20 个像素有一个刻度。两条坐标轴相交于（300,300）。

5. 将两条坐标轴都设置为红色。

在以下操作题中，请为要绘制的每个函数使用单独的 Shape：

1. 图形化显示函数 doubleone(doublex){return1;}，参数范围 [-10, 11]，原点（0,0）位于坐标点（300,300），显示 400 个点（400 个函数值），（在窗口中）不缩放。

2. 将 x 轴与 y 轴缩放比例均改为 20。

3. 之后的所有练习均使用当前参数范围、比例等设置。

4. 在窗口中添加 double slope(double x){return x/2;} 的图形。

5. 使用 Text 对象 "x/2" 为斜率添加标签，添加位置为斜线的左下角。

6. 在窗口中添加 double square(double x) {return x*x;} 的图形。

7. 在窗口中添加余弦函数（不需要编写新函数）。

8. 将余弦函数设置为蓝色。

9. 编写一个名为 sloping_cos() 的函数，将它添加到斜率（slope()）函数中，并将它对应的图形添加到窗口中。

类定义操作题：

1. 定义一个包含 string 的名字和 int 的年龄结构体 struct Person。

2. 定义一个类型为 Person 的变量，用 "Goofy" 和 63 进行初始化，并将其写入屏幕（cout）中。

3. 为 Person 定义一个输入运算符（>>）和一个输出运算符（<<）；从键盘（cin）读入一个 Person 对象并将其写入屏幕（cout）。

4. 给 Person 定义一个构造函数，初始化名字和年龄。

5. 将 Person 的定义设为私有，并提供 const 成员函数 name() 和 age() 来读取名字和年龄。

6. 修改 >> 和 <<，使其适用于重新定义的 Person 类型。

7. 修改构造函数，检查年龄是否在 [0:150）中，且名字不包含以下任意一个字符：; : " ' [ ] * & ^ % $ # @ !。如果出现错误，则使用 error() 函数。测试这个构造函数。

8. 从输入（cin）中读入一个 Person 序列，放入一个 vector<Person> 中；然后再将它们写到屏幕（cout）中。测试正确和错误的输入。

9. 将 Person 的定义用 first_name 和 second_name 代替 name。如果没有提供 first_name 和 second_name，则将其视为错误。修改相应的 >> 和 <<。测试新的类。

回顾

1. 接受一个参数的函数是怎样的？

2. 什么情况下使用（连续）线来表示数据？什么时候使用（离散）点？

3. 什么数学公式定义了斜率？

4. 什么是抛物线？

5. 如何生成 x 轴和 y 轴？

6. 什么是默认参数，何时应使用默认参数？

7. 如何将函数叠加在一起？

8. 如何为图形化的函数加上颜色和标签？

9. 当我们说一个序列近似一个函数时，这是什么意思？

10. 在编写代码绘制图形之前需要画出它的布局草图？

11. 如何按比例缩放图形，以使输入恰好显示在区域内？

12. 如何无需试错地缩放输入？

13. 与"只包含数字"的文件相比，为什么要对输入进行格式化？

14. 如何规划图形的总体布局？如何在代码中反映该布局？

术语

approximation（近似）	function（函数）	scaling（缩放比例）
default argument（默认参数）	lambda	screen layout（屏幕布局）

练习题

1. 这里有另一种定义阶乘函数的方法：

```
int fac(int n) { return n>1 ? n*fac(n-1) : 1; } // 阶乘 n!
```

当它执行 fac(4) 时，因为 4>1，所以第一次执行 4*fac(3)，接下来是 4*3*fac(2)，然后是 4*3*2*fac(1)，最终 result 为 4*3*2*1。尝试看看它是如何工作的。一个调用自身的函数被称为递归函数（recursive）。在 15.5 节中的可替换实现被称为迭代函数（iterative），因为它迭代通过这些值（使用 while）。通过计算 0、1、2、3、4 以及包括 20 在内的阶乘，并验证递归的 fac() 函数是否可以正常工作并且与迭代的 fac() 函数结果相同。你更喜欢哪种 fac() 函数的实现方式，为什么？

2. 定义一个类 Fct，它就像 Function 一样，但它保存其构造函数参数。提供 Fct "reset" 操作，以便可以重复使用它来处理不同的范围、不同的功能等。

3. 修改上一个练习题中的 Fct，添加一个额外的参数来控制精度或其他内容。将该参数的类型设置为模板参数，以增加灵活性。

4. 在单个图形上绘制正弦（sin()）、余弦（cos()）、它们的和（sin(x)+cos(x)）和它们平方和的和（sin(x)×sin(x)+cos(x)×cos(x)）。请提供坐标轴和标签。

5. "动态显示"（如 15.5 节所述）1-1/3+1/5-1/7+1/9-1/11+...。它是著名的莱布尼茨序列，收敛到 π/4。

6. 设计并实现一个柱状图类。它的基本数据是一个包含 N 个值的 vector<double>，每个值都应该用一个"柱"来表示，这个"柱"是一个矩形，高度表示该值。

7. 扩展该柱状图类，实现对图本身和每一个单独的柱添加标签的功能，并允许使用颜色。

8. 这里有一组以厘米为单位的身高数据，每组高度都有对应的人数（含入到最近的 5 cm）：（170,7）、（175,9）、（180,23）、（185,17）、（190,6）、（195,1）。你会如何绘制这个数据？如果你想不出更好的方法，做一个柱状图即可。记得提供坐标轴和标签。将数据放入文件中，并从该文件中读取。

9. 用前一个练习题中的程序找到另一个身高数据集（1in = 2.54cm），并将其绘制成图形。例如，在网上搜索"身高分布"或"美国人的身高"，忽略大量的垃圾信息，或者问问你的朋友的身高。理想情况下，你不需要为新数据集改变任何东西。从输入中读取标签也有助于尽量少地修改代码。

10. 哪些数据不适合使用线图或条形图？找到一个例子，并找到一种显示方法（例如，作为带标签点的集合）。

11. 计算两个或者更多地点（例如，英格兰的剑桥和马萨诸塞州的剑桥，有许多名叫"剑桥"的城镇）每个月平均最高温度，并将其绘制在一张图上。注意轴、标签、颜色的使用等。

附言

数据的图形化表示是重要的。与一组数据相比，我们更容易理解由数据制作而得到的图。当需要绘制图形的时候，大部分人都会使用其他人的代码——函数库。这样的库是如何实现的呢？如果手头没有，你会怎么做？"普通绘图工具"背后的基本思想是什么？现在你知道了：这不是魔法或脑部手术。我们只介绍了二维图；三维绘图在科学、工程、市场营销等方面也非常有用，甚至可以更有趣。总有一天会探索它！

第 16 章

图形用户界面

"计算不再是指计算机，而是生活。"

——Nicholas Negroponte

图形用户界面 (GUI) 允许用户通过在屏幕上单击按钮、选择菜单、以各种方式输入数据以及显示文本和图形实体来与程序进行交互。这正是我们与电脑交互时经常采用的方式。在本章中，我们将介绍编写代码来定义和控制 GUI 应用程序的基础知识。特别地，我们将介绍如何编写与屏幕上的实体进行交互的代码，其中使用回调函数。我们的 GUI 工具是构建在系统工具之上的。附录 E 给出了更低层次的特性和接口，这些特性使用了第 17 章和第 18 章介绍的特性和技术。在这里，我们将注意力集中在使用方法上。

16.1　用户界面的选择

每个程序都有一个用户界面。在小型设备上运行的程序可能仅限于从几个按钮输入和用一个闪烁的灯光输出。而其他计算机仅仅通过一根电线与外界连接。这里，我们将考虑一般情况，即我们的程序与一个看着屏幕并使用键盘和定点设备（如鼠标）的用户进行交互。在这种情况下，程序员有三个主要选择：

- 使用控制台输入和输出。这是技术 / 专业工作中的一个有力选择，其中输入是简单的文本，包括命令和简单数据项（如文件名和简单数据值）。如果输出是文本形式，我们可以将其显示在屏幕上或存储在文件中。C++ 标准库 iostreams（第 10、11 章）为这种方法提供了适当且方便的机制。如果需要图形输出，则可以使用图形显示库（如第 12 ~ 15 章所示），而不必对我们的程序设计风格进行重大更改。
- 使用图形用户界面（GUI）库。当我们希望用户交互基于在屏幕上操作对象（指针、单击、拖放、悬停等）时，这就是我们所做的。通常（但不总是），这种方式总是伴随着信息的高度图形化显示。任何使用现代计算机的人都能举出一些体现这种方式便利性的例子。任何想匹配 Windows/Mac 应用程序"感觉"的人都必须使用 GUI 交互方式。
- 使用 Web 浏览器界面。为此，我们需要使用标记（布局）语言，如 HTML，通常还需要使用脚本语言。展示如何做到这一点已经超出了本书的范围，但对于需要远程访问的应用程序来说，这通常是理想的模式。在这种情况下，程序与屏幕之间的通信还是文本方式的（使用字符流）。浏览器是一种 GUI 应用程序，它将部分文本转换为图形元素，并将鼠标单击等转换为可以发送回程序的文本数据。

对于许多人来说，GUI 的使用是现代程序设计的本质，而且有时将与屏幕上的对象交互被认为是程序设计的核心问题。我们并不同意这种观点：GUI 是一种 I/O 形式，程序设计的主要逻辑和 I/O 相互分离是软件设计的主要观点之一。无论是否可能，我们都喜欢在主程序逻辑和用于获取输入和产生输出的程序之间建立一个清晰的接口。这种分离使我们能够改变程序呈现给用户的方式，将我们的程序移植到使用不同 I/O 系统的程序中，最重要的是，将程序的逻辑及其与用户的交互分开考虑。

也就是说，GUI 从几个角度来看都非常重要和有趣。本章既探讨了我们如何将图形元素集成到我们的应用程序中，也探讨了如何防止对界面的过度关注而影响我们的思维。

16.2　Next 按钮

我们是如何提供 Next 按钮来驱动第 12 ~ 15 章的图形示例的呢？在那里，我们在窗口中使用按钮进行图形处理。显然，这是一种简单的 GUI 程序设计形式。实际上，它非常简单，以至于有人会争辩说它不是"真正的 GUI"。接下来让我们看看它是如何实现的，因为它将引领我们直接进入所有人都认可的 GUI 程序设计。

我们在第 12 ～ 15 章的代码通常结构如下：

```
// 创建对象并 / 或操作对象, 在窗口中显示它们
win.wait_for_button();

// 创建对象并 / 或操作对象, 在窗口中显示它们
win.wait_for_button();

// 创建对象并 / 或操作对象, 在窗口中显示它们
win.wait_for_button();
```

每当运行 wait_for_button() 时，就可以在屏幕上看到要显示的对象，直到我们按下按钮以获取程序下一部分的输出。从程序逻辑的角度来看，这种方式与逐行输出到屏幕（控制台窗口），在某处停下来，然后从键盘接收输入的程序没有区别。例如：

```
// 定义变量和 / 或计算值, 产生输出
cin >> var; // 等待输入

// 定义变量和 / 或计算值, 产生输出
cin >> var; // 等待输入

// 定义变量和 / 或计算值, 产生输出
cin >> var; // 等待输入
```

从实现的角度来看，这两种程序是非常不同的。当你的程序执行 cin >> var 时，它会停止并等待"系统"读取你输入的字符。然而，监视屏幕并且跟踪鼠标的系统（图形用户界面系统）运行在一种截然不同的模式下：GUI 会跟踪鼠标的位置和用户对鼠标所做的操作（单击等）。当程序执行一个操作时，它必须：

- 告诉 GUI 关心哪些事情（例如，"有人单击了 Next 按钮"）；
- 告诉 GUI 在某人执行该操作时要执行什么操作；
- 等待直到 GUI 检测到程序感兴趣的操作。

与控制台程序的不同之处在于，GUI 并不是简单地返回我们的程序：它的设计目标是对很多不同的用户操作做出不同的响应，例如，单击多个按钮中的某一个、调整窗口大小、当窗口被其他东西遮挡后重新绘制窗口及弹出"弹出式"菜单等。

首先，我们只想说："当有人单击我的按钮时请唤醒我"，也就是说，"当有人单击鼠标按钮并且光标在显示我的按钮图像的矩形区域内时，请继续执行我的程序。"这几乎是我们可以想象到的最简单的操作。然而，"系统"并没有提供这样的操作，因此我们自己编写了一个。了解如何完成这个操作是理解 GUI 程序设计的第一步。

16.3   一个简单的窗口

基本上，"系统"（即 GUI 库和操作系统的组合）不断跟踪鼠标的位置，以及它的按钮是否按下。程序可以关注屏幕的某个区域，并要求"系统"在"有趣的事情"发生时调用某个函数。在这

种特定情况下，我们要求系统在"我们的按钮"上单击鼠标按钮时调用我们的一个函数（称为"回调函数"）。为了实现这个功能，我们需要：

- 定义一个按钮；
- 显示它；
- 为 GUI 定义一个回调函数；
- 将定义的按钮和函数告知 GUI；
- 等待 GUI 调用我们的函数。

让我们开始吧。按钮是窗口的一部分，因此（在 Simple_window.h 中）定义了 Simple_window 类，这个类包含一个数据成员 next_button：

```
struct Simple_window : Graph_lib::Window {
    Simple_window(Point xy, int w, int h, const string& title);
    void wait_for_button();        // 简单的事件循环
private:
    Button next_button;               // Next 按钮
    bool button_pushed;               // 内部实现细节
    static void cb_next(Address, Address); // next_button 的回调函数
    void next();                      // 当单击 next_button 时执行的操作
};
```

显然，Simple_window 类是从 Graph_lib 的 Window 派生而来的。所有的窗口都必须直接或间接地派生自 Graph_lib::Window 类，因为它是通过 FLTK 将我们的窗口设想与系统的窗口实现相连接的类。有关 Window 实现的详细信息，请参考附录 E.3。

我们的按钮在 Simple_window 的构造函数中被初始化：

```
Simple_window::Simple_window(Point xy, int w, int h, const string&
title) :Window{xy,w,h,title},
    next_button{Point{x_max()-70,0}, 70, 20, "Next", cb_next},
    button_pushed{false}
{
    attach(next_button);
}
```

毫不意外的是，Simple_window 将其位置（xy）、大小（w、h）和标题（title）传递给 Graph_lib 的 Window 类进行处理。接下来，构造函数使用位置（Point {x_max() - 70, 0}；大约是右上角）、大小（70，20）、标签（Next）和"回调"函数（cb_next）初始化 next_button。前四个参数与我们为 Window 执行的操作完全相同：在屏幕上放置一个矩形形状并添加标签。

最后，我们将 next_button 添加到 Simple_window 中。也就是说，告诉窗口必在其位置显示该按钮，并确保 GUI 系统知道它。

button_pushed 成员是一个非常晦涩的实现细节；我们用它来跟踪自上次执行 next() 以来是否单击了按钮。实际上，这里几乎所有的东西都是实现细节，因此被声明为私有。忽略实现细节，我们可以看到：

```
struct Simple_window : Graph_lib::Window {
    Simple_window(Point xy, int w, int h, const string& title);
    void wait_for_button(); // 简单的事件循环
    // ...
};
```

也就是说，用户可以创建一个窗口并等待单击按钮。

16.3.1　回调函数

函数 cb_next() 是一段新颖的代码。当 GUI 系统检测到我们单击按钮时，我们希望 GUI 系统调用该函数。由于我们将该函数提供给 GUI 并让其"回调"到我们，因此该函数通常被称为回调函数（callback function）。我们用前缀 cb_ 来表示 cb_next() 的用途，以表示它是一个回调函数。前缀的作用只是为了帮助我们理解而已——没有任何语言或库有这样的命名约定。显然，我们选择了名字 cb_next，因为它是 Next 按钮的回调函数。cb_next 函数的定义是一段丑陋的"样板"代码。

在展示那段代码之前，让我们考虑一下这里正在发生什么，如图 16-1 所示。

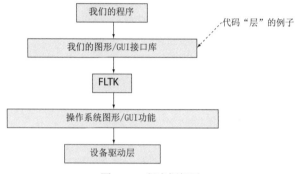

图 16-1　程序框架层

我们的程序运行在多个代码"层"之上。它使用我们使用 FLTK 库实现的图形库，而该库又是使用操作系统功能实现的。在一个系统中，可能还会有更多的层和子层。无论以什么方式，当鼠标设备驱动程序检测到单击操作时，我们的 cb_next() 函数必须被调用。我们通过软件层级向下传递 cb_next() 函数的地址和 Simple_window 对象的地址；当单击 Next 按钮时，某些"下层"的代码就会调用 cb_next() 函数。

GUI 系统（及操作系统）可以被用于被不同语言编写的程序使用，因此它不能对所有用户强加一些漂亮的 C++ 风格。特别是，它不知道我们的 Simple_window 类或 Button 类。实际上，它根本不知道类或成员函数的概念。回调函数所需的类型是经过小心选择的，以便可被低层的程序设计（包括 C 和汇编）所用。回调函数是没有返回值的，它接受两个地址参数。我们可以像这样声明一个符合这些规则的 C++ 成员函数：

```
static void cb_next(Address, Address); //  next_button 的回调
```

关键字 static 用于确保 cb_next() 函数可以作为一个普通函数被调用，即不作为针对某个特定对象的 C++ 成员函数被调用。让系统调用一个正确的 C++ 成员函数会更好。但是，回调接口必须可被多种语言所用，我们需要为其定义为：一个静态成员函数。Address 参数指定 cb_next() 接受"内存中的某些内容"的地址作为参数。大多数语言都不支持 C++ 语言的引用，所以这里不能使用引用。编译器不知道那些"内容"的类型是什么。在这里，我们非常接近硬件，不能像往常那样从语言中得到帮助。"系统"激活一个回调函数时，传递给它的第一个参数是触发回调的 GUI 实体（Widget）的地址。本例中不需要使用第一个参数，所以我们不关心它的命名。第二个参数包含这个 Widget 的窗口的地址，对于 cb_next() 来说，它是我们的 Simple_window 对象。我们可以使用如下信息来编写代码。

```
void Simple_window::cb_next(Address, Address pw)
// 调用位于 pw 的窗口的 Simple_window::next() 方法
```

```
    {
        reference_to<Simple_window>(pw).next();
    }
```

reference_to<Simple_window>(pw) 告诉编译器 pw 中的地址应视为 Simple_window 对象的地址。也就是说，我们可以将 reference_to<Simple_window>(pw) 当作对 Simple_window 对象的引用来使用。在第 17 章和第 18 章中，我们将再次回到内存寻址的话题。在附录 E.1 中，我们介绍了 reference_to 的（到那时，微不足道的）定义。现在，我们很高兴终于获得了对 Simple_window 的引用，以便完全按照自己的意愿和惯例访问我们的数据和函数。最后，我们通过调用成员函数 next()，尽可能快地脱离和系统有关的代码。

我们可以在 cb_next() 中编写所有要执行的代码，但是像大多数好的 GUI 程序设计者一样，我们更喜欢将混乱的低级别内容与漂亮的用户代码相分离，所以我们使用两个函数来处理回调：

- cb_next() 简单地将回调系统约定映射到对一个普通的成员函数（next()）。
- next() 实现我们实际要做的事情（无须知道回调的混乱约定）。

在这里使用两个函数的根本原因是一个通用设计原则："一个函数应该执行单个逻辑操作"：cb_next() 使我们脱离了低层系统相关的部分，next() 执行我们期望的操作。任何时候，当我们需要一个（来自"系统"的）对我们窗口的回调时，就可以定义这样一对函数。例如，请参见 16.5 ～ 16.7 节。继续下一步之前，先重复一下到目前为止我们做了什么：

- 定义了 Simple_window 类。
- Simple_window 的构造函数将 next_button 注册到 GUI 系统中。
- 当我们单击屏幕上的 next_button 时，GUI 调用 cb_next() 函数。
- cb_next() 将低层的系统信息转换为对我们窗口的成员函数 next() 的调用。
- next() 执行我们希望在按钮单击后完成的任何操作。

这是一种相当复杂的获取函数调用的方法。不过请记住，我们正在处理一个用于将鼠标（或其他硬件设备）的操作传达给程序之间的基本通信机制。特别地：

- 通常有许多正在运行的程序。
- 程序是在操作系统之后写的。
- 程序是在 GUI 库之后编写的。
- 程序可以使用与操作系统不同的语言编写。
- 这种技术处理各种类型的交互（而不仅仅是这样的小按钮）。
- 窗口可以有许多按钮；程序可以有许多窗口。

但是，一旦了解了如何调用 next()，我们基本上就了解了如何处理程序中具有 GUI 界面的每个操作。

16.3.2 等待循环

那么，在这种最简单的情况下，每次单击按钮时，我们希望 Simple_window 的 next() 执行什么操作？本质上，我们希望在某个时刻停止程序的执行，以便有机会观察到目前为止完成了哪些工作。同时还希望 next() 函数在等待一段时间后重新启动程序：

```
// 创建一些对象并 / 或操作一些对象，将它们显示在窗口中
win.wait_for_button(); // next() 使程序从这里继续执行
// 创建一些对象并 / 或操作一些对象
```

实际上，这很容易做到。首先定义 wait_for_button()：

```
void Simple_window::wait_for_button() {
    // 修改后的事件循环：
    // 处理所有事件（按照默认方式），当 button_pushed 变为 true 时退出
    // 这样可以进行图形操作而无须控制反转
    while (!button_pushed)
        Fl::wait();
    button_pushed = false;
    Fl::redraw();
}
```

与大多数 GUI 系统一样，FLTK 提供了一个函数，可以暂停程序直到某些事件发生才重启程序。FLTK 版本的函数称为 wait()。实际上，wait() 处理了许多事情，因为我们的程序在任何影响它的事情发生时都会被唤醒。例如，在 Microsoft Windows 下运行时，当窗口被移动或从被其他窗口隐藏后重新显示时，程序的任务是重绘窗口。窗口调整大小也是它的职责。Fl::wait() 以默认方式处理所有这些工作。每当 wait() 函数处理完某些事情后，它总会返回，以便我们的代码有机会执行一些操作。

因此，当有人单击 Next 按钮时，wait() 就会调用 cb_next() 并返回（到我们的"等待循环"）。为了使 wait_for_button() 继续运行，next() 只需将布尔变量 button_pushed 设置为 true。这很容易实现：

```
void Simple_window::next()
{
    button_pushed = true;
}

    当然，还需要在某个合适的地方预先定义 button_pushed：
    bool button_pushed; // 在构造函数中初始化为 false
```

等待之后，wait_for_button() 需要重置 button_pushed 并重新绘制窗口，以确保我们所做的任何变更都能在屏幕上显示出来。因此，这就是它所做的事情。

16.3.3　Lambda 表达式作为回调函数

因此，对于 Widget 上的每个操作，我们都需要定义两个函数：一个用于映射系统的回调概念，另一个用于执行我们所需的操作。考虑：

```
struct Simple_window : Graph_lib::Window {
    Simple_window(Point xy, int w, int h, const string& title);
    void wait_for_button();                    // 简单的事件循环
private:
    Button next_button;                        // Next 按钮
    bool button_pushed;                        // 实现细节
    static void cb_next(Address, Address);     // next_button 的回调函数
    void next();       // 当单击 next_button 时执行的操作
};
```

通过使用 Lambda 表达式（参见 15.3.3 节），我们可以消除显式声明映射函数 cb_next() 的需要。相反，我们在 Simple_window 的构造函数中定义映射：

```
Simple_window::Simple_window(Point xy, int w, int h, const string& title)
    :Window{xy,w,h,title},
    next_button{Point{x_max()-70,0}, 70, 20, "Next",
```

```
        [](Address, Address pw) { reference_to<Simple_window> (pw).next(); }
      },
      button_pushed{false}
      {
          attach(next_button);
    }
```

16.4　Button 和其他 Widget

定义如下按钮：
```
 struct Button : Widget {
      Button(Point xy, int w, int h, const string& label, Callback cb);
      void attach(Window&);
 };
```

因此，Button 是一个带有位置（x, y）、大小（w, h）、文本标签（label）和回调（cb）的 **Widget**。基本上，任何出现在屏幕上并带有关联操作（如回调函数）的内容都是 Widget。

16.4.1　Widget

是的，构件（widget）确实是一个技术术语。构件的另一个更具描述性但不太生动的名称是控件（control）。我们使用 Widget 定义通过 GUI（图形用户界面）与程序交互的形式。我们的 Widget 接口类如下：
```
 class Widget {
      // Widget 是对 Fl_widget 的句柄——它并不是一个 Fl_widget
      // 我们试图使我们的接口类与 FLTK 保持一定的距离
 public:
      Widget(Point xy, int w, int h, const string& s, Callback cb);

      virtual void move(int dx,int dy); virtual void hide();
      virtual void show();
      virtual void attach(Window&) = 0;

      Point loc;
      int width;
      int height; string label;
      Callback do_it;
 protected:
      Window* own;       // 每个 Widget 属于一个 Window
      Fl_Widget* pw;     // 与 FLTK Widget 的连接
 };
```

Widget 有两个有趣的函数，我们可以用它们来控制 Button（以及任何其他从 Widget 派生的类，如 Menu；参见 16.7 节）：

- hide() 使 Widget 对象不可见。
- show() 使 Widget 对象再次可见。

一个 Widget 对象开始是可见的。

就像 Shape 对象一样，我们可以使用在其 Window 中移动一个 Widget 对象，并且在使用之前必须使用 attach() 将其添加到 Window 对象中。注意，我们将 attach() 声明为纯虚函数（参见 14.3.5 节）：从 Widget 派生的每个类都必须定义它自己的 attach() 函数。实际上，正是在 attach() 函数中创建系统级部件。attach() 函数作为 Window 的一部分被调用，用于实现 Window 自己的 attach()。基本上，连接窗口和构件是一个微妙的小舞蹈，其中每个舞者都必须做出自己的贡献。结果是，每个窗口知道它包含的构件，每个构件也知道其在哪个窗口之中。如图 16-2 所示。

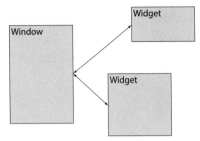

图 16-2　Window 与 Widget 的关系

注意，Window 并不知道其处理的是什么类型的 Widget。正如 14.4 节所述，我们使用基本的面向对象程序设计来确保 Window 可以处理各种类型的 Widget。同样，Widget 也不知道其处理的是什么类型的 Window。

由于我们有些粗心，因此留下了可以外部访问的数据成员。own 和 pw 成员严格用于派生类的实现，因此我们将它们声明为 protected。

Widget 和我们在此处使用的具体构件类的定义（Button，Menu 等）可以在 GUI.h 中找到。

16.4.2　Button

Button 是一个最简单的 Widget，当我们单击按钮的时候，其功能只是调用一个回调函数：

```
class Button : public Widget {
public:
    Button(Point xy, int ww, int hh, const string& s, Callback cb)
        :Widget{xy,ww,hh,s,cb} { }
    void attach(Window& win);
};
```

以上就是全部内容。attach() 函数包含了所有（相对而言）混乱的 FLTK 代码。我们将解释放到了附录 E 中（在学习完第 17 章和第 18 章之后再去阅读）。现在，你只需知道定义一个简单的 Widget 并不特别困难。

我们没有涉及按钮（以及其他 Widget）在屏幕上的外观问题，因为这是一个相当复杂和混乱的问题。问题在于外观有近乎无限的选择，某些样式是由系统规定的。此外，从程序设计技术的角度来看，表达按钮的外观不需要什么新知识。如果你失望了，你应注意到将 Shape 放在按钮上面不会影响按钮的功能——而且你知道如何生成任何需要的形状。

16.4.3　In_box 和 Out_box

我们提供了两种 Widget，用于文本输入 / 输出：

```
struct In_box : Widget {
    In_box(Point xy, int w, int h, const string& s)
        :Widget{xy,w,h,s,0} { } int get_int();
    string get_string();
    void attach(Window& win);
};
struct Out_box : Widget {
```

```
        Out_box(Point xy, int w, int h, const string& s)
            :Widget{xy,w,h,s,0} { }
        void put(int);
        void put(const string&);

        void attach(Window& win);
    };
```

一个 In_box 可以接受输入的文本，我们可以使用 get_string() 将其作为字符串读取，也可以使用 get_int() 将其作为整数读取。如果你想知道是否输入了文本，可以使用 get_string() 读取并查看是否得到空字符串：

```
    string s = some_inbox.get_string();
    if (s =="") {
        // 处理缺失的输入
    }
```

Out_box 用于向用户呈现某些消息。类比于 In_box，我们可以使用 put() 方法放置整数或字符串。16.5 节给出了 In_box 和 Out_box 的使用示例。

我们并没有提供 get_floating_point()、get_complex() 等方法，但不必为此担心，因为你可以将字符串放入 stringstream 中，以此方式进行任何输入格式化（参见 11.4 节）。

16.4.4　Menu

我们提供了一个非常简单的"菜单"的概念：

```
struct Menu : Widget {
    enum Kind { horizontal, vertical };
    Menu(Point xy, int w, int h, Kind kk, const string& label);
    Vector_ref<Button> selection;
    Kind k;
    int offset;
    int attach(Button& b);          // 将 Button 添加到 Menu
    int attach(Button* p);          // 添加新的 Button 到 Menu
    void show()                     // 显示所有按钮
    {
        for (unsigned int i =0; i<selection.size(); ++i)
            selection[i].show();
    }
    void hide();                    // 隐藏所有按钮
    void move(int dx, int dy);      // 移动所有按钮
    void attach(Window& win);       // 将所有按钮添加到窗口对象 win 中
    };
```

Menu 本质上是一个按钮的向量。通常情况下，Point xy 是左上角的位置。宽度和高度用于在将按钮添加到菜单时调整其大小。有关示例，请参见 16.5 节和 16.7 节。每个菜单按钮（"菜单项"）都是一个独立的 Widget，作为参数传递给 Menu 的 attach() 函数。反过来，Menu 提供了一个 attach() 操作，用于将其所有按钮附加到一个 Window 上。Menu 使用 Vector_ref（参见 13.10 节，附录 E.4）跟踪其按钮。如果你想要一个"弹出式"菜单，你必须自己制作它；请参见 16.7 节。

16.5   一个实例

为了更好地了解基本的 GUI 工具，我们给出了一个简单的应用程序，它包含输入、输出和一些图形的窗口，如图 16-3 所示。

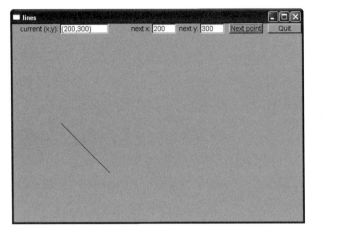

图 16-3   包含线条、输入、输出的窗口

该程序允许用户显示一系列线段（一个开放的折线；参见 13.6 节），这些线段由一系列坐标对指定。其思路是用户重复输入 next x 和 next y 框中的（x，y）坐标；每输入一对坐标，用户都会单击 next point 按钮。

开始时，current(x, y) 框为空，程序等待用户输入第一个坐标对。一旦完成，起点出现在 current(x, y) 框中，每输入一个新的坐标对，就会绘制一条直线：从当前点（其坐标显示在 current(x, y) 框中）到新输入的点（x，y）绘制一条直线，然后（x，y）成为新的当前点。

这样可以绘制一条开放的折线。当用户完成这项活动时，可以通过单击 Quit 按钮退出。整个过程非常直截了当，该程序使用了几个有用的 GUI 功能：文本输入和输出、线段绘制和多个按钮。上面的窗口显示了输入两个坐标对后的结果；输入 7 个坐标对后，我们可以得到结果如图 16-4 所示。

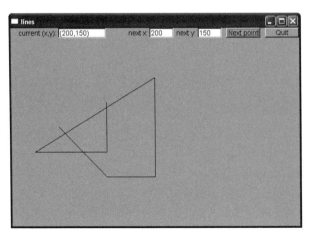

图 16-4   输入 7 个坐标对后的窗口

让我们定义一个类来表示这样的窗口。这段代码也很直接：

```
struct Lines_window : Window {
```

```
        Lines_window(Point xy, int w, int h, const string& title);
        Open_polyline lines;
    private:
        Button next_button;      // 将 (next_x, next_y) 添加到 lines
        Button quit_button;
        In_box next_x;
        In_box next_y;
        Out_box xy_out;
        void next();
        void quit();
};
```

这行代码使用 Open_polyline 对象表示线。按钮和框被分别声明为 Buttons、In_boxes 和 Out_boxes，对于每个按钮，定义了一个成员函数实现所需的功能。我们决定抛弃"模板的"回调函数，并改用 lambda 表达式。

Lines_window 的构造函数初始化了所有成员：

```
Lines_window::Lines_window(Point xy, int w, int h, const string& title)
    :Window{xy,w,h,title},
    next_button{Point{x_max()-150,0}, 70, 20, "Next point",
            [](Address, Address pw) {reference_to<Lines_window>(pw).
next();}, quit_button{Point{x_max()-70,0}, 70, 20, "Quit",
            [](Address, Address pw) {reference_to<Lines_window>(pw).
quit();}, next_x{Point{x_max()-310,0}, 50, 20, "next x:"},
    next_y{Point{x_max()-210,0}, 50, 20, "next y:"},
    xy_out{Point{100,0}, 100, 20, "current (x,y):"}
{
    attach(next_button);
    attach(quit_button);
    attach(next_x);
    attach(next_y);
    attach(xy_out);
    attach(lines);
}
```

也就是说，每一个构件都被构造，然后添加到窗口上。

Quit 按钮删除了窗口。这是使用奇特的 FLTK 惯用语法完成的，只需将其隐藏即可：

```
void Lines_window::quit()
{
    hide(); // 使用 FLTK 的惯用法，删除窗口
}
```

所有真正的工作都在 Next point 按钮中完成：它读取一对坐标，更新 Open_polyline，更新位置读数，然后重新绘制窗口：

```
void Lines_window::next()
{
    int x = next_x.get_int();
    int y = next_y.get_int();
```

```
        lines.add(Point{x,y});

        // 更新当前位置读数:
        ostringstream ss;
        ss << '(' << x << ',' << y << ')';
        xy_out.put(ss.str());

        redraw();
    }
```

这一切都很明显。我们使用 get_int() 从 In_boxes 中获取整数坐标。我们使用 ostringstream 来格式化要放入 Out_box 的字符串；str() 成员函数允许我们访问 ostringstream 中的字符串。这里的最终 redraw() 是为了向用户呈现结果；在调用窗口的 redraw() 之前，旧图像仍然保留在屏幕上。

那么这个程序有什么奇怪和不同寻常的地方呢？让我们看看它的 main() 函数：

```
#include "GUI.h"
int main()
try {
    Lines_window win {Point{100,100},600,400,"lines"};
    return gui_main();
}
catch(exception& e) {
    cerr << "exception: " << e.what() << '\n';
    return 1;
}
catch (. . .) {
    cerr << "Some exception\n";
    return 2;
}
```

基本上没有做任何事情！main() 函数的主体只是窗口 win 的定义和调用 gui_main() 函数。这里并没有其他函数、if、switch 或循环——不像任何在第 6 章和第 7 章介绍过的那种代码——只有一个变量的定义和对 gui_main() 函数的调用，而 gui_main() 函数本身只是调用 FLTK 的 run() 函数。更进一步，我们会发现 run() 函数只是一个简单的无限循环：

```
    while(wait());
```

除了少数几个将在附录 E 中介绍的实现细节外，我们已经看到了使我们的 "lines" 程序运行的所有代码。我们已经看到了所有基本逻辑。那么会发生什么？

16.6 控制流的反转

发生的事情是我们将执行顺序的控制权从程序转移交给了构件：无论用户激活、运行哪个构件，它都会运行。例如，单击按钮会运行其回调函数。当该回调函数返回时，程序会回到原先的状态，等待用户执行其他操作。本质上，wait() 告诉 "系统" 关注这些构件并调用对应的回调函数。理论上，wait() 可以告诉程序员哪个构件需要注意，并调用恰当的函数。然而，在 FLTK 和大多数其他 GUI 系统中，wait() 只是简单地调用适当的回调函数，省去了程序员编写相应代码的麻烦。

一个 "常规程序" 的结构如图 16-5 所示。

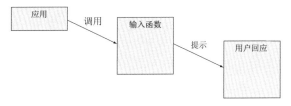

图 16-5　用户交互的常规程序

一个"GUI 程序"的结构如图 16-6 所示。

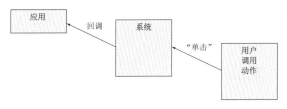

图 16-6　用户交互的 GUI 程序

这种"控制流反转"的一个含义是,执行顺序完全由用户的操作决定。这使得程序组织和调试变得复杂。很难想象用户会做什么,也难以想象随机回调序列可能产生的所有影响。这使得系统测试非常困难(请参见第 26 章)。处理这个问题的技术已经超出了本书的讨论范围,但我们建议你要格外小心那些由用户通过回调来驱动的代码。除了明显的控制流问题外,还存在可见性问题,以及跟踪构件与数据关联的困难。为了尽量减少麻烦,将程序的 GUI 部分保持简单,并逐步构建 GUI 程序,在每个阶段进行测试是必不可少的。在开发 GUI 程序时,几乎必须画出对象及其交互的小图。

被不同回调函数触发的代码是如何相互通信的呢?最简单的方法是让函数操作存储在窗口中的数据,就像在 16.5 节中的例子中所做的那样。在那个例子中,Lines_window 的 next() 函数通过单击 Next point 按钮调用,从 In_boxes(next_x 和 next_y) 读取数据,并更新 lines 成员变量和 Out_box(xy_out)。显然,由回调调用的函数可以做任何事情:它可以打开文件,连接网络等。但是,现在我们只考虑将数据保持在窗口中的简单情况。

16.7　添加菜单

让我们探索"控制反转"引起的控制和通信问题,通过为我们的"lines"程序提供一个菜单。首先,我们提供一个简单的菜单,允许用户更改 lines 成员变量中所有线的颜色。下面我们添加 color_menu 菜单及其回调函数:

```
struct Lines_window : Window {
    Lines_window(Point xy, int w, int h, const string& title);
    Open_polyline lines;
    Menu color_menu;
    static void cb_red(Address, Address);      // 红色按钮的回调函数
    static void cb_blue(Address, Address);     // 蓝色按钮的回调函数
    static void cb_black(Address, Address);    // 黑色按钮的回调函数

    // 动作:
    void red_pressed() { change(Color::red); }
    void blue_pressed() { change(Color::blue); }
```

```
    void black_pressed() { change(Color::black); }
    void change(Color c) { lines.set_color(c); }
    // ...之前的代码不变...
};
```

重复写出这些几乎相同的回调函数和"操作"函数是乏味的。但是，从概念上讲，它非常简单，而且那些更加简单的输入方式超出了本书的范围。如果你喜欢，还可以通过使用 Lambda 表达式（参见 16.3.3 节）来消除 cb_ 函数。当单击一个菜单按钮时，它会将线条改为所要求的颜色。

定义了 color_menu 成员后，我们需要对其进行初始化：

```
Lines_window::Lines_window(Point xy, int w, int h, const string& title)
    :Window{xy,w,h,title};
    // ...之前的代码不变...
    color_menu{Point{x_max()- 70,40},70,20,Menu::vertical,"color"}
{
    // ...之前的代码不变...
    color_menu.attach(new Button{Point{0,0},0,0,"red",cb_red});
    color_menu. attach(new Button{Point{0,0},0,0,"blue",cb_blue});
    color_menu. attach(new Button{Point{0,0},0,0,"black",cb_black});
    attach(color_menu);
}
```

这些按钮是动态添加到菜单上的（使用 attach()），可以根据需要进行删除和 / 或替换。Menu::attach() 调整按钮的大小和位置，并将它们添加到窗口中。就这样，我们就可以得到如图 16-7 所示运行结果。

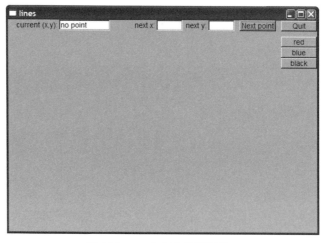

图 16-7　attach 三个按钮的窗口

程序运行一段时间之后，我们发现真正想要的是一个"弹出式"菜单。也就是说，除非我们正在使用它，否则我们不想在屏幕上浪费宝贵的空间。因此，我们添加了一个 color menu 按钮。当我们单击它时，颜色菜单会弹出，当我们进行选择后，菜单会再次隐藏，按钮会重新出现。

在我们添加了几行后的窗口如图 16-8 所示。

我们可以看到新的 color menu 按钮和一些（黑色的）线条。单击 color menu 按钮后，菜单会再次出现在窗口中，如图 16-9 所示。

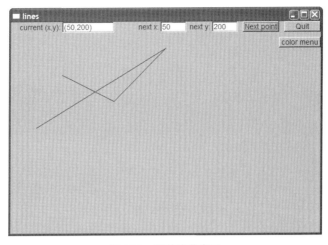

图 16-8　菜单隐藏窗口

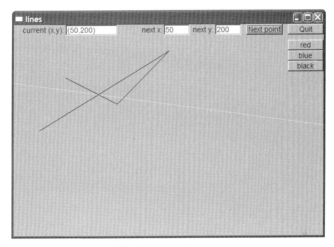

图 16-9　菜单显示窗口

注意，color menu 按钮现在被隐藏了。在使用菜单之前，我们不需要它。单击 blue 后，我们得到结果如图 16-10 所示。

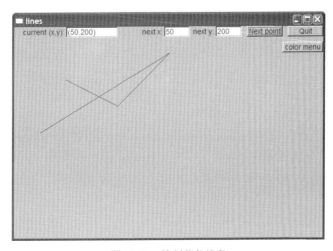

图 16-10　绘制蓝色线条

现在线条变成了蓝色，而 color menu 按钮又重新出现了。

为了实现这一点，我们添加了 color menu 按钮，并修改了"pressed"函数以调整菜单和按钮的可见性。以下是 Lines_window 的完整实现：

```
struct Lines_window : Window {
    Lines_window(Point xy, int w, int h, const string& title);
private:
    // 数据
    Open_polyline lines;

    // widgets:
    Button next_button;      // 将 (next_x, next_y) 添加到 lines
    Button quit_button;      // 结束程序

    In_box next_x; In_box next_y;
    Out_box xy_out;
    Menu color_menu;
    Button menu_button;
    void change(Color c) { lines.set_color(c); }
    void hide_menu() { color_menu.hide(); menu_button.show(); }

    // 由回调函数调用的动作:
    void red_pressed() { change(Color::red); hide_menu(); }
    void blue_pressed() { change(Color::blue); hide_menu(); }
    void black_pressed() { change(Color::black); hide_menu(); }
    void menu_pressed() { menu_button.hide(); color_menu.show(); }
    void next();
    void quit();

    // 回调函数:
    static void cb_red(Address, Address);
    static void cb_blue(Address, Address); static void cb_black(Address, Address);
    static void cb_menu(Address, Address); static void cb_next(Address, Address);
    static void cb_quit(Address, Address);
};
```

注意，除了构造函数之外，其他都是私有的。基本上，这个 Window 类就是整个程序。所有工作是通过它的回调函数完成的，因此不需要来自窗口外部的任何代码。我们整理一下声明，希望使这个类更易读。构造函数为所有的子对象提供参数，并将它们添加到窗口上：

```
Lines_window::Lines_window(Point xy, int w, int h, const string& title)
    :Window{xy,w,h,title},
      next_button{Point{x_max()-150,0}, 70, 20, "Next point", cb_next},
quit_button{Point{x_max()-70,0}, 70, 20, "Quit", cb_quit}, next_x{Point{x_max()-310,0}, 50, 20, "next x:"},
      next_y{Point{x_max()-210,0}, 50, 20, "next y:"},
      xy_out{Point{100,0}, 100, 20, "current (x,y):"},
      color_menu{Point{x_max()- 70,30},70,20,Menu::vertical,"color"},
menu_button{Point{x_max()-80,30}, 80, 20, "color menu", cb_menu}
    {
        attach(next_button);
```

```
        attach(quit_button);
        attach(next_x);
        attach(next_y);
        attach(xy_out);
        xy_out.put("no point");
          color_menu.attach(new  Button{Point{0,0},0,0,"red",cb_red));
color_menu.attach(new  Button{Point{0,0},0,0,"blue",cb_blue));  color_menu.
attach(new Button{Point{0,0},0,0,"black",cb_black));  attach(color_menu);
        color_menu.hide();
        attach(menu_button);
        attach(lines);
    }
```

注意，初始化程序的顺序与数据成员的定义顺序相同。这是编写初始化程序的正确顺序。事实上，成员初始化程序总是按照它们的数据成员声明顺序执行。一些编译器（很有用）会在基类或成员构造函数的指定顺序错误时给出警告。

16.8　调试 GUI 代码

一旦 GUI 程序开始运行，通常很容易调试：你所看到的就是你得到的。然而，在第一个形状和构件出现在窗口之前，甚至在窗口出现在屏幕上之前，往往会经历最令人沮丧的阶段。请试试这个 mai() 函数：

```
int main()
{
    Lines_window {Point{100,100},600,400,"lines"};
    return gui_main();
}
```

你看到错误了吗？无论你是否看到了，你都应该尝试它。程序将编译和运行，但是你最多只会在屏幕上看到一闪而过的东西，而不是 Lines_window 给你绘制线条的机会。你如何在这样的程序中找到错误呢？

- 通过仔细使用经过验证的程序部分（类、函数、库）。
- 通过简化所有新代码，通过从其最简版本开始缓慢"增长"程序，通过仔细逐行检查代码。
- 通过检查所有链接器设置。
- 通过将代码与已经工作的程序进行比较。
- 通过向朋友解释代码。

你会发现最难做的一件事是跟踪代码的执行。如果你学会了使用调试器，你就有机会，但是只插入"输出语句"在这种情况下是行不通的——问题在于没有输出出现。即使是调试器也会有问题，因为有几件事情正在同时进行（"多线程"）——你的代码不是唯一一个尝试与屏幕交互的代码。简化代码和系统地理解代码是关键。

文中没有具体指明问题是什么，但是下面是正确的版本（来自第 16.5 节）：

```
int main()
{
    Lines_window win{Point{100,100},600,400,"lines"};
    return gui_main();
}
```

问题在于我们"忘记"了 Lines_window 的名字，即 win。由于我们实际上并不需要该名称，这似乎是合理的，但是编译器决定既然我们不再使用这个窗口，那就立即销毁它。天啊！该窗口存在的生命周期大约是 1ms 左右，这样出现前面的结果就不足为奇了。

另一个常见的问题是将一个窗口恰好放在另一个窗口上方。这显然（或者说根本不明显）看起来像只有一个窗口。另一个窗口去哪里了？我们可能会花费大量时间在代码中寻找不存在的错误。如果我们将一个形状放在另一个形状的上面，同样的问题也可能会发生。

最后，可能会让事情更糟的是，当我们使用 GUI 库时，异常并不总是按照我们希望的方式工作。因为代码由 GUI 库管理，我们抛出的异常可能永远不会到达我们的处理程序——库或操作系统可能会"吃掉"它（也就是说，它们可能依赖不同于 C++ 异常的错误处理机制，甚至可能完全忽略了 C++）。

在调试过程中发现的常见问题包括 Shapes 和 Widgets 在窗口中没有显示，因为它们没有被添加上去，由于超出对象的作用域导致出错。考虑一下程序员如何在菜单中创建并添加按钮：

```cpp
// 加载按钮到菜单的辅助函数
void load_disaster_menu(Menu& m)
{
    Point orig {0,0};
    Button b1 {orig,0,0,"flood",cb_flood};
    Button b2 {orig,0,0,"fire",cb_fire};
    // ...
    m.attach(b1);
    m.attach(b2);
    // ...
}

int main() {
    // ...
    Menu disasters {Point{100,100},60,20,Menu::horizontal,"disasters"};
    load_disaster_menu(disasters);
    win.attach(disasters);
    // ...
}
```

上面的代码不能正常运行。所有按钮都是 load_disaster_menu 函数的局部变量，将它们添加到菜单上不会改变这一点。在 18.6.4 节中可以找到这一问题的解释（不要返回指向局部变量的指针），在 8.5.8 节中介绍了局部变量的内存布局的示例。这里的本质在于，load_disaster_menu() 返回后，局部对象已被销毁，而 disasters 菜单引用了不存在的（销毁的）对象。结果可能会是错误且令人的。解决方法是使用由 new 创建的未命名对象，而不是具有名称的局部对象：

```cpp
// 加载按钮到菜单的辅助函数
void load_disaster_menu(Menu& m)
{
    Point orig {0,0};
    attach(new Button{orig,0,0,"flood",cb_flood});
    attach(new Button{orig,0,0,"fire",cb_fire});
    .
```

比（常见的）bug 还要简单。

操作题

1. 创建一个全新的项目，并使用附录 D 中描述的 FLTK 链接程序设置。
2. 利用 Graph_lib 的工具，输入 16.5 节的线条绘制程序，并使其运行。
3. 修改程序，使用 16.7 节中描述的"弹出式"菜单，并使其运行。
4. 修改程序，增加第二个菜单以选择线条样式，并使其运行。

回顾

1. 为什么需要图形用户界面？
2. 什么时候需要非图形用户界面？
3. 什么是软件的层次结构？
4. 为什么需要对软件分层？
5. C++ 程序与操作系统通信时的基本问题是什么？
6. 什么是回调函数？
7. 什么是构件？
8. 构件的另一个名称是什么？
9. 缩写 FLTK 代表什么？
10. FLTK 如何发音？
11. 你还听说过哪些其他 GUI 工具包？
12. 哪些系统使用"构件"一词，哪些系统更喜欢"控件"一词？
13. 构件的例子有哪些？
14. 什么时候需要使用输入框？
15. 输入框中的值是什么类型的？
16. 什么时候需要使用按钮？
17. 什么时候需要使用菜单？
18. 什么是控制流反转？
19. 调试 GUI 程序的基本策略是什么？
20. 为什么调试 GUI 程序比调试"普通的流式输入 / 输出程序"更难？

术语

button（按钮）	dialog box（对话框）	visible/hidden（可见 / 隐藏）
callback（回调）	GUI	waiting for input（等待输入）
console I/O（控制台 I/O）	menu（菜单）	wait loop（等待循环）
control（控制流）	software layer（软件层次）	widget（构件）
control inversion（控制流反转）	user interface（用户接口）	

练习题

1. 创建一个名为 My_window 的窗口，与 Simple_window 类似，但它有两个按钮，next 和 quit。

2. 创建一个窗口（基于 My_window），包含一个 4×4 的方形按钮棋盘。当单击按钮时，会执行简单的操作，例如，在输出框中打印它的坐标，或者将其颜色稍微改变（直到单击另一个按钮）。

3. 将一张图片放在按钮上方；当单击按钮时，移动图片和按钮。使用 std_lib_facilities.h 中的随机数生成器来选择"图片按钮"的新位置：

```
#include<random>
inline int rand_int(int min, int max)
{
    static default_random_engine ran;
    return uniform_int_distribution<>{min,max}(ran);
}
```

它返回一个 [min,max）. 内的随机整数。

4. 创建一个菜单，其中选项分别为制作一个圆、正方形、等边三角形和六边形。制作一个输入框（或两个），用于输入坐标对，并在该坐标处放置单击菜单选项所制作的形状。抱歉，不支持拖放。

5. 编写一个程序，绘制一种形状，并在每次单击 Next 按钮时将其移动到一个新点。新点应由从输入流中读取的坐标对确定。

6. 制作一个"模拟时钟"，即一个带有动态指针的时钟。通过库调用从操作系统中获取当前时间。此练习题的主要工作是找到能够获取时间的函数，找到等待一段时间（例如，一个时钟滴答声为 1s）的函数，并根据你找到的文档学习使用它们。提示：clock()、sleep()。

7. 使用前面练习题中开发的技术，创建一个飞机图像并让它在窗口中飞行。提供一个 Start 和 Stop 按钮。

8. 提供一个货币转换器。在启动时从文件中读取转换率。在输入窗口中输入一个金额，并提供一种选择要进行货币转换的货币对的方式（例如，一对菜单）。

9. 修改第 7 章中的计算器，使其从一个输入框中获取输入，并在一个输出框中返回结果。

10. 提供一个程序，可以让用户从一组函数（例如，sin() 和 log()）中进行选择，并为这些函数提供参数，然后将它们图形化显示出来。

附言

GUI 是一个庞大的主题。其中很多内容与已有系统的风格和兼容性有关。此外，许多内容涉及各种各样的构件（例如，GUI 库提供许多不同的按钮样式），植物学家可能对此领域更熟悉。然而，很少涉及基本的程序设计技术，因此我们不会朝着这个方向研究。其他主题，如缩放、旋转、三维对象、阴影等，涉及图形和数学主题方面的话题我们在本章中并未讨论。

要知道的一件事是，大多数 GUI 系统都提供"GUI 构建器"，允许你以图形方式设计窗口，回调和动作添加到图形化指定的按钮、菜单等。对于许多应用程序来说，这样的 GUI 值得使用，以减少编写"脚手架代码"（如我们的回调函数）的乏味工作。然而，总是程序是如何工作的。有时，生成的代码等效于你在本章中看到的内容。有时会使代价更高的机制。